CS2版

Photoshop数码照片
特效处理与技术精粹

锐艺视觉 / 编著

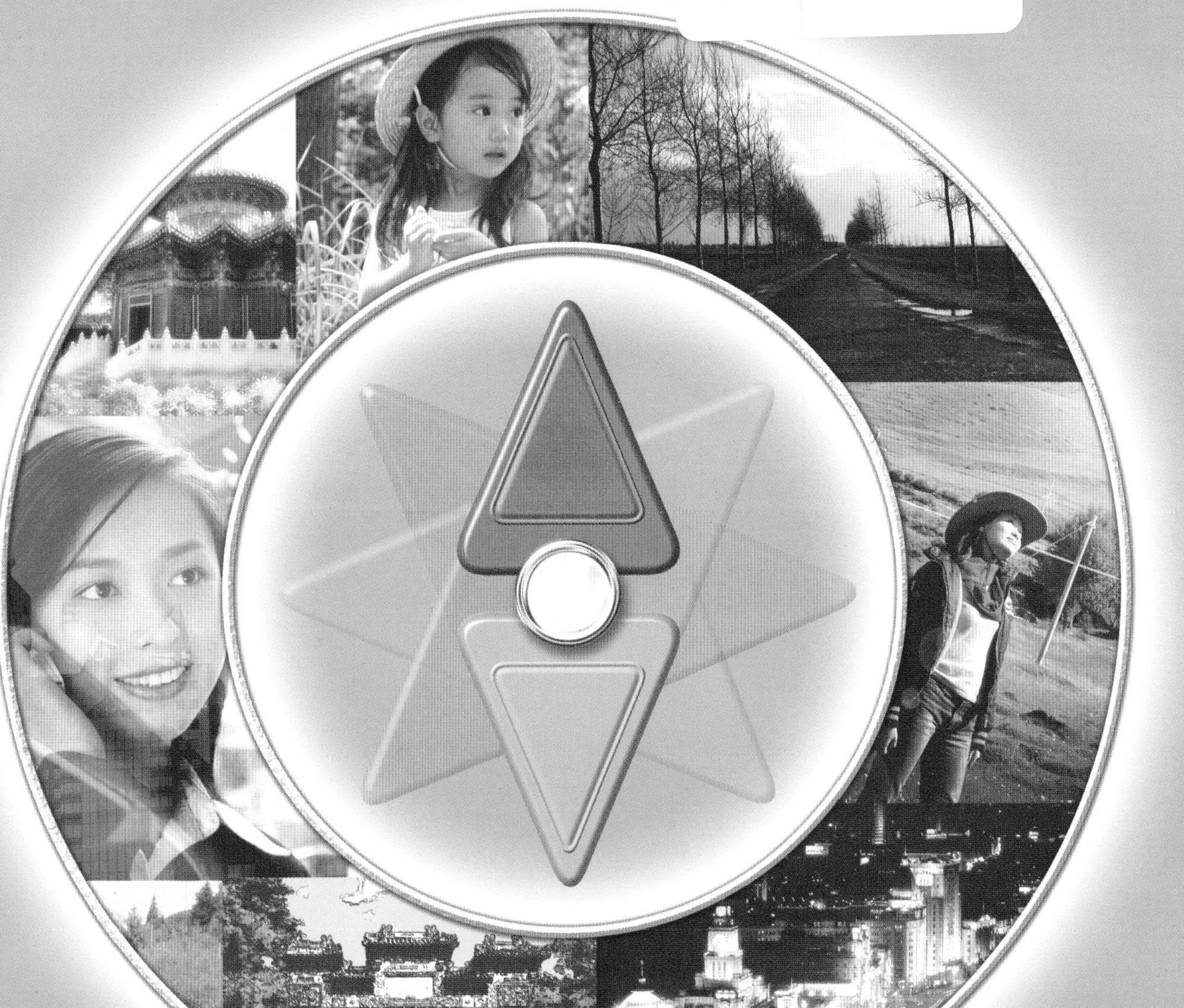

中国青年出版社
中国青年电子出版社
http://www.21books.com http://www.cgchina.com

律师声明

北京市邦信阳律师事务所谢青律师代表中国青年出版社郑重声明：本书由著作权人授权中国青年出版社独家出版发行。未经版权所有人和中国青年出版社书面许可，任何组织机构、个人不得以任何形式擅自复制、改编或传播本书全部或部分内容。凡有侵权行为，必须承担法律责任。中国青年出版社将配合版权执法机关大力打击盗印、盗版等任何形式的侵权行为。敬请广大读者协助举报，对经查实的侵权案件给予举报人重奖。

侵权举报电话：

全国“扫黄打非”工作小组办公室	中国青年出版社
010-65233456 65212870	010-59521255
http://www.shdf.gov.cn	E-mail: law@cypmedia.com MSN: chen_wenshi@hotmail.com

图书在版编目(CIP)数据

Photoshop CS2数码照片特效处理与技术精粹/锐艺视觉编著. —北京：中国青年出版社，2007.6

ISBN 978-7-5006-7453-5

I.P... II.锐 ... III.图形软件，Photoshop CS2 IV. TP391.41

中国版本图书馆CIP数据核字（2007）第064714号

Photoshop CS2数码照片特效处理与技术精粹

锐艺视觉 编著

出版发行：中国青年出版社

地　　址：北京市东四十二条21号

邮政编码：100708

电　　话：（010）59521188

传　　真：（010）59521111

责任编辑：肖　辉　刘海芳

印　　刷：北京联兴盛业印刷股份有限公司

开　　本：889×1194　1/16

印　　张：24

版　　次：2010年3月北京第2版

印　　次：2010年3月第1次印刷

书　　号：ISBN 978-7-5006-7453-5

定　　价：36.00元（附赠1DVD）

本书如有印装质量等问题，请与本社联系　电话：(010) 59521188/59521189

读者来信: reader@cypmedia.com

如有其他问题请访问我们的网站：www.21books.com

▼提亮照片的局部

▲恢复照片的清晰度

▲将照片调整为反转胶片效果

▼增加照片的光源

▲修正曝光过度的照片

▲校正逆光的照片

▲修正偏色的照片

▲修复侧光造成的局部亮面

▼ 调整照片的色调

▲ 突出照片的光影

▲ 消除脸部的皱纹

▼ 增强照片的色彩层次

Before

修整人物的身材

Before

增长睫毛

Before

给衣服添加印花

合成异国之旅照片

Before

将合影变成单人照

Before

增强照片的饱和度

消除黑眼圈

修复局部色彩偏差

美白牙齿

▲修复照片的划痕

▶修复照片的污渍

▼修复严重受损的照片

▲制作照片的景深效果

▲ 为照片添加艺术文字

▲ 制作杂志封面效果

▼ 删除风景照中多余的人物

▼ 增加照片的阳光折射效果

▼ 为河流风景照调色

▼ 为人文风景照调色

▲ 增强夜景霓虹效果

▲ 转换照片的季节

▼ 调出照片的古香古色效果

▲ 制作朦胧效果

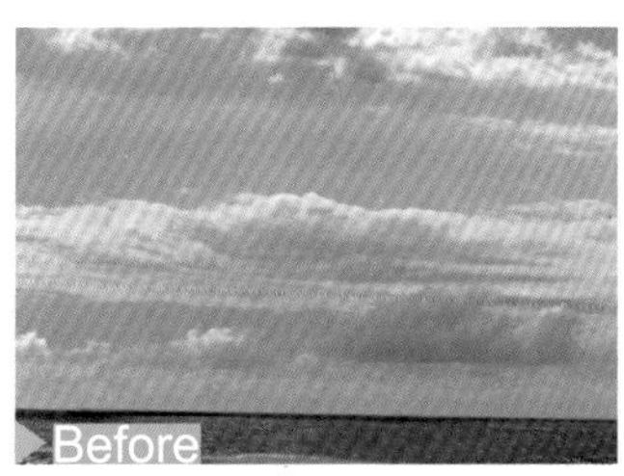

▼ 制作晚霞效果

合成人像趣味玩偶 ▶

Before

▲ 制作版画效果

Before

▲ 增加云雾效果

▲ 制作钢笔淡彩效果

Before

Before

▲ 调出照片的怀旧效果

▼ 合成海报效果

▲ 合成玻璃折射效果

▲ 制作网站个人相册

▲ 制作个性名片

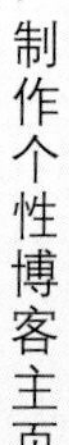

▶ 制作个性博客主页

光盘超值赠送

本书附赠DVD光盘一张，除了包含书中所有实例的素材文件和最终效果文件，供读者练习参考外，还赠送了6大类共92个精美模板和相框素材，读者只需进行简单的操作，即可轻松实现丰富多彩的照片合成效果，为您的DIY生活增添无限乐趣。

艺术相框

大头贴

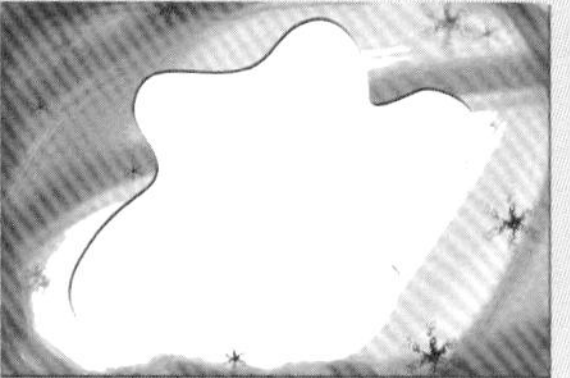

星座相框

使用方法小提示

① 打开相框素材和照片素材，将照片拖动到相框所在文件中。

② 将照片所在图层置于相框所在图层的下方，适当调整照片的位置和大小，即可完成照片DIY合成。

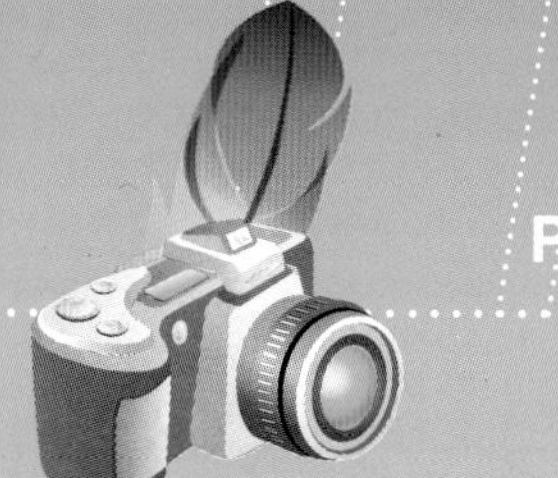

前 言

随着数码相机的普及，越来越多的人使用数码相机拍摄照片。数码相机操作简单、携带方便、便于存储的特点，给我们的生活带来了无穷的便利和乐趣。但是由于拍摄者摄影技术的欠缺或相机本身性能的缺陷，拍摄出来的照片往往不尽如人意。Adobe公司推出的专业图形图像处理软件Photoshop，具有非常便捷的处理、编辑和修复图像的功能，利用它对照片进行后期处理，就可以轻而易举地将原本平庸的照片调整为精美的专业级照片。

本书包含哪些内容？

本书由经验丰富的数码照片后期处理技术专家精心编著，采用独特的双栏排版方式，将Photoshop软件的主要功能和数码照片的后期处理技术完美地结合在一起，给读者带来全新的学习体验。其中，版面右侧为103个典型数码照片处理案例的详细制作过程，版面左侧则以知识点的形式循序渐进地讲解了Photoshop CS2的主要功能和使用方法，以及一些实用的数码照片拍摄技巧。这种理论知识与实践操作合二为一的全新学习形式，不仅大大缩短了学习过程，也为读者尽可能地降低了学习成本，用一本书的价格购买到两本书的内容。

学完本书将有哪些收获？

收获一：精通Photoshop软件的操作。本书将Photoshop软件庞杂的功能化整为零，以一个个相对独立的知识点的形式，详细剖析了Photoshop中各种工具和命令的具体设置方法，同时重点介绍了Photoshop的图层、通道和滤镜等重要功能在数码照片修饰和处理中的独特应用，帮助读者从本质上理解这个工具和命令，具备以不变应万变的能力，最终能够脱离书本，进行独立的数码照片编修工作。

收获二：精通数码照片后期处理。本书精选的103个案例都是照片修饰和应用的热点，针对性非常强。具体内容包括照片的色彩调校，人像照片的润饰，老照片的修复，风景照片的调色和美化，以及数码照片的创意合成等。如何修饰效果很差的报废照片，如何为照片添加艺术效果，如何制作增加人气的网络照片，如何模仿专业摄影作品等这些摄影发烧友感兴趣的问题，通过本书的学习，都能找到满意的答案。

本书具有哪些特点？

本书内容完全针对一般家庭的数码相机使用者，案例中所使用的照片都是日常生活中所拍摄的照片，完全贴近我们的生活，每个案例在开始制作前都明确指出该照片中存在的缺陷及问题，以便读者清楚地把握学习重点。在讲解过程中还穿插了大量拍摄技巧、Photoshop的应用技巧等小知识，让您足不出户就可以学到丰富而专业的数码照片处理知识，迅速成为数码照片处理高手。同时，随书光盘中提供了所有案例的素材文件和最终效果文件，可以让您在学习中随时调用，轻松找出自己的不足，迅速提高学习的效率。

本书适合哪些人阅读？

本书内容丰富、体例结构新颖、轻松易懂，适合各类Photoshop初、中级用户，数码摄影从业者和爱好者阅读，是一本不可或缺的数码照片处理宝典。

由于编写时间仓促，加之作者水平有限，书中难免存在疏漏与不妥之处，敬请广大读者谅解和指正。

作者

2007年6月

目 录

Chapter 1 照片的基本处理技术

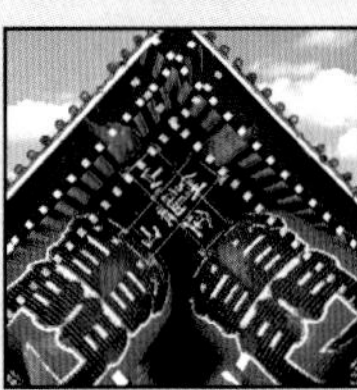

Chapter 2 校正照片的构图

Chapter 3 校正照片的光线

Chapter 4 校正照片的色彩

Chapter 5 人像的美容

Chapter 6 合成人物照片

Chapter 7 修复老照片

Chapter 8 为照片添加创意文字

Chapter 9 弥补风景照的拍摄局限

Chapter 10 风景照的调色和特效处理

Chapter 12 制作网络流行时尚照片

照片的基本处理技术

01 调整照片的大小

知识提点：图像大小命令

02 扶正倾斜的照片

知识提点：文件的基本操作、旋转画布命令

03 去除照片上的日期

知识提点：仿制图章工具的功能

04 多角度旋转照片

知识提点：复制图层、自由变换命令、图层的混合模式

05 为照片添加边框

知识提点：浏览图片、图层样式、投影图层样式

06 恢复照片的清晰度

知识提点：去色命令、高反差保留滤镜、叠加混合模式

07 矫正变形的照片

知识提点：液化滤镜的功能

01 调整照片的大小

通过调整图像的大小和分辨率可以修改图像的文件大小，同时图像的质量会变化。图像的尺寸越大，分辨率越大，图像质量越好，但是图像文件会越大。

应用功能：图像大小命令

CD-ROM：Chapter 1\01调整照片的大小\Complete\01调整照片的大小.psd

知识提点

图像大小命令

在“图像大小”对话框中设置图像的宽度、高度和分辨率。

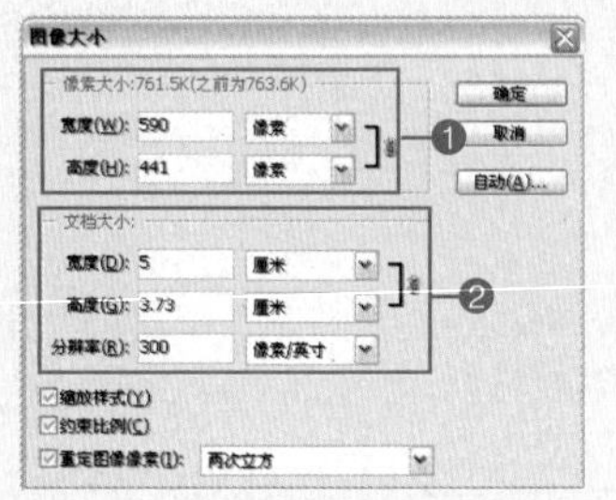

❶像素大小：设置图像的宽度和高度，并且显示图像的整体大小。

❷文档大小：设置图像的宽度和高度，以输出的图像尺寸为标准。

提示

如果选中“重定图像像素”复选框，图像大小没有变化，只改变图像的打印尺寸。

01 执行“文件>打开”命令，在弹出的对话框中选择本书配套光盘中Chapter 1\01 调整照片的大小\Media\001.jpg文件，再单击“打开”按钮。打开的素材照片如图1-1所示。

图1-1

02 执行“图像>图像大小”命令，在弹出的“图像大小”对话框的“文档大小”选项组中把“宽度”设置为“25厘米”，“分辨率”设置为“300像素/英寸”，然后单击“确定”按钮，效果如图1-2所示。

图1-2

02 扶正倾斜的照片

拍摄原照片时没有调整好角度，导致画面倾斜，影响了照片的质量，需要在Photoshop中调整角度。

应用功能：度量工具、裁剪工具，旋转画布命令

CD-ROM：Chapter 1\02扶正倾斜的照片\Complete\02扶正倾斜的照片.psd

拍摄技巧

有些数码相机具有倾斜校正的功能。拍摄时，选择斜度修正拍摄模式，相机会自动把分辨率调整为1024像素×768像素。当斜着拍摄完后，相机自动判断和分析需要修正的部分，被修正区域以黄线框表示，按下确认按钮，就能得到进行斜度修正后的照片。

知识提点

文件的基本操作

（1）按快捷键Ctrl+O，在弹出的"打开"对话框中打开指定的文件。在"文件类型"下拉列表框中选择Photoshop格式（psd）、电子文档格式（pdf）等多种类型的文档格式。

（2）按快捷键Ctrl+S，在打开的"另存为"对话框中保存文档。如果图片已经保存过，以原图片格式以及名称保存。

（3）按快捷键Alt+Ctrl+W，关闭当前在Photoshop中打开的全部图片。

01 执行"文件>打开"命令，在弹出的对话框中选择本书配套光盘中Chapter 1\02扶正倾斜的照片\Media\001.jpg文件，再单击"打开"按钮。打开的素材如图1-3所示。

图1-3

02 在"图层"面板中将"背景"图层拖移至"创建新图层"按钮上，得到"背景 副本"图层，如图1-4所示。

图1-4

知识提点

旋转画布命令

执行“图像＞旋转画布”命令，在弹出的菜单中选择以指定的角度旋转图像。

原图像

180 度

水平翻转

垂直翻转

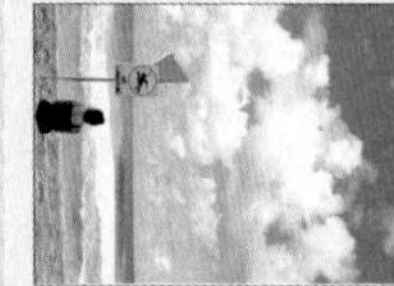
90 度顺时针

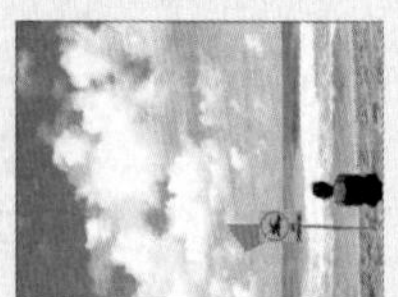
90 度逆时针

如果执行“任意角度”命令，在弹出的“任意角度”对话框中可以任意设置旋转的角度。

50 度顺时针

50 度逆时针

03 选择“背景 副本”图层，然后选择度量工具，在图像中为景物建立度量线，如图1-5所示。

图1-5

04 在“背景 副本”图层中，执行“图像＞旋转画布＞任意角度”命令。在弹出的“旋转画布”对话框中保持默认设置，如图1-6所示，单击“确定”按钮，得到如图1-7所示的效果。

旋转画布

角度(A): 11.07 ⊙度(顺时针)(C) ○度(逆时针)(W) 确定 取消

图1-6

图1-7

05 单击裁剪工具，对图片进行裁剪，如图1-8所示，然后按Enter键确定，得到如图1-9所示的效果。至此本案例制作完成。

图1-8

图1-9

去除照片上的日期

由于相机设置的原因，在原照片上留下了拍照的日期，影响照片的美观，利用Photoshop的工具可以轻松去除照片上的日期。

应用功能：仿制图章工具

CD-ROM：Chapter 1\03去除照片上的日期\Complete\03去除照片上的日期.psd

知识提点

仿制图章工具的功能

利用仿制图章工具可以将特定的图像复制到指定的区域内。

使用前

使用后

01 执行“文件>打开”命令，在弹出的“打开”对话框中选择本书配套光盘中Chapter 1\03去除照片上的日期\Media\001.jpg文件，再单击“打开”按钮。打开的素材如图1-10所示。

图1-10

02 选择仿制图章工具，按住Alt键，在日期的周围吸取颜色，然后松开Alt键并在日期上涂抹，如图1-11所示。反复进行相同的操作后得到如图1-12所示的效果。至此，本案例制作完成。

图1-11

图1-12

04 多角度旋转照片

After

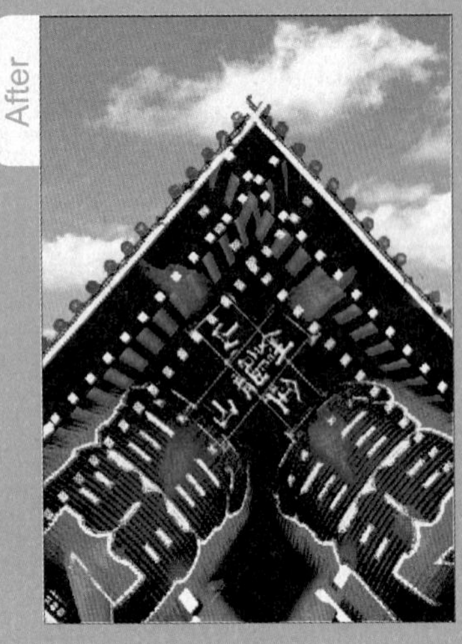

Before

原照片的角度单一，没有变化，通过多角度的旋转，打破原照片的呆板感觉，组合成一张丰富多变的照片。

应用功能： 自由变换命令、图层的混合模式、色阶命令

CD-ROM： Chapter 1\04多角度旋转照片\Complete\04多角度旋转照片.psd

知识提点

复制图层

对图像进行处理之前，建议先复制原图像再对新图层进行处理，这样可以避免损坏原图像的信息，并可随时将图像效果与原图像做对比。

（1）执行“图层>复制图层”命令，在弹出的对话框中输入新的名称，然后单击“确定”按钮，得到新命名的图层。

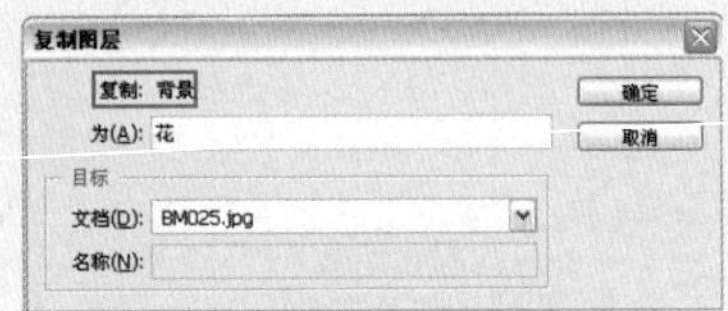

“复制图层”对话框

“图层”面板

（2）将原图像拖移到“创建新图层”按钮上，得到“背景 副本”图层。

01 执行“文件>打开”命令，在弹出的对话框中选择本书配套光盘中Chapter 1\04多角度旋转照片\Media\001.jpg文件，再单击“打开”按钮。打开的素材如图1-13所示。

图1-13

02 在“图层”面板中复制“背景”图层，得到“背景 副本”图层，如图1-14所示。

图1-14

"图层"面板

知识提点

自由变换命令

利用自由变换命令可以将图片任意放大或缩小，并可以随意调整变换的角度。

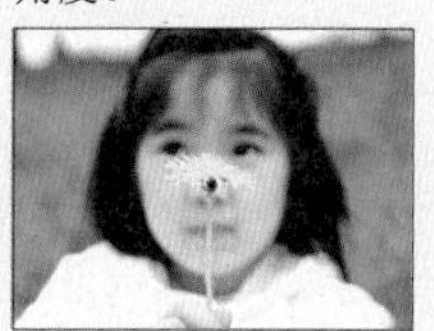
原图

调整角度

变形

按快捷键 Ctrl+T 后，按住 Ctrl 键的同时，可以任意调整自由变换框的控制手柄进行变形。效果满意后按 Enter 键确定完成编辑。不能多次进行自由变换，以免影响图像质量。

变形效果 1

03 选择"背景 副本"图层，按快捷键Ctrl+T，把图像进行逆时针旋转，调整到合适的角度，如图1-15所示，再按Enter键确定变换，效果如图1-16所示。

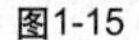
图1-15

图1-16

04 选择"背景 副本"图层，将图层的混合模式设置为"强光"，如图1-17所示，得到如图1-18所示的效果。

图1-17

图1-18

05 复制"背景 副本"图层，得到"背景 副本2"图层并选择该图层。按快捷键Ctrl+T，把图像进行逆时针旋转，调整到合适的角度，如图1-19所示，再按Enter键确定变换，如图1-20所示。

图1-19

图1-20

06 选择"背景 副本2"图层，将图层的混合模式设置为"强光"，如图1-21所示，得到如图1-22所示的效果。

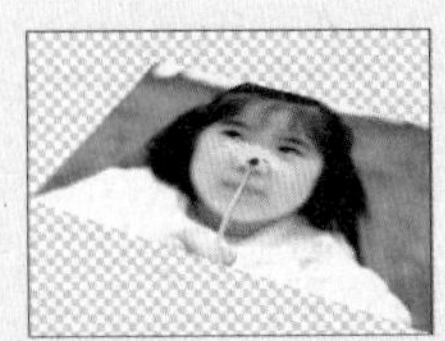

变形效果 2

知识提点

图层的混合模式

每个图层都有单独的混合模式。不同混合模式的图层叠加在一起，可以产生不同的视觉效果，赋予图像微妙的变化，得到意想不到的效果。

图层的混合模式的特点是设置灵活，操作便捷，效果丰富，作用显著。在“图层”面板中调整图层的混合模式。

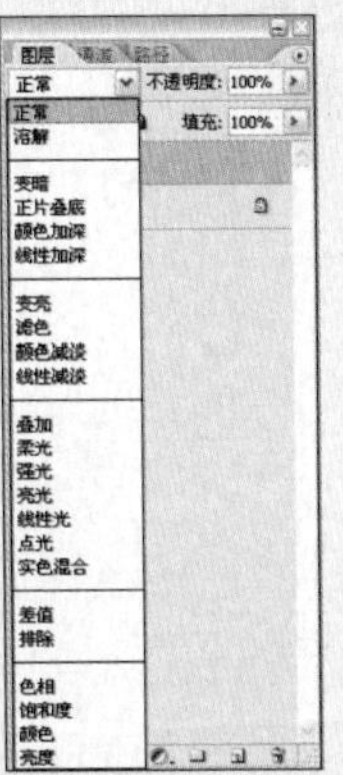

❶变亮：图层保持原有的特征，对图像的亮部进行叠加。

原图 1

原图 2

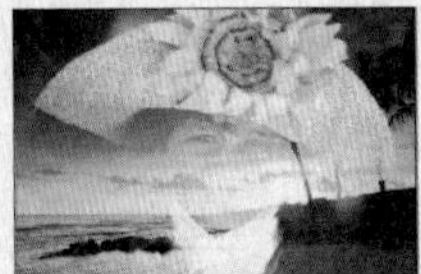

混合模式：变亮

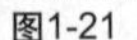

图1-21

图1-22

07 复制“背景 副本2”图层，如图1-23所示。按快捷键Ctrl+T并逆时针旋转弹出的自由变换框，调整到合适的角度后按Enter键确定，效果如图1-24所示。

图1-23

图1-24

08 复制“背景 副本3”图层，如图1-25所示，按快捷键Ctrl+T并顺时针旋转弹出的自由变换框，调整到合适的角度后按Enter键确定，如图1-26所示，图像向右旋转。

图1-25

图1-26

09 选择“背景 副本4”图层，将图层的混合模式设置为“变亮”，如图1-27所示，得到如图1-28所示的效果。

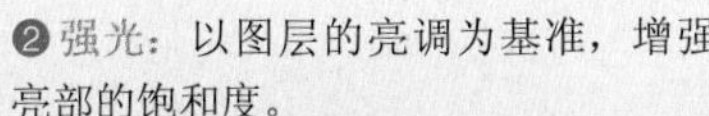

❷强光：以图层的亮调为基准，增强亮部的饱和度。

在“图层”面板中复制“背景”图层，然后调整“背景 副本”图层的混合模式为“强光”。

原图

混合模式：强光

❸溶解：将图像转换为由许多像素点构成的图像，并通过不同的透明度来表现像素点的大小和密度。

在“图层”面板中复制“背景”图层，然后设置“背景 副本”图层的混合模式为“溶解”。

原图

混合模式：溶解

❹变暗：对图像的暗部进行颜色叠加，不改变图像的饱和度。

原图 1

图1-27

图1-28

10 按住Ctrl键，选择除“背景”图层以外的所有图层，再按快捷键Ctrl+E合并链接的图层，得到“背景 副本4”图层，如图1-29所示。效果如图1-30所示。

图1-29

图1-30

11 选择“背景 副本4”图层，执行“图像>调整>色阶”命令。在弹出的“色阶”对话框中进行设置，如图1-31所示，完成后单击“确定”按钮，效果如图1-32所示。

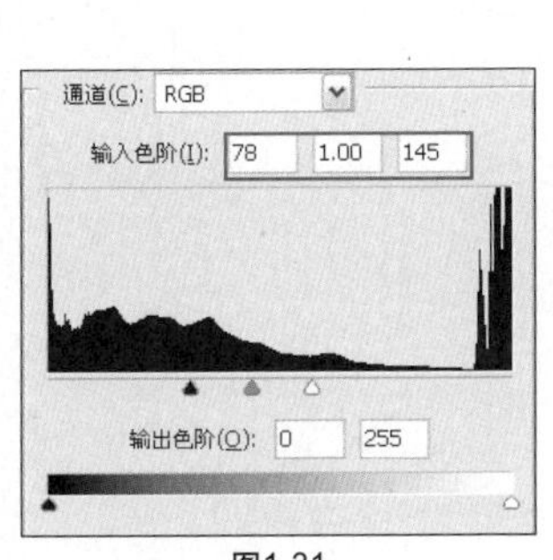

图1-31

图1-32

12 执行“文件>打开”命令，在弹出的对话框中选择本书配套光盘中Chapter 1\04多角度旋转照片\Media\002.jpg文件，再单击“打开”按钮。打开的素材如图1-33所示。选择移动工具，将图片002.jpg拖移到图片001.jpg上，“图层”面板中增加了“图层1”图层，如图1-34所示，最后得到如图1-35所示的效果。

原图 2

混合模式：变暗

❺实色混合：使图像产生一种高饱和反差的效果。

原图

混合模式：实色混合
不透明度：50%

混合模式：实色混合
不透明度：100%

图1-33

图1-34

图1-35

13 选择“图层1”图层，将图层的混合模式设置为“变暗”，如图1-36所示，得到如图1-37所示的效果。

图1-36

图1-37

14 选择“图层1”图层，单击“添加图层蒙版”按钮，如图1-38所示，然后按D键恢复前景色和背景色的默认设置，再选择铅笔工具，把遮住建筑云彩部分涂抹掉，如图1-39所示。至此，本案例制作完成。

图1-38

图1-39

为照片添加边框

本例在原照片中随机放置了带有边框的照片，从而使照片的内容更丰富。

应用功能：图层样式

CD-ROM：Chapter 1\05为照片添加边框\Complete\05为照片添加边框.psd

知识提点

浏览图片

按快捷键 Alt+Ctrl+O，在弹出的窗口中可以快速并准确地找到图片资源。在“文件夹”窗格中可以方便快速地确定图片所在的位置。在该窗口中可以对图片进行删除、更名、排序等操作。

按快捷键 Alt+Shift+Ctrl+O，可以将 Photoshop 不支持的图片显示在预览窗口中。

01 执行“文件>打开”命令，在弹出的对话框中选择本书配套光盘中Chapter 1\05为照片添加边框\Media文件夹中的001.jpg和002.jpg文件，再单击“打开”按钮。打开的素材如图1-40和图1-41所示。

图1-40

图1-41

02 选择移动工具，将图片002.jpg拖移到图片001.jpg中，如图1-42所示。按快捷键Ctrl+T，对图像进行自由变换，再将图像向右进行旋转，按Enter键确定后得到如图1-43所示的效果。

图1-42

图1-43

知识提点

图层样式

在“图层”面板中单击“添加图层样式”按钮，在弹出的菜单中选择一种图层样式，在“图层样式”对话框中设置相关参数。

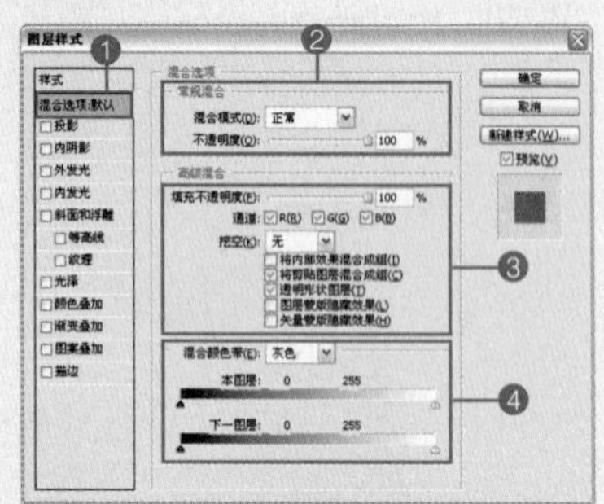

❶混合选项：选择该选项后，右侧出现相应的选项。

❷常规混合：设置图层的混合模式和不透明度。

❸高级混合：设置填充不透明度和颜色模式。

❹混合颜色带：设置图层的亮度以及通道。“本图层”色带用于调整当前图层，“下一图层”色带用于调整当前图层下面的图层。

知识提点

投影图层样式

在“图层”面板中单击“添加图层样式”按钮，在弹出的菜单中执行“投影”命令，在弹出的对话框中设置参数。

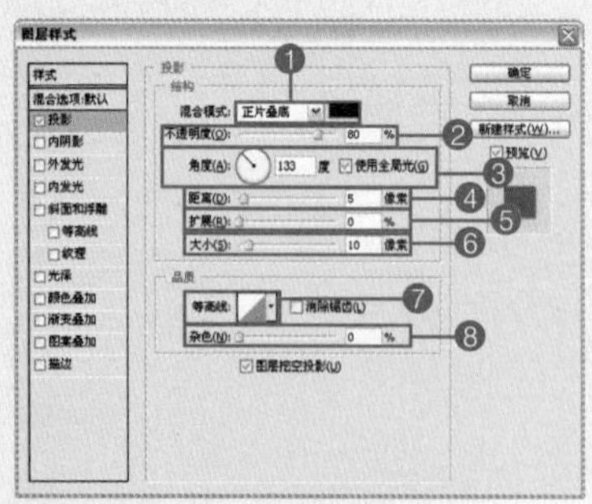

03 在“图层”面板中选择“图层1”图层，再单击“添加图层样式”按钮，在弹出的菜单中执行“描边”命令，然后在弹出的“图层样式”对话框中设置各项参数，如图1-44所示，最后单击“确定”按钮，得到如图1-45所示的效果。

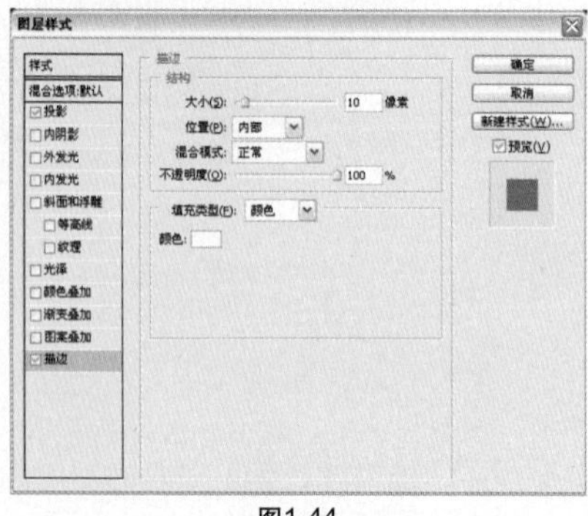

图1-44

图1-45

04 继续选择“图层1”图层，单击“添加图层样式”按钮，在弹出的菜单中执行“投影”命令，然后在弹出的“图层样式”对话框中设置各项参数，如图1-46所示，最后单击“确定”按钮。效果如图1-47所示。

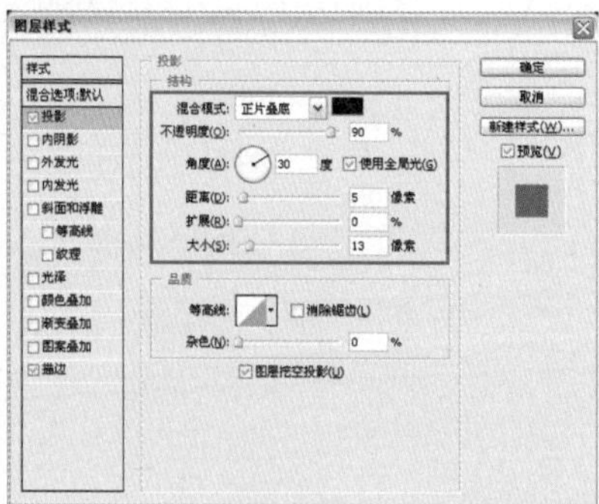

图1-46

图1-47

05 执行“文件>打开”命令，在弹出的对话框中选择本书配套光盘中Chapter 1\05 为照片添加边框\Media\003.jpg文件，再单击“打开”按钮。打开的素材如图1-48所示。

图1-48

06 选择移动工具，将图片003.jpg拖移到图片001.jpg中，如图1-49所示。按快捷键Ctrl+T，对图像进行自由变换，再将图像向左进行旋转，按Enter键确定后得到如图1-50所示的效果。

投影效果

❶混合模式：调整投影的混合模式。在“图层样式”对话框的“混合模式”下拉列表框中，选择所需的混合模式。还可以单击右侧的颜色块，调整投影的颜色。

Flower Heart

混合模式：正常

Flower Heart

混合模式：正片叠底

❷不透明度：调整投影的不透明度。参数值不同，投影深浅也不同。

Flower Heart

不透明度：20%

Flower Heart

不透明度：100%

❸角度：调整投影的角度，可以改变投影的位置。

Flower Heart

角度：133 度

Flower Heart

角度：24 度

❹距离：调整图像的投影距离，距离值越大，图像和投影之间的距离就越大。

Flower Heart

距离：0 像素

Flower Heart

距离：15 像素

❺扩展：调整投影在图像上被扩展的大小。

Flower Heart

扩展：0%

Flower Heart

扩展：20%

图1-49

图1-50

07 选择“图层1”图层，右击并在弹出的快捷菜单中执行“拷贝图层样式”命令。再选择“图层2”图层，如图1-51所示，右击并执行“粘贴图层样式”命令，效果如图1-52所示。

图1-51

图1-52

08 执行“文件>打开”命令，在弹出的对话框中选择本书配套光盘中Chapter 1\05为照片添加边框\Media\004.jpg文件，再单击“打开”按钮。打开的素材如图1-53所示。

图1-53

09 选择移动工具，将图片004.jpg拖移到图片001.jpg中，如图1-54所示，然后按快捷键Ctrl+T，如图1-55所示，对图像进行自由变换，再按Enter键确定变换。

图1-54

图1-55

10 选择“图层3”图层如图1-56所示，右击并在弹出的快捷菜单中执行“粘贴图层样式”命令，得到如图1-57所示的效果。

❻大小：调整投影的大小，值越大，投影的范围就越大。

Flower Heart

大小：0 像素

Flower Heart

大小：20 像素

❼等高线：通过曲线来调整投影的对比值。单击“等高线”选项右侧的下三角按钮，在弹出的面板上选择所需样式。单击曲线图标后，弹出“等高线编辑器”对话框。在“预设”下拉列表框中选择投影形态。

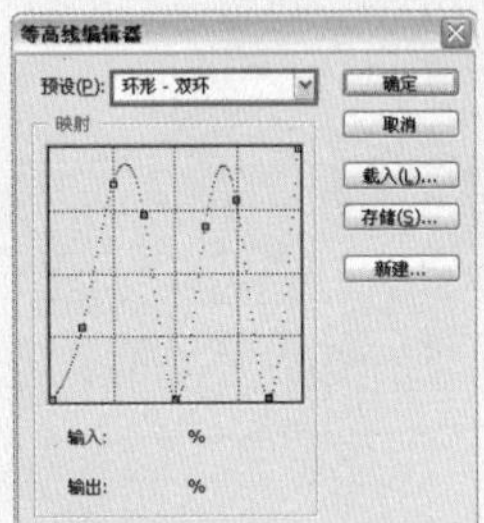

“等高线编辑器”对话框

Flower Heart

应用环形—双环等高线后

Flower Heart

应用环形等高线后

❽杂色：用点的形态表现投影。参数值的大小决定投影杂点数量的多少。该投影给人一种粗糙的沧桑感，充满艺术效果。

Flower Heart

杂色：100%

Flower Heart

杂色：40%

提 示

按Alt键后，设置就会自动复位，并且恢复初始设置。

图1-56

图1-57

11 按快捷键Ctrl+O，在弹出的对话框中分别选择本书配套光盘中Chapter 1\05致为照片添加边框\Media文件夹中的005.jpg、006.jpg、007.jpg、008.jpg、009.jpg、010.jpg文件，再单击“打开”按钮，打开素材文件。选择移动工具，分别将素材图片拖移到图片001.jpg中，如图1-58所示，并分别调整图像的角度和大小，效果如图1-59所示。

图1-58

图1-59

12 分别选择“图层4”图层、“图层5”图层、“图层6”图层、“图层7”图层、“图层8”图层、“图层9”图层，右击并执行“粘贴图层样式”命令，最后得到如图1-60所示的效果。至此，本案例制作完成。

图1-60

恢复照片的清晰度

原照片拍摄时受天气影响，图像模糊不清晰。在Photoshop中使用相关工具可以修复模糊的图像。

应用功能：高反差保留滤镜

CD-ROM：Chapter 1\06恢复照片的清晰度\Complete\06恢复照片的清晰度.psd

拍摄技巧

为了避免拍出不清晰的照片，就要使用正确的曝光值。曝光值是快门从打开到关闭的时间，也就是曝光的时间，用 EV 表示。在晴天拍摄照片，一般快门速度为 1/60 秒或者 1/80 秒。在傍晚的树荫下拍摄人物照片时，光圈可以设为 F2，这样就保证了快门的速度。

知识提点

去色命令

在 Photoshop 的“调整”菜单中，汇集了多种调整图像颜色的命令。

按快捷键 Shift+Ctrl+U，将图像的彩色模式（RGB、CMYK）去除，图像的饱和度变为 0，将图像调整为类似灰度模式的黑白状态，用此方法也可以制作怀旧的黑白照片。

去色前

01 打开本书配套光盘中Chapter 1\06 恢复照片的清晰度\Media\001.jpg文件，如图1-61所示。

图1-61

02 复制“背景”图层，如图1-62所示，再执行“图像>调整>去色”命令，效果如图1-63所示。

图1-62

图1-63

03 执行“滤镜>其他>高反差保留”命令，在弹出的对话框中设置相关参数，如图1-64所示，再单击“确定”按钮，效果如图1-65所示。

去色后

知识提点

高反差保留滤镜

滤镜在 Photoshop 中是一个具有强大功能的命令，每一个滤镜基本上在操作上都相对复杂，滤镜的使用可以给你的照片增添不同的特殊效果。

执行“滤镜>其他>高反差保留”命令，弹出“高反差保留”对话框。

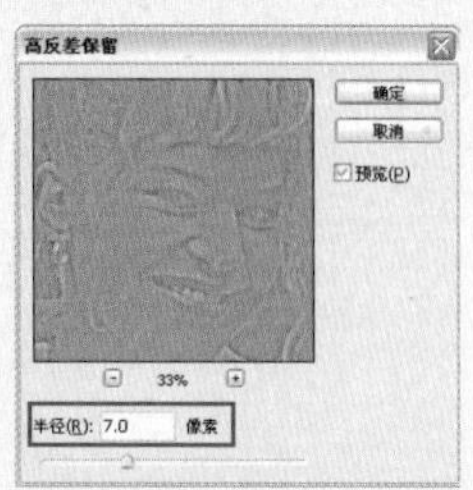

半径：设置高反差保留的应用范围。可以在指定的半径像素内保留边缘细节，也可以忽略图像颜色的细节。

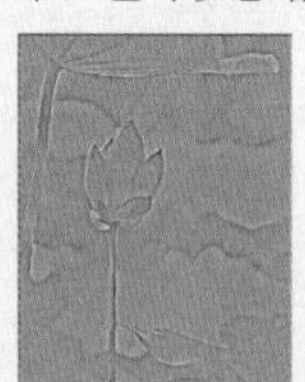

半径：4 像素

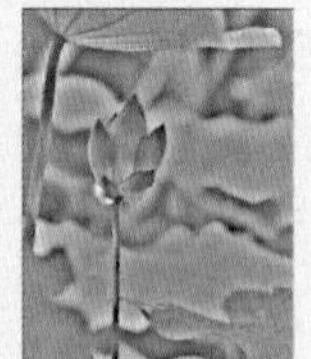

半径：15 像素

提 示

在照片的处理中，高反差保留滤镜主要用来清晰照片的轮廓。

知识提点

叠加混合模式

叠加混合模式很好地融合了图像的明度和色相，并且保留了图像的颜色特征以及图层的变化，产生非常自然的色彩合成效果。

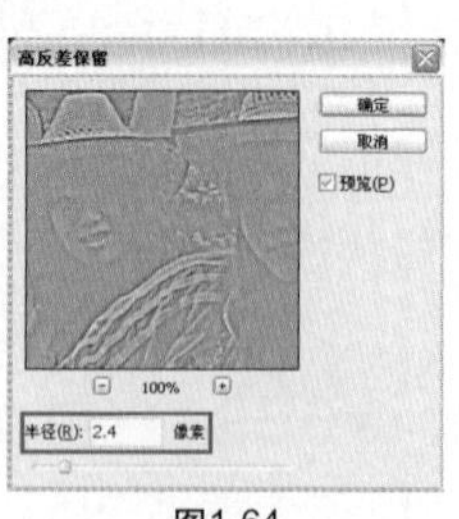

图1-64

图1-65

04 选择“背景 副本”图层，并单击“添加图层蒙版”按钮，如图1-66所示，再按D键恢复前景色和背景色的默认状态，然后选择铅笔工具，在蒙版上将人物轮廓以外的背景勾绘出来，如图1-67所示。

图1-66

图1-67

05 选择“背景 副本”图层，并将图层的混合模式设置为“叠加”，如图1-68所示，得到如图1-69所示的效果。

图1-68

图1-69

06 复制“背景 副本”图层，如图1-70所示，效果如图1-71所示。

图1-70

图1-71

原图 1

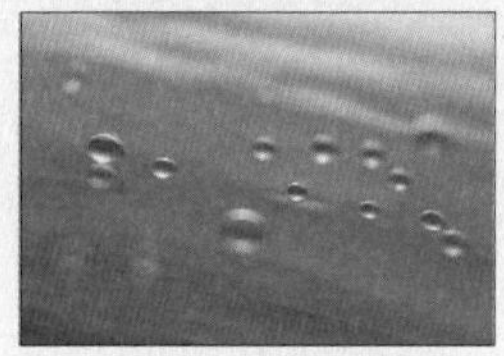
原图 2

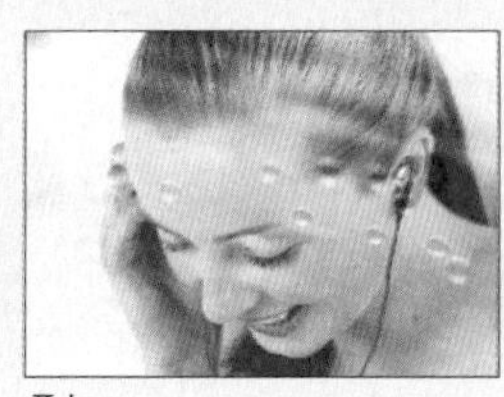
叠加

在“图层”面板中可以调整图层的不透明度。不透明度的参数值不同，得到的效果不同。

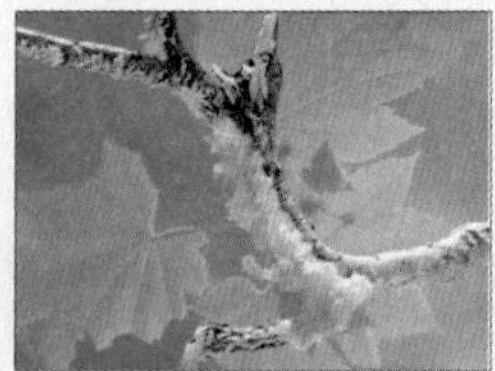
不透明度：40%

不透明度：80%

07 复制“背景 副本2”图层，得到“背景 副本3”图层，如图1-72所示，得到如图1-73所示的效果。

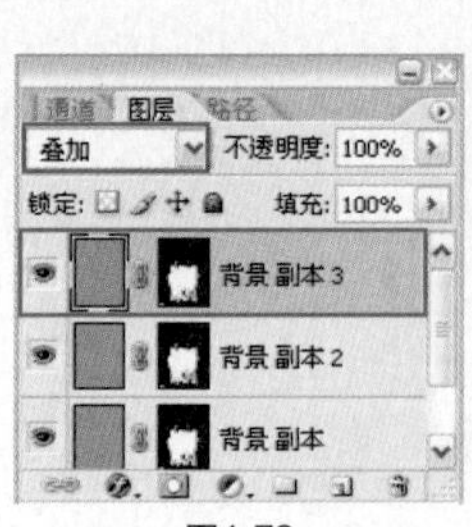

图1-72

图1-73

08 按快捷键Ctrl+A全选图像，如图1-74所示，再按快捷键Ctrl+Shift+C复制图像，最后按快捷键Ctrl+V进行粘贴，得到“图层1”图层，如图1-75所示。

图1-74

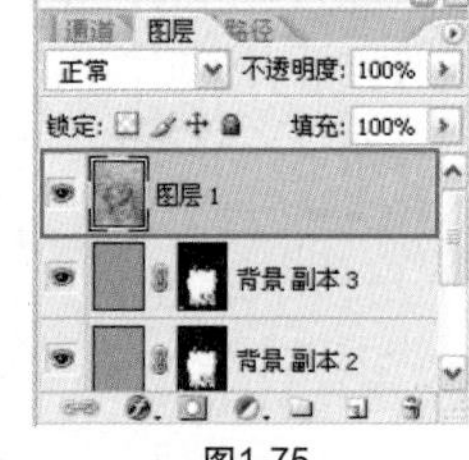

图1-75

09 选择“图层1”图层，执行“图像>调整>亮度/对比度”命令，在弹出的对话框中设置各项参数，如图1-76所示，然后单击“确定”按钮，得到如图1-77所示的效果。至此，本案例制作完成。

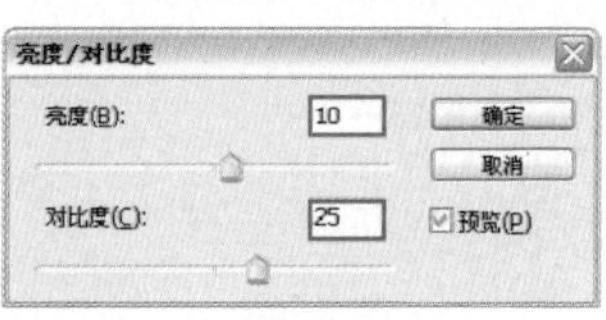

图1-76

图1-77

07 矫正变形的照片

原照片在拍摄的过程中，由于镜头距离被拍摄者过近，导致照片上的人物变形，可以利用滤镜功能进行修改。

应用功能：液化滤镜

CD-ROM：Chapter 1\07矫正变形的照片\Complete\07矫正变形的照片.psd

知识提点

液化滤镜的功能

利用液化滤镜可以对所选图像的局部进行任意扭曲变形，操作的自由度非常高，大都用于对人物的表情、局部体形进行重塑。

使用该滤镜时，要把握变形部位的准确透视关系，不能夸张变形，失去图像本来的意义。

原图

旋转扭曲效果

01 按快捷键Ctrl+O，在弹出的对话框中选择本书配套光盘中Chapter 1\07 矫正变形的照片\Media\001.jpg文件，再单击“打开”按钮。打开的素材如图1-78所示。

图1-78

02 执行“滤镜>液化”命令，在弹出的“液化”对话框中单击“向前变形工具”按钮，并在人物的脸部仔细涂抹，如图1-79所示，然后单击“确定”按钮，得到如图1-80所示的效果。

图1-79

图1-80

校正照片的构图

01 删除照片中多余的景物

知识提点：裁剪工具的功能

02 删除照片中多余的人物

知识提点：裁切命令

03 修正照片中杂乱的背景

知识提点：套索工具的选项栏

04 去除照片的彩色颗粒

知识提点：去斑滤镜、位图蒙版

05 突出照片的主体

知识提点：高斯模糊滤镜、USM锐化滤镜

06 使模糊的照片变得清晰

知识提点：通道的概念和特点、照亮边缘滤镜、选区与通道的转换

01 删除照片中多余的景物

原照片中的景物所占比例过大，忽略了主要人物在照片上的重心，需要利用Photoshop的工具将多余的背景删除。

应用功能：裁剪工具

CD-ROM：Chapter 2\01删除照片中多余的景物\Complete\01删除照片中多余的景物.psd

知识提点

裁剪工具的功能

打印照片时，如果遇到构图欠佳的照片，可以使用裁剪工具修正。

在 Photoshop 中，按 C 键切换到裁剪工具，在图像上拖动，显示出裁剪的区域，按 Enter 键后确定裁剪。

原图

裁剪后

01 按快捷键Ctrl+O，在弹出的对话框中选择本书配套光盘中Chapter 2\01删除照片中多余的景物\Media\001.jpg文件，再单击“打开”按钮。打开的素材如图2-1所示。

图2-1

02 选择裁剪工具，如图2-2所示，对照片进行选取，然后按Enter键确定裁剪，效果如图2-3所示。至此，本案例制作完成。

图2-2

图2-3

02 删除照片中多余的人物

原照片的取景以山体和瀑布为主，右下角的人物破坏了照片的构图，可以通过改变图像大小调整构图。

应用功能：裁剪工具

CD-ROM：Chapter 2\02 删除照片中多余的人物\Complete\02 删除照片中多余的人物.psd

知识提点

裁切命令

在 Photoshop 中，与裁剪工具有相似功能的是裁切命令。执行“图像>裁切”命令，弹出“裁切”对话框。

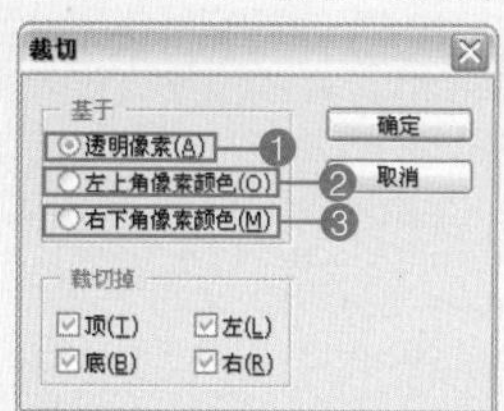

❶透明像素：在没有“背景”图层的情况下，对图像的空白部分进行裁切。

裁切前

裁切后

❷左上角像素颜色：以图像左上角的颜色为基准进行裁切。

❸右下角像素颜色：以图像右下端的颜色为基准进行裁切。

01 执行“文件>打开”命令，在弹出的对话框中选择本书配套光盘中Chapter 2\02 删除照片中多余的人物\Media\001.jpg文件，再单击“打开”按钮。打开的素材如图2-4所示。

图2-4

02 选择裁剪工具，如图2-5所示，选取照片中要保留的部分，然后按Enter键确定裁剪，如图2-6所示。至此，本案例制作完成。

图2-5

图2-6

03 修正照片中杂乱的背景

After

Before

原照片中白色栏杆破坏了照片的构图，使背景显得杂乱，照片看上去很散，可以去除白色栏杆。

应用功能：套索工具、修补工具、仿制图章工具

CD-ROM：Chapter 2\03修正照片中杂乱的背景\Complete\03修正照片中杂乱的背景.psd

知识提点

套索工具的选项栏

套索工具主要用来快速选取选区，但一般不用来精确选取图像。

下面介绍该工具的选项栏。

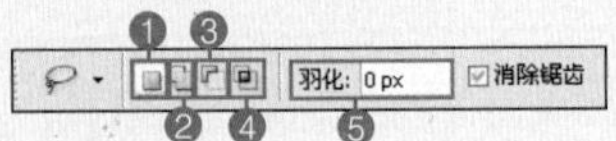

❶ “新选区”按钮：单击该按钮，在图像上新建选区。

新建选区

❷ “添加到选区”按钮：单击该按钮后，可以增加选区。如果增加的选区与原有的选区不相交，可以同时建立几个独立的选区。

增加选区

01 执行“文件>打开”命令，在弹出的对话框中选择本书配套光盘中Chapter 2\03修正照片中杂乱的背景\Media\001.jpg文件，再单击“打开”按钮。打开的素材如图2-7所示。

图2-7

02 选择套索工具，如图2-8所示，在人物右边的白色栏杆上选取一个选区，然后选择仿制图章工具，按住Alt键在选区周围吸取颜色，再松开Alt键并在选区内进行涂抹，如图2-9所示。反复进行相同的操作，效果满意后按快捷键Ctrl+D取消选择，得到如图2-10所示的效果。

图2-8

图2-9

图2-10

❸ “从选区减去”按钮：单击该按钮后，可以减少选区，保留原选区中未与新选区重叠的部分。

减少选区

❹ “与选区交叉”按钮：单击该按钮后，可以减少选区，保留两个选区重叠的部分。

交叉选区

❺羽化：“羽化”选项的参数值，大小决定选区内图像边缘的柔和度。合成图像时多用该选项。参数值的范围为0~255px。

羽化：0 像素

羽化：20 像素

提 示

单击“新选区”按钮后，按住Shift键可切换到添加选区状态，按住Alt键可以切换到“从选区减去”操作状态，按住Ctrl键可以移动选区中的图像部分，显示背景颜色。

03 重复步骤2的方法，把人物右边的另一部分白色栏杆涂抹掉，如图2-11、图2-12和图2-13所示。

图2-11

图2-12

图2-13

04 重复步骤2的方法，把人物左边的那部分白色栏杆涂抹掉，如图2-14和图2-15所示。

图2-14

图2-15

05 选择修补工具，如图2-16所示，在照片的多余景物上选取一个选区，然后移动选区到树叶上，如图2-17所示，最后按快捷键Ctrl+D取消选择，得到如图2-18所示的效果。

图2-16

图2-17

图2-18

06 参考步骤5，去除其他亮点，如图2-19和图2-20所示。多次重复上述操作，得到如图2-21所示的效果。至此，本案例制作完成。

图2-19

图2-20

图2-21

04 去除照片的彩色颗粒

After

Before

原照片中有少量的彩色颗粒，也就是噪点，可在Photoshop中去除彩色颗粒。

应用功能：高斯模糊滤镜、去斑滤镜、画笔工具、图层蒙版

CD-ROM：Chapter 2\04去除照片的彩色颗粒\Complete\04去除照片的彩色颗粒.psd

拍摄技巧

噪点是数码相机的固有缺陷。在光线稍暗或有阴影的环境里拍摄照片，特别容易产生图像噪点。感光度的数值越高，画面的质量就会越粗糙；感光度的数值越低，画面就会越细腻。将感光度调低一些，然后用相对较长的曝光时间来补偿光线的进入，可以减少噪点。

知识提点

去斑滤镜

通常使用去斑滤镜去除噪点，保留原图像的细节，但轻微地模糊了图像。次数越多，图像越模糊。

原图

7 次去斑后

01 按快捷键Ctrl+O，在弹出的对话框中选择本书配套光盘中Chapter 2\04去除照片的彩色颗粒\Media\001.jpg文件，再单击“打开”按钮。打开的素材如图2-22所示。

图2-22

02 在“图层”面板中将“背景”图层拖移至“创建新图层”按钮上，得到“背景 副本”图层，如图2-23所示，然后执行“滤镜>杂色>去斑”命令，得到如图2-24所示的效果。

图2-23

图2-24

知识提点

位图蒙版

蒙版分为位图蒙版和矢量蒙版两种。

1. 位图蒙版（图层蒙版）的特点

（1）用于制作透明图层的效果，并且可以产生更丰富的图层变化。在位图蒙版（图层蒙版）中可以使用画笔工具进行绘制，也可以使用渐变工具进行填充，还可以应用滤镜。

（2）蒙版中是没有色彩的。

（3）在位图蒙版中，白色是显示区域，灰色是图像的半透明状态，黑色是隐藏区域。

2. 位图蒙版的操作

建立图层蒙版的方法如下。

方法一：执行“图层>图层蒙版>显示全部”命令。

方法二：在“图层”面板中单击“添加图层蒙版”按钮。

删除位图蒙版的方法如下。

方法一：在“图层”面板上，选择图层蒙版并右击，在弹出的快捷菜单中执行“删除图层蒙版”命令。

方法二：选择图层蒙版，直接将其拖移到“删除图层”按钮。

提 示

如果图像上有选区，新建的位图蒙版以选区的范围确定。

蒙版中的黑色部分只是将图层暂时隐藏。如果想重新显示并修改，只要将前景色设置为白色并在蒙版上进行涂抹就可以显示原图像。

03 复制“背景 副本”图层，得到“背景 副本2”图层。选择“背景 副本2”图层，执行“滤镜>模糊>高斯模糊”命令，在弹出的对话框中设置各项参数，如图2-25所示，然后单击“确定”按钮，效果如图2-26所示。

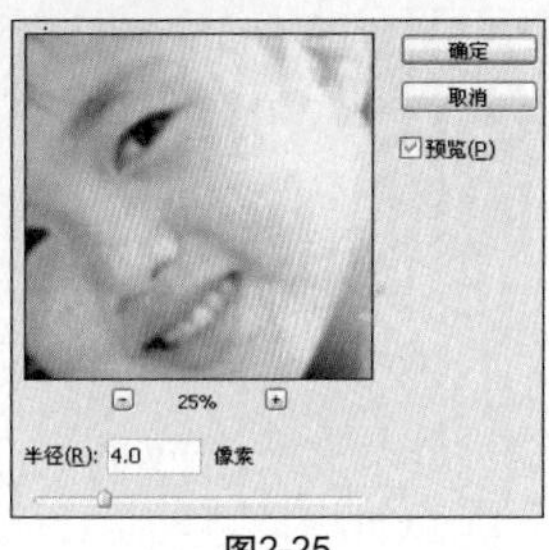

图2-25

图2-26

04 选择“背景 副本2”图层，将图层的“不透明度”改为50%，如图2-27所示，得到如图2-28所示的效果。

图2-27

图2-28

05 复制“背景 副本2”图层，得到“背景 副本3”图层，并将图层的“不透明度”改为100%。单击“添加图层蒙版”按钮，再按D键恢复前/背景色的默认设置，然后选择画笔工具，把人物的五官描绘出来，如图2-29所示，最后得到如图2-30所示的效果。至此，本案例制作完成。

图2-29

图2-30

05 突出照片的主体

After

Before

本例原照片的主体不突出，可以使背景变模糊，进而强调前景的主体。

应用功能：高斯模糊滤镜、橡皮擦工具、锐化滤镜

CD-ROM：Chapter 2\05突出照片的主体\Complete\05突出照片的主体.psd

知识提点

高斯模糊滤镜

利用高斯模糊滤镜可以有选择地对图像进行均匀的、可控制的模糊，模拟拍摄中焦距不准的模糊效果。

执行“滤镜 > 模糊 > 高斯模糊”命令，弹出“高斯模糊”对话框。

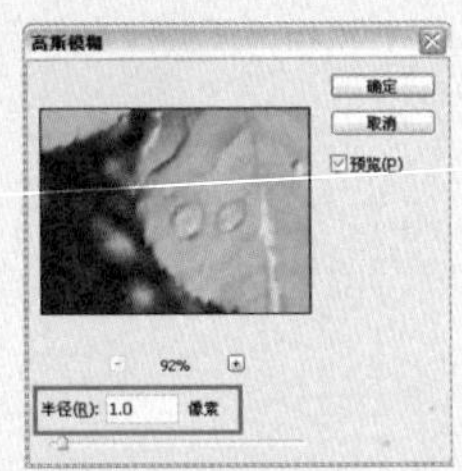

半径：半径值的大小，决定图像细节的模糊程度。

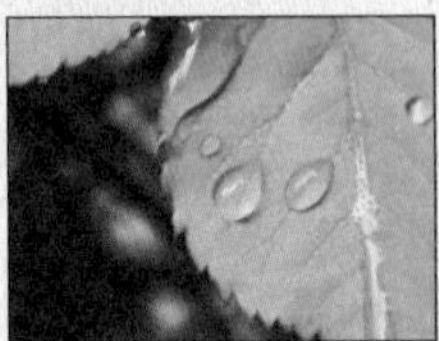
原图

01 执行“文件>打开”命令，在弹出的对话框中选择本书配套光盘中Chapter 2\05突出照片的主体\Media\001.jpg文件，再单击“打开”按钮。打开的素材如图2-31所示。

图2-31

02 在“图层”面板中将“背景”图层拖移至“创建新图层”按钮上，得到“背景 副本”图层，然后执行“滤镜>模糊>高斯模糊”命令，在弹出的对话框中将“半径”设置为“50.0像素”，如图2-32所示，最后单击“确定”按钮，得到如图2-33所示的效果。

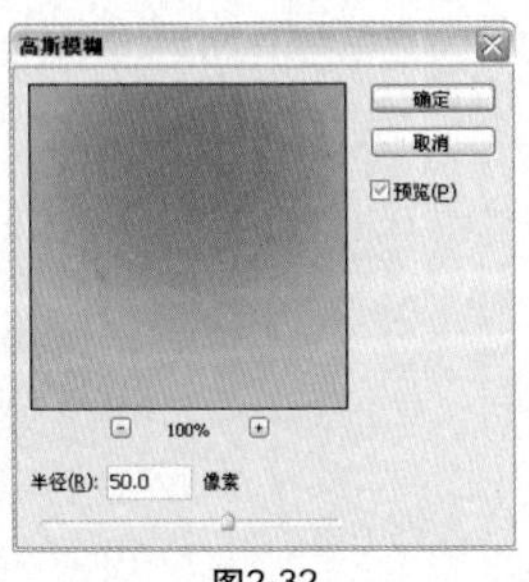
图2-32

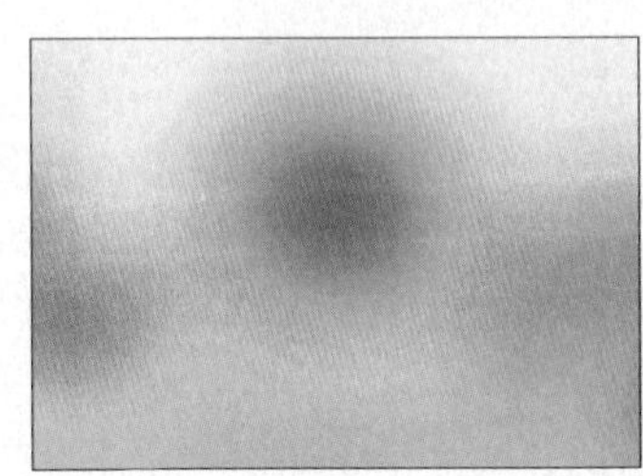
图2-33

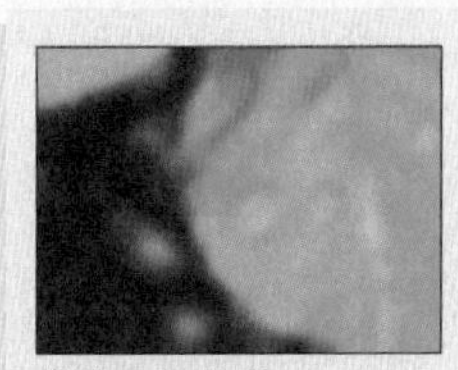
半径：15 像素

知识提点

USM 锐化滤镜

USM 锐化滤镜主要用于调整图像边缘的细节，增强图像边缘的对比度，从而强调图像的边缘。

执行“滤镜 > 锐化 >USM 锐化”命令，弹出“USM 锐化”对话框。

❶数量：调整图像的锐化程度。

❷半径：调整图像的边缘像素。

❸阈值：调整图像边缘像素。当阈值为 0 像素时，锐化所有像素。

数量：100%
半径：2 像素
阈值：0 色阶

03 在“背景 副本”图层中，将“不透明度”改为80%，如图2-34所示，得到如图2-35所示的效果。

图2-34

图2-35

04 选择橡皮擦工具，在花卉上进行涂抹，效果如图2-36所示。

图2-36

05 选择“背景”图层，再执行“滤镜 > 锐化 > USM锐化”命令，在弹出的对话框中设置各项参数，如图2-37所示，然后单击“确定”按钮，得到如图2-38所示的效果。至此，本案例制作完成。

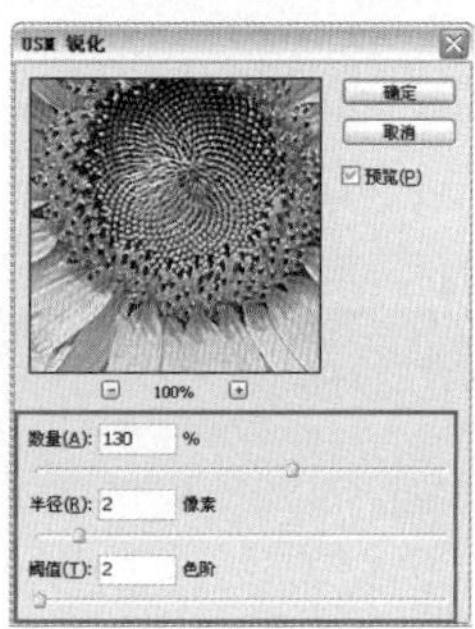

图2-37

图2-38

06 使模糊的照片变得清晰

After

Before

在拍摄时，由于手抖动导致照片模糊不清，可以突出人物的亮部；进而使照片清晰。

应用功能：通道、照亮边缘滤镜、色阶命令、绘画涂抹滤镜

CD-ROM：Chapter 2\06使模糊的照片变得清晰\Complete\06使模糊的照片变得清晰.psd

拍摄技巧

拍摄人物照片时，最好不要使用自动模式。如果光线不足会导致快门过慢而使拍出的照片模糊。建议使用手动调整模式拍摄，再使用最大光圈增加进光量。通常光圈为F6，快门为1/500秒左右时才能拍出清晰的照片。

知识提点

通道的概念和特点

1. 通道的概念

通道分为基本通道和自定义通道，主要是保存图像颜色和选区信息的地方。

（1）基本通道：Photoshop中自动建立的通道，用来保存图像的颜色信息。使用不同的颜色模式时显示在"通道"面板上的通道数量也不同。

（2）自定义通道：根据需要定义通道并执行操作，在以后的章节中会详细讲解。

2. 通道的特点

通道是没有色彩的，通道中的图像由色阶变化的灰度构成，在通道中只存在黑、白、灰。

01 执行"文件>打开"命令，在弹出的对话框中选择本书配套光盘中Chapter 2\06使模糊的照片变得清晰\Media\001.jpg文件，再单击"打开"按钮。打开的素材如图2-39所示。

图2-39

02 在"图层"面板中将"背景"图层拖移至"创建新图层"按钮上，得到"背景 副本"图层，如图2-40所示。

图2-40

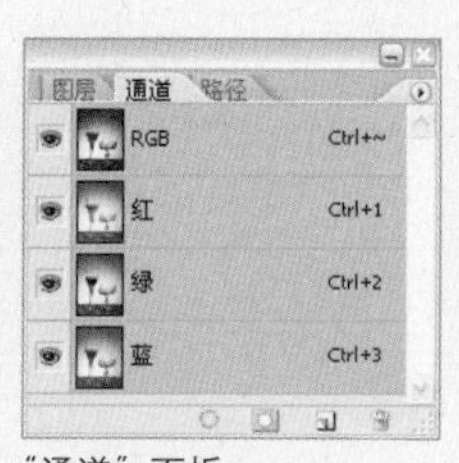

“通道”面板

知识提点

照亮边缘滤镜

照亮边缘滤镜通过查找图像边缘和颜色，为图像增加类似霓虹灯光的效果。

执行“滤镜 > 风格化 > 照亮边缘”命令，弹出“照亮边缘”对话框

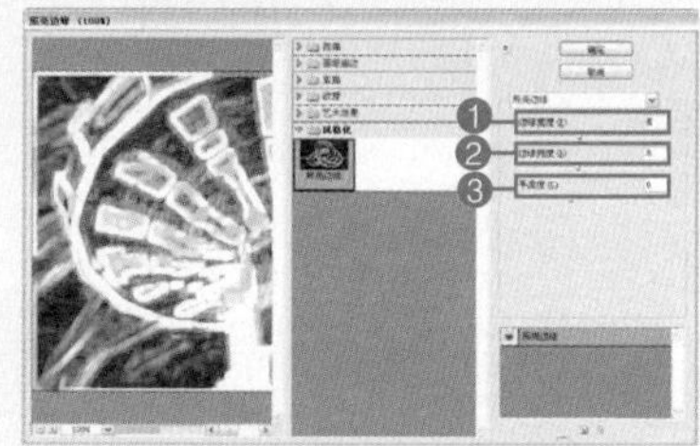

❶边缘宽度：增加被照亮边缘的宽度。

❷边缘亮度：调整被照亮边缘的亮度。

❸平滑度：调整被照亮边缘的柔和度。

原图

边缘宽度：1
边缘亮度：2
平滑度：1

边缘宽度：5
边缘亮度：2
平滑度：1

03 在“通道”面板上单击绿色通道，并将其拖移至“创建新通道”按钮上，得到“绿 副本”通道，如图2-41所示。效果如图2-42所示。

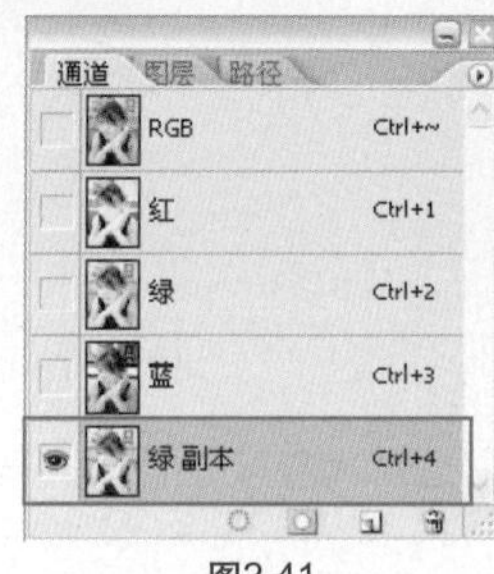

图2-41

图2-42

04 选择“绿 副本”通道，执行“滤镜＞风格化＞照亮边缘”命令，在弹出的对话框中设置各项参数，如图2-43所示，然后单击“确定”按钮，得到如图2-44所示的效果。

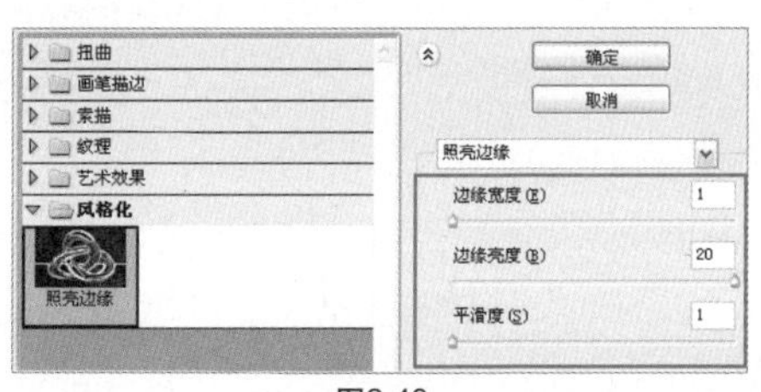

图2-43

图2-44

05 执行“滤镜＞模糊＞高斯模糊”命令，在弹出的对话框中设置参数，如图2-45所示，再单击“确定”按钮，效果如图2-46所示。

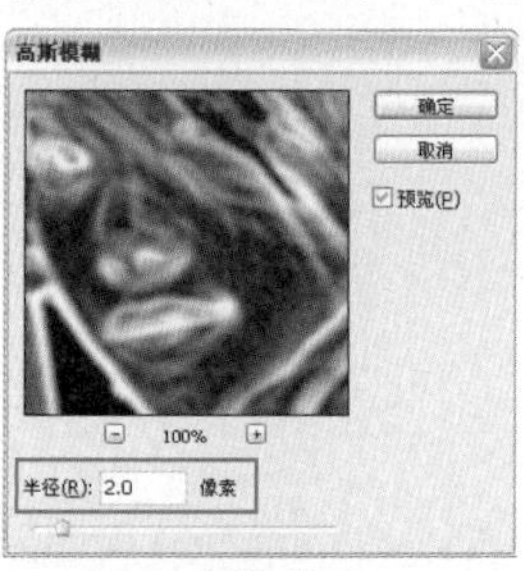

图2-45

图2-46

06 执行“图像＞调整＞色阶”命令，在弹出的对话框中设置各项参数，如图2-47所示，再单击”确定”按钮，效果如图2-48所示。

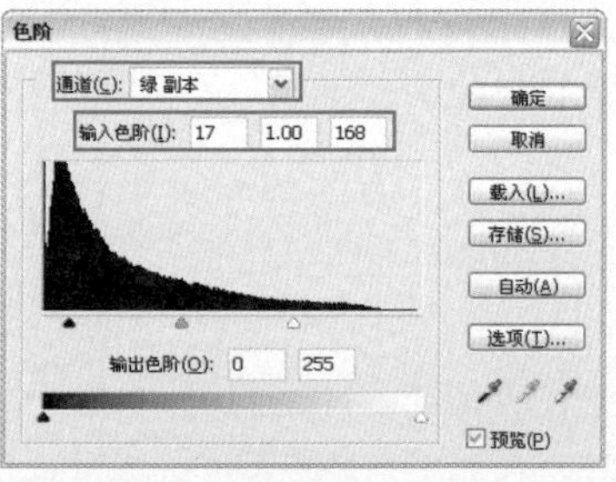

图2-47

图2-48

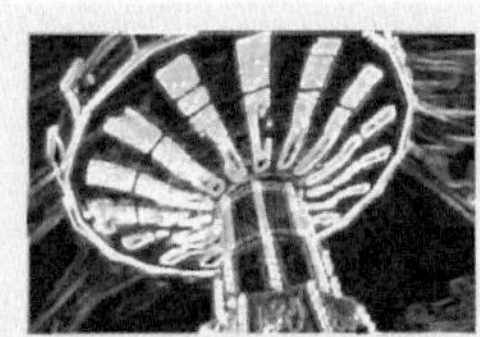

边缘宽度：5
边缘亮度：4
平滑度：1

边缘宽度：5
边缘亮度：4
平滑度：5

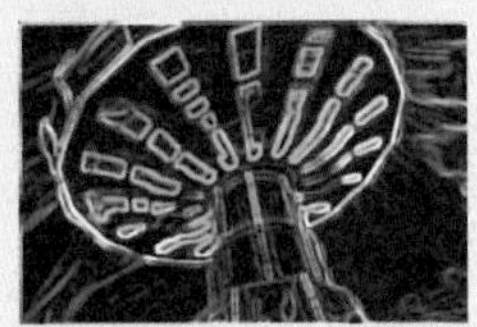

边缘宽度：5
边缘亮度：4
平滑度：10

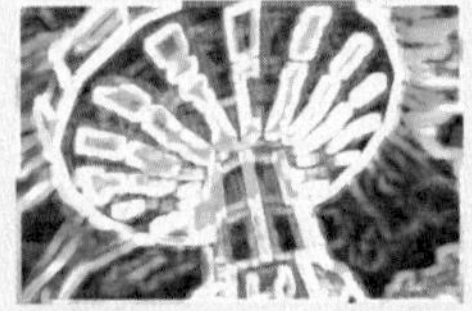

边缘宽度：10
边缘亮度：10
平滑度：10

知识提点

选区与通道的转换

可以在“通道”面板中实现选区与通道的转换。

❶“将通道作为选区载入”按钮：将通道图像作为选区。将通道拖移到按钮上，或者按住Ctrl键单击需要建立选区的通道，在图像上就会显示建立的选区。

07 选择“绿 副本”通道，按D键恢复前景色和背景色的默认设置，然后选择画笔工具，涂抹人物轮廓以外的部分，如图2-49所示。

图2-49

08 执行“选择>载入选区”命令，在弹出的对话框中保持默认设置，如图2-50所示，然后单击“确定”按钮，效果如图2-51所示。

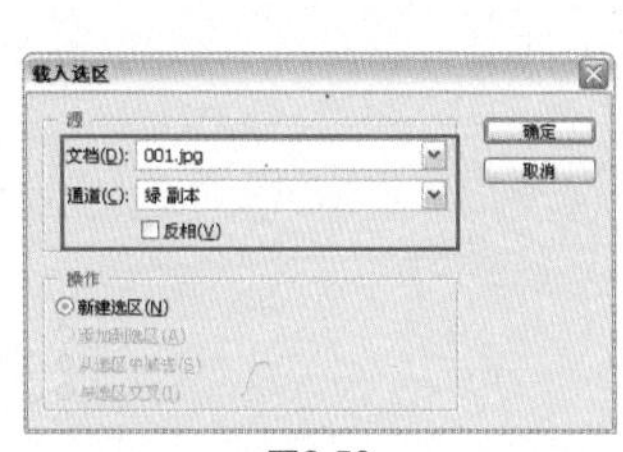

图2-50

图2-51

09 回到“图层”面板，选择“背景 副本”图层，如图2-52所示，得到如图2-53所示的效果。

图2-52

图2-53

10 执行“滤镜>艺术效果>绘画涂抹”命令，在弹出的对话框中设置各项参数，如图2-54所示，完成后单击“确定”按钮，再按快捷键Ctrl+D取消选择，得到如图2-55所示的效果。

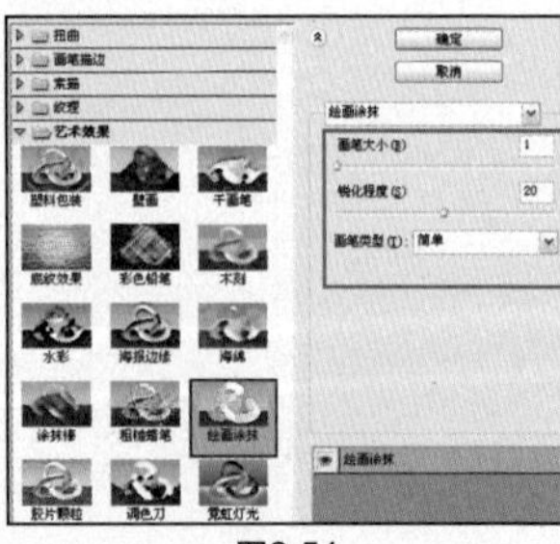

图2-54

图2-55

得到选区

❷“将选区存储为通道”按钮：将图像中已经载入选区的部分存储为通道。

得到新通道

11 复制“背景 副本”图层，得到“背景 副本2”图层，并将其移动到“背景 副本”图层的下面，如图2-56所示。

图2-56

12 选择“背景 副本2”图层，将其“混合模式”设置为“滤色”，“不透明度”改为40%，如图2-57所示，得到如图2-58所示的效果。至此，本案例制作完成。

图2-57

图2-58

校正照片的光线

01 去除照片中多余的投影

知识提点：背景图层、调整图层

02 提亮照片的局部

知识提点：羽化命令

03 修正曝光不足的照片

知识提点：反相命令、亮度/对比度命令

04 修正曝光过度的照片

知识提点：通道的操作、合并图层

05 增加照片的光源

知识提点：油漆桶工具

06 修复侧光造成的局部亮面

知识提点：磁性套索工具、移动工具

07 校正逆光的照片

知识提点：钢笔工具

08 突出照片的光影

知识提点：新建图层

01 去除照片中多余的投影

After

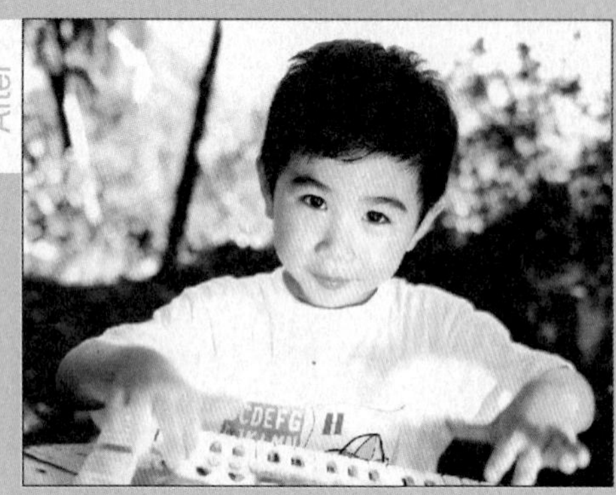

Before

由于光线照射的原因，导致拍摄者的影子投射在照片中，可以在Photoshop中去除。

应用功能：曲线命令，画笔工具，图层蒙版

CD-ROM：Chapter 3\01去除照片中多余的投影\Complete\01去除照片中多余的投影.psd

拍摄技巧

在拍摄人物照片时，如果光线比较强烈，又是从拍摄者的正后方照在被拍摄者人物的后背上，就会出现投影。在拍摄人物照片时，尽量避免在正午强光下拍摄，也要选择侧光拍摄。

知识提点

背景图层

按类型图层可以分为普通图层、背景图层、文字图层、形状图层、调节图层。

背景图层：只能置于图层的最底部，对背景图层不能设置混合模式，不能移动，不能删除，不能添加图层样式及图层蒙版。

“背景”图层

01 按快捷键Ctrl+O，在弹出的对话框中选择本书配套光盘中Chapter 3\01去除照片中多余的投影\Media\001.jpg文件，再单击“打开”按钮。打开的素材如图3-1所示。

图3-1

02 在“图层”面板中将“背景”图层拖移至“创建新图层”按钮上，得到“背景 副本”图层，如图3-2所示。

图3-2

知识提点

调整图层

如果使用调整图层对图像进行调整，不影响原图像，并可以随时恢复原图像。调整图层一般用于对图像的颜色进行调整。

1. 新建调整图层的方法

方法一：执行“图层>新建调整图层”命令，在弹出的级联菜单中执行所需命令。

方法二：在“图层”面板，单击“创建新的填充或调整图层”按钮，在弹出的菜单中执行所需命令。

❶调整图层的图层缩览图：双击缩览图，在弹出的对话框中设置相关参数。

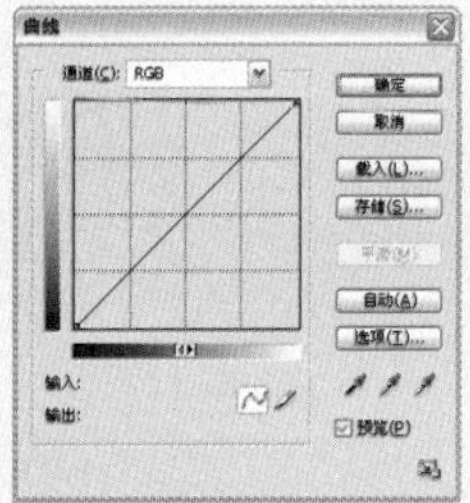

“曲线”对话框

❷“创建新的填充或调整图层”按钮：单击该按钮后，弹出菜单。

❸调整图层的蒙版缩览图：单击该缩览图，选择图层蒙版。

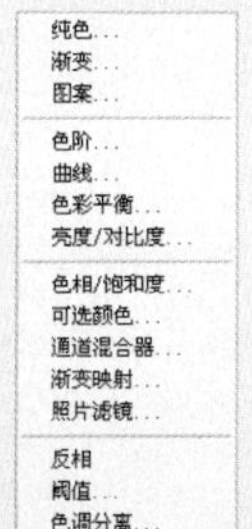

调整图层的种类

03 选中“背景 副本”图层，单击“创建新的填充或调整图层”按钮，如图3-3所示。在弹出的菜单中执行“曲线”命令，然后在弹出的“曲线”对话框中设置各项参数，如图3-4所示，完成后单击“确定”按钮，效果如图3-5所示。

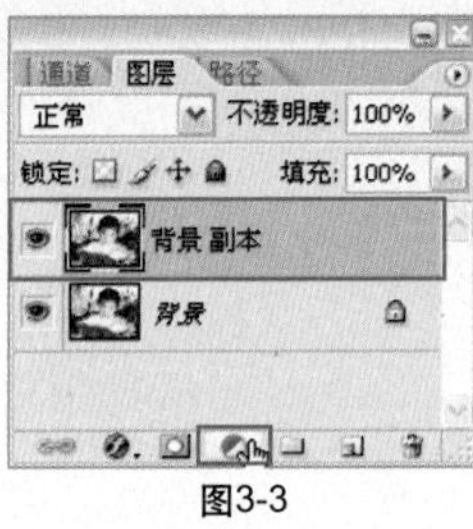

图3-3

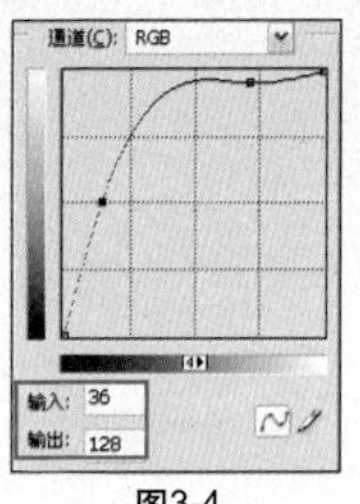

图3-4

图3-5

04 选择“曲线1”图层，按快捷键Ctrl+I反相，如图3-6所示，得到如图3-7所示的效果。

图3-6

图3-7

05 选择“曲线1”图层的蒙版，如图3-8所示。将前景色设置为白色，再选择画笔工具，然后在选项栏中设置合适的画笔大小和不透明度，最后在投影部分进行涂抹，如图3-9所示。

图3-8

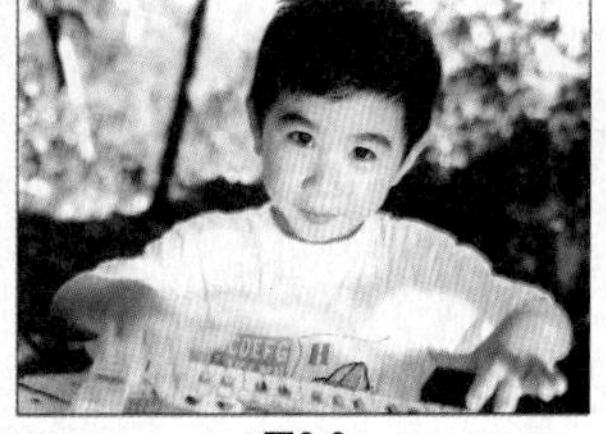

图3-9

06 选择“曲线1”图层，按住Ctrl键单击蒙版缩览图，得到如图3-10所示的选区。

图3-10

2. 调整图层的特点

调整图层是独立的图层，它的操作效果与图像调整中的调色命令是相同的，不同的是，在调整图层中执行的操作对该图层下面的所有图层都有效，并且可以反复进行操作而不会损失图像。

在一个调节图层中只能执行一个命令。在调整图层中通过蒙版来控制颜色的调整范围。

调整图层颜色后

部分选取蒙版

全部选取蒙版

07 再次单击“创建新的填充或调整图层”按钮，如图3-11所示，在弹出的菜单中执行“曲线”命令，然后在弹出的“曲线”对话框中设置各项参数，如图3-12所示，完成后单击“确定”按钮，效果如图3-13所示。

图3-11

图3-13

图3-12

08 单击“曲线2”图层的蒙版缩览图，如图3-14所示，然后选择画笔工具。按D键恢复前景色和背景色的默认设置，在投影的部分进行涂抹，使投影更自然，如图3-15所示。

图3-14

图3-15

09 新建“图层1”图层，并将图层的混合模式设置为“颜色”，如图3-16所示，然后选择吸管工具，在人物的衣服上吸取颜色，如图3-17所示。

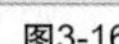

图3-16

图3-17

10 选择画笔工具，在人物的衣服上进行颜色修饰，得到如图3-18所示的效果。至此，本案例制作完成。

图3-18

提亮照片的局部

本例原照片在拍摄时没有找光源的位置，所以人物的脸部显得灰暗，看不到清晰的五官。

应用功能：羽化命令，色阶命令，可选颜色命令

CD-ROM：Chapter 3\02提亮照片的局部\Complete\02提亮照片的局部.psd

拍摄技巧

拍摄时调整曝光补偿，可以避免照片的局部偏暗。曝光补偿主要是通过调整感光度（ISO）来达到补光的效果，曝光补偿的调节范围一般在正负两级（表示为 ±2EV）之间。通常以三分之一档曝光量递进。曝光补偿量均用 +2、+1、0、-1、-2 等表示，“+”表示在测光所定曝光量的基础上增加曝光，“-”表示减少曝光。如果想要正常表现人物过暗的脸部，就应将曝光增加 1~2 档，即调至 +1EV 或 +2EV。

知识提点

羽化命令

羽化选区是指柔和选区边缘。羽化半径的参数值越大，选区的边缘线越宽。在处理数码照片时，多用于合成图像，使边缘过渡很自然。

执行“选择>羽化”命令，在弹出“羽化选区”对话框中设置参数，完成后单击“确定”按钮。

01 按快捷键Ctrl+O，在弹出的对话框中选择本书配套光盘中Chapter 3\02提亮照片的局部\Media\001.jpg文件，再单击“打开”按钮。打开的素材如图3-19所示。

图3-19

02 选择套索工具，在人物的脸部选取选区，如图3-20所示，然后执行“选择>羽化”命令，在弹出的“羽化”对话框中将“羽化半径”设置为“4像素”，如图3-21所示，完成后单击“确定”按钮。

图3-20

图3-21

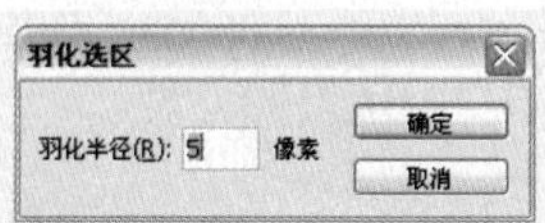

羽化选区

选择套索工具，在图像上建立选区，再以不同的羽化半径羽化选区，然后按 Delete 删除选区中的图像部分。

建立选区

羽化半径：0 像素

羽化半径：20 像素

03 按快捷键Ctrl+L，在弹出的“色阶”对话框中设置各项参数，如图3-22所示，完成后单击“确定”按钮，得到如图3-23所示的效果。

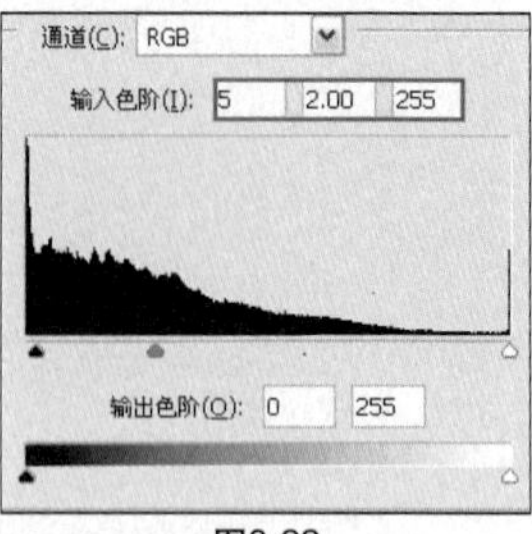

图3-22

图3-23

04 在“图层”面板中单击“创建新的填充或调整图层”按钮。在弹出的菜单中执行“可选颜色”命令，在弹出的“可选颜色选项”对话框的“颜色”下拉列表框中选择“黄色”，并设置各项参数，如图3-24所示，完成后单击“确定”按钮。得到的效果如图3-25所示。至此，本案例制作完成。

图3-24

图3-25

修正曝光不足的照片

由于天气的原因和相机的曝光量不合适，本例原照片曝光不足，通过增加图像的高光可以弥补曝光量。

应用功能：曲线命令，反相命令，图层蒙版，亮度/对比度命令

CD-ROM：Chapter 3\03修正曝光不足的照片\Complete\03修正曝光不足的照片.psd

拍摄技巧

如果照片过暗，要增加 EV 值以增加曝光量，EV 值每增加 1.0，相当于摄入的光线量增加一倍。

知识提点

反相命令

利用反相命令主要是反转图像的亮度，将原图像中的黑色变为白色，白色变为黑色，对图像的色相进行反相处理。在处理照片中，该命令并不是很常用，通常用于对照片的部分处理以及特殊处理。反相处理后照片转为负片效果，与照片的底片有些相似。

执行“图像>调整>反相”命令，或者按快捷键 Ctrl+I 执行反相操作。

原图

01 按快捷键Ctrl+O，在弹出的对话框中选择本书配套光盘中Chapter 3\03修正曝光不足的照片\Media\001.jpg文件，再单击“打开”按钮。打开的素材如图3-26所示。

图3-26

02 在“图层”面板中将“背景”图层拖移到“创建新图层”按钮上，复制“背景”图层，得到“背景 副本”图层，如图3-27所示。

图3-27

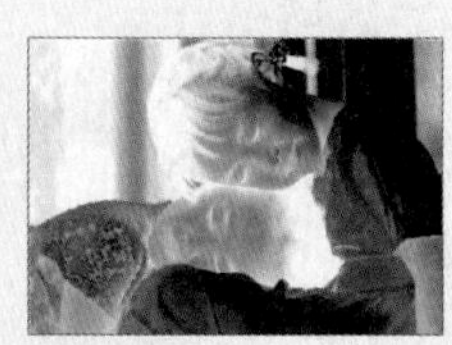

反相

原图

反相

知识提点

亮度/对比度命令

亮度/对比度命令一般用于将昏暗的照片提亮，同时增加照片的明暗对比，使照片更加鲜明。

执行“图像>调整>亮度/对比度”命令，弹出“亮度/对比度”对话框。

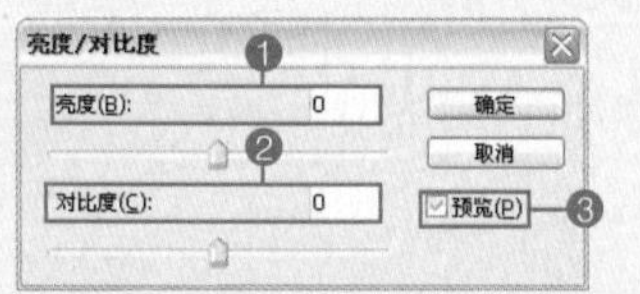

❶亮度：改变图像中颜色的亮度。亮度的参数值越大，图像的整体就越亮。

❷对比度：是图像的亮部和暗部的反差。对比度的参数值越大，图像颜色对比就越强。

❸预览：选中此复选框，可预览调整效果。

原图

03 选择“背景 副本”图层，执行“图像>调整>曲线”命令，在弹出的“曲线”对话框中设置各项参数，如图3-28所示，完成后单击“确定”按钮，效果如图3-29所示。

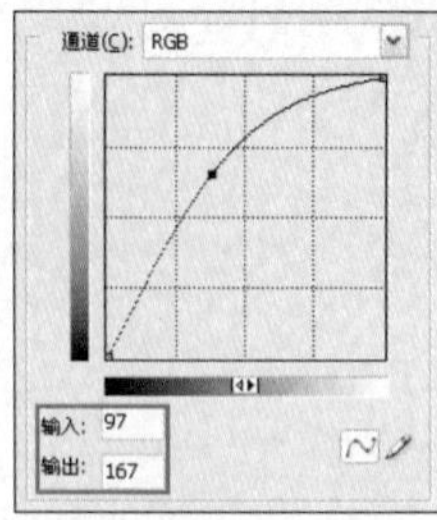

图3-28

图3-29

04 选择“背景 副本”图层，按快捷键Alt+Ctrl+Shift+~，选取照片的亮部，如图3-30所示。

图3-30

05 选择“背景 副本”图层，再单击“添加图层蒙版”按钮，如图3-31所示，得到如图3-32所示的效果。

图3-31

图3-32

06 执行“图像>调整>反相”命令，得到如图3-33所示的效果。

图3-33

07 按快捷键Ctrl+M，在弹出的“曲线”对话框中设置各项参数，如图3-34所示，单击“确定”按钮后得到如图3-35所示的效果。

亮度：10
对比度：20

亮度：20
对比度：20

亮度：20
对比度：50

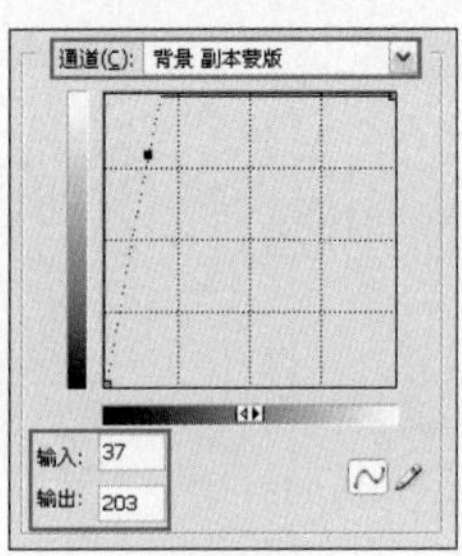

图3-34

图3-35

08 单击“背景 副本”图层上的图层缩览图，如图3-36所示，然后执行“图像>调整>亮度/对比度”命令，在弹出的对话框中设置各项参数，如图3-37所示，完成后单击“确定”按钮。得到的效果如图3-38所示。至此，本案例制作完成。

图3-36

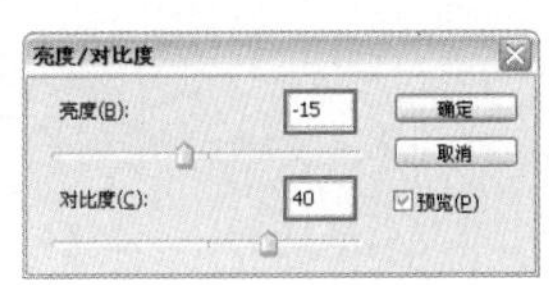

图3-37

图3-38

04 修正曝光过度的照片

本例原照片曝光过度，通过颜色调整使图像的暗部更暗，以减少曝光量。

应用功能：通道，可选颜色命令，画笔工具，锐化命令

CD-ROM：Chapter 3\04修正曝光过度的照片\Complete\04修正曝光过度的照片.psd

知识提点

通道的操作

1. 反相通道

在"通道"面板上选择需要反相的通道，然后按快捷键 Ctrl+I 进行反相。

原图

选择"蓝"通道

反相后的通道

01 按快捷键Ctrl+O，在弹出的对话框中选择本书配套光盘中Chapter 3\04修正曝光过度的照片\Media\001.jpg文件，再单击"打开"按钮。打开的素材如图3-39所示。

图3-39

02 选择"通道"面板，再选择蓝色通道。按住Ctrl键单击蓝色通道，建立选区，如图3-40所示，得到如图3-41所示的效果。

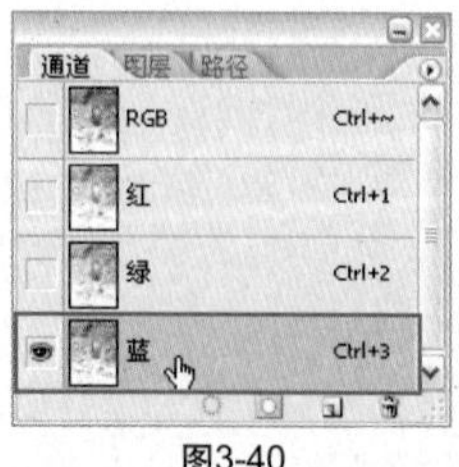

图3-40

图3-41

反相通道后的图像

2. 图层与通道的转换

选择“图层”面板并全选图像，再复制选区，然后选择“通道”面板，并创建新通道新建 Alpha1 通道，再进行粘贴，原图像随之发生变化。

复制原图像到新建通道

贴粘后的效果

3. 在文件之间复制通道

在原图像中选择所需通道，全选并复制通道，然后在新图像的“通道”面板中创建新通道，最后进行粘贴，图像随之发生变化。

原图

复制“绿”通道

新图

03 选择“图层”面板，复制“背景”图层，得到“背景 副本”图层，然后单击“添加图层蒙版”按钮，如图3-42所示，得到如图3-43所示的效果。

图3-42

图3-43

04 选择“背景 副本”图层，并将图层的混合模式设置为“正片叠底”，“不透明度”改为80%，如图3-44所示，得到如图3-45所示的效果。

图3-44

图3-45

05 选择“背景 副本”图层，执行“图像>调整>可选颜色”命令，在弹出的对话框中设置各项参数，如图3-46所示，完成后单击“确定”按钮，得到如图3-47所示的效果。

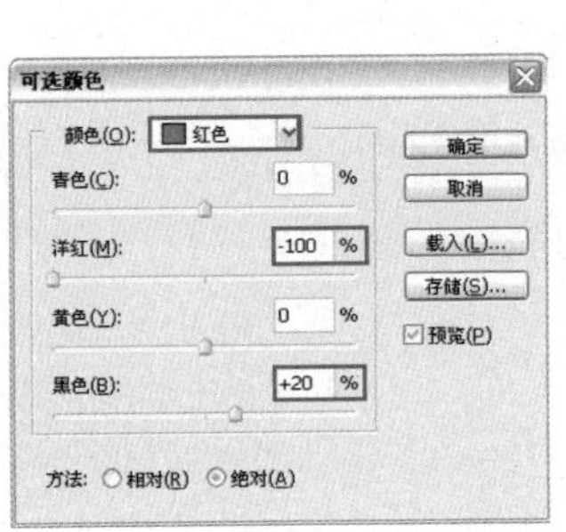

图3-46

图3-47

06 复制“背景 副本”图层，并将图层的“不透明度”改为50%，如图3-48所示，得到如图3-49所示的效果。

贴粘后的效果

知识提点

合并图层

在“图层”面板中单击右上角的三角按钮，在弹出的扩展菜单中执行相关命令，以合并图层。

：单击该按钮，弹出扩展菜单

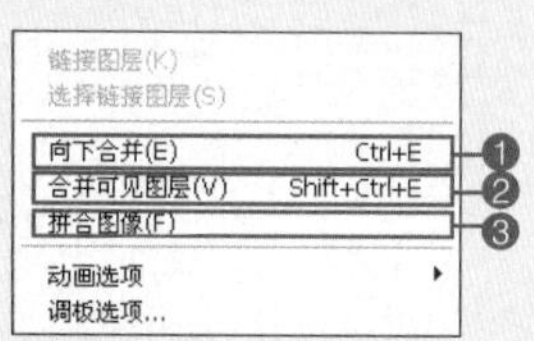

图层的扩展菜单

❶向下合并：合并当前图层和当前图层的下一图层。

❷合并可见图层：合并所有可见图层。

❸拼合图像：合并所有可见图层，扔掉隐藏图层。

提 示

按住Ctrl键选择图层，按快捷键Ctrl+E可以自由合并图层，在实际操作中运用非常广泛。

图3-48

图3-49

07 单击“背景 副本2”图层的图层蒙版缩览图，如图3-50所示，然后选择画笔工具，并用较软的画笔在人物的头部涂抹，如图3-51所示。

图3-50

图3-51

08 再次复制“背景 副本”图层，如图3-52所示，效果如图3-53所示。

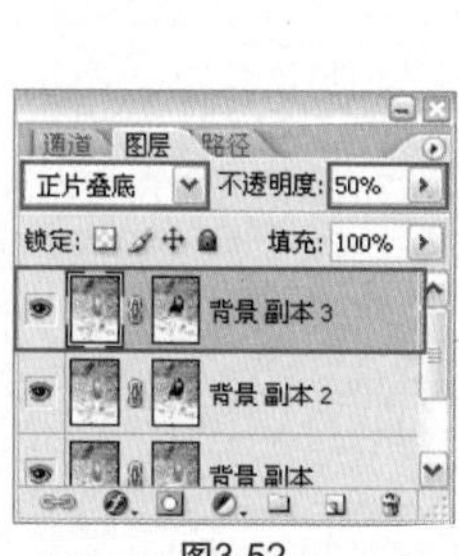

图3-52

图3-53

09 按快捷键Ctrl+Shift+E合并所有图层，得到“背景”图层，然后执行“滤镜>锐化>USM锐化”命令，在弹出的对话框中设置各项参数，如图3-54所示，效果如图3-55所示。至此，本案例制作完成。

图3-54

图3-55

05 增加照片的光源

After

Before

原照片的光源非常平均，需要利用Photoshop中的相关功能突出照片的光源。

应用功能：多边形套索工具，油漆桶工具，高斯模糊滤镜，图层的混合模式

CD-ROM：Chapter 3\05增加照片的光源\Complete\05增加照片的光源.psd

知识提点

油漆桶工具

利用油漆桶工具可以轻松地改变特定颜色区域的填充色，或者将图像作为图案。油漆桶工具在照片处理中，多用于填充照片的局部颜色，但并不用于复杂的背景。

1. 油漆桶工具的选项栏

选择油漆桶工具后，在选项栏中可设置各项参数。

❶在下拉列表框中选择用"前景"或"图案"填充。

❷在❶中选择"图案"时，单击此处的下三角按钮，然后在弹出的面板中选择填充的图案。

❸模式：设置填充颜色的混合模式。

❹不透明度：设置填充颜色的不透明度。参数值越小，填充的效果越透明。

❺容差：设置颜色的填充范围。参数值越大，填充颜色的区域就越大。

01 按快捷键Ctrl+O，在弹出的对话框中选择本书配套光盘中Chapter 3\05增加照片的光源\Media\001.jpg文件，再单击"打开"按钮。打开的素材如图3-56所示。

图3-56

02 新建"图层1"图层，如图3-57所示，然后选择多边形套索工具，在照片上建立一个选区，如图3-58所示。

图3-57

图3-58

03 选择油漆桶工具，将前景色设置为白色，对选区进行颜色填充，如图3-59所示，然后按快捷键Ctrl+D取消选择，如图3-60所示。

2. 用前景色填充

先设置合适的前景色，然后选择油漆桶工具，单击图像即可进行颜色填充。

原图

填充后

3. 用图案填充

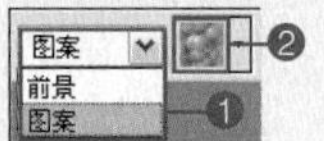

在❶中选择“图案”选项，再单击❷处的下三角按钮，在弹出的面板中选择填充的图案。

原图

一种图案填充

两种图案填充

三种图案填充

图3-59

图3-60

04 选择“图层1”图层，执行“滤镜>模糊>高斯模糊”命令，在弹出的对话框中设置各项参数，如图3-61所示，完成后单击“确定”按钮，得到如图3-62所示的效果。

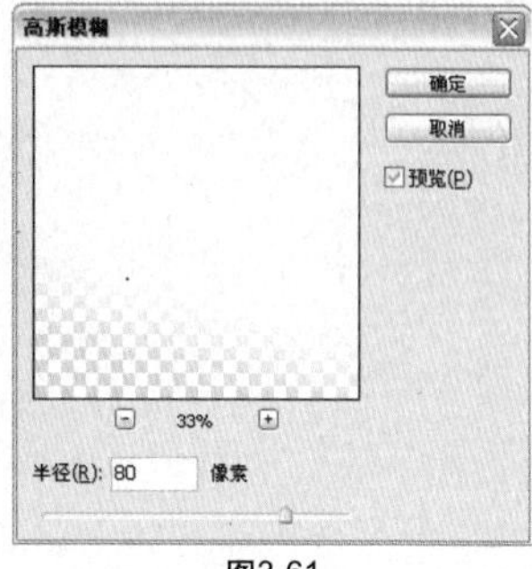

图3-61

图3-62

05 选择“图层1”图层，将图层的混合模式设置为“叠加”，把“不透明度”改为55%，如图3-63所示，得到如图3-64所示的效果。至此，本案例制作完成。

图3-63

图3-64

06 修复侧光造成的局部亮面

After

Before

原照片的侧光是强烈的太阳光，使脸部有局部的亮面，可以利用人的肤色遮盖亮面。

应用功能：羽化命令，磁性套索工具

CD-ROM：Chapter 3\06修复侧光造成的局部亮面\Complete\06修复侧光造成的局部亮面.psd

知识提点

磁性套索工具

利用磁性套索工具可以轻松地建立复杂的选区，沿着图像的边缘进行拖动，可以自动生成选区。该工具主要用于复杂的图像、色彩差异较明显的图像等。在处理照片中，多用于勾出照片中图像的轮廓。

1. 磁性套索工具的选项栏

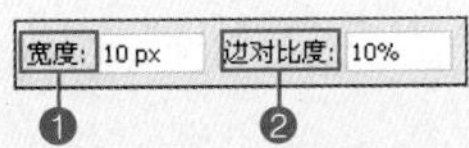

❶宽度：设定与边的距离。

❷边对比度：调整图像边缘的灵敏度。

❶频率：设定路径中锚点的密度。

❷使用绘图板压力以更改钢笔宽度。

频率：20

01 按快捷键Ctrl+O，在弹出的对话框中选择本书配套光盘中Chapter 3\06修复侧光造成的局部亮面\Media\001.jpg文件，再单击“打开”按钮。打开的素材如图3-65所示。

图3-65

02 在“图层”面板中将“背景”图层拖移到“创建新图层”按钮上，得到“背景 副本”图层，如图3-66所示。

图3-66

频率越高，生成的锚点就越多，对图像操作的精度就越高。

2. 磁性套索工具的操作

在操作过程中，可以使用空格键移动图像边缘的固定选区，按 Esc 键修改创建的锚点。

移动固定选区后

建立锚点

提示

在图像上建立部分锚点后，双击或者按Enter键后在图像上形成选区。

双击图像后

知识提点

移动工具

移动工具主要用于拖动图像到目标文件。在移动前，必须把背景图层变为一般图层。在照片处理过程中，可以随意选择图像并将其拖移到需要的位置。

选择移动工具，在移动图像前，按住快捷键 Ctrl+Alt 移动图像，得到原图像的副本。

03 选择磁性套索工具，在人物脸部的右边建立一个选区，如图3-67所示，然后执行“选择>羽化”命令，在弹出的“羽化选区”对话框中设置“羽化半径”为“5像素”，如图3-68所示，再单击“确定”按钮，得到如图3-69所示的效果。

图3-67

图3-68

图3-69

04 在选区中右击，在弹出的快捷菜单中执行“通过拷贝的图层”命令，得到“图层1”图层，如图3-70所示。

图3-70

05 复制“图层1”图层，得到“图层1 副本”图层并选择该图层，按快捷键Ctrl+T，然后对图像进行自由变换，如图3-71所示。再次右击，在弹出的快捷菜单中执行“水平翻转”命令，角度合适后按Enter键确定，效果如图3-72所示。

图3-71

图3-72

06 选择移动工具，在“图层1”图层上将图像移动到人物脸部的左边，如图3-73所示。

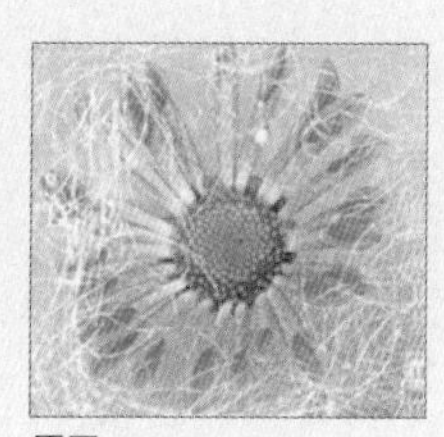
原图

移动复制

选择图像后，按住快捷键 Ctrl+Shift+Alt 的同时选择移动工具，再拖动图像，可以沿水平方向、垂直方向或45° 角方向移动复制图像。

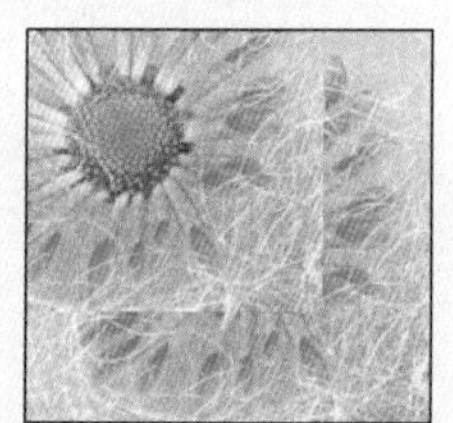
水平、垂直、45° 移动复制

提 示

利用键盘中的方向键对复制所得的图像进行微调。按住 Shift 键并按键盘中的方向键，可实现长距离微调。

图3-73

07 多次复制“图层1 副本”图层，如图3-74所示，得到的效果如图3-75所示。

图3-74

图3-75

08 选择“背景 副本”图层，如图3-76所示，再选择仿制图章工具，按住Alt键在脖子的周围吸取颜色，然后松开Alt键并在脖子上进行涂抹。反复进行相同的操作后得到如图3-77所示的效果。至此，本案例制作完成。

图3-76

图3-77

07 校正逆光的照片

拍摄时，光线把握不准确，取景的位置也不够理想，使原照片完全逆光。通过调整色阶、饱和度、对比度等使图像变亮。

应用功能：钢笔工具，色阶命令，色相/饱和度命令，亮度/对比度命令，可选颜色命令

CD-ROM：Chapter 3\07校正逆光的照片\Complete\07校正逆光的照片.psd

拍摄技巧

在逆光中拍摄照片时，如果拍摄对象的亮部分布不均，由于受背景亮度的影响，曝光会不足，就需要用曝光补偿来弥补。

知识提点

钢笔工具

利用钢笔工具可以绘制不规则曲线，进而轻松选取照片中需要调整的部分。这个工具广泛应用于绘制标志、勾勒轮廓、绘制图案等过程中，是学习Photoshop的必备技能。

选择钢笔工具，在图形上创建路径。在图像上单击开始创建路径，然后单击添加锚点以调整路径的形状。

1. 展开工具栏

按功能分为钢笔工具、自由钢笔工具、添加锚点工具、删除锚点工具、转换点工具。

01 按快捷键Ctrl+O，在弹出的对话框中选择本书配套光盘中Chapter 3\07校正逆光的照片\Media\001.jpg文件，再单击“打开”按钮。打开的素材如图3-78所示。

图3-78

02 在“图层”面板中，将“背景”图层拖动到“创建新图层”按钮上得到“背景 副本”图层，如图3-79所示。

图3-79

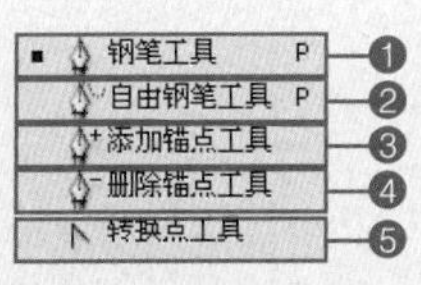

❶选择钢笔工具，在图像上绘制路径。

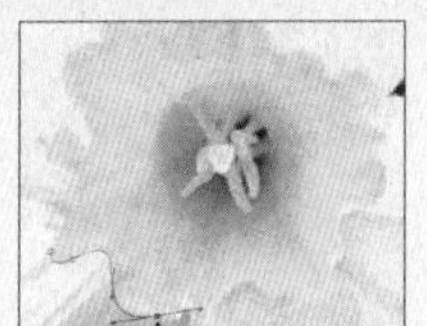
钢笔工具

按住 Ctrl 键

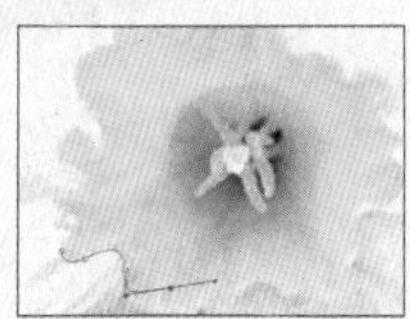
移动锚点

❷ 自由钢笔工具，使用方法和功能与套索工具类似。按光标移动的轨迹生成路径。

❸ 选择添加锚点工具，在图像上添加锚点。

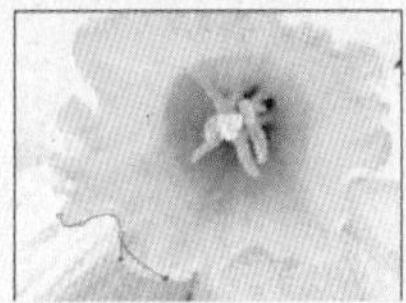
调节锚点

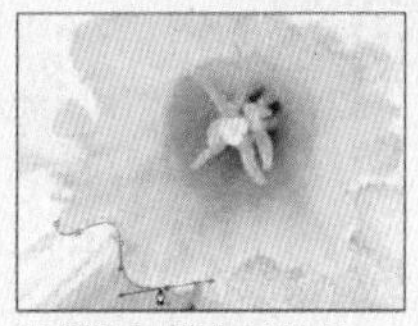
选择添加锚点工具后

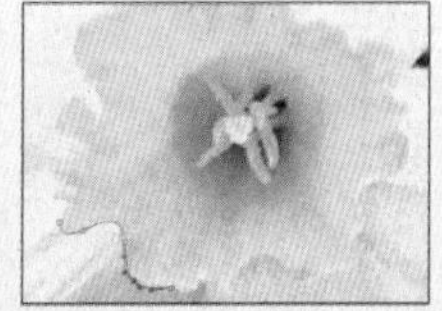
添加锚点后

03 选择“背景 副本”图层，再选择钢笔工具，并在选项栏上单击“路径”按钮，然后将人物的轮廓勾绘出来，如图3-80所示在“路径”面板上单击“将路径作为选区载入”按钮，如图3-81所示，得到如图3-82所示的效果。

图3-80

图3-81

图3-82

04 按快捷键Ctrl+L，在弹出的“色阶”对话框中设置各项参数，如图3-83所示，完成后单击“确定”按钮。效果如图3-84所示。

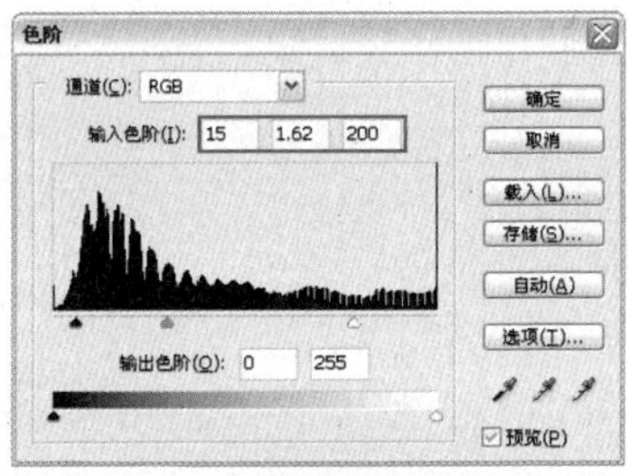

图3-83

图3-84

05 按快捷键Ctrl+U，在弹出的“色相/饱和度”对话框中进行设置，如图3-85所示，完成后单击“确定”按钮。效果如图3-86所示。

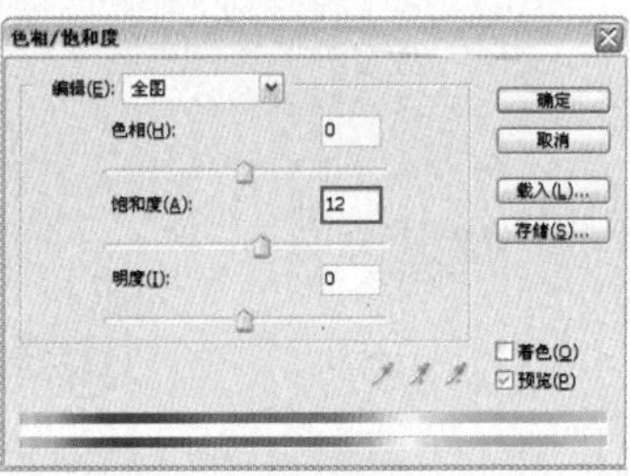

图3-85

图3-86

06 按快捷键Ctrl+Shift+I反选选区，如图3-87所示。

图3-87

❹ 选择删除锚点工具，在图像上删除锚点。

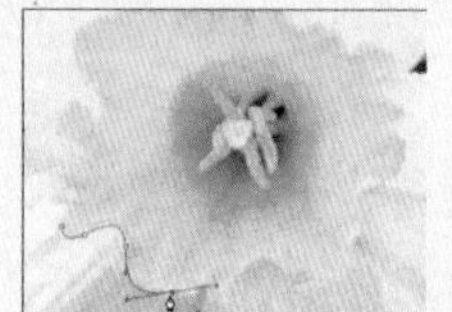
选择删除锚点工具后

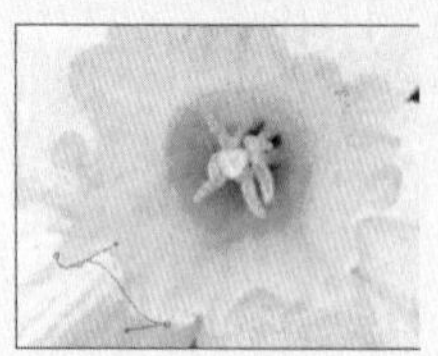
删除锚点后

❺ 选择转换点工具，在图像上调节锚点。按住 Alt 键，钢笔工具转换为转换点工具。

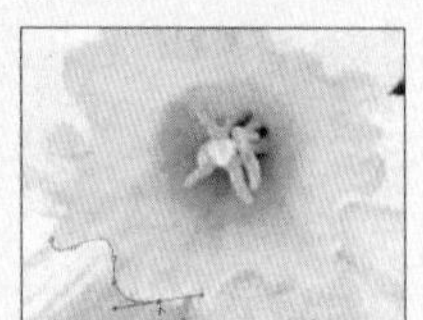
按住 Alt 键后

提 示

利用钢笔工具创建的路径与分辨率无关，可以随意变换其大小和形状。

2. 绘制路径

选择钢笔工具，按照花的轮廓勾绘。

原图

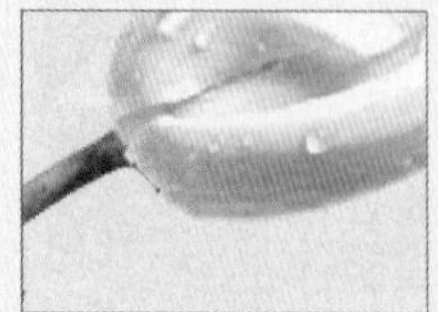
第一个锚点

单击绘制第二个锚点的同时按住鼠标调节方向，然后再按住 Alt 键单击锚点，方向线减少一个。

07 按快捷键Ctrl+L，在弹出的“色阶”对话框中设置各项参数，如图3-88所示，完成后单击“确定”按钮。效果如图3-89所示。

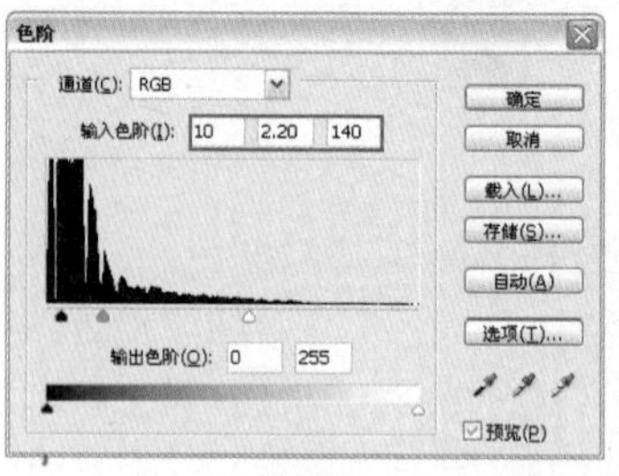

图3-88

图3-89

08 按快捷键Ctrl+L，在弹出的对话框的“通道”下拉列表框中选择“红”并设置各项参数，如图3-90所示，完成后单击“确定”按钮。效果如图3-91所示。

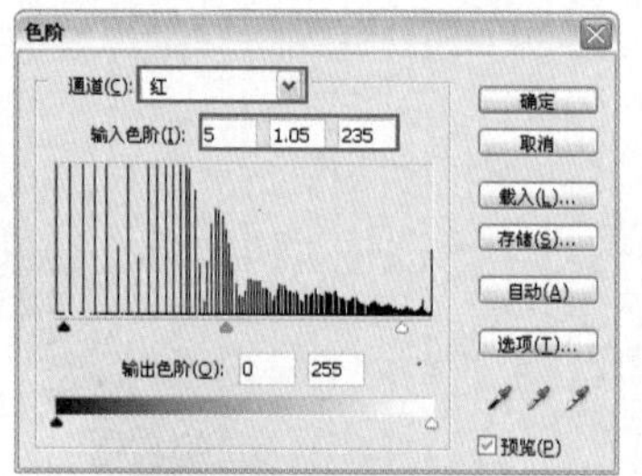

图3-90

图3-91

09 参照步骤08调整“绿”通道，如图3-92和图3-93所示。

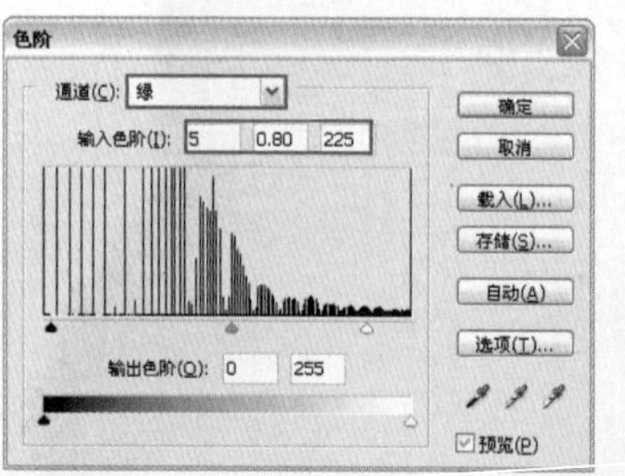

图3-92

图3-93

10 参照步骤08调整“蓝”通道，如图3-94和图3-95所示。

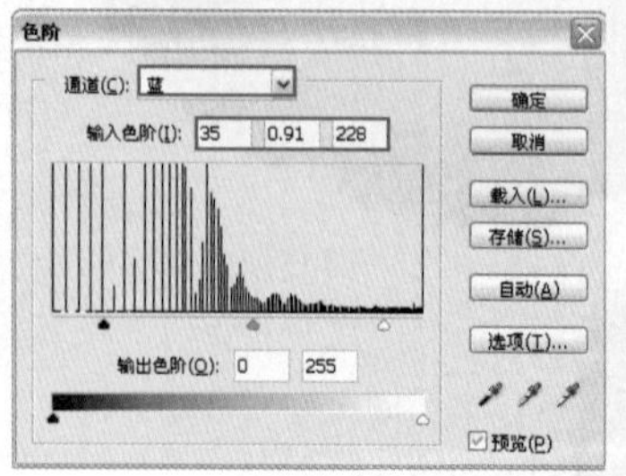

图3-94

图3-95

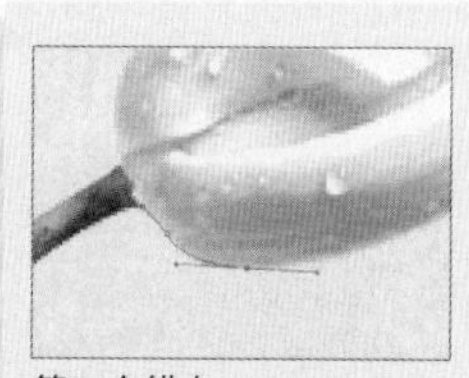

第二个锚点

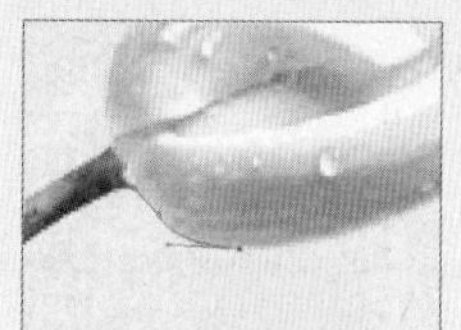

按住 Alt 键后

松开 Alt 键后，钢笔工具恢复原状。用同样的方法绘制更多的锚点。

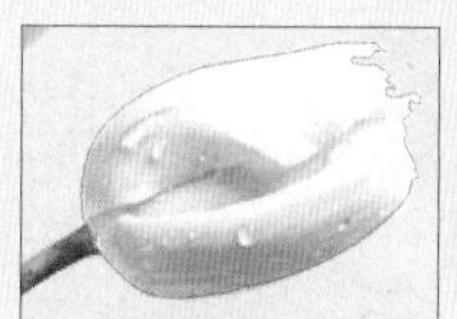

完成的钢笔路径

3. 使用钢笔工具的动作要领

使用钢笔工具添加锚点时，方向线的方向必须和路径的方向一致，否则路径就会出现混乱。

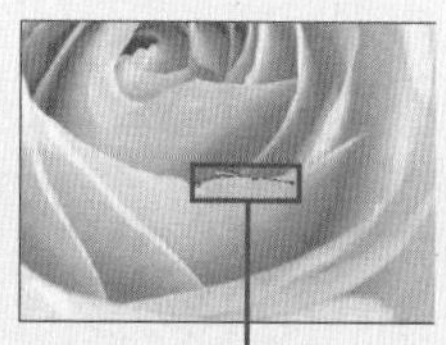

在添加锚点的时候，方向线不要过长，否则会影响下一锚点的位置，进而影响路径的形状。

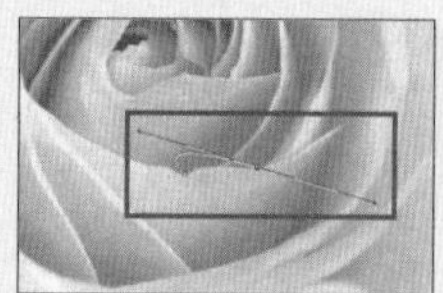

方向线过长

为了使路径更准确，通常调节向后的方向线。

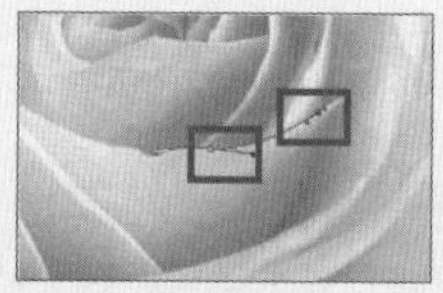

11 选择“背景 副本”图层，再执行“图像>调整>亮度/对比度”命令，在弹出的对话框中设置各项参数，如图3-96所示，完成后单击“确定”按钮，效果如图3-97所示。

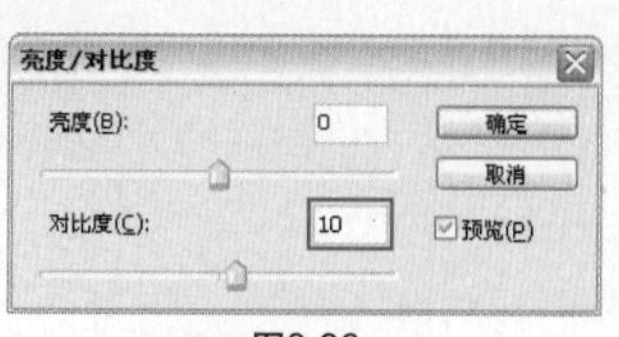

图3-96

图3-97

12 选择磁性套索工具，在人物的皮肤部分建立选区，如图3-98所示。在选区内右击并在弹出的快捷菜单中执行“羽化”命令，在弹出的对话框中将“羽化半径”设置为“10像素”，如图3-99所示，完成后单击“确定”按钮。

图3-98

图3-99

13 执行“图像>调整>亮度/对比度”命令，在弹出的对话框中设置各项参数，如图3-100所示，完成后单击“确定”按钮，再按快捷键Ctrl+D取消选择，效果如图3-101所示。

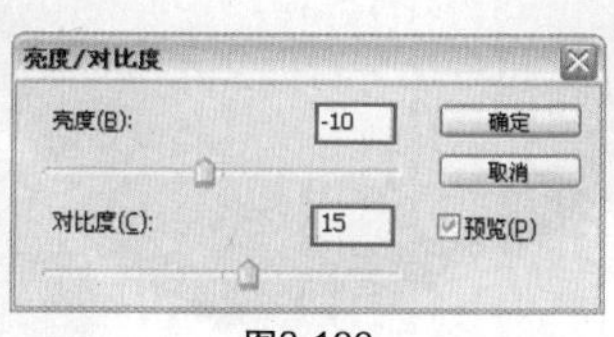

图3-100

图3-101

14 选择“背景 副本”图层，执行“图像>调整>可选颜色”命令，在弹出的对话框的“颜色”下拉列表框中选择“黄色”并设置各项参数，如图3-102所示，完成后单击“确定”按钮，效果如图3-103所示。

提 示

如果想把曲线路径转换为直线路径，可以选择转换点工具，在图像上单击需要转换的锚点。

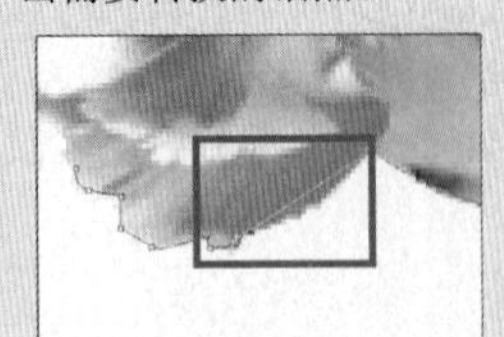

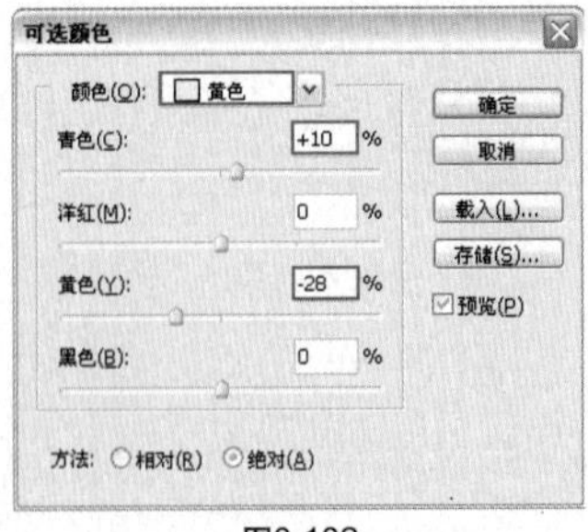

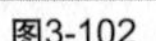

图3-102

图3-103

15 选择“背景 副本”图层，单击“添加图层蒙版”按钮，如图3-104所示。按D键恢复前景色和背景色的默认设置，选择画笔工具，再选择较软的画笔，在蒙版上对照片的天空进行涂抹，效果如图3-105所示。至此，本案例制作完成。

图3-104

图3-105

突出照片的光影

由于没有对光源进行准确的调整，导致一些照片的光照效果不明显，需要调整照片的光源。

应用功能：画笔工具、亮度/对比度命令

CD-ROM：Chapter 3\08突出照片的光影\Complete\08突出照片的光影.psd

知识提点

新建图层

在处理照片的时候，每步操作之前都尽量新建一个图层，这样便于对步骤的修改。下面介绍新建图层的几种方法。

方法一：执行“图层>新建>图层”命令，在弹出的对话框中设置各项参数。

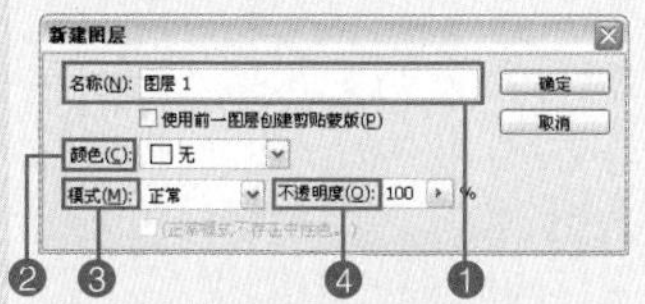

❶名称：设置图层的命名。

❷颜色：设置在“图层”面板上显示的颜色。

❸模式：设置特殊的图层混合模式。

❹不透明度：设置图层图像的不透明度。

方法二：在“图层”面板上，单击右上角的三角按钮，在弹出的菜单中执行“新建图层”命令。

01 按快捷键Ctrl+O，在弹出的对话框中选择本书配套光盘中Chapter 3\08突出照片的光影\Media\001.jpg文件，再单击“打开”按钮。打开的素材如图3-106所示。

图3-106

02 在“图层”面板中，按住Alt键单击“创建新图层”按钮，然后在弹出的“新建图层”对话框中设置各项参数，如图3-107所示，完成后单击“确定”按钮，“图层”面板中出现“图层1”图层，如图3-108所示。

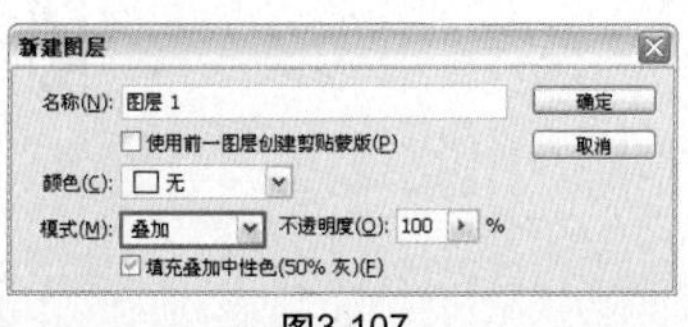

图3-107

图3-108

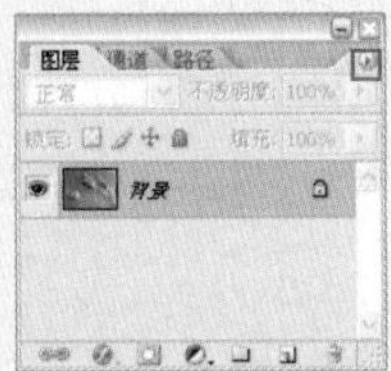

方法三：按快捷键 Ctrl+Shift+N，在弹出的“新建图层”对话框中设置各项参数，完成后单击“确定”按钮。

方法四：在“图层”面板上，按住 Alt 键单击“创建新图层”按钮，在弹出的对话框中设置各项参数，完成后单击“确定”按钮。

方法五：在只有“背景”图层的情况下，双击“背景”图层，在弹出的对话框中设置各项参数，完成后单击“确定”按钮。

方法六：在“图层”面板中单击“创建新图层”按钮，在当前图层上面出现“图层 1”图层。

03 按D键恢复前景色和背景色的默认设置，然后选择画笔工具，再选择较软的画笔，在选项栏上设置各项参数，如图3-109所示。在照片的左边小心进行涂抹，如图3-110所示。

画笔：820 模式：正常 不透明度：30% 流量：50%

图3-109

图3-110

04 将前景色设置为白色，然后选择画笔工具并选择较软的画笔，在选项栏上设置各项参数，如图3-111所示。在照片的右边小心进行涂抹，如图3-112所示。

图3-111

图3-112

05 按快捷键Ctrl+E合并图层，得到“背景”图层，如图3-111所示。选择“背景”图层，执行“图像>调整>亮度/对比度”命令，在弹出的对话框中设置各项参数，如图3-114所示，然后单击“确定”按钮，得到如图3-115所示的效果。至此，本案例制作完成。

图3-113

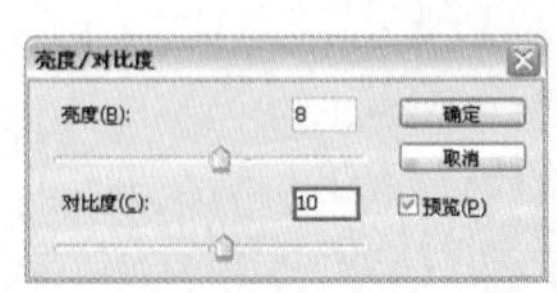

图3-114

图3-115

校正照片的色彩

01 调整色彩失真的照片

知识提点：自动命令

02 让彩色照片变单色照片

知识提点：文件的格式

03 调整照片的色调

知识提点：曲线命令

04 增强照片的色彩鲜艳度

知识提点：打开文件的方式、可选颜色命令

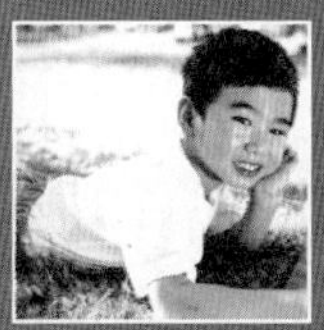

05 修正偏色的照片

知识提点：颜色取样器工具

06 让灰暗照片的色彩更饱和

知识提点：深色线条滤镜

07 让暗淡的照片色彩亮丽

知识提点：输入/输出色阶

08 增强照片的色彩层次

知识提点：图层面板、拾色器

09 调整照片的局部颜色

知识提点：多边形套索工具

10 修正偏白的照片

知识提点：加深工具

11 增加照片的饱和度

知识提点：饱和度混合模式

12 保留照片的局部彩色效果

知识提点：正片叠底混合模式

13 修复白平衡错误的照片

知识提点：平均模糊滤镜、柔光混合模式

14 实现照片的反转胶片效果

知识提点：应用图像命令

01 调整色彩失真的照片

由于拍摄光线和拍摄地点的选择不当，造成照片的颜色失真。

应用功能：自动色阶命令，自动对比度命令，自动颜色命令

CD-ROM：Chapter 4\01调整色彩失真的照片\Complete\01调整色彩失真的照片.psd

拍摄技巧

快门的开放时间直接影响曝光的程度。在室外阴暗的天气条件下，快门的时间一般在1/15秒，可以有足够时间接收光。在晴天的时候，快门设置在1/60秒或者1/80秒，以免曝光过度。

知识提点

自动命令

如果对颜色调整还不熟练，使用自动命令可以检查图像的亮度、灰度、暗度，进而轻松调整照片的亮度和饱和度，以及颜色的对比度，调整过的照片会更加清晰。

色阶(L)...	Ctrl+L
自动色阶(A) ❶	Shift+Ctrl+L
自动对比度(U) ❷	Alt+Shift+Ctrl+L
自动颜色(O) ❸	Shift+Ctrl+B
曲线(V)...	Ctrl+M
色彩平衡(B)...	Ctrl+B
亮度/对比度(C)...	

自动命令

❶自动色阶：调整图像的亮度和暗度。

01 按快捷键Ctrl+O，在弹出的对话框中选择本书配套光盘中Chapter 4\01调整色彩失真的照片\Media\001.jpg文件，再单击“打开”按钮。打开的素材如图4-1所示。

图4-1

02 执行“图像>调整>自动色阶”命令，得到如图4-2所示的效果。

图4-2

03 继续执行“图像>调整>自动对比度”命令，效果如图4-3所示。

原图

自动色阶

❷ 自动对比度：调整图像的高光与阴影的对比。

原图　　自动对比度

❸ 自动颜色：调整图像颜色的饱和度和色相，在 Photoshop 中自动生成。

原图

自动颜色

图4-3

04 执行“图像>调整>自动颜色”命令，得到如图4-4所示的效果。

图4-4

05 执行“图像>调整>色相/饱和度”命令，在弹出的对话框中设置各项参数，如图4-5所示，完成后得到如图4-6所示的效果。至此，本案例制作完成。

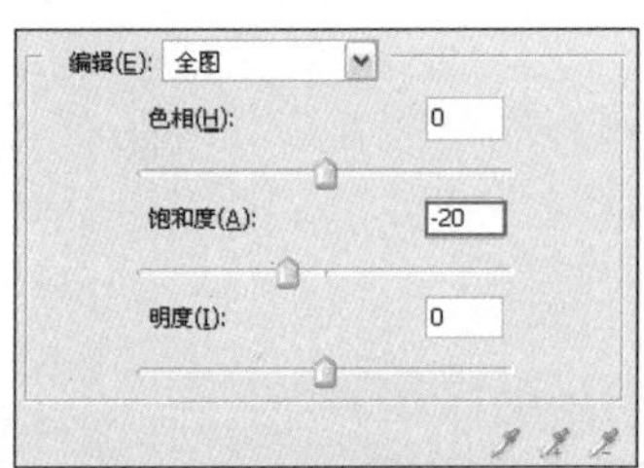

图4-5

图4-6

让彩色照片变单色照片

原照片的光线和背景都不是很好，可以为类似的照片添加艺术效果。

应用功能：亮度/对比度命令、曲线命令、色阶命令

CD-ROM：Chapter 4\02让彩色照片变单色照片\Complete\02让彩色照片变单色照片.psd

知识提点

文件的格式

常用的文件格式有：PSD，TIFF，BMP，JPEG，GIF，PNG，EPS等。在照片的处理中，不同的文件格式会影响照片的输出。

1.JPG

最常用的压缩格式，保存文件时可以设置压缩级别，其压缩功能很强，缺点是保存后的JPG图像的品质都会因压缩而受损。该格式的文件不可以保存图层。

❶杂边：在制作网页的时候，可以指定网页背景的颜色。

❷图像选项：选择图像画面的质量。参数值越大，压缩率就越低，画面的质量就越接近原图像。

01 按快捷键Ctrl+O，在弹出的对话框中选择本书配套光盘中Chapter 4\02让彩色照片变单色照片\Media\001.jpg文件，再单击“打开”按钮。打开的素材如图4-7所示。

图4-7

02 执行“图像>调整>去色”命令，得到如图4-8所示的效果。

图4-8

03 执行“图像>调整>亮度/对比度”命令，在弹出的“亮度/对比度”对话框中设置各项参数，如图4-9所示，完成后单击“确定”按钮，效果如图4-10所示。

❸格式选项：设置图像的格式。

❹大小：显示图像的大小，以及不同调制解调器下载图像所需的时间。

2.TIFF

是一种无损的文件格式，保存的图像质量也较好，还可以保存图层，其兼容性也比 PSD 格式要好。

3.PSD

是一种无损压缩格式，能最大限度地保存在 Photoshop 处理过的文件的所有相关信息。最好在 Photoshop 中浏览该格式的文件。

4.BMP

是 DOS 和 Windows 兼容计算机上的标准图像格式，多用于 DOS 和 Windows 系统相关的图像保存。

5.PNG

是一种无损压缩格式，文件较小而且品质比 JPG 要好，但某些浏览器不支持这种格式。

6.EPS

是一种压缩格式，主要用来保存矢量图和位图，大多用于喷绘、印刷输出图片的保存，在工作中一般用于输出图像。

7.GIF

属于压缩格式，是索引色，也是一种图形交换格式，可以将图像的指定区域制作为透明状态，还支持动画。因为文件较小便于传输，多用于网页中。

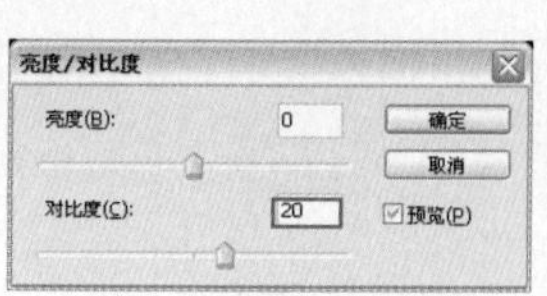

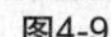
图4-9

图4-10

04 执行“图像>调整>曲线”命令，在弹出的“曲线”对话框的“通道”下拉列表框中选择“红”，然后设置各项参数，如图4-11所示，单击“确定”按钮后得到的效果如图4-12所示。

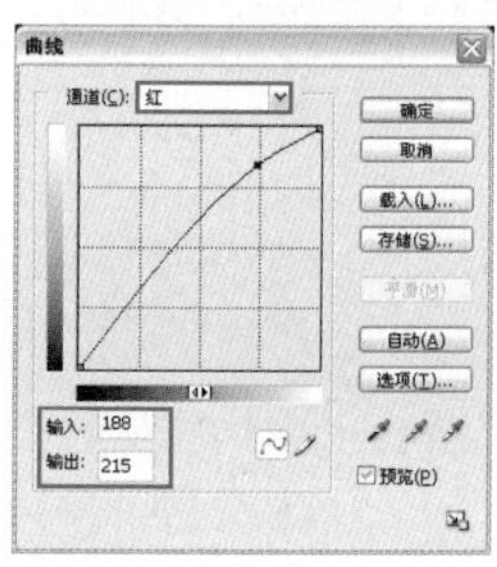

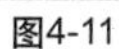
图4-11

图4-12

05 参考上一步的操作调整“蓝”通道，如图4-13和图4-14所示。

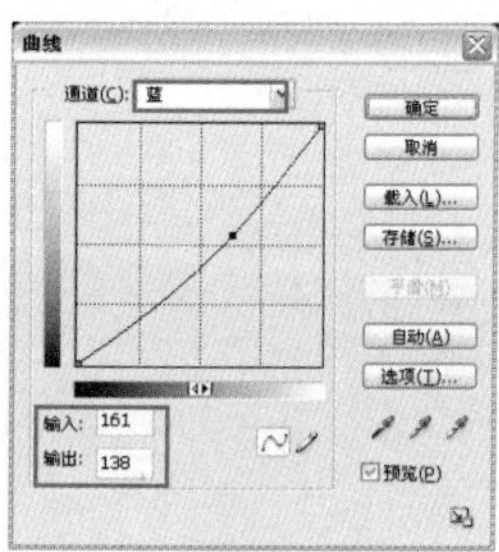

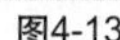
图4-13

图4-14

06 执行“图像>调整>色阶”命令，在弹出的“色阶”对话框中设置各项参数，如图4-15所示，单击“确定”按钮后得到如图4-16所示的效果。至此，本案例制作完成。

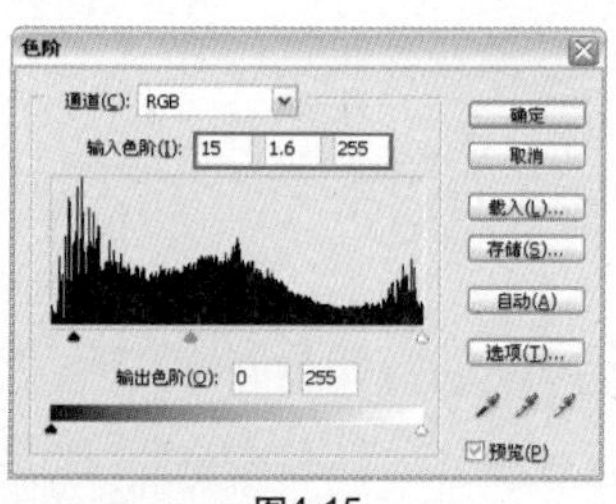

图4-15

图4-16

03 调整照片的色调

在拍摄原照片时没有太多考虑取景，所以照片非常普通，可以调整为特殊环境的照片，以增加照片的气氛。

应用功能：曲线命令

CD-ROM：Chapter 4\03调整照片的色调\Complete\03调整照片的色调.psd

知识提点

曲线命令

利用曲线命令可以调整图像上指定的色阶值，照片的高光和阴影的范围就会变化。可以单独调整照片的某个通道的色阶值。调整的幅度是0~255。

执行“图像>调整>曲线”命令，在弹出的对话框中可以利用曲线精确地调整图像的颜色。

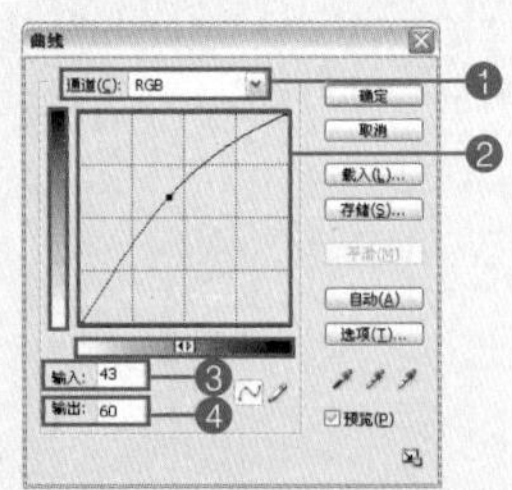

❶通道：选择需要调整的通道

❷曲线调整图

❸显示输入色阶

❹显示输出色阶

01 按快捷键Ctrl+O，在弹出的对话框中选择本书配套光盘中Chapter 4\03调整照片的色调\Media\001.jpg文件，再单击“打开”按钮。打开的素材如图4-17所示。

图4-17

02 单击“图层”面板上的按钮，如图4-18所示。在弹出的菜单中执行“曲线”命令，然后在弹出的对话框中设置各项参数，如图4-19所示，完成后单击“确定”按钮。效果如图4-20所示。

图4-18

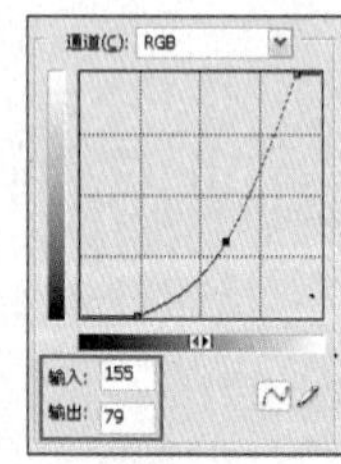

图4-19

图4-20

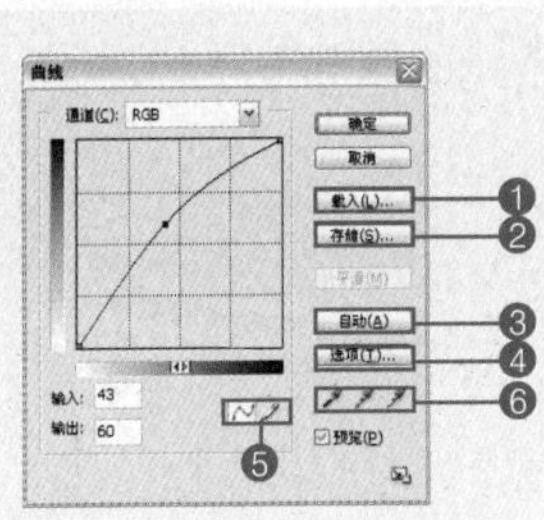

❶载入已经存储的调整曲线

❷保存当前的调整曲线

❸自动调整曲线

❹自动调整曲线选项

❺曲线的模式

❻设置黑场、灰场、白场

原图

输入：36
输出：72

输入：77
输出：49

03 双击“曲线1”图层的图层缩览图，如图4-21所示，在弹出的“曲线”对话框的“通道”下拉列表框中选择“红”，再设置各项参数，如图4-22所示，最后单击“确定”按钮，得到如图4-23所示的效果。

图4-21

图4-22

图4-23

04 继续在“通道”下拉列表框中选择“蓝”，并设置各项参数，如图4-24所示，完成后单击“确定”按钮，得到如图4-25所示的效果。至此，本案例制作完成。

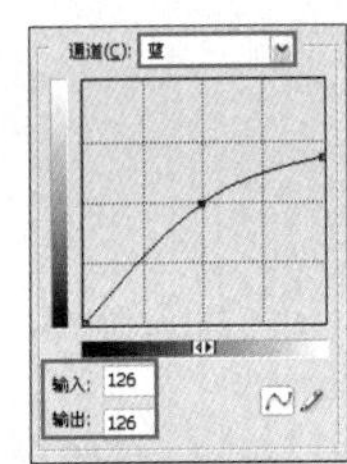

图4-24

图4-25

04 增强照片的色彩鲜艳度

原照片的颜色稍显灰暗，颜色层次不够分明，可以增强照片的鲜艳度。

应用功能：可选颜色命令，曲线命令

CD-ROM：Chapter 4\04增强照片的色彩鲜艳度\Complete\04增强照片的色彩鲜艳度.psd

知识提点

打开文件的方式

执行"文件>打开"命令，在弹出的对话框中选择图像。

❶打开或设定快捷目录

❷文件的目录

❸选择文件的预览效果

❹选择文件的大小

在桌面上建立Photoshop的快捷方式，然后选择需要打开的文件并拖移到Photoshop的快捷方式图标上，就可以直接打开文件了。

01 按快捷键Ctrl+O，在弹出的对话框中选择本书配套光盘中Chapter 4\04增强照片的色彩鲜艳度\Media\001.jpg文件，再单击"打开"按钮。打开的素材如图4-26所示。

图4-26

02 选择"背景"图层并双击，在弹出的"新建图层"对话框中保持默认设置，然后单击"确定"按钮，将"背景"图层变为一般图层，如图4-27所示。

图4-27

知识提点

可选颜色命令

利用可选颜色命令可以调整图像中特定的颜色，或者调整多个颜色并相互混合。利用该命令可以针对照片中的颜色有选择地进行调整。

在“图层”面板中单击“创建新的填充或调整图层”按钮，在弹出的菜单中执行“可选颜色”命令，会弹出“可选颜色选项”对话框。此时“图层”面板中会出现“选取颜色1”图层。

“图层”面板

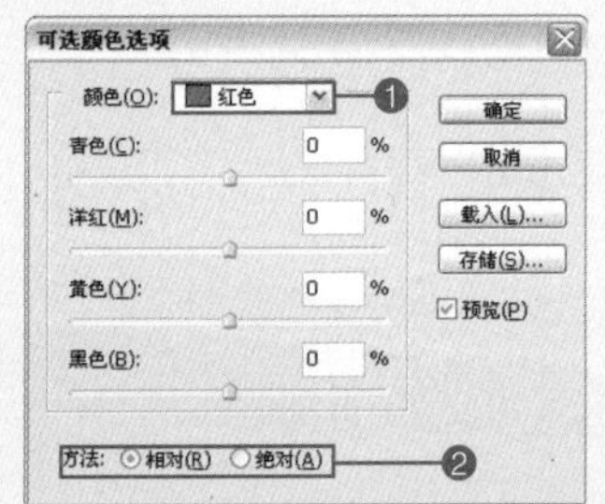

❶颜色：设置要改变图像的颜色，在下拉列表框中有9种颜色可供选择。

❷方法：设置调整图像颜色墨水的量，包括相对和绝对。

原图

03 在“图层”面板上，单击“创建新的填充或调整图层”按钮，如图4-28所示，在弹出的菜单中执行“可选颜色”命令，然后在弹出的对话框中设置各项参数，如图4-29所示，完成后单击“确定”按钮，效果如图4-30所示。

图4-28

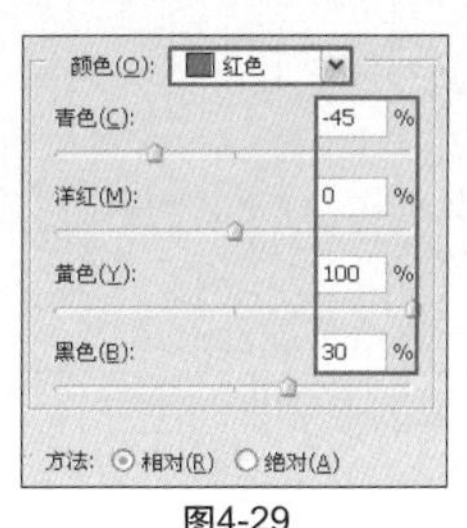

图4-29

图4-30

04 双击“选取颜色1”图层的图层缩览图，如图4-31所示，在弹出的对话框的“颜色”下拉列表框中选择“黄色”，并设置各项参数，如图4-32所示，完成后单击“确定”按钮，效果如图4-33所示。

图4-31

图4-32

图4-33

05 继续双击“选取颜色1”图层的图层缩览图，在弹出的对话框的“颜色”下拉列表框中选择“绿色”，并设置各项参数，如图4-34所示，完成后单击“确定”按钮，效果如图4-35所示。

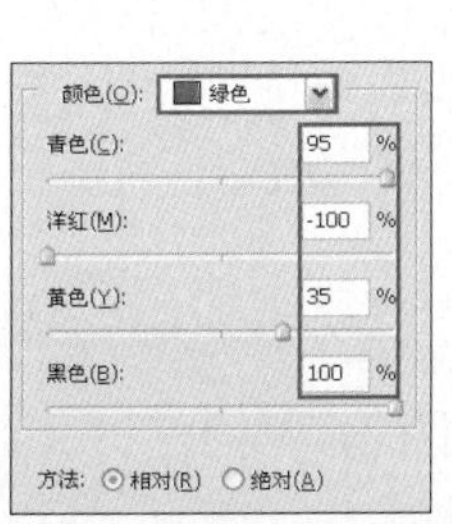

图4-34

图4-35

颜色：红色
洋红：80%
方法：相对

颜色：红色
洋红：80%
方法：绝对

下面分别调整 4 种颜色，比较图像的变化。

原图

颜色：洋红
青色：-100%
方法：相对

颜色：洋红
洋红：-100%
方法：相对

颜色：绿色
黄色：-100%
方法：相对

06 再次双击“选取颜色1”图层的图层缩览图，在弹出的对话框的“颜色”下拉列表框中选择“青色”，并设置各项参数，如图4-36所示，完成后单击“确定”按钮，效果如图4-37所示。

图4-36

图4-37

07 双击“选取颜色1”图层的图层缩览图，在弹出的对话框的“颜色”下拉列表框中选择“白色”，并设置各项参数，如图4-38所示，完成后单击“确定”按钮，效果如图4-39所示。

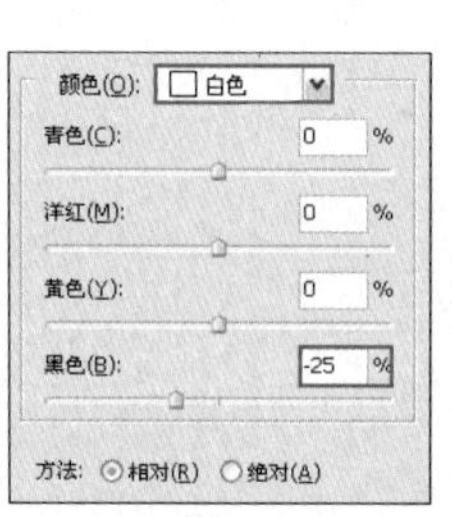

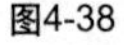

图4-38

图4-39

08 继续双击“选取颜色1”图层的图层缩览图，在弹出的对话框的“颜色”下拉列表框中选择“中性色”，并设置各项参数，如图4-40所示，完成后单击“确定”按钮，效果如图4-41所示。

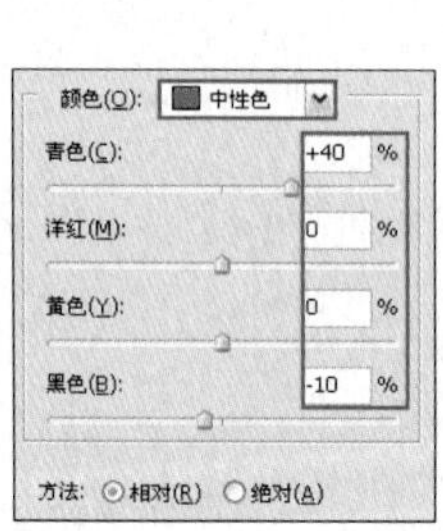

图4-40

图4-41

颜色：绿色
黑色：+100%
方法：绝对

提 示

在对图像进行颜色调整的时候，颜色的参数设置决定了颜色的色相和饱和度，有时容易产生脱色。

09 选择“选取颜色1”图层，再单击“添加图层蒙版”按钮，如图4-42所示。按D键恢复前景色和背景色的默认值，再选择画笔工具，对人物的皮肤和头发进行涂抹，得到如图4-43所示的效果。

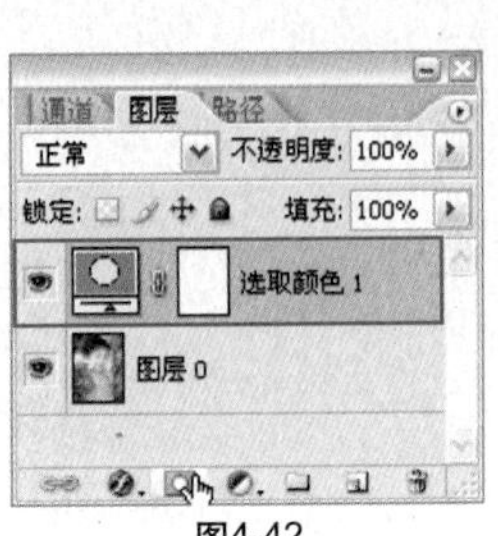

图4-42

图4-43

10 选择“选取颜色1”图层，再单击“创建新的填充或调整图层”按钮，如图4-44所示，在弹出的菜单中执行“曲线”命令，然后在弹出的对话框中设置各项参数，如图4-45所示，完成后单击“确定”按钮，效果如图4-46所示。至此，本案例制作完成。

图4-44

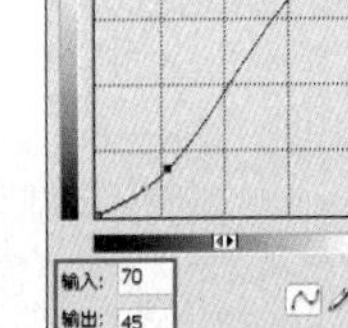

图4-45

图4-46

05 修正偏色的照片

原照片的颜色出现偏色，通过增加部分通道的高光，可使图像变亮。

应用功能：颜色取样器工具、曲线命令、色阶命令

CD-ROM：Chapter 4\05修正偏色的照片\Complete\05修正偏色的照片.psd

拍摄技巧

照片偏色的主要原因是拍摄时选择了自动白平衡。在光线复杂的环境中，可以在相机白平衡选项中选择自定义白平衡，然后选择一个最接近白色的物体拍摄，相机就将该物体的色彩定义为“白色”后拍摄的照片颜色就较为准确。

知识提点

颜色取样器工具

颜色取样器工具是通过系统通道来实现对颜色的调整，每个系统通道的灰度图像分别控制每个颜色的分量，在所有通道同时显示图像的颜色，可以在照片上吸取颜色并调整。

执行“窗口>信息”命令，在弹出的面板中可以看到颜色的信息，这里以RGB颜色为范例。

01 按快捷键Ctrl+O，在弹出的对话框中选择本书配套光盘中Chapter 4\05修正偏色的照片\Media\001.jpg文件，再单击“打开”按钮。打开的素材如图4-47所示。

图4-47

02 选择颜色取样器工具，在人脸的亮部吸取颜色，如图4-48所示，在“信息”面板上记录了这个标记的RGB值，如图4-49所示。

图4-48

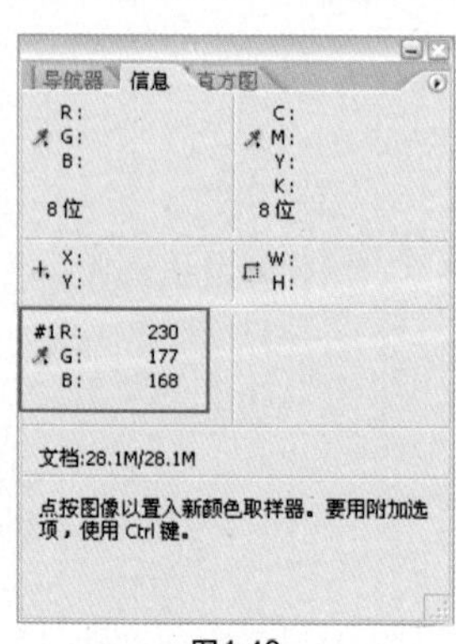

图4-49

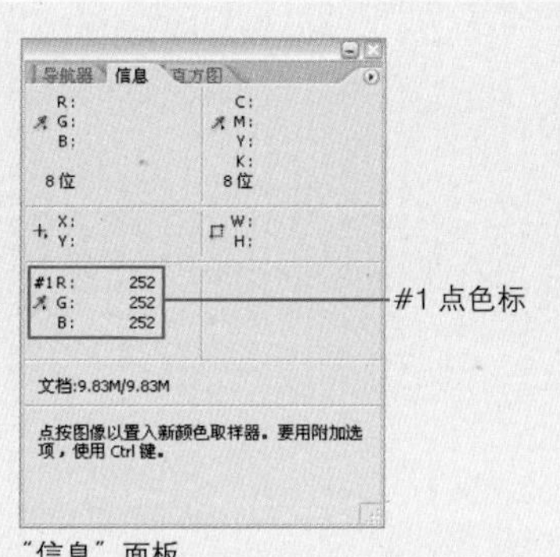

"信息"面板

选择颜色取样器工具，在图像的亮部吸取颜色，建立一个#1点，然后执行"窗口＞信息"命令，打开"信息"面板，分别观察三个系统通道的数值，选择通道，将其调整到相近的数值。

原图

#1R: 252
G: 252
B: 252

红色通道中 #1 点的色标值

#1R: 179
G: 179
B: 179

绿色通道中 #1 点的色标值

#1R: 185
G: 185
B: 185

蓝色通道中 #1 点的色标值

利用系统通道与颜色关系可以改变各个系统通道的灰度，进而控制颜色，还可以改变全图的颜色。

一般，在图像上设置 #1 点色标值后，执行"图像＞调整＞色彩调节"命令，这是利用通道的调整来实现颜色的调整。

调整后

03 这个标记的RGB值分别为230，177，168，可见绿色通道和蓝色通道的值比较小，造成了图像的偏色。按快捷键Ctrl+M，在弹出的"曲线"对话框的"通道"下拉列表框中选择"绿"，并设置各项参数，如图4-50所示，完成后单击"确定"按钮，效果如图4-51所示。

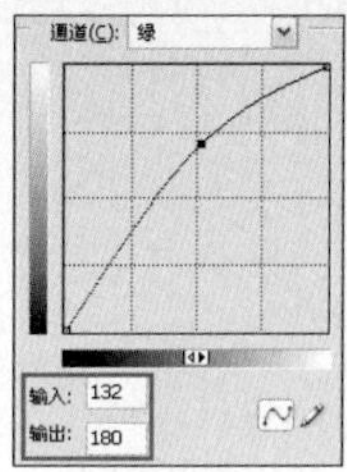

图4-50

图4-51

04 再次按快捷键Ctrl+M，在弹出的"曲线"对话框的"通道"下拉列表框中选择"蓝"，并设置各项参数，如图4-52所示，完成后单击"确定"按钮，效果如图4-53所示。

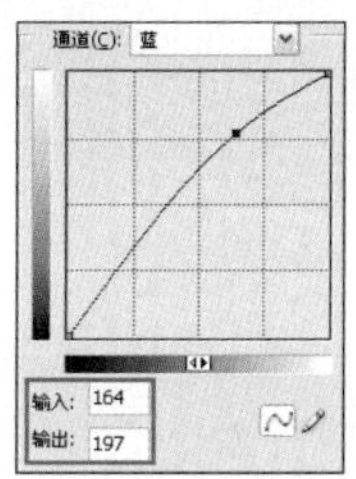

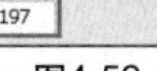

图4-52

图4-53

05 选择颜色取样器工具，在标记处右击并在弹出的快捷菜单中执行"删除"命令，效果如图4-54所示。

图4-54

06 执行"图像＞调整＞色阶"命令，在弹出的对话框中设置各项参数，如图4-55所示，完成后单击"确定"按钮，得到如图4-56所示的效果。至此，本案例制作完成。

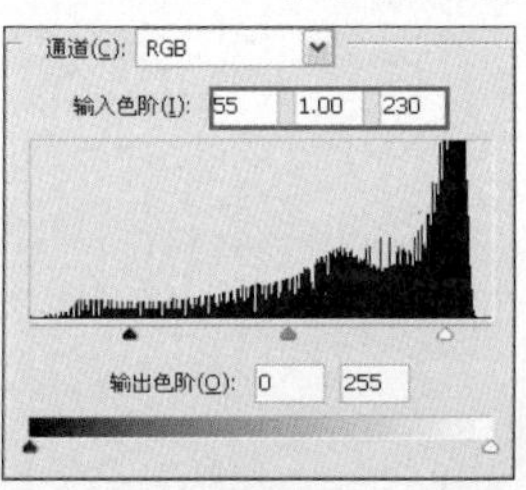

图4-55

图4-56

06 让灰暗照片的色彩更饱和

原照片的颜色灰暗，失去了鲜花应该有的绚丽色彩，需要我们去调整照片的颜色来达到饱和的状态。

应用功能：色相/饱和度命令、色彩平衡命令、图层混合模式

CD-ROM：Chapter 4\06让灰暗照片的色彩更饱和\Complete\06让灰暗照片的色彩更饱和.psd

知识提点

深色线条滤镜

利用深色线条滤镜可以为图像中较暗的部分应用黑色的短笔触，为较亮的部分应用白色的长笔触。

执行“滤镜>画笔描边>深色线条”命令，在弹出的“深色线条”对话框中设置相关参数。

❶平衡：值小于5时，对明亮部分起作用；值大于5时，对较暗部分起作用。
❷黑色强度：设置黑色的范围。
❸白色强度：设置白色的范围。

原图

01 按快捷键Ctrl+O，在弹出的对话框中选择本书配套光盘中Chapter 4\06让灰暗照片的色彩更饱和\Media\001.jpg文件，再单击“打开”按钮。打开的素材如图4-57所示。

图4-57

02 在“图层”面板中将“背景”图层拖移到“创建新图层”按钮上，得到“背景 副本”图层，如图4-58所示。

图4-58

03 选择“背景 副本”图层，执行“图像>调整>色相/饱和度”命令，在弹出的对话框中设置各项参数，如图4-59所示，完成后单击“确定”按钮，效果如图4-60所示。

平衡：3
黑色强度：2
白色强度：4

平衡：8
黑色强度：2
白色强度：4

平衡：8
黑色强度：5
白色强度：4

平衡：8
黑色强度：9
白色强度：4

平衡：8
黑色强度：9
白色强度：9

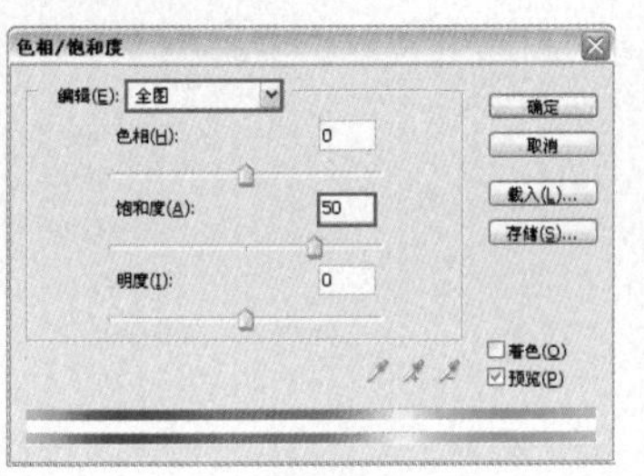

图4-59

图4-60

04 执行“图像>调整>色彩平衡”命令，在弹出的对话框中设置各项参数，如图4-61所示，完成后单击“确定”按钮，效果如图4-62所示。

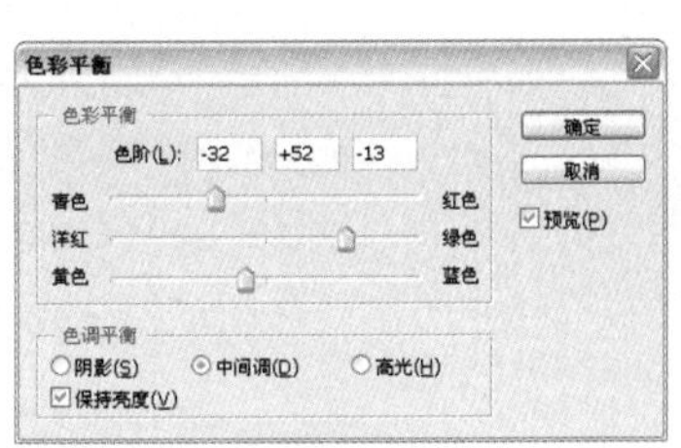

图4-61

图4-62

05 选择“背景 副本”图层，并将图层的混合模式设置为“强光”，如图4-63所示，得到如图4-64所示的效果。至此，本案例制作完成。

图4-63

图4-64

07 让暗淡的照片色彩亮丽

由于光线不合适，原照片中建筑的颜色太暗，可以使色彩更亮丽。

应用功能：色阶命令、铅笔工具、色相/饱和度命令

CD-ROM：Chapter 4\07让暗淡的照片色彩亮丽\Complete\07让暗淡的照片色彩亮丽.psd

知识提点

输入/输出色阶

色阶命令是图像调整中一个非常重要的命令，主要是对过亮和过暗的照片进行颜色调整。掌握该命令的操作原理可以更好地对图像进行调整，也能更深刻地理解颜色的调整。

执行“图像>调整>色阶”命令，在弹出的对话框中设置各项参数，完成后单击“确定”按钮。

提 示

按快捷键 Ctrl+ L，也会弹出“色阶”对话框。按快捷键 Ctrl+Alt+L，重复上次操作并弹出上次调整的“色阶”对话框，再次设置各项参数。

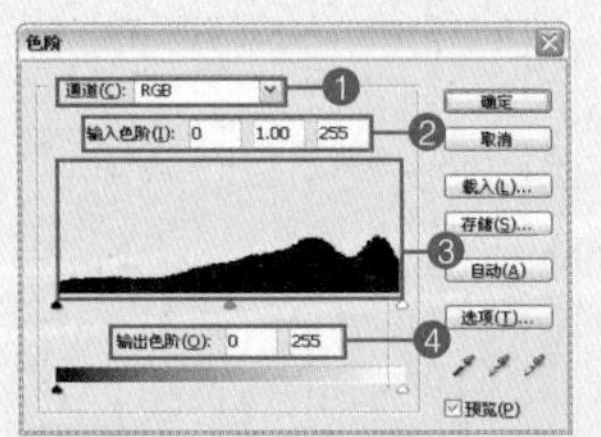

01 按快捷键Ctrl+O，在弹出的对话框中选择本书配套光盘中Chapter 4\07让暗淡的照片色彩亮丽\Media\001.jpg文件，再单击“打开”按钮。打开的素材如图4-65所示。

图4-65

02 单击“图层”面板上的按钮，如图4-66所示。在弹出的菜单中执行“色阶”命令，然后在弹出的“色阶”对话框中设置各项参数，如图4-67所示，完成后单击“确定”按钮，效果如图4-68所示。

图4-66

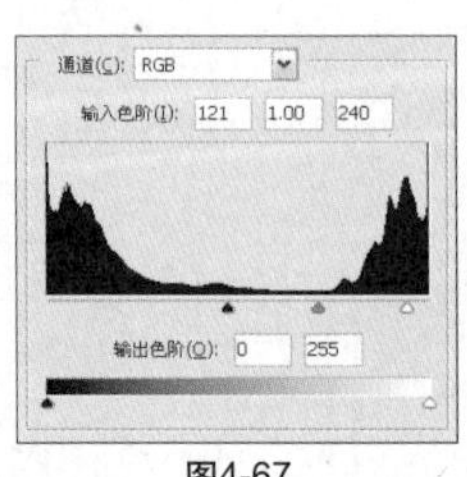

图4-67

图4-68

❶通道：选择需要调整的颜色通道。

❷输入色阶：输入色阶的黑场、灰场、白场的数值。

❸当前图像的通道直方图。

❹输出色阶：输出色阶的黑场、白场数值。

原图

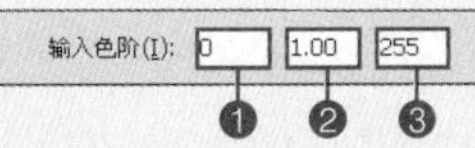

❶输入色阶黑场：控制图像的最暗色阶在原色阶中的相对位置。调整时，向右拖动滑块，原来在它左侧的色阶都将变为0色阶也就是黑色，右侧的色阶也会按比例变暗。

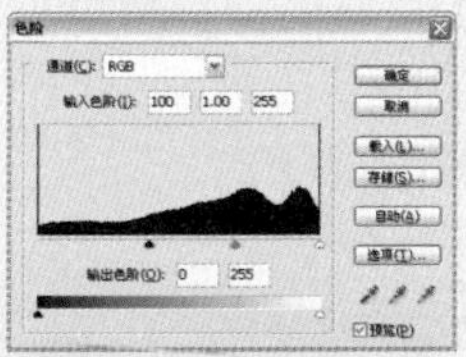

输入黑场：100

❷输入色阶灰场：灰场的色阶是可以双向调整的，它的方向决定色阶对图像的作用。方向相反，作用也相反。

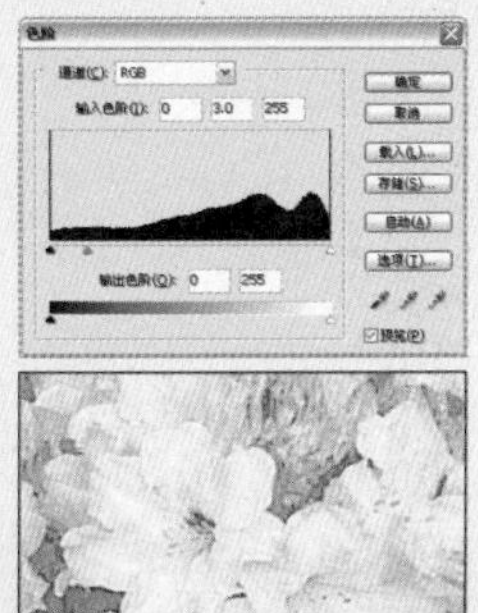

输入灰场：3.0

03 选择"色阶1"图层的蒙版，再选择铅笔工具，按D键恢复前景色和背景色的默认值，在照片上将建筑的轮廓勾画出来，效果如图4-69所示。

图4-69

04 按住Ctrl键单击"色阶1"图层的图层蒙版缩览图，如图4-70所示，得到如图4-71所示的选区，然后按快捷键Ctrl+Shift+I反选选区，如图4-72所示。

图4-70

图4-71

图4-72

05 选择"色阶1"图层，再单击"创建新的填充或调整图层"按钮，如图4-73所示。在弹出的菜单中执行"色相/饱和度"命令，然后在弹出的对话框中设置各项参数，如图4-74所示，完成后单击"确定"按钮，效果如图4-75所示。

图4-73

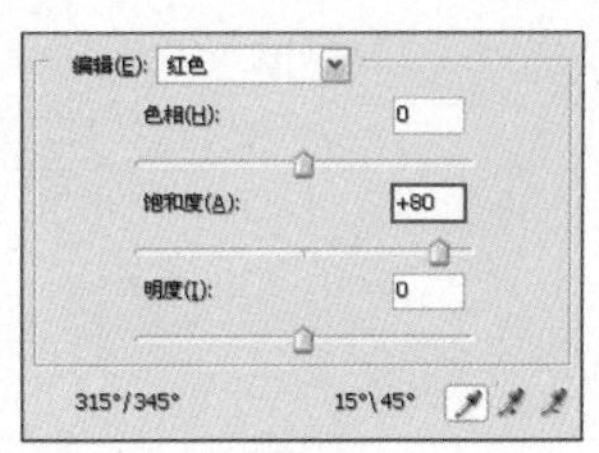

图4-74

图4-75

06 按住Ctrl键单击"色相/饱和度1"图层的图层蒙版缩览图，如图4-76所示，得到如图4-77所示的选区。

❸输入色阶白场：白场与黑场的调整正好相反，左侧的色阶变为255色阶也就是白色，右侧也相应的变亮，并且损失了图像中过渡的色彩。

输入白场：170

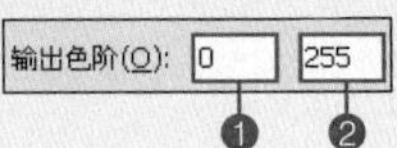

❶输出色阶黑场：将左侧的色阶丢失，并将整个图像的色阶状态压缩到当前色阶到255色阶之间，就使图像丢失了大量的暗色调和对比度，会使照片看上去更加灰白。

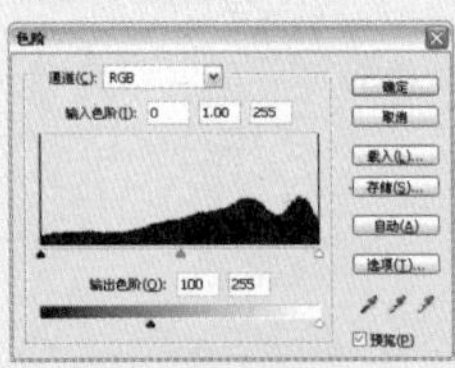

输出黑场：100

❷输出色阶白场：与输出色阶黑场一样，将右侧的色阶丢失，并将整个图像的色阶状态压缩到当前色阶到0色阶之间，使图像丢失大量的亮色调。

输出白场 :120

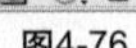

图4-76

图4-77

07 选择"色相/饱和度1"图层，再单击"创建新的填充或调整图层"按钮，如图4-78所示。在弹出的菜单中执行"色相/饱和度"命令，然后在弹出的对话框中选中"着色"复选框，再设置各项参数，如图4-79所示，完成后单击"确定"按钮，效果如图4-80所示。

图4-78

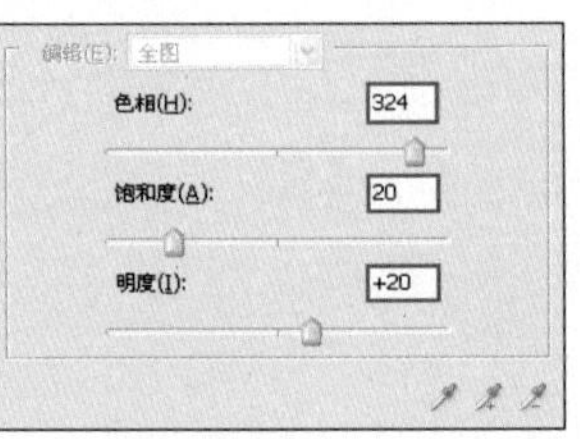

图4-79

图4-80

08 选择"色相/饱和度2"图层，并将图层的混合模式设置为"颜色减淡"，如图4-81所示。复制"色相/饱和度2"图层，得到"色相/饱和度2 副本"图层，并将图层的混合模式设置为"变暗"，"不透明度"改为70%，如图4-82所示，得到如图4-83所示的效果。至此，本案例制作完成。

图4-81

图4-82

图4-83

08 增强照片的色彩层次

原照片的颜色过于平淡，整个图像没有层次感，主体物和背景融在一起，需要对樱花的颜色进行调整并增强照片的色彩对比。

应用功能：色阶命令、图层混合模式、套索工具

CD-ROM：Chapter 4\08增强照片的色彩层次\Complete\08增加照片的色彩层次.psd

知识提点

图层面板

“图层”面板是 Photoshop 中最基本也是功能最强大的操作面板。

❶不透明度：设置图层所属图像的透明度。

❷混合模式：为图层中的图像设置特殊的混合模式。

❸锁定：可以同时锁定各个图层，也可以分别锁定各图层。

❹部分命令在“图层”面板上的快捷图标。

01 按快捷键Ctrl+O，在弹出的对话框中选择本书配套光盘中Chapter 4\08增强照片的色彩层次\Media\001.jpg文件，再单击“打开”按钮。打开的素材如图4-84所示。

图4-84

02 在“图层”面板中将“背景”图层拖移至“创建新图层”按钮上，得到“背景 副本”图层，如图4-85所示。

图4-85

锁定：

☒锁定透明像素：用于有图像的图层。

✎锁定图像像素：锁定所选图层后，不能修改或编辑图像。

✥锁定位置：锁定所选图层后，不能对当前图层进行移动。

🔒锁定全部：锁定所选图层后就不能再对图层进行修改和编辑。

 链接图层：显示当前图层与其他图层的链接状态。

知识提点

拾色器

单击工具箱中的"前景色"图标或"背景色"图标，在弹出的"拾色器"对话框中设置各项参数。

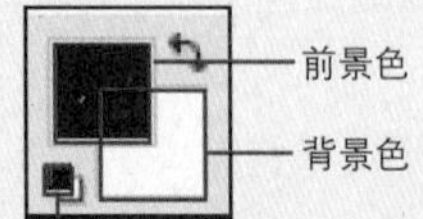

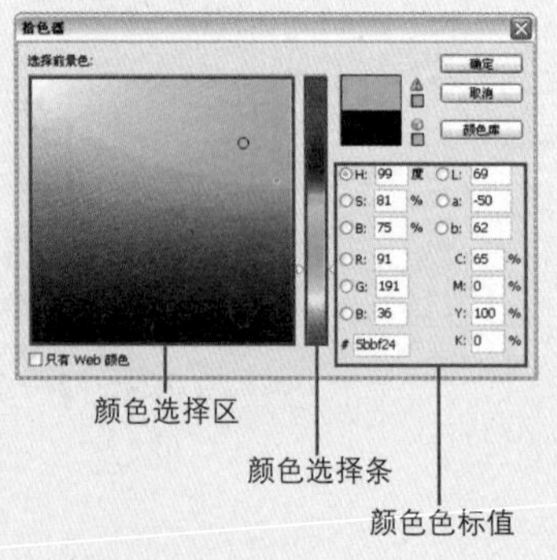

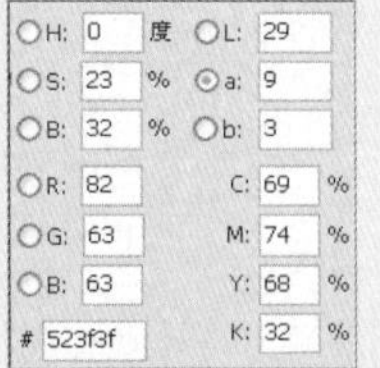

不同的参数设定不同的色域

H：色相

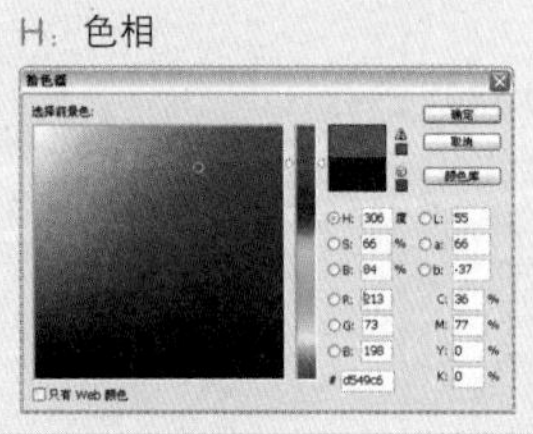

03 切换到"通道"面板，选择"蓝"通道并复制，如图4-86所示。按快捷键Ctrl+L，在弹出的对话框中设置各项参数，如图4-87所示，完成后单击"确定"按钮，效果如图4-88所示。

图4-86

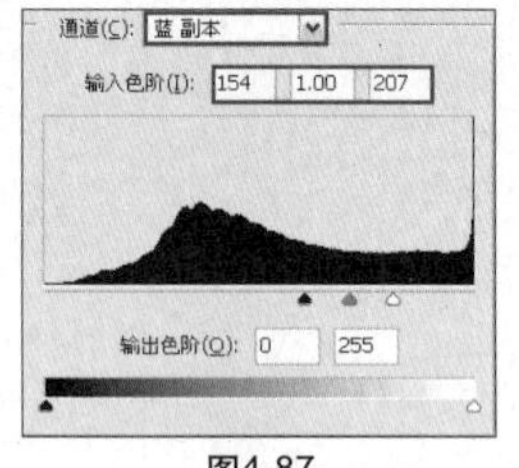

图4-87

图4-88

04 按D键恢复前景色和背景色的默认设置，再选择画笔工具，在"蓝 副本"通道上对照片的右下方进行描绘，如图4-89所示。

图4-89

05 按住Ctrl键单击"蓝 副本"通道，如图4-90所示，将照片的白色区域载入选区，如图4-91所示。

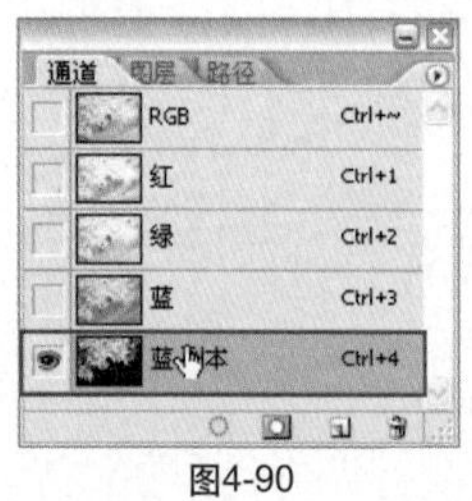

图4-90

图4-91

06 返回"图层"面板，然后新建"图层1"图层，如图4-92所示。在弹出的"拾色器"对话框中将前景色设置为（R:78，G:0，B:0），如图4-93所示，然后单击"确定"按钮。

图4-92

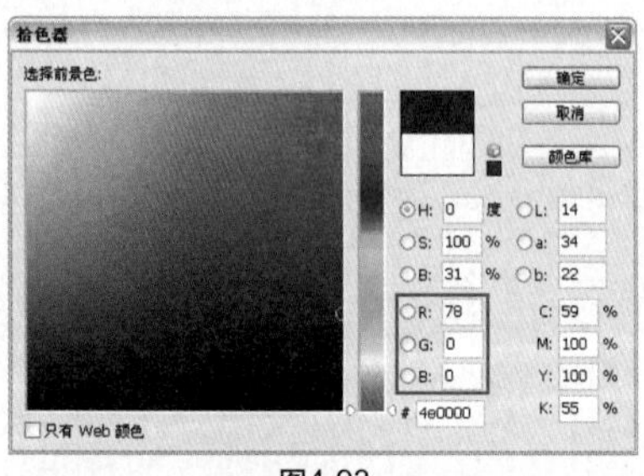

图4-93

07 按快捷键Alt+Delete，在"图层1"图层上对选区进行颜色填充，如图4-94所示，再按快捷键Ctrl+D取消选择，效果如图4-95所示。

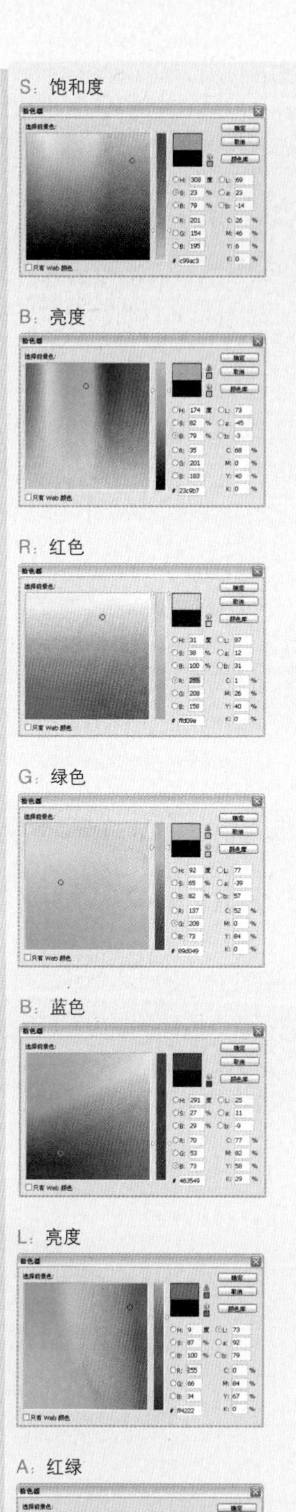

图4-94

图4-95

08 选择“图层1”图层，将图层的混合模式设置为“颜色”，如图4-96所示，得到如图4-97所示的效果。

图4-96

图4-97

09 复制“图层1”图层，得到“图层1 副本”图层，如图4-98所示。选择“图层1 副本”图层，再选择套索工具，在照片上建立一个选区，如图4-99所示。

图4-98

图4-99

10 在选区中右击并在弹出的快捷菜单中执行“羽化”命令，在弹出的对话框中将“羽化半径”设置为“10像素”，如图4-100所示，完成后单击“确定”按钮。按Delete删除选区，再按快捷键Ctrl+D取消选择，效果如图4-101所示。

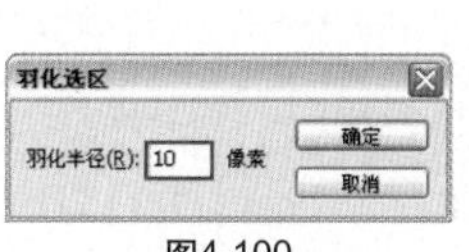

图4-100

图4-101

11 继续选择“图层1 副本”图层，选择套索工具，在照片上建立一个选区，如图4-102所示。在选区中右击并在弹出的快捷菜单中执行“羽化”命令，在弹出的对话框中将“羽化半径”设置为“10像素”，完成后单击“确定”按钮。按Delete删除选区，再按快捷键Ctrl+D取消选择，效果如图4-103所示。

B：蓝黄

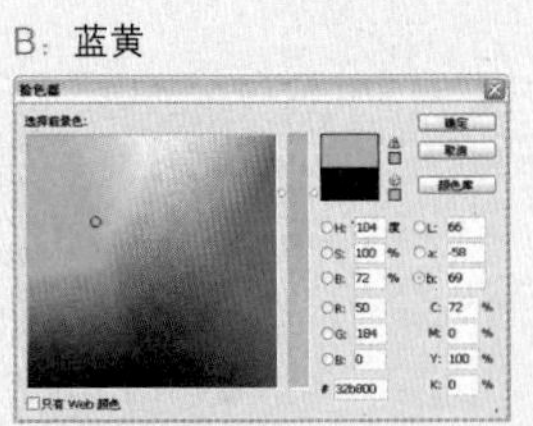

一般通过H（色相）来设定颜色。可以利用颜色滑块设定色相，在色域的上下方向设定颜色的明度，在水平方向设定颜色的饱和度。

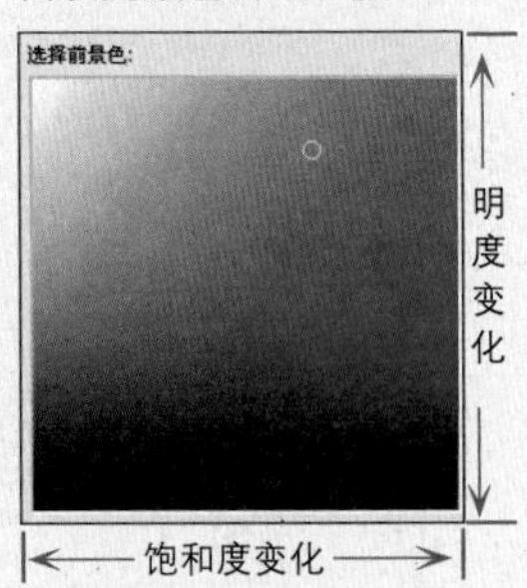

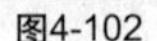

图4-102

图4-103

12 多次复制“图层1 副本”图层，如图4-104所示，得到如图4-105所示的效果。

图4-104

图4-105

13 选择“背景 副本”图层，然后按快捷键Ctrl+L，在弹出的“色阶”对话框中设置各项参数，如图4-106所示，完成后单击“确定”按钮，效果如图4-107所示。至此，本案例制作完成。

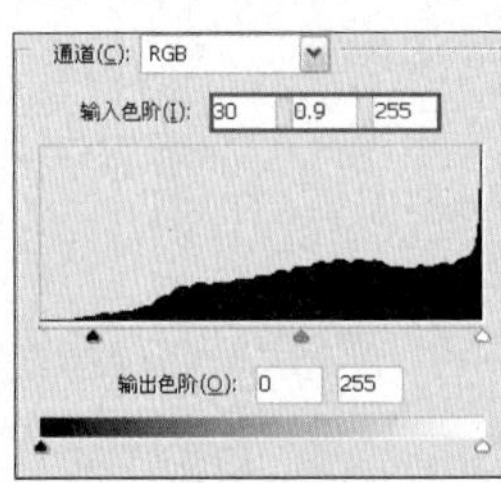

图4-106

图4-107

09 调整照片的局部颜色

After

Before

原照片的天空的颜色过于灰暗，导致照片整体色彩不够协调。

应用功能：曲线命令、多边形套索工具、色阶命令

CD-ROM：Chapter 4\09调整照片的局部颜色\Complete\09调整照片的局部颜色.psd

知识提点

多边形套索工具

利用多边形套索工具可以在照片上建立自由选区，并针对选区进行调整。

1. 利用多边形套索工具建立选区

原图

建立选区

添加选区

01 按快捷键Ctrl+O，在弹出的对话框中选择本书配套光盘中Chapter 4\09调整照片的局部颜色\Media\001.jpg文件，再单击“打开”按钮。打开的素材如图4-108所示。

图4-108

02 在“图层”面板中，将“背景”图层拖动到“创建新图层”按钮上，得到“背景 副本”图层，如图4-109所示。

图4-109

03 选择“背景 副本”图层，再选择多边形套索工具，然后在云彩部分建立一个选区，如图4-110所示。

减去选区

交叉选区

2. 三种套索工具的区别

多边形套索工具适用于创建多边形选区，可以用来选取直角、块面的图像。

沿建筑边缘进行选取

创建多边形选区

套索工具适用于创建随意性较强的选区。例如，对人物脸部需要处理时，用套索工具减选不需要的选区。

随意选区

磁性套索工具适用于选取图像颜色和背景颜色对比强烈的图像。

沿边缘创建选区

完成选区的创建

图4-110

04 按快捷键Ctrl+L，在弹出的“色阶”对话框中设置各项参数，如图4-111所示，完成后单击“确定”按钮，效果如图4-112所示。

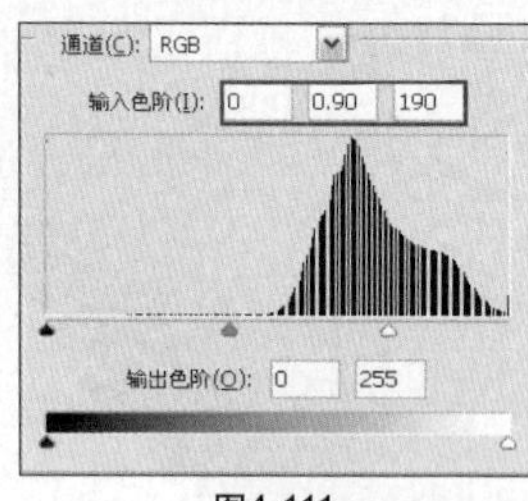

图4-111

图4-112

05 执行“图像>调整>曲线”命令，在弹出的对话框的“通道”下拉列表框中选择“红”，并设置各项参数，如图4-113所示，完成后单击“确定”按钮，效果如图4-114所示。

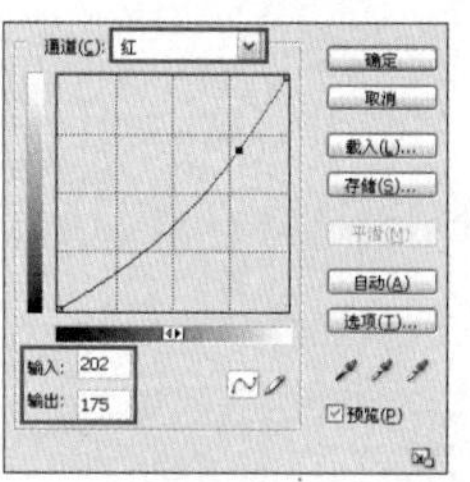

图4-113

图4-114

06 继续执行“图像>调整>曲线”命令，在弹出的对话框的“通道”下拉列表框中选择“蓝”，并设置各项参数，如图4-115所示，完成后单击“确定”按钮。按快捷键Ctrl+D取消选择，最终效果如图4-116所示。至此，本案例制作完成。

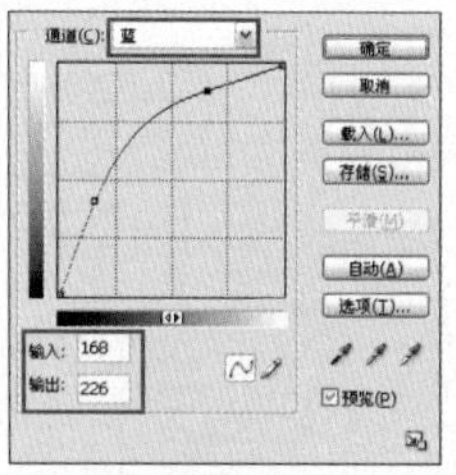

图4-115

图4-116

修正偏白的照片

原照片的色彩偏白，需要增强暗部的颜色。

应用功能：曲线命令、图层混合模式、加深工具

CD-ROM：Chapter 4\10修正偏白的照片\Complete\10修正偏白的照片.psd

知识提点

加深工具

利用加深工具可以对图像的颜色进行加深，同时又保留了图像的特征。在照片处理中加深照片的部分颜色，从而达到局部变暗的效果。

在工具箱中右击减淡工具，在弹出的面板中选择加深工具，在选项栏上设置各项参数。

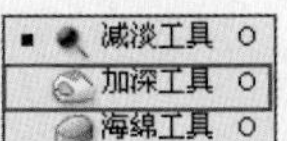

展开工具栏

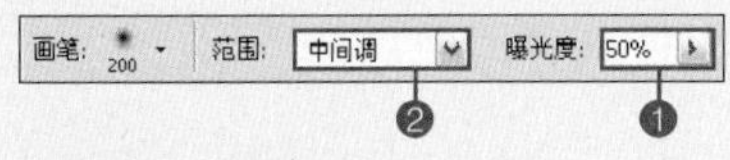

❶曝光度：调整画笔的强度，来决定图像的加深程度。

❷范围

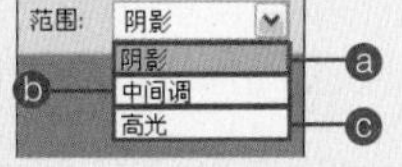

01 按快捷键Ctrl+O，在弹出的对话框中选择本书配套光盘中Chapter 4\10修正偏白的照片\Media\001.jpg文件，再单击“打开”按钮。打开的素材如图4-117所示。

图4-117

02 在“图层”面板中复制“背景”图层，并将图层的混合模式设置为“正片叠底”，如图4-118所示，得到如图4-119所示的效果。

图4-118

图4-119

03 选择“背景 副本”图层，按快捷键Ctrl+M，在弹出的“曲线”对话框中设置各项参数，如图4-120所示，完成后单击“确定”按钮，得到如图4-121所示的效果。

ⓐ阴影：调整图像中的暗调
ⓑ中间调：调整图像的中间色
ⓒ高光：调整图像的亮部

原图

范围：阴影
曝光度：50%

范围：中间调
曝光度：50%

范围：高光
曝光度：50%

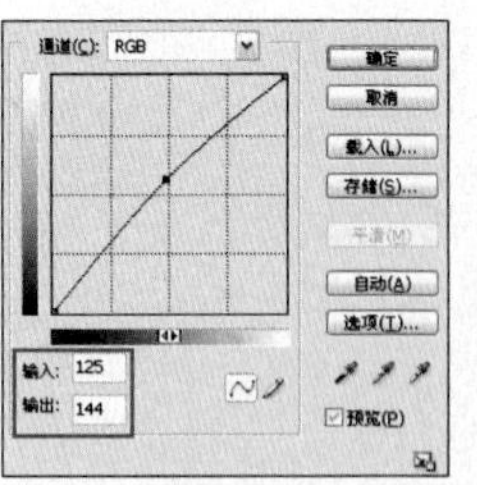

图4-120

图4-121

04 选择“背景 副本”图层，再单击“添加图层蒙版”按钮，如图4-122所示。

图4-122

05 选择加深工具，在选项栏上设置各项参数，如图4-123所示，然后在人物的五官部分进行涂抹，效果如图4-124所示。至此，本案例制作完成。

图4-123

图4-124

增加照片的饱和度

原照片在背光的情况下拍摄，颜色灰暗而没有突出美丽的景色。需要增加照片的饱和度。

应用功能：矩形工具、图层混合模式、色阶命令、曲线命令、色彩平衡命令、可选颜色命令

CD-ROM：Chapter 4\11增加照片的饱和度\Complete\11增加照片的饱和度.psd

饱和度混合模式

饱和度混合模式用于增加照片的饱和度。如果为原图像添加颜色图层，图像的饱和度会增加。在不同的照片中运用该模式会出现不同的效果。在下面的示范照片中运用饱和度模式后，颜色就显得有些失真，需要进行调整。

原图

在“图层”面板中复制“背景”图层，再调整“背景 副本”图层的混合模式。

01 按快捷键Ctrl+O，在弹出的对话框中选择本书配套光盘中Chapter 4\11增加照片的饱和度\Media\001.jpg文件，再单击“打开”按钮。打开的素材如图4-125所示。

图4-125

02 单击工具箱中的“前景色”图标，在弹出的“拾色器”对话框中将前景色设置为（R:0，G:78，B:157），如图4-126所示。

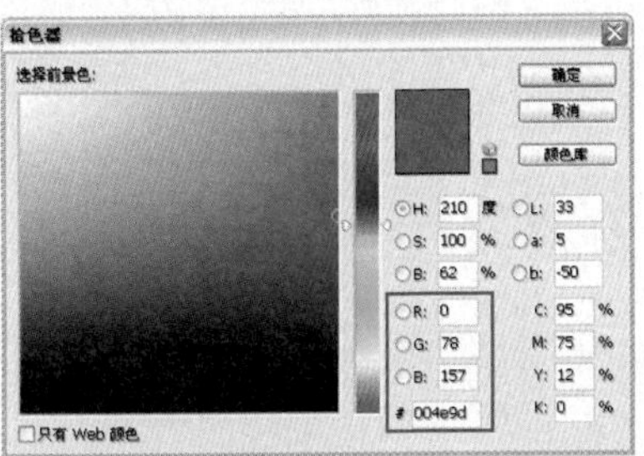

图4-126

混合模式：饱和度
不透明度：100%

改变“背景 副本”图层的“不透明度”。

混合模式：饱和度
不透明度：50%

在“图层”面板中新建“图层 1”图层，再将该图层填充黑色或白色，然后调整图层的混合模式。

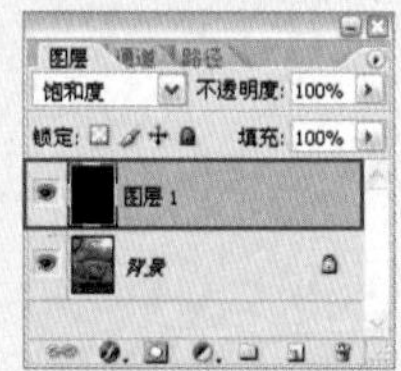

“图层 1”图层填充黑色

“图层 1”图层填充白色

此时的图像变为黑白效果。

黑白效果

03 选择矩形工具，在选项栏中单击“形状图层”按钮，然后在照片上建立一个矩形，如图4-127所示，得到“形状1”图层，如图4-128所示。

图4-127

图4-128

04 选择“形状1”图层，将图层的混合模式设置为“饱和度”，设置“不透明度”为50%，如图4-129所示，得到如图4-130所示的效果。

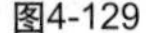

图4-129

图4-130

05 按快捷键Ctrl+A全选图像，如图4-131所示，然后按快捷键Ctrl+Shift+C复制图像，最后按快捷键Ctrl+V粘贴图像，得到“图层1”图层，效果如图4-132所示。

图4-131

图4-132

06 按快捷键Ctrl+L，在弹出的“色阶”对话框中设置各项参数，如图4-133所示，完成后单击“确定”按钮，效果如图4-134所示。

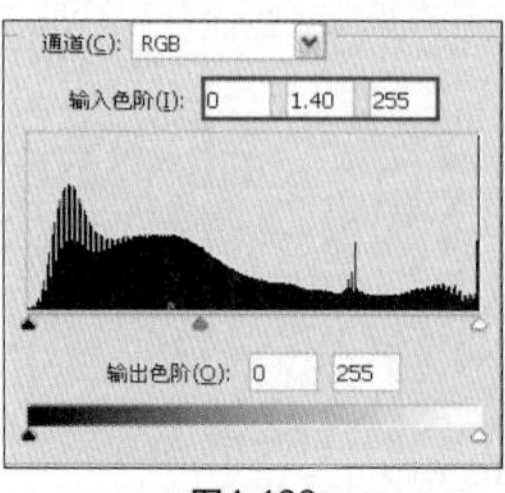

图4-133

图4-134

07 按快捷键Ctrl+M，在弹出的“曲线”对话框中设置各项参数，如图4-135所示，完成后单击“确定”按钮，效果如图4-136所示。

提示

填充除黑色、白色以外的所有颜色都可以产生饱和度效果。

还可以增加局部图像的饱和度，在图像上建立选区并将混合模式设置为“饱和度”。

局部调整

提示

将混合模式设置为“饱和度”后，按快捷键 Ctrl+T 对选区进行自由变换。

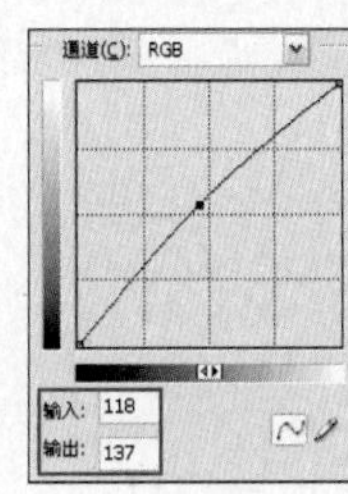

图4-135

图4-136

08 执行“图像>调整>可选颜色”命令，在弹出的对话框的“颜色”下拉列表框中选择“中性色”，并设置各项参数，如图4-137所示，完成后单击“确定”按钮，效果如图4-138所示。

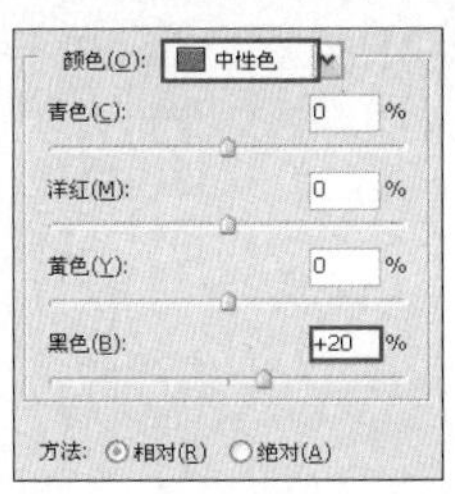

图4-137

图4-138

09 执行“图像>调整>色彩平衡”命令，在弹出的对话框中设置各项参数，如图4-139所示，完成后单击“确定”按钮，效果如图4-140所示。

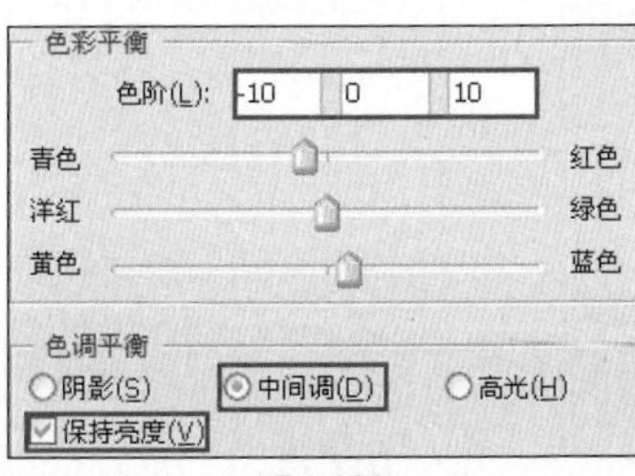

图4-139

图4-140

12 保留照片的局部彩色效果

After

Before

原照片具有一定的故事性，如果保留照片的局部彩色效果，能增加照片的艺术感，同时突出照片的主体。

应用功能：去色命令、图层蒙版、画笔工具

CD-ROM：Chapter 4\12保留照片的局部彩色效果\Complete\12保留照片的局部彩色效果.psd

知识提点

正片叠底混合模式

利用该混合模式可以图层的暗调为基准，叠加背景图层，加深了图像的暗部，同时也保持了原图层的特征。在照片的处理中大多用于表现照片的阴影效果和明暗层次。

原图

在“图层”面板中复制“背景”图层，然后设置“背景 副本”图层的混合模式为“正片叠底”。

混合模式：正片叠底
不透明度：100%

01 按快捷键Ctrl+O，在弹出的对话框中选择本书配套光盘中Chapter 4\12保留照片的局部彩色效果\Media\001.jpg文件，单击“打开”按钮。打开的素材如图4-141所示。

图4-141

02 在“图层”面板中把“背景”图层拖到“创建新图层”按钮上，得到“背景 副本”图层，如图4-142所示，然后执行“图像>调整>去色”命令，如图4-143所示。

图4-142

图4-143

设置不同的图层不透明度，混合效果会不同。

混合模式：正片叠底
不透明度：50%

混合模式：正片叠底
不透明度：30%

混合模式：正片叠底
不透明度：70%

03 选择“背景 副本”图层，再单击“添加图层蒙版”按钮，为图层添加蒙版，如图4-144所示。

图4-144

04 按D键恢复前景色和背景色的默认设置，再选择画笔工具，并选择较软的画笔在蒙版上对人物进行涂抹，如图4-145所示，得到如图4-146所示的效果。至此，本案例制作完成。

图4-145

图4-146

13 修复白平衡错误的照片

由于数码相机的色阶不够丰富，拍摄的光线也有点暗，原照片的整体颜色偏青，需要校正白平衡错误。

应用功能：平均模糊滤镜，图层的混合模式，图层蒙版、应用图像命令，色相/饱和度命令

CD-ROM：Chapter 4\13修复白平衡错误的照片\Complete\13修复白平衡错误的照片.psd

拍摄技巧

如果拍摄时的光线不合适，照片就会出现白平衡错误。现在的数码相机都有内置的白平衡模式。在晴天拍摄时可以使用日光模式；在夜间路灯下拍摄时，由于色温比较低，照片会发黄，要使用白炽灯模式；在室内拍摄时也会出现黄色的氛围，可以设置为荧光灯模式；使用闪光灯拍摄人物照片时，脸部容易发白或者发黄，就需要将白平衡设置为闪光灯模式；在阴天拍摄时，照片会发蓝，可以设置为多云模式。

知识提点

平均模糊滤镜

平均模糊滤镜用于自动检查图像中的平均颜色，并在照片中使用平均颜色对图像进行颜色填充。

01 按快捷键Ctrl+O，在弹出的对话框中选择本书配套光盘中Chapter 4\13修复白平衡错误的照片\Media\001.jpg文件，再单击“打开”按钮。打开的素材如图4-147所示。

图4-147

02 在“图层”面板中复制“背景”图层，得到“背景 副本”图层，如图4-148所示。

图4-148

原图　　平均模糊后

在图像上建立选区，再进行平均模糊。

建立选区

平均模糊

建立多个选区

平均模糊

知识提点

柔光混合模式

利用该混合模式以柔和的方式叠加图像，并且保持了图层的色彩。在照片的处理中多用于两张或多张照片叠加，表现镜像、折射等效果。

原图 1

原图 2

03 选择“背景 副本”图层，再执行“滤镜>模糊>平均”命令，效果如图4-149所示，然后按快捷键Ctrl+I反向，得到如图4-150所示的效果。

图4-149

图4-150

04 在“图层”面板上选择“背景 副本”图层，将图层的混合模式设置为“柔光”，再单击“添加图层蒙版”按钮，为图层添加蒙版，如图4-151所示，得到如图4-152所示的效果。

图4-151

图4-152

05 选择“背景 副本”图层的蒙版，再执行“图像>应用图像”命令，在弹出的对话框中设置各项参数，如图4-153所示，完成后单击“确定”按钮，效果如图4-154所示。

图4-153

图4-154

06 多次复制“背景 副本”图层，如图4-155所示，得到如图4-156所示的效果。

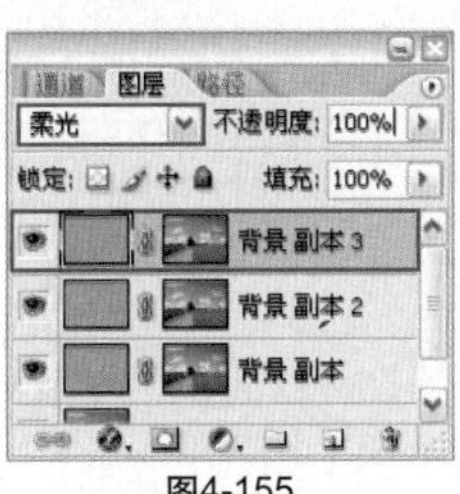

图4-155

图4-156

07 复制“背景 副本”图层，并将图层的混合模式设置为“滤色”，“不透明度”设置为70%，如图4-157所示，得到如图4-158所示的效果。

混合模式：柔光

原图 1

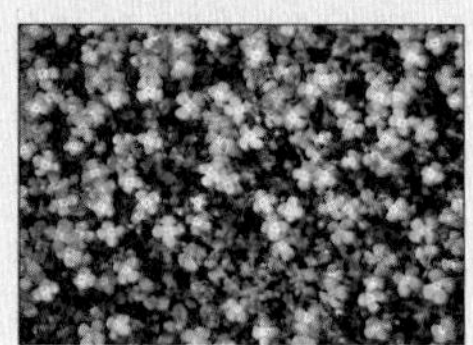
原图 2

混合模式：柔光

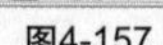
图4-157

图4-158

08 按快捷键Ctrl+A全选图像，如图4-159所示，再按快捷键Ctrl+Shift+C复制图像，最后按快捷键Ctrl+V进行粘贴，得到“图层1”图层，如图4-160所示。

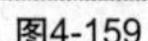
图4-159

图4-160

09 按快捷键Ctrl+U，在弹出的“色相/饱和度”对话框中设置各项参数，如图4-161所示，完成后单击“确定”按钮，效果如图4-162所示。至此，本案例制作完成。

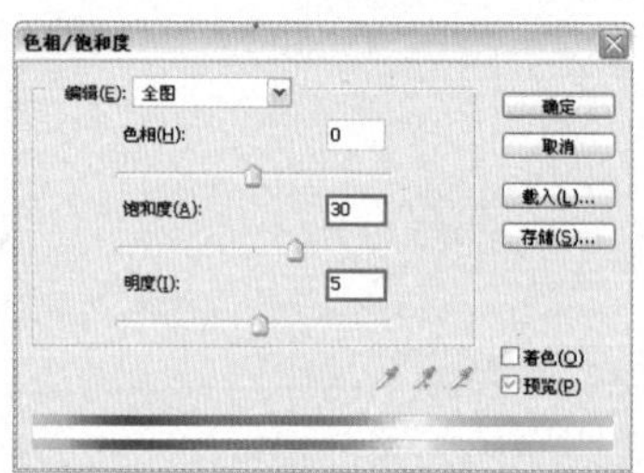

图4-161

图4-162

14 实现照片的反转胶片效果

原照片的拍摄光线欠佳，进行特殊的处理后得到反转胶片的效果。

应用功能：应用图像命令

CD-ROM：Chapter 4\14实现照片的反转胶片效果\Complete\14实现照片的反转胶片效果.psd

知识捉点

应用图像命令

应用图像命令是利用图层图像和图层混合模式来合成图像。在照片的处理中可以合成不同的图像，得到特殊的个性艺术照片效果，在照片中多次尝试会得到意想不到的效果。

执行“图像>应用图像”命令，弹出“应用图像”对话框。

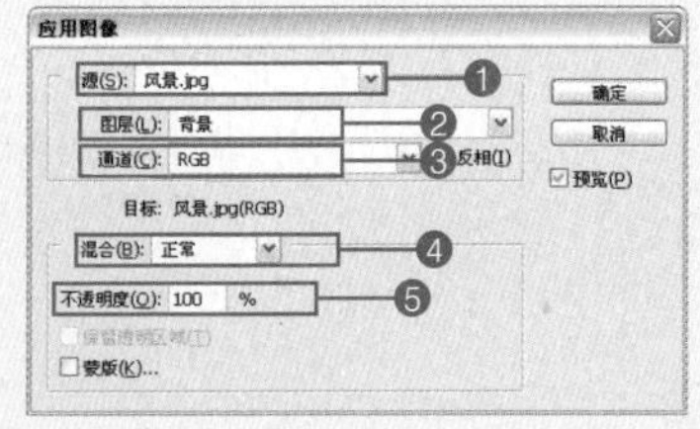

❶源：选择需要执行该操作的图像。

❷图层：当有多个图层存在时，可以在下拉列表框中选择所需图层。

❸通道：在下拉列表框中选择需要调整的通道。

❹混合：图层的混合模式。

❺不透明度：混合模式在图层上的不透明度。

01 按快捷键Ctrl+O，在弹出的对话框中选择本书配套光盘中Chapter 4\14实现照片的反转胶片效果\Media\001.jpg文件，再单击“打开”按钮。打开的素材如图4-163所示。

图4-163

02 在“图层”面板中复制“背景”图层，如图4-164所示。

图4-164

03 切换到“通道”面板，选择“蓝”通道，然后执行“图像>应用图像”命令，在弹出的对话框中设置各项参数，如图4-165所示，完成后单击“确定”按钮，得到如图4-166所示的效果。

原图

调整图层的混合模式和不透明度。

混合：正片叠底
不透明度：100%

混合：正片叠底
不透明度：30%

混合：柔光
不透明度：100%

混合：柔光
不透明度：20%

选中“反相”复选框。

通道：蓝
混合：正片叠底
不透明度：50%

在“应用图像”对话框中选中“蒙版”复选框，出现如下选项组。

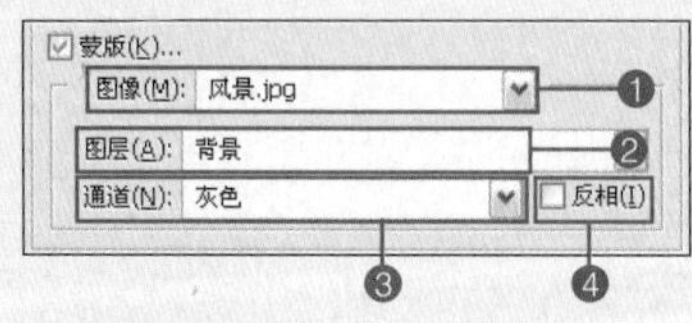

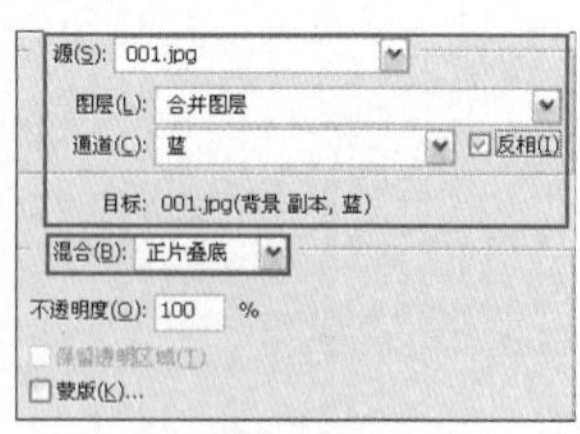

图4-165

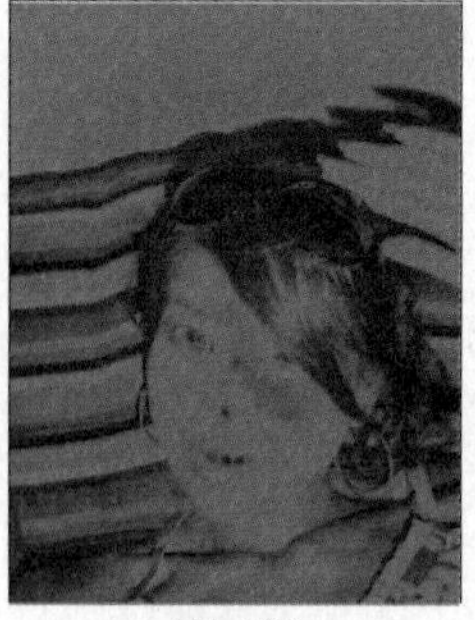
图4-166

04 参照步骤03调整“绿”通道，如图4-167和图4-168所示。

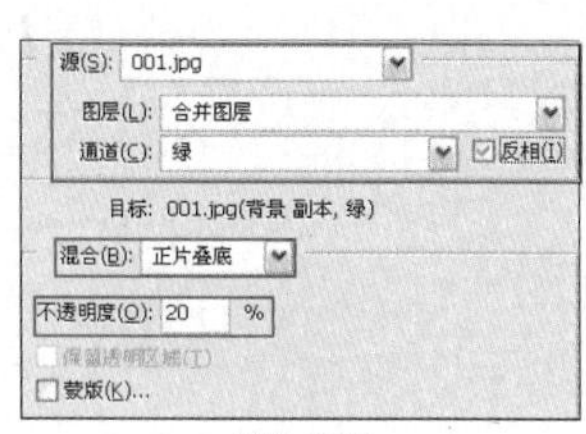

图4-167

图4-168

05 参照步骤03调整“红”通道，如图4-169和图4-170所示。

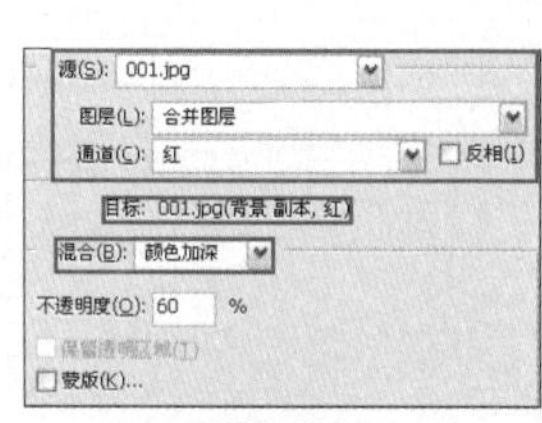

图4-169

图4-170

06 继续选择“蓝”通道，按快捷键Ctrl+L，在弹出的“色阶”对话框中设置各项参数，如图4-171所示，完成后单击“确定”按钮，效果如图4-172所示。

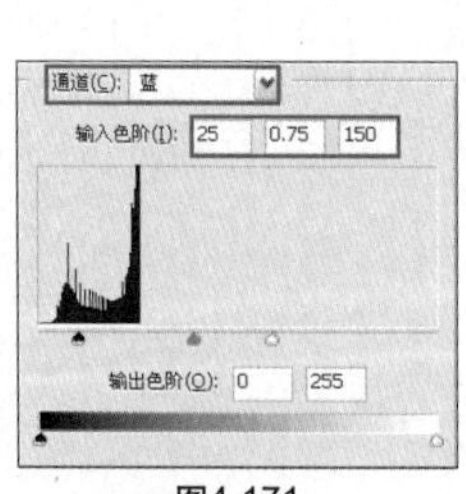

图4-171

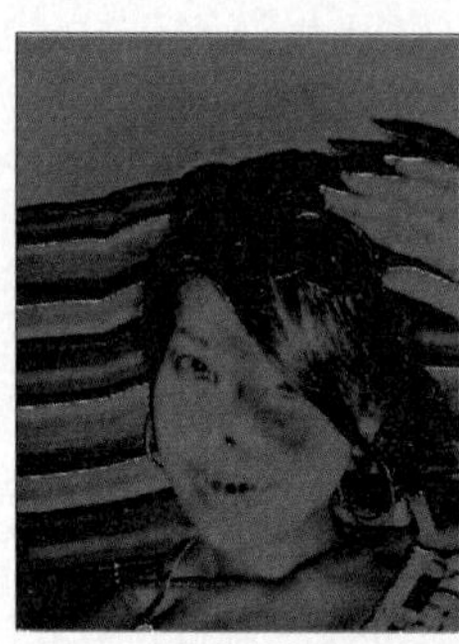
图4-172

❶图像：显示当前图像。

❷图层：在下拉列表框中选择图层。

❸通道：在下拉列表框中选择需要调整的通道。

❹反相：选中该复选框，调整图像为反相效果。

原图

选中“蒙版”复选框。

通道：RGB
混合：正片叠底
不透明度：100%
通道：绿

选中“反相”复选框。

通道：红
混合：正片叠底
不透明度：100%
通道：红

通道：蓝
混合：强光
不透明度：50%
通道：灰色

07 参照步骤06调整“绿”通道，如图4-173和图4-174所示。

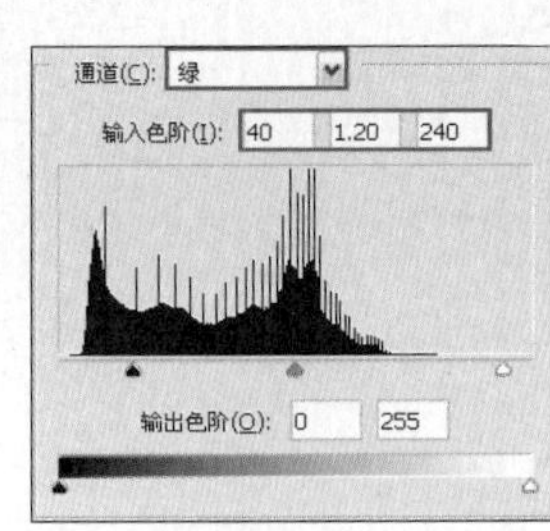

图4-173

图4-174

08 参照步骤06调整“红”通道，如图4-175和图4-176所示。

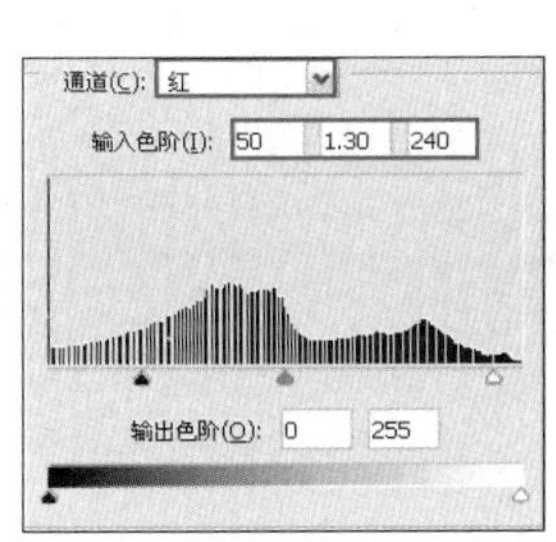

图4-175

图4-176

09 选择“色相/饱和度2”图层，将图层的混合模式设置为“颜色减淡”，如图4-177所示；复制“色相/饱和度2”图层，得到“色相/饱和度2 副本”图层，将图层的混合模式设置为“变暗”，“不透明度”改为70%，如图4-178所示，得到如图4-179所示的效果。至此，本案例制作完成。

图4-177

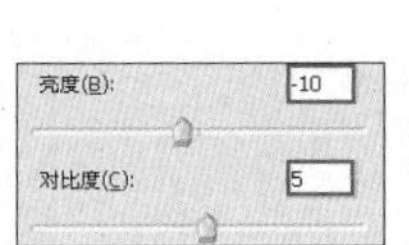

图4-178

图4-179

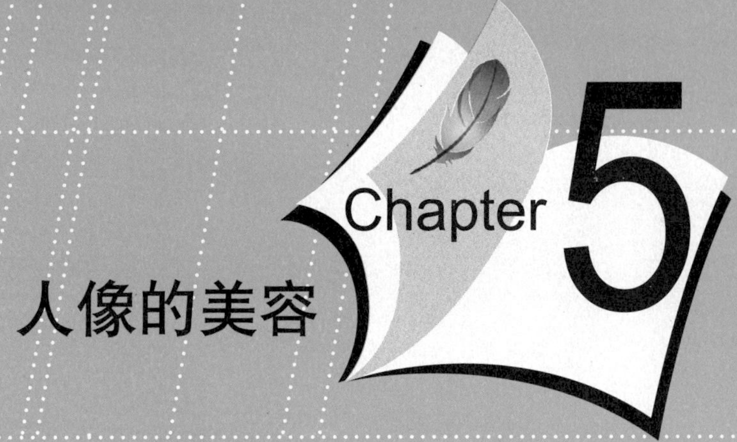

人像的美容

01 消除红眼
知识提点：红眼工具

02 消除脸部的小雀斑
知识提点：蒙尘与划痕滤镜、差值混合模式

03 消除脸部的皱纹
知识提点：复位面板、仿制图章工具的选项栏

04 消除黑眼圈
知识提点：图层的不透明度

05 美白牙齿
知识提点：色相/饱和度命令

06 瘦脸
知识提点：设置快捷键、液化滤镜的工具

07 给人物的眼睛变色
知识提点：新建文件、魔棒工具、径向模糊滤镜

08 光洁脸部的皮肤
知识提点：橡皮擦工具、模糊工具

09 打造性感双唇
知识提点：路径的特点、颜色减淡混合模式、渐变映射命令

10 加长睫毛
知识提点：画笔工具的选项栏

11 打造魅力烟熏妆
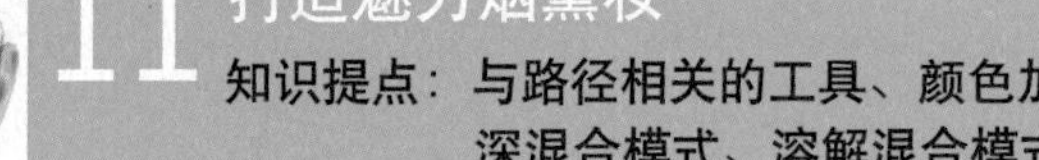
知识提点：与路径相关的工具、颜色加深混合模式、溶解混合模式

12 修整人物的身材
知识提点：液化滤镜的应用

01 消除红眼

在夜晚或者室内拍摄照片时，照片中的人物很容易出现红眼，利用Photoshop中的红眼工具可去除红眼。

应用功能：红眼工具

CD-ROM：Chapter 5\01消除红眼\Complete\01消除红眼.psd

拍摄技巧

在室内或夜晚拍摄人物照片时，如果使用闪光灯，眼睛常常会出现红眼现象。数码相机本身自带去除红眼的功能，可以开启此功能。

知识提点

红眼工具

红眼工具的操作方便快捷。选择红眼工具，在工具的选项栏上设置参数。

❶瞳孔大小：决定瞳孔的深度。

❷变暗量：决定瞳孔颜色暗度。

原图

01 按快捷键Ctrl+O，在弹出的对话框中选择本书配套光盘中Chapter 5\01消除红眼\Media\001.jpg文件，再单击“打开”按钮。打开的素材如图5-1所示。

图5-1

02 将前景色设置为黑色，选择红眼工具，在选项栏中设置“瞳孔大小”为50%，“变暗量”为50%。选择缩放工具，在图像中框选脸部可放大显示该部分。使用红眼工具在眼睛部分单击并拖动，如图5-2所示。松开鼠标左键，得到如图5-3所示的效果。

图5-2

图5-3

瞳孔大小：50%
变暗量：50%

瞳孔大小：100%
变暗量：100%

瞳孔大小：1%
变暗量：50%

瞳孔大小：70%
变暗量：10%

03 使用同样的方法消除另一只眼睛的红眼，如图5-4和图5-5所示。

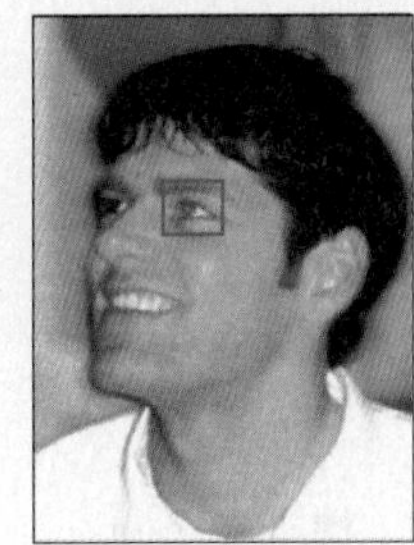
图5-4

图5-5

04 使用相同的方法对照片中的眼睛部分进行调整，得到如图5-6所示的效果。至此，本实例制作完成。

图5-6

02 消除脸部的小雀斑

原照片中人物的脸部有小雀斑，影响了照片的美观，可以在Photoshop中修补雀斑。

应用功能：修补工具、蒙尘与划痕命令

CD-ROM：Chapter 5\02消除脸部的小雀斑\Complete\02消除脸部的小雀斑.psd

知识提点

蒙尘与划痕滤镜

蒙尘与划痕滤镜是利用不同的像素来减少图像中的杂点。在照片的处理中一般用于处理照片的划痕，使其过度更自然。除了可以用此滤镜处理人物的雀斑之外，还可处理扫描照片时留下的划痕。

执行"滤镜>杂色>蒙尘与划痕"命令，在弹出的对话框设置各项参数，完成后单击"确定"按钮。

❶阈值：设置需要处理的图像像素的阈值。阈值越大，图像上的颜色就越多，去除杂色的瑕疵的效果就越好。

❷半径：设置去除图像的瑕疵范围。

01 按快捷键Ctrl+O，在弹出的对话框中选择本书配套光盘中Chapter 5\02消除脸部的小雀斑\Media\001.jpg文件，再单击"打开"按钮。打开的素材如图5-7所示。

图5-7

02 在"图层"面板中复制"背景"图层，得到"背景 副本"图层，如图5-8所示。

图5-8

03 选择“背景 副本”图层，再选择修补工具，然后在人物脸上有斑点的部分创建选区，最后把选区向没有斑点的皮肤部分拖移，如图5-9所示。按快捷键Ctrl + D取消选区，得到如图5-10所示的效果。用相同的方法对男孩皮肤上的斑点进行修饰，效果如图5-11所示。

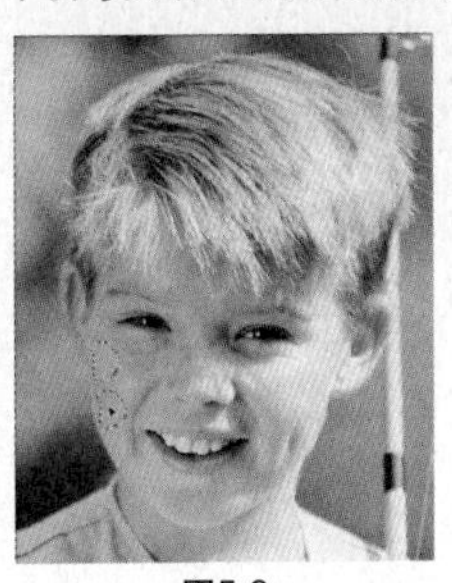
图5-9

图5-10

图5-11

04 选择套索工具，在图像中有斑点的部分建立选区，如图5-12所示。执行“选择>羽化”命令，在弹出的对话框设置各项参数，如图5-13所示，单击“确定”按钮，得到如图5-14所示的选区。

图5-12

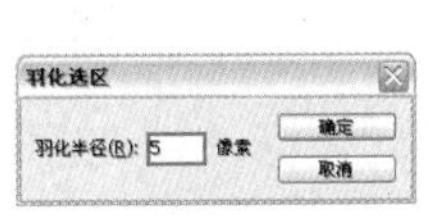

图5-13

图5-14

05 执行“滤镜>杂色>蒙尘与划痕”命令，在弹出的对话框中设置各项参数，如图5-15所示，再单击“确定”按钮。按快捷键Ctrl+D取消选区，得到如图5-16所示的效果。至此，本案例制作完成。

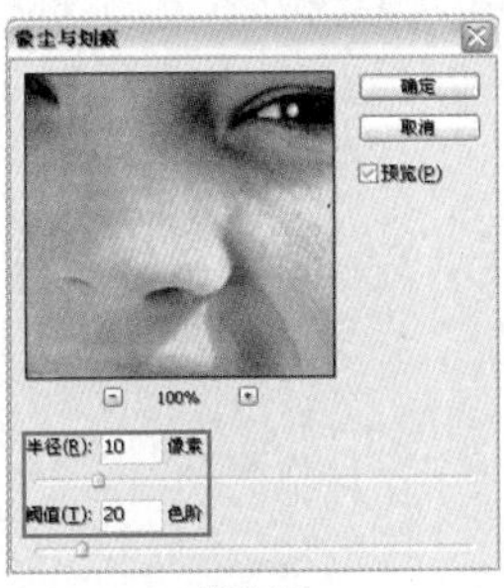

图5-15

图5-16

原图

半径：10 像素
阈值：0 色阶

半径：10 像素
阈值：55 色阶

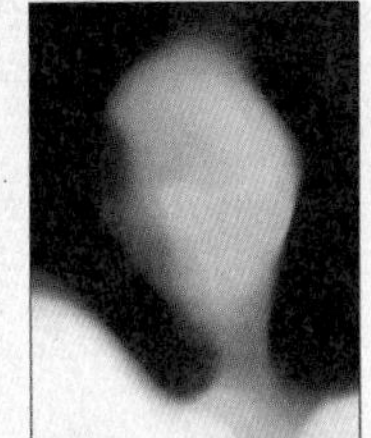
半径：50 像素
阈值：10 色阶

知识提点

差值混合模式

差值模式：用于降低图像的明度，图层的不透明度越大，图像的明度就越低。在照片处理中一般不会单独使用该模式，通常与其他功能结合应用。

原图

混合模式：差值
不透明度：30%

混合模式：差值
不透明度：80%

混合模式：差值
不透明度：100%

03 消除脸部的皱纹

原照片的人物脸部有少许皱纹，需要进行修饰。

应用功能：套索工具、修复画笔工具、仿制图章工具

CD-ROM：Chapter 5\03消除脸部的皱纹\Complete\03消除脸部的皱纹.psd

知识提点

复位面板

在 Photoshop 中操作时，如果移动了面板的位置，可以执行“编辑>首选项>常规”命令，在弹出的“首选项”对话框中取消选中“存储调板位置”复选框。

取消选中“存储调板位置”复选框。

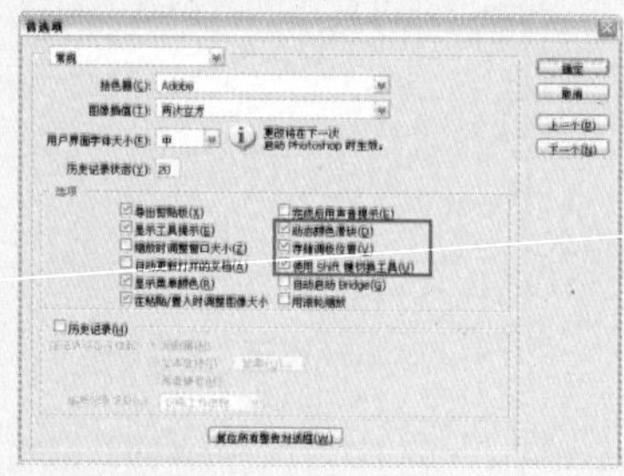

所有面板都显示在原位置上。

01 按快捷键Ctrl+O，在弹出的对话框中选择本书配套光盘中Chapter 5\03消除脸部的皱纹\Media\001.jpg文件，再单击“打开”按钮。打开的素材如图5-17所示。

图5-17

02 在“图层”面板中复制“背景”图层，得到“背景 副本”图层，如图5-18所示。

图5-18

知识提点

仿制图章工具的选项栏

修补照片中的大色块时必须用图章工具来修复，修补效果非常自然。还可以对照片中的图案取样，如小动物、人物的整个脸部或者手部等，然后在照片中需要的位置进行涂抹拷贝。

选择图章工具，按住 Alt 键在图像上建立一个取样点，然后在图像的其他位置涂抹，就可以复制取样处的图像。

❶画笔：设置画笔的大小和形状。

❷模式：设置图章的模式。

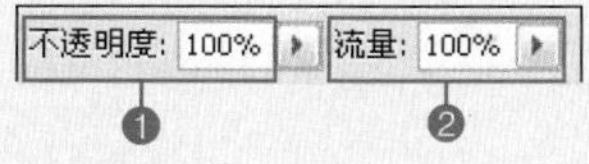

❶不透明度：设置图章的不透明度。

❷流量：设置图章的流量。

❶对齐：选中该复选框，描边的偏移量相同。

❷对所有图层取样：选中该复选框，对所有图层都有效。

原图

模式：溶解
不透明度：50%

03 选择套索工具，在图像的皱纹部分选取选区，如图5-19所示。执行“选择>羽化”命令，在弹出的对话框中将“羽化半径”设置为5像素，再单击“确定”按钮，得到如图5-20所示的选区。

图5-19

图5-20

04 选择修复画笔工具，按住Alt键吸取眼睛周围的颜色，在选区内仔细地进行涂抹，如图5-21所示。完成后按快捷键Ctrl+D取消选区，效果如图5-22所示。

图5-21

图5-22

05 选择仿制图章工具，按住Alt键在眼睛的周围吸取颜色。松开Alt键并在皱纹上进行涂抹，如图5-23所示。使用相同的方法处理另一只眼睛，得到如图5-24所示的效果。至此，本案例制作完成。

图5-23

图5-24

消除黑眼圈

原照片中的人物有黑眼圈，影响了人物的精神面貌，可以用肤色修饰眼袋处的颜色图层的不透明度。

应用功能：多边形套索工具、移动工具

CD-ROM：Chapter 5\04消除黑眼圈\Complete\04消除黑眼圈.psd

知识提点

图层的不透明度

图层的不透明度用来调整当前图层的在图像上的显示程度。在叠加照片的时候，调整不透明度的效果尤其明显。一般调整上层图像的不透明度，这样可以不同程度地显示下层的图像。

原图 1

原图 2

01 按快捷键Ctrl+O，在弹出的对话框中选择本书配套光盘中Chapter 5\04消除黑眼圈\Media\001.jpg文件，再单击“打开”按钮。打开的素材如图5-25所示。

图5-25

02 按快捷键Ctrl++将图像放大，再选择多边形套索工具，在人物的眼袋部分建立选区，如图5-26所示。对选区进行羽化，如图5-27所示，完成后单击“确定”按钮。

图5-26

图5-27

"图层"面板

不透明度：0%

不透明度：30%

不透明度：70%

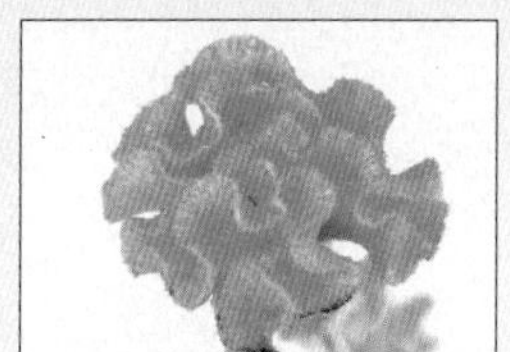
不透明度：100%

03 在选区内按住左键不放，将选区拖移到脸部光滑的地方，如图5-28所示，然后按快捷键Ctrl+C复制选区，再按快捷键Ctrl+V粘贴，得到"图层1"图层，如图5-29所示。

图5-28

图5-29

04 选择移动工具，并配合键盘中的方向键，将"图层1"图层中的图像拖移到眼袋上，效果如图5-30所示。为了使照片看上去更加自然，把"图层1"图层的不透明度改为55%，如图5-31所示，得到如图5-32所示的效果。

图5-30

图5-31

图5-32

05 用相同的方法消除左眼的眼袋，最后得到如图5-33所示的效果。人物的黑眼圈不见了。至此，本案例制作完成。

图5-33

05 美白牙齿

原照片中人物的牙齿不够洁白，影响人物的形象，在Photoshop中调整色相可以美白牙齿。

应用功能： 色相/饱和度命令、图层的混合模式、磁性套索工具、新快照命令、画笔工具

CD-ROM： Chapter 5\05美白牙齿\Complete\05美白牙齿.psd

知识提点

色相 / 饱和度命令

利用色相 / 饱和度命令可以改变图像的颜色、饱和度、亮度，一般用来增强照片中颜色的鲜艳度。该命令操作简单，容易控制，但是不能保持图像的对比度。

执行“图像>调整>色相 / 饱和度”命令，在弹出的对话框中设置各项参数，完成后单击“确定”按钮。

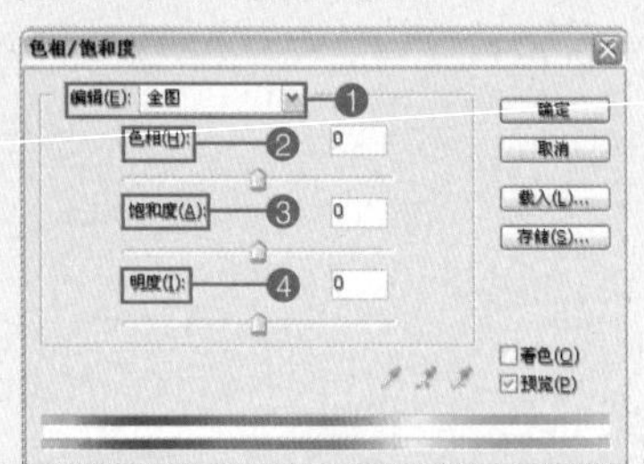

❶编辑：选择需要调整的基准颜色，在下拉列表框中选择需要调整的颜色。

全图	Ctrl+~
红色	Ctrl+1
黄色	Ctrl+2
绿色	Ctrl+3
青色	Ctrl+4
蓝色	Ctrl+5
洋红	Ctrl+6

01 按快捷键Ctrl+O，在弹出的对话框中选择本书配套光盘中Chapter 5\05美白牙齿\Media\001.jpg文件，再单击“打开”按钮。打开的素材如图5-34所示。

图5-34

02 在“图层”面板中复制“背景”图层，如图5-35所示。

图5-35

❷色相：改变图像的颜色，通过参数来改变图像的颜色。

❸饱和度：改变图像的饱和度。

❹明度：调整图像的亮度。

提 示

按快捷键 Ctrl+U，在弹出“色相/饱和度”对话框中设置各项参数，完成后单击“确定”按钮。

原图

编辑：全图
色相：0
饱和度：50
明度：50

可以单独调整图像的红色、黄色、绿色、青色、蓝色和洋红色。

编辑：红色
色相：0
饱和度：-100
明度：40

编辑：黄色
色相：-45
饱和度：-100
明度：-100

03 选择磁性套索工具，在人物的牙齿上建立选区，如图5-36所示，然后按快捷键Ctrl+U，在弹出的“色相/饱和度”对话框的“编辑”下拉列表框中选择“黄色”并设置各项参数，如图5-37所示，完成后单击“确定”按钮，得到如图5-38所示的效果。

图5-36

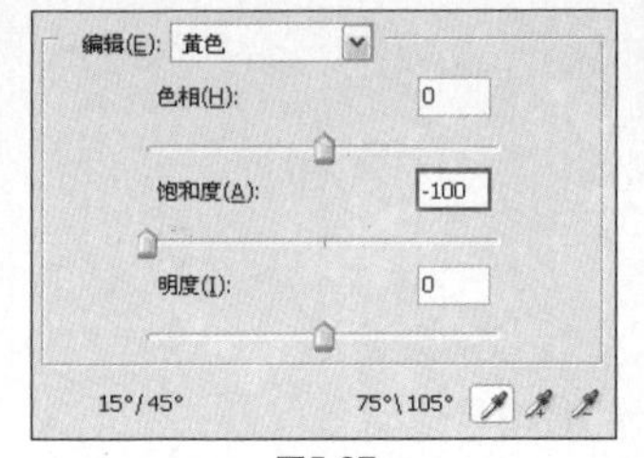

图5-37

图5-38

04 在“历史记录”面板中，单击“创建新快照”按钮，得到快照1，如图5-39所示。回到“图层”面板，把“背景 副本”图层的混合模式设置为“差值”，如图5-40所示，得到如图5-41所示的效果。

图5-39

图5-40

图5-41

05 按快捷键Ctrl+E合并图层，如图5-42所示，然后按快捷键Ctrl+A全选图像，如图5-43所示，最后选择“历史记录”面板中的“快照1”，得到如图5-44所示的效果。

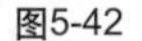

图5-42

图5-43

图5-44

06 选择“背景 副本”图层，再单击“添加图层蒙版”按钮，如图5-45所示，得到如图5-46所示的效果。

编辑：绿色
色相：+180
饱和度：+80
明度：-100

编辑：青色
色相：-135
饱和度：+77
明度：0

编辑：蓝色
色相：-180
饱和度：+100
明度：-100

编辑：洋色
色相：+180
饱和度：+60
明度：0

选中“着色”复选框后，为图像着色。

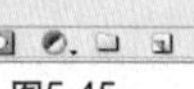

图5-45

图5-46

07 在“通道”面板上，选择“背景 副本蒙版”通道，如图5-47所示，得到如图5-48所示的效果。选择画笔工具，并选择较软的画笔，然后在人物的牙齿上小心地勾出轮廓，如图5-49所示。

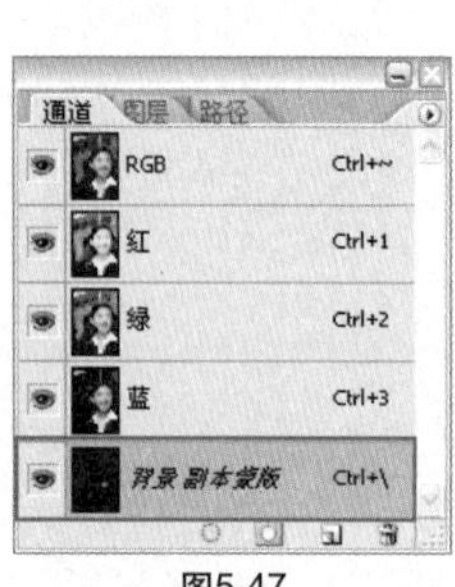

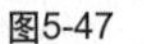

图5-47

图5-48

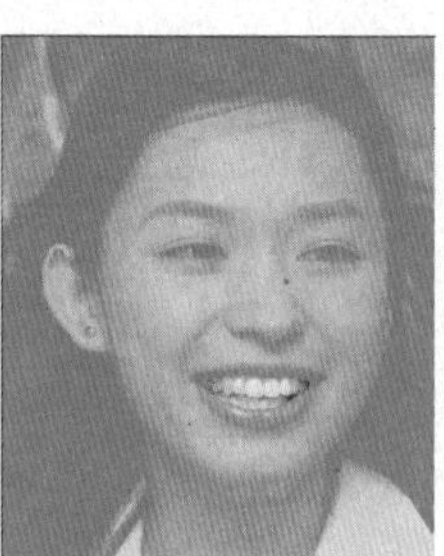

图5-49

08 回到“图层”面板，并单击“背景 副本”图层的图层缩览图，如图5-50所示。按快捷键Ctrl+U，在弹出的“色相/饱和度”对话框中设置各项参数，如图5-51所示，完成后单击“确定”按钮，得到如图5-52所示的效果。至此，本例制作完成。

图5-50

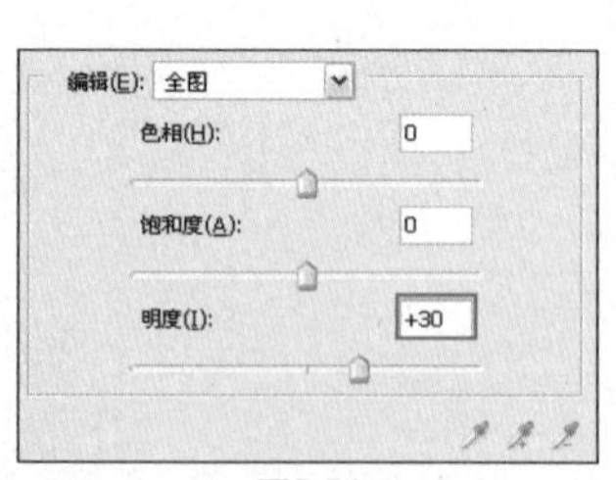

图5-51

图5-52

06 瘦脸

原照片中人物的脸型略微显胖，在拍摄类似特写照的时候，就会将缺点暴露出来。

应用功能：液化命令

CD-ROM：Chapter 5\06瘦脸\Complete\06瘦脸.psd

拍摄技巧

拍摄人物照片时，建议从各个角度拍摄，找到最佳角度才会得到满意的照片。

知识提点

设置快捷键

为了在 Photoshop 中更方便地操作，可以根据自己的喜好设定工具、面板、菜单的快捷键。

执行“编辑>键盘快捷键”命令，在弹出的“键盘快捷键和菜单”对话框的“快捷键用于”下拉列表框中任意选择一个，然后在“应用程序菜单命令”列表框中设置快捷键。

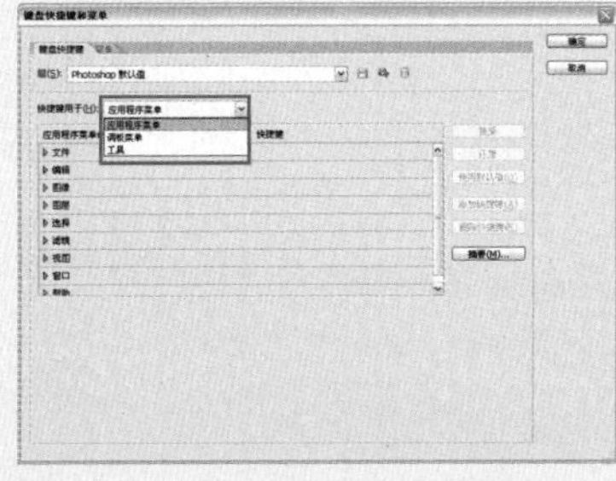

01 按快捷键Ctrl+O，在弹出的对话框中选择本书配套光盘中Chapter 5\06瘦脸\Media\001.jpg文件，再单击“打开”按钮。打开的素材如图5-53所示。

图5-53

02 执行“滤镜>液化”命令，在弹出的“液化”对话框中选择向前变形工具，参数设置如图5-55所示，然后在人物的脸部向右推，如图5-54所示，完成后单击“确定”按钮，得到如图5-55所示的效果。

图5-54

图5-55

输入快捷键。

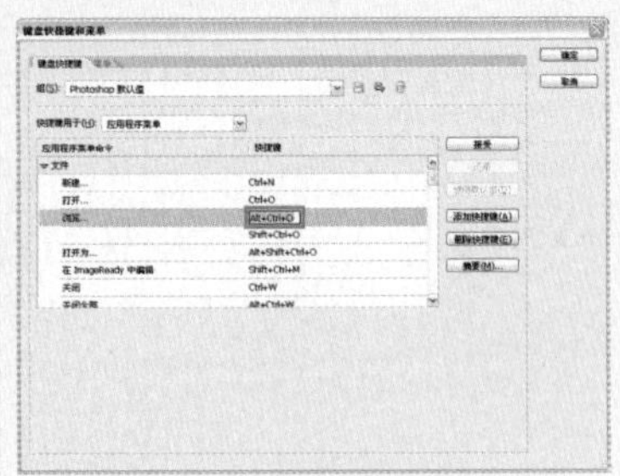

完成后单击“接受”按钮，再单击“确定”按钮即可。

知识提点

液化滤镜的工具

向前变形工具：对图像进行左右上下变形。

重建工具：对图像变形扭曲后，如果不满意可以利用重建工具在图像上涂抹，返回原始图像。

顺时针旋转扭曲工具：对图像应用螺旋笔刷效果。

褶皱工具：使图像产生自然褶皱效果。

膨胀工具：对图像局部进行放大，产生膨胀效果。

左推工具：用于移动图像的像素，从而对图像进行扭曲变形。

镜像工具：将图像扭曲为反射的形态。

湍流工具：对图像进行扭曲，形态酷似烽火或者气流流动。

冻结蒙版工具：在图像上设置蒙版，使图像不会被扭曲变形。

解冻蒙版工具：取消设置好的蒙版区域。

抓手工具：放大或者缩小预览图像的窗口。

缩放工具：放大或者缩小预览窗口中的图像。

03 继续在“液化”对话框中选择向前变形工具，并在人物的脸部的另一边仔细向左推，如图5-56所示，完成后单击“确定”按钮，得到如图5-57所示的效果。

图5-56

图5-57

04 在“液化”对话框中选择向前变形工具，再对人物的下巴进行仔细修饰，如图5-58所示，完成后单击“确定”按钮，得到如图5-59所示的效果。

图5-58

图5-59

05 为了让五官看起来更立体，再次在“液化”对话框中选择向前变形工具，将画笔大小调小后，在人物鼻子的鼻梁上小心选择拖动，如图5-60所示，完成后单击“确定”按钮，得到如图5-61所示的效果。至此，本例制作完成。

图5-60

图5-61

给人物的眼睛变色

本例原照片是一张特写照片，人物的笑容甜美，眼睛传神，修改眼睛的颜色后，照片立刻变得个性又不失甜美。

应用功能：画笔工具、径向模糊滤镜、魔棒工具、添加杂色滤镜、橡皮擦工具

CD-ROM：Chapter 5\07给人物的眼睛变色\Complete\07给人物的眼睛变色.psd

知识提点

新建文件

执行“文件>新建”命令，在弹出的对话框中设置各项参数，完成后单击“确定”按钮。

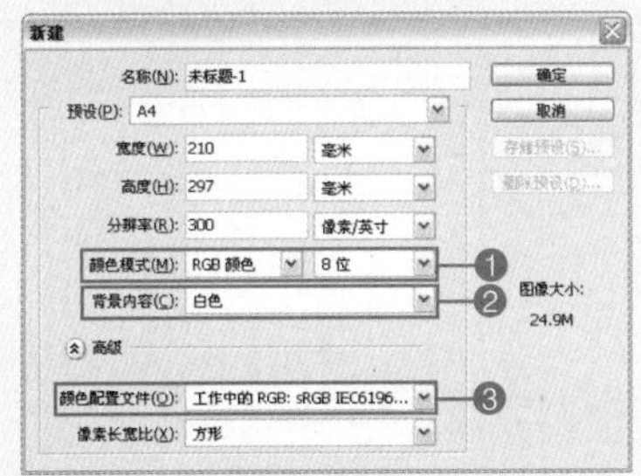

❶颜色模式：在下拉列表框中选择所需的颜色模式。

❷背景内容：在下拉列表框中选择所需背景内容。

❸颜色配置文件：为文档制定配色文件。在下拉列表框中可以对图像的模式进行选择。

01 执行“文件>新建”命令，在弹出的对话框中对各项参数进行设置，如图5-62所示，完成后单击“确定”按钮。

图5-62

02 单击工具箱中的“前景色”图标，在弹出的“拾色器”对话框中将前景色设置为（R:91，G:199，B:230），如图5-63所示，然后单击“确定”按钮。选择画笔工具，并在选项栏上选择较硬的画笔，“画笔大小”选择80px，在画布中绘制一个圆形，如图5-64所示。

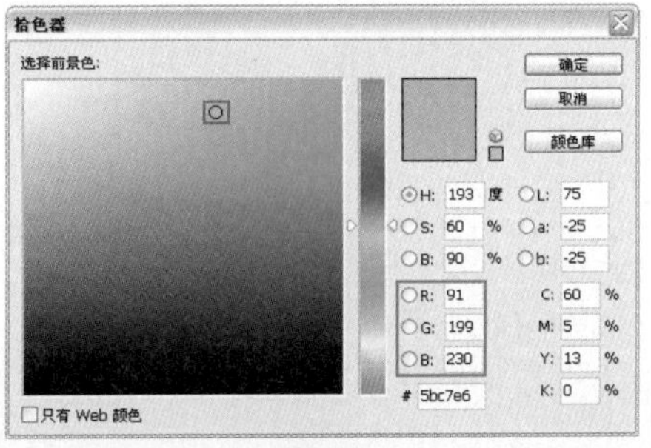

图5-63

图5-64

知识提点

魔棒工具

利用魔棒工具可以在图像中颜色相似的区域选取选区。该工具广泛应用于所有图像处理中。

选择魔棒工具，在选项栏上设置各项参数。

❶选区的形式：和套索工具相同。

❷容差：决定选区的范围。容差的值越大，选区就越大；值越小，选区就越小。如果设定的容差值过大，在图像上的选区范围就很难精确。

❸消除锯齿、连续的、对所有图层取样：决定选取选区的方式。

容差：20

容差：100

知识提点

径向模糊滤镜

径向模糊滤镜主要模拟由于相机的移动或旋转而产生的模糊，制作柔和的模糊效果。

径向模糊主要有两种模糊方式："旋转"和"缩放"。选择"旋转"模糊方式，在图像上产生旋转扭动的模糊效果；选择"缩放"模糊方式，产生直面的冲击效果，给人以速度感，如迅速前进的汽车。

03 选择魔棒工具，选取蓝色的圆形，如图5-65所示，对选区执行"滤镜＞杂色＞添加杂色"命令，并在弹出的对话框中设置各项参数，如图5-66所示，完成后单击"确定"按钮，效果如图5-67所示。

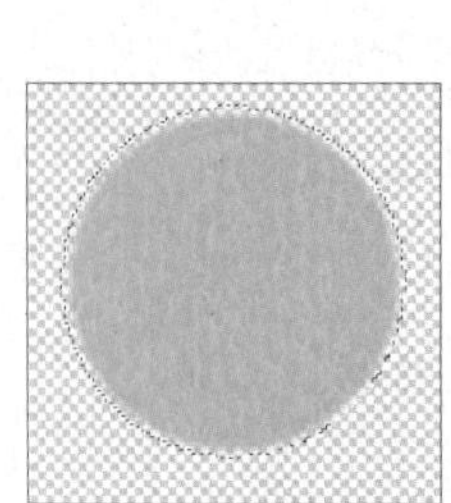

图5-65

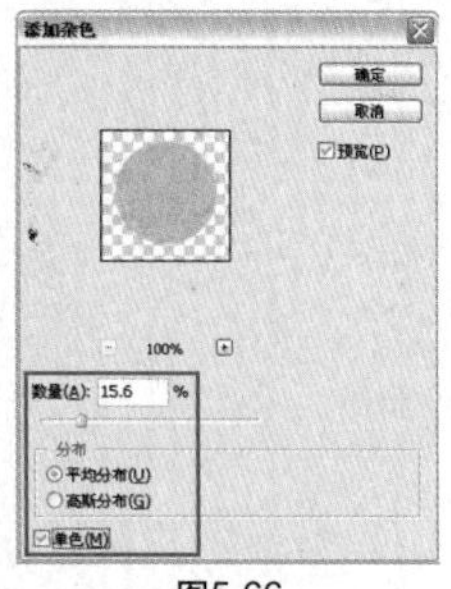

图5-66

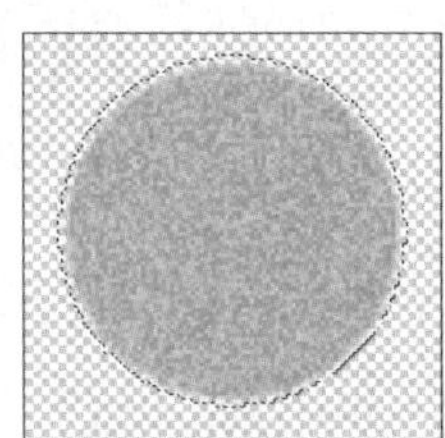

图5-67

04 执行"滤镜＞模糊＞径向模糊"命令，在弹出的对话框中设置参数，如图5-68所示，完成后单击"确定"按钮，效果如图5-69所示。

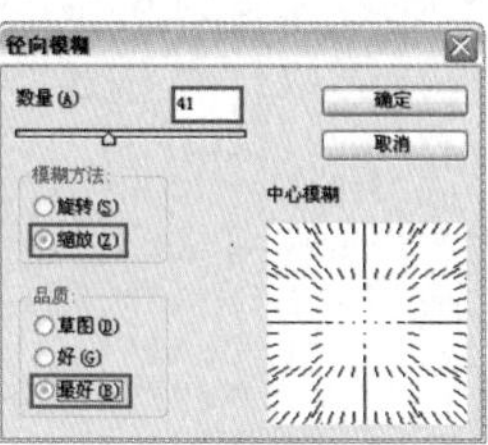

图5-68

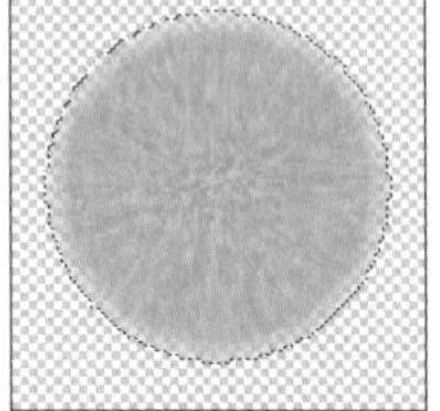

图5-69

05 选择橡皮擦工具，再选择较软的画笔，"画笔大小"调整为40px，在选区的中心擦出空白，如图5-70所示。

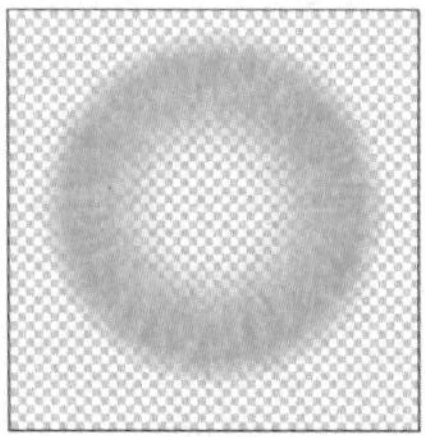

图5-70

06 按快捷键Ctrl+O，在弹出的对话框中选择本书配套光盘中Chapter 5\07给人物的眼睛变色\Media\001.jpg文件，再单击"打开"按钮。打开的素材如图5-71所示。

图5-71

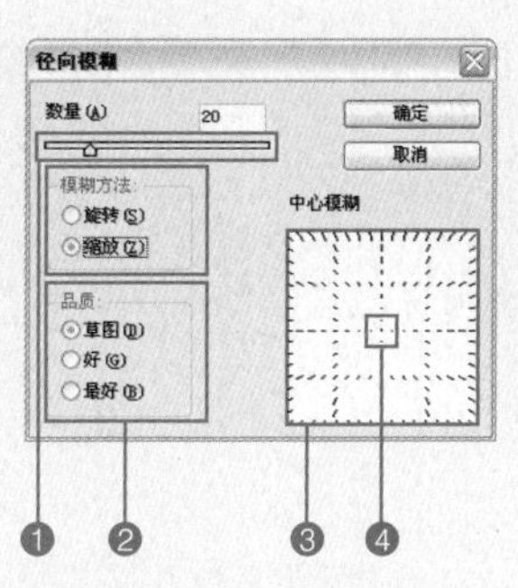

❶数量：选择模糊数量。

❷选择模糊的品质。

❸预览模糊效果。

❹模糊中心设定：用鼠标单击预览框，可设定该位置。

原图

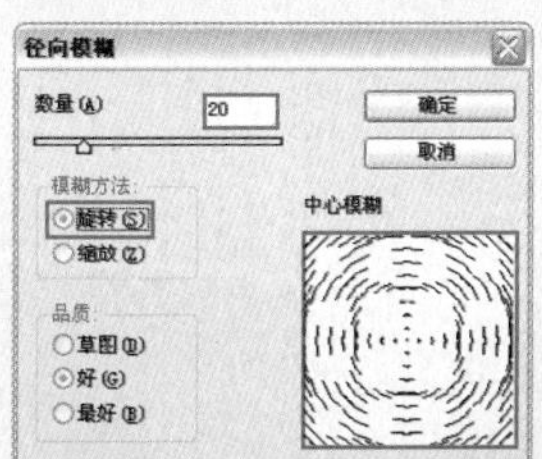

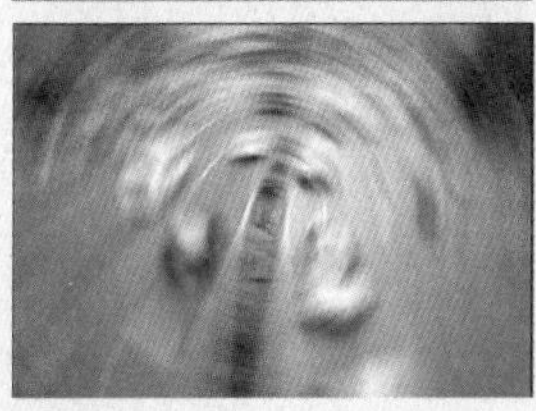

数量：20
模糊方法：旋转
品质：好

07 选择移动工具，将绘制的“眼睛”拖移到素材图像上，如图5-72所示，然后按快捷键Ctrl+T进行自由变换，效果如图5-73所示。

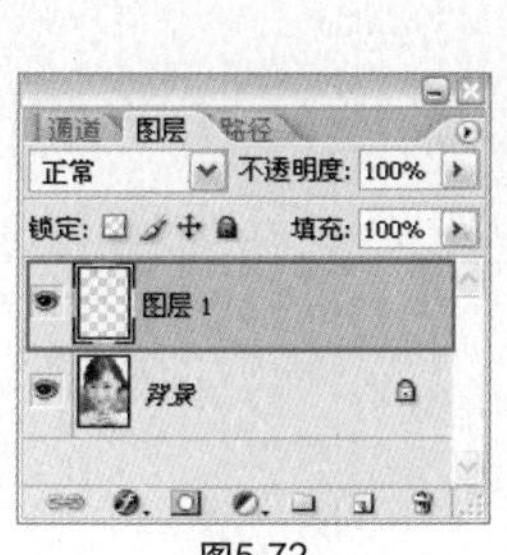

图5-72

图5-73

08 单击“图层1”图层上的“指示图层可视性”按钮，隐藏该图层，如图5-74所示。

图5-74

09 选择“背景”图层，再选择橡皮擦工具，选择较软的画笔，其他设置如图5-75所示。在人物眼睛的瞳孔处进行涂抹，如图5-76所示。

画笔: 20 模式: 画笔 不透明度: 15% 流量: 100%

图5-75

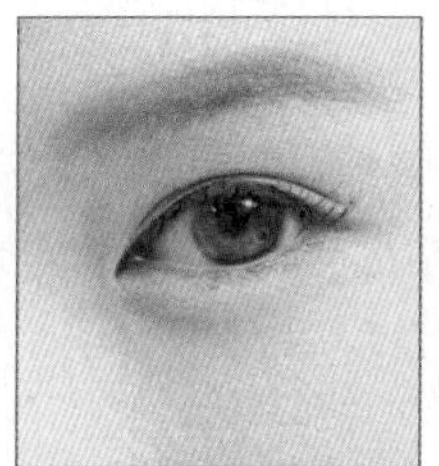

图5-76

10 再次单击“图层1”图层的“指示图层可视性”按钮，并将该图层的混合模式设置为“叠加”，如图5-77所示，效果如图5-78所示。

图5-77

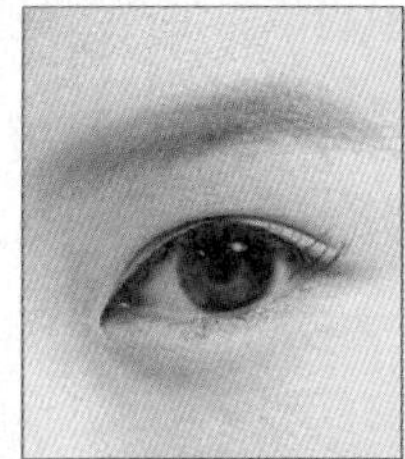

图5-78

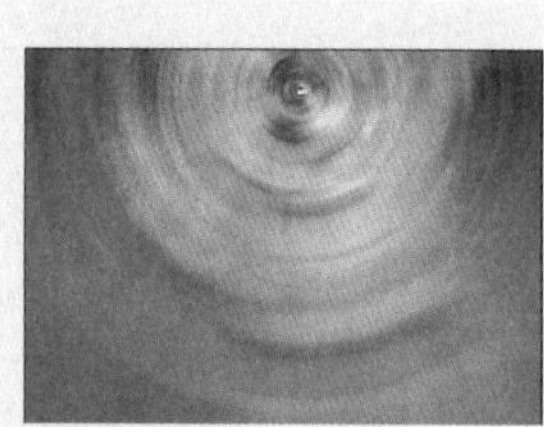

数量：50
模糊方法：旋转
品质：好

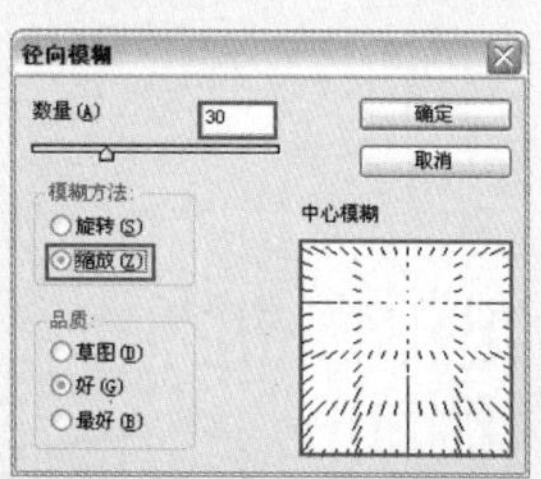

数量：30
模糊方法：缩放
品质：好

11 选择“图层1”图层，再选择橡皮擦工具，并选择较软的画笔，“画笔大小”为4px，然后在瞳孔边缘处进行涂抹，消除多余的蓝色，如图5-79所示，得到如图5-80所示的效果。

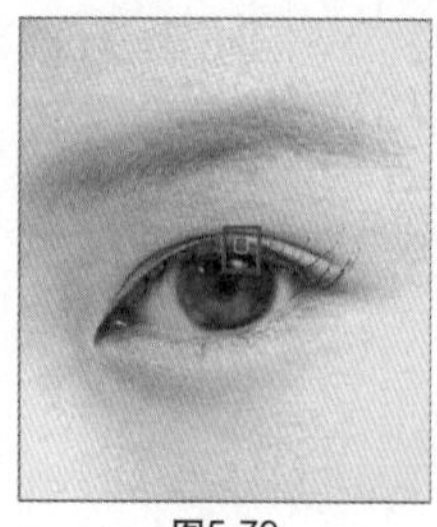

图5-79

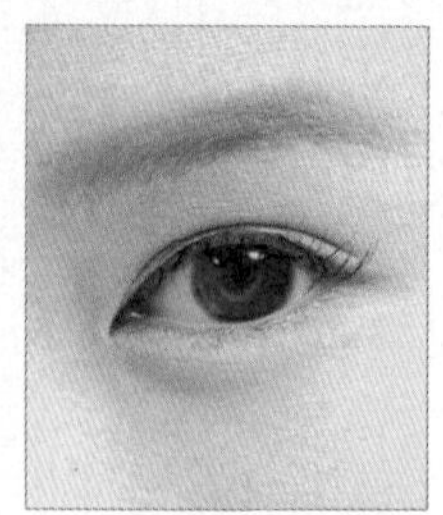

图5-80

12 选择“图层1”图层，按快捷键Ctrl+U，在弹出的“色相/饱和度”对话框中设置各项参数，如图5-81所示，完成后单击“确定”按钮，得到如图5-82所示的效果。

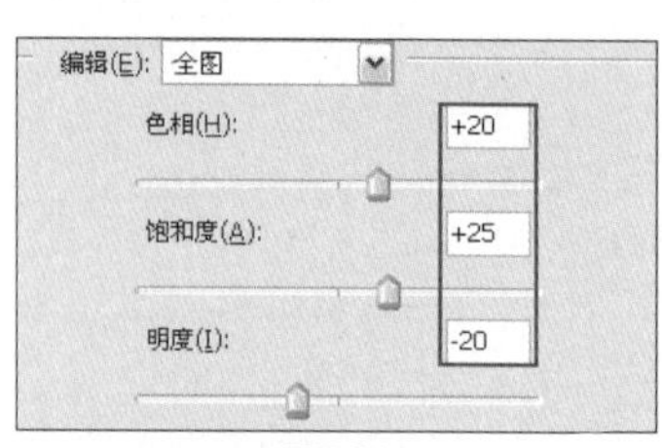

图5-81

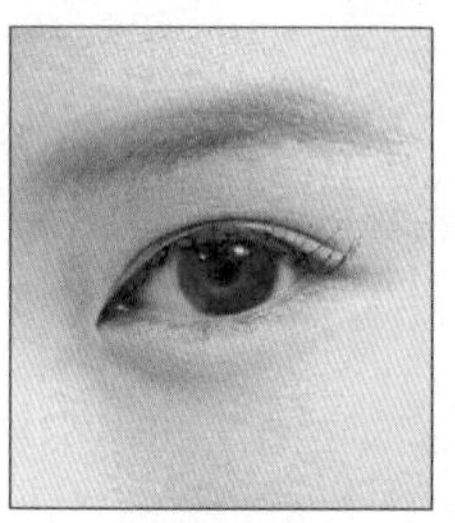

图5-82

13 使用相同的方法修饰另一只眼睛，得到如图5-83所示的效果。至此，本案例制作完成。

图5-83

08 光洁脸部的皮肤

原照片中人物的脸部不够光滑，影响了照片整体的效果，可以利用模糊功能透盖瑕疵。

应用功能：画笔工具、橡皮擦工具、反向命令、USM锐化滤镜、高斯模糊滤镜、特殊模糊滤镜、色阶命令

CD-ROM：Chapter 5\08光洁脸部的皮肤\Complete\08光洁脸部的皮肤.psd

拍摄技巧

在拍摄人物照片的时候，都希望拍摄出白净的皮肤，需要增加照片的曝光量。由于数码相机的曝光宽容度小，通常要增加 +0.3~-0.7 档的曝光量，才能拍摄出皮肤白皙的照片。

知识提点

橡皮擦工具

在处理照片的时候，橡皮擦工具主要用于去除图像像素。

选择橡皮擦工具，在选项栏上设置各项参数。

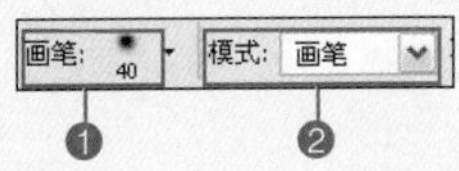

❶画笔：设置橡皮擦的大小及形状。

❷模式：有三种橡皮模式，分别是画笔、铅笔、方块。

01 按快捷键Ctrl+O，在弹出的对话框中选择本书配套光盘中Chapter 5\08光洁脸部的皮肤\Media\001.jpg文件，再单击“打开”按钮。打开的素材如图5-84所示。

图5-84

02 新建“图层1”图层，如图5-85所示。双击工具箱中的“以快速蒙版模式编辑”按钮，在弹出的对话框中设置各项参数，如图5-86所示，完成后单击“确定”按钮。

图5-85

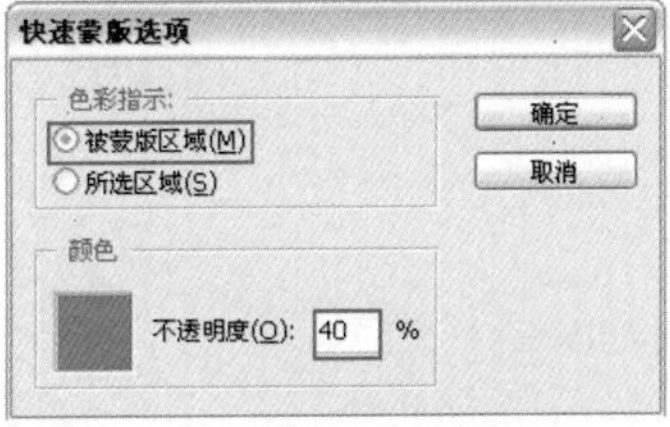

图5-86

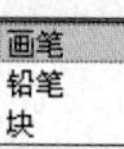

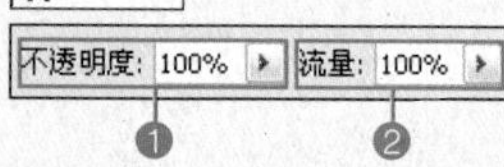

❶不透明度：控制橡皮擦出图像的不透明度。

❷流量：控制擦除的区域。

抹到历史纪录：擦除历史。

原图

模式：画笔
不透明度：100%
流量：100%

模式：铅笔
不透明度：100%
流量：100%

模式：块

模式：画笔
不透明度：50%
流量：100%

模式：铅笔
不透明度：50%

模式：画笔
不透明度：30%
流量：40%

模式：画笔
不透明度：30%
流量：100%

03 按D键恢复前景色和背景色的默认设置。选择画笔工具，并选择较软的画笔，在人物的皮肤上进行涂抹，如图5-87所示。选择橡皮擦工具，将人物的五官及褶皱擦出来，如图5-88所示。

图5-87

图5-88

04 选择“通道”面板，选择“快速蒙版”通道，如图5-89所示，然后选择画笔工具，并选择较软的画笔，填补遗漏的地方，如图5-90所示。按住Ctrl键单击“快速蒙版”通道，将通道载入选区，得到如图5-91所示的效果。

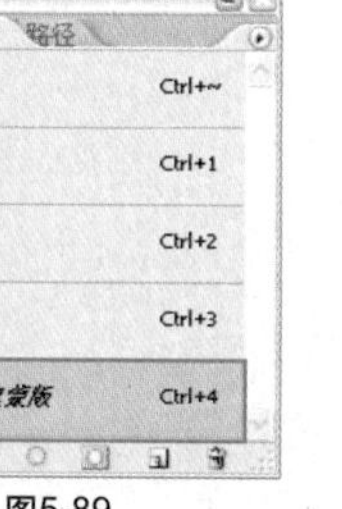

图5-89

图5-90

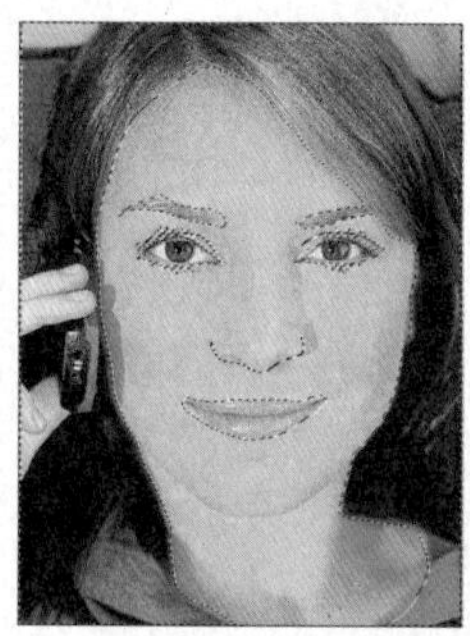

图5-91

05 切换到“图层”面板，复制“背景”图层，得到“背景 副本”图层，如图5-92所示，得到如图5-93所示的效果。

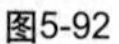

图5-92

图5-93

06 选择“背景 副本”图层，按Delete键，删除脸部以外的图像，如图5-94所示，然后执行“选择>反向”命令，得到如图5-95所示的效果。

模式：画笔
不透明度：50%
流量：1%

模式：画笔
不透明度：50%
流量：50%

模式：画笔
不透明度：50%
流量：100%

模式：画笔
不透明度：100%
流量：20%

模式：铅笔
不透明度：40%

在擦除图像的时候，按“[”和“]”键可放大和缩小画笔的直径。

擦除直线的时候，在图像上先选择一个点，然后按住Shift键向需要擦除的部位拖动鼠标就可以了。

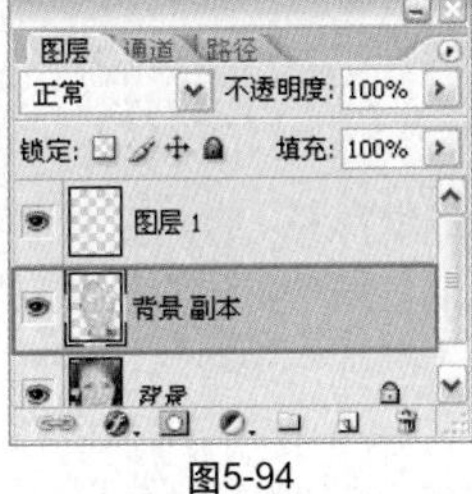

图5-94

图5-95

07 选择“背景 副本”图层，执行“滤镜>锐化>USM锐化”命令，在弹出的对话框设置各项参数，如图5-96所示，完成后单击“确定”按钮，得到如图5-97所示的效果。

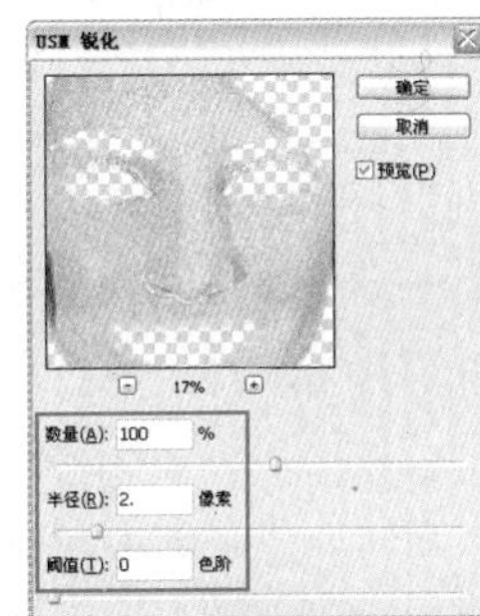

图5-96

图5-97

08 参数步骤07，为“背景 副本”图层添加高斯模糊滤镜效果，如图5-98和图5-99所示。

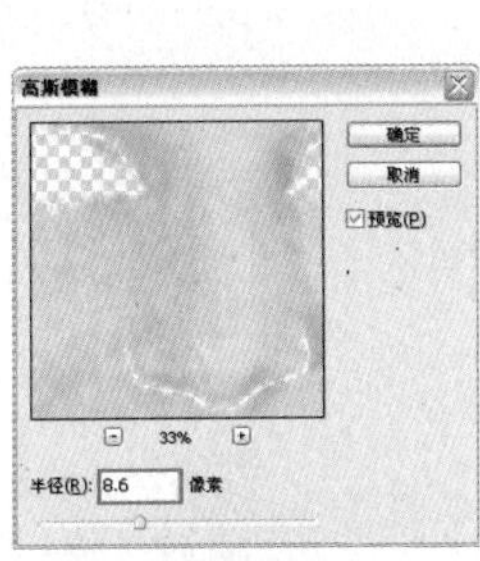

图5-98

图5-99

09 参照步骤07为“背景 副本”图层添加特殊模糊滤镜效果，如图5-100和图5-101所示。

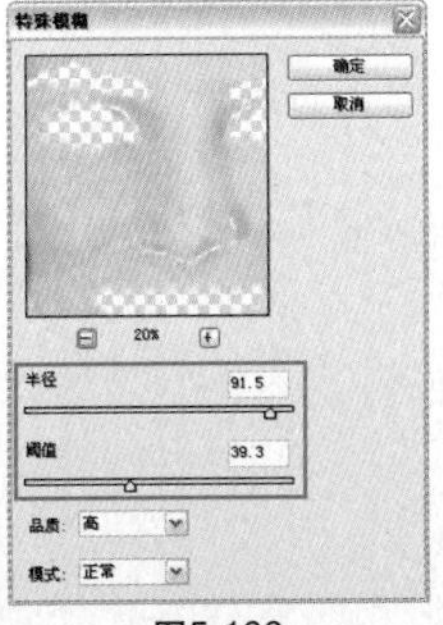

图5-100

图5-101

知识提点

模糊工具

当照片中有瑕疵时，可以利用模糊工具进行细节处理细节。例如，为照片添加蒙尘与划痕滤镜效果时，图像变得模糊不清，所以不能在人物的眼睛、鼻子、嘴巴等位置添加该滤镜效果，而可以利用模糊工具处理。

选中人物面部的特定区域

蒙尘与划痕效果

眼睛、鼻子和嘴巴的模糊效果

10 选择“背景 副本”图层，将“不透明度”改为85%，如图5-102所示，然后按快捷键Ctrl+D取消选区，得到如图5-103所示的效果。

图5-102

图5-103

11 调整“背景 副本”图层的色阶，如图5-104和图5-105所示。

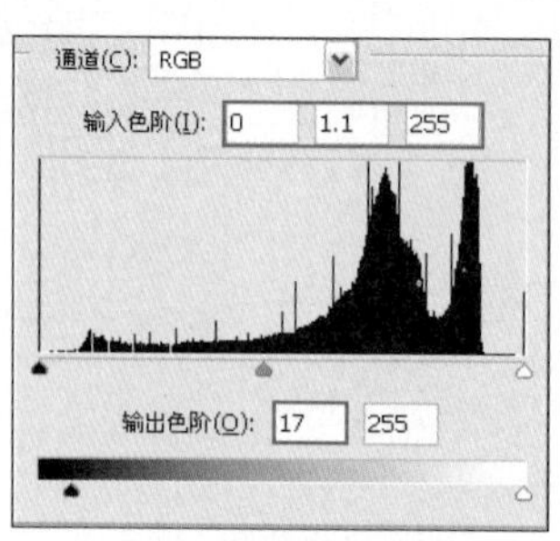

图5-104

图5-105

12 按快捷键Ctrl+Shift+E合并所有图层，得到“背景”图层。复制“背景”图层，并将图层的混合模式设置为“变亮”，“不透明度”改为50%，如图5-106所示，得到如图5-107所示的效果。至此，本案例制作完成。

图5-106

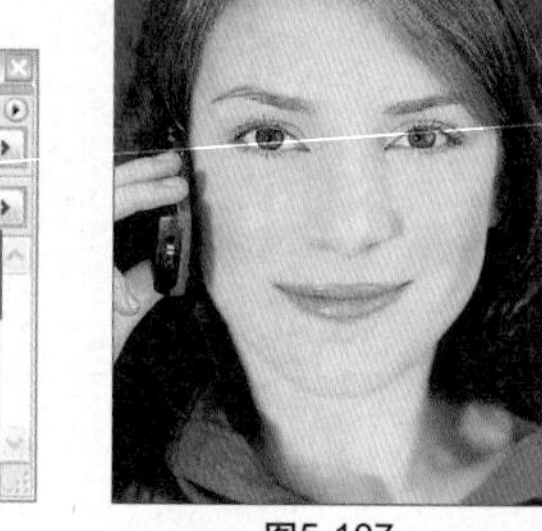

图5-107

09 打造性感双唇

本例原照片中人物的嘴唇光泽度不够，使人物缺乏生气，下面就在嘴唇上添加荧光。

应用功能：路径工具、添加杂色滤镜、色阶命令、去色命令、画笔工具、图层蒙版、图层的混合模式

CD-ROM：Chapter 5\09打造性感双唇\Complete\09打造性感双唇.psd

知识提点

路径的特点

在照片处理中，如果要选取复杂的选区，可以使用路径。借助路径可以获得特定的选区。

在图像中绘制路径后，需要将路径转换为选区或者矢量蒙版才能产生作用，所以路径不会影响照片的美观和质量。

路径的特点可归纳为 5 个。

（1）路径不是图像的组成部分。路径是一种特殊的选区。

（2）路径是一种矢量图形。

（3）路径与选区是可以相互转化的。

有两种方法可以将路径转换为选区。

方法一：在路径上右击并在弹出的快捷菜单中执行“建立选区”命令，然后在弹出的“建立选区”对话框设置各项参数。

01 按快捷键Ctrl+O，在弹出的对话框中选择本书配套光盘中Chapter 5\09打造性感双唇\Media\001.jpg文件，再单击“打开”按钮。打开的素材如图5-108所示。

图5-108

02 选择钢笔工具，沿人物的唇部绘制路径，如图5-109所示。然后在“路径”面板中双击“工作路径”，如图5-110所示，在弹出的对话框中保持默认设置，如图5-111所示，完成后单击“确定”按钮。

图5-109

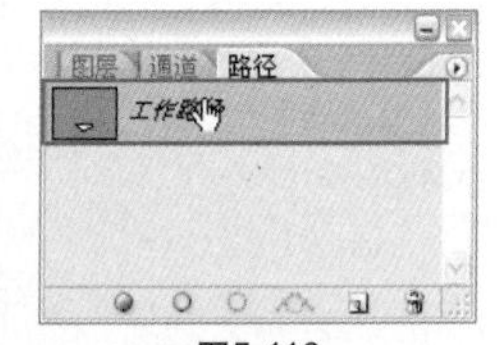

图5-110

图5-111

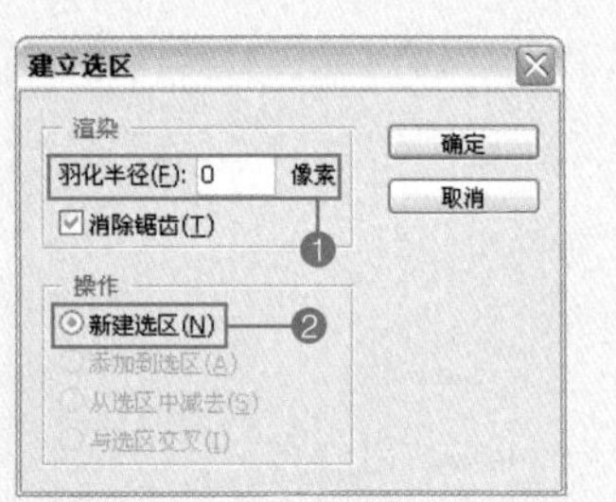

❶羽化半径：对选区进行羽化，主要是调整选区边缘的柔和度。

❷新建选区：将路径建立为新选区。

建立路径

路径转为选区

方法二：在“路径”面板中单击“工作路径”，图像上就同时显示工作路径和选区，然后按快捷键 Ctrl+D 取消选区，选区转换为路径。

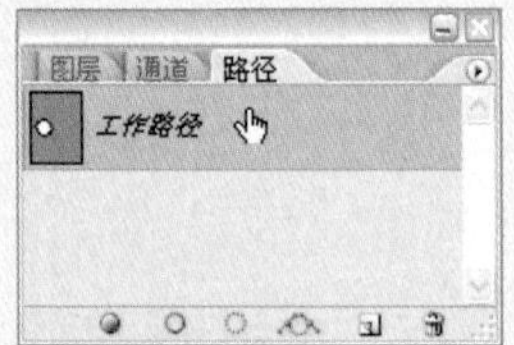

单击工作路径

选区和路径同在

选区转换为路径

（4）路径是由点、线构成的矢量图形，可以随意放大和缩小，而不会影响图像的质量。

按快捷键 Ctrl+T 并调整弹出的自由变换框，进而对路径进行自由变换。

03 在“路径”面板中单击灰色区域，隐藏路径1，如图5-112所示，得到如图5-113所示的效果。

图5-112

图5-113

04 选择“图层”面板，新建“图层1”图层，然后将前景色设置为（R:50，G:50，B:50），再按快捷键Alt+Delete进行颜色填充，如图5-114所示，得到如图5-115所示的效果。

图5-114

图5-115

05 选择“图层1”图层，执行“滤镜>杂色>添加杂色”命令，并在弹出的对话框中设置各项参数，如图5-116所示，完成后单击“确定”按钮，效果如图5-117所示。

图5-116

图5-117

06 选择“图层1”图层，按快捷键Ctrl+L，在弹出的“色阶”对话框中设置各项参数，如图5-118所示，完成后单击“确定”按钮，再执行“调整>去色”命令，效果如图5-119所示。

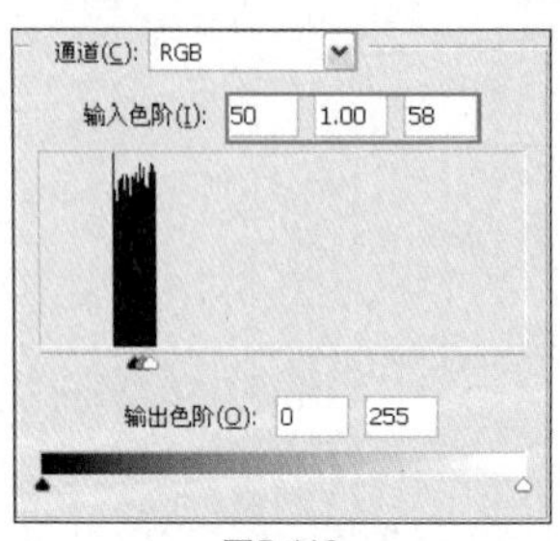

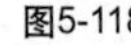
图5-118

图5-119

按快捷键 Ctrl+T　　放大

旋转

（5）路径可以构成特定的形状图层和矢量蒙版。

绘制路径后，按住 Ctrl 键单击路径可以自动生成选区，或者按快捷键 Ctrl+Enter 直接自动生成选区。

选择钢笔工具，在选项栏中单击“形状图层”按钮，然后在图像中创建形状。

“图层”面板中出现“形状 1”图层。

按住 Ctrl 键单击路径，可以自动生成选区，同时保留路径和形状。

07 将“图层1”图层的混合模式设置为“线性减淡”，如图5-120所示，得到如图5-121所示的效果。

图5-120　　图5-121

08 选择“路径”面板，按住Ctrl键单击“路径1”，把路径载入选区，如图5-122所示，得到如图5-123所示的效果。

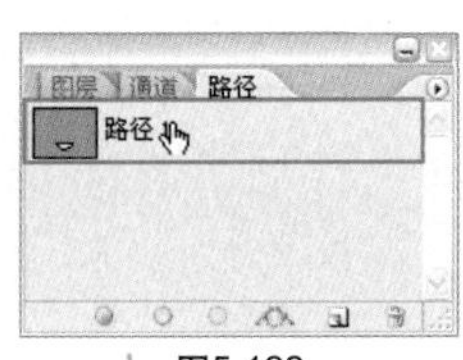

图5-122

图5-123

09 按快捷键Ctrl+Alt+D，在弹出的“羽化选区”对话框中设置“羽化半径”为4像素，如图5-124所示，完成后单击“确定”按钮，得到如图5-125所示的效果。

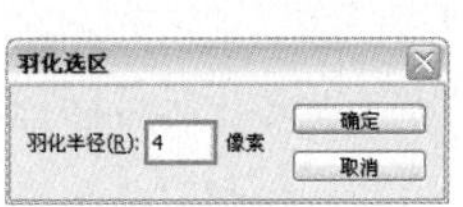

图5-124

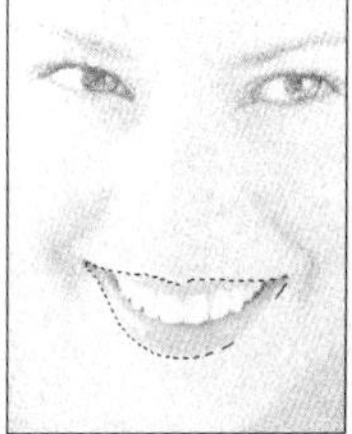

图5-125

10 选择“图层1”图层，单击“添加图层蒙版”按钮，如图5-126所示，得到如图5-127所示的效果。

图5-126

图5-127

或者按快捷键 Ctrl+Enter 直接将路径转换为选区，同时保留形状。

知识提点

颜色减淡混合模式

颜色减淡模式：与颜色加深混合模式的效果正好相反。选择该模式后，图像的饱和度和明度会增加，使图像有一种发光的特殊效果。在照片的处理中，可以利用该混合模式快速提高照片的饱和度和亮度。

在“图层”面板中复制“背景”图层，设置“背景 副本”图层的混合模式为“颜色减淡”，然后设置不同的不透明度。

原图

混合模式：颜色减淡
不透明度：30%

混合模式：颜色减淡
不透明度：60%

混合模式：颜色减淡
不透明度：100%

11 选择“图层1”图层的蒙版，如图5-128所示，再选择画笔工具，在选项栏上设置“画笔大小”为60px，设置“不透明度”为29%，设置“流量”为20%。然后在蒙版上对嘴唇暗部的荧光颜色进行涂抹，效果如图5-129所示。

图5-128

图5-129

12 选择“背景”图层，再单击“创建新的填充或调整图层”按钮，如图5-130所示，在弹出的菜单中执行“曲线”命令，在弹出的对话框中设置各项参数，如图5-131所示，得到如图5-132所示的效果。

图5-130

图5-131

图5-132

13 选择“路径”面板，按住Ctrl键单击“路径1”载入选区，得到如图5-133所示的效果。按快捷键Ctrl+Alt+D，在弹出的“羽化选区”对话框中设置“羽化半径”为“4像素”，如图5-134所示，完成后单击“确定”按钮，效果如图5-135所示。

图5-133

图5-134

图5-135

14 在“图层”面板中选择“曲线1”图层，单击“添加图层蒙版”按钮，如图5-136所示，再反选选区，如图5-137所示。

图5-136

图5-137

知识提点

渐变映射命令

渐变映射命令主要是利用渐变色对图像进行颜色填充。在照片处理中，将渐变效果运用在平淡的背景或天空时，会得到意想不到的效果。

执行“图像>调整>渐变映射”命令，弹出“渐变映射”对话框。

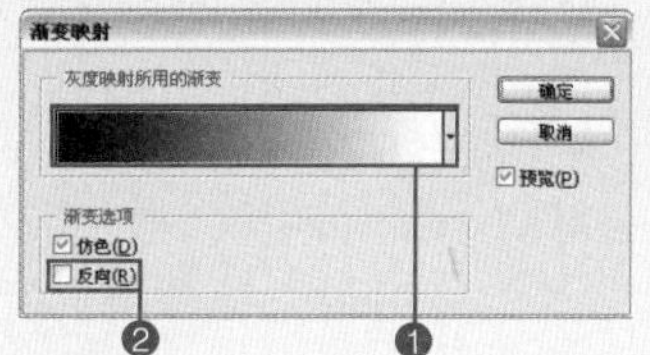

❶颜色渐变条

❷反向：与“选择>反向”命令的功能相同，都是将图像变为负片效果，翻转被应用的渐变颜色。

原图

渐变映射

在“渐变映射”对话框中选中“反向”复选框。

渐变映射反向

15 按D键恢复前景色和背景色的默认设置，再按快捷键Alt+Delete填充选区，如图5-138所示，最后按快捷键Ctrl+D取消选区，得到如图5-139所示的效果。

图5-138

图5-139

16 复制“背景”图层，并将其放于“图层1”图层的上面，如图5-140所示。选择“背景 副本”图层，执行“图像>调整>渐变映射”命令，弹出“渐变映射”对话框，如图5-141所示。

图5-140

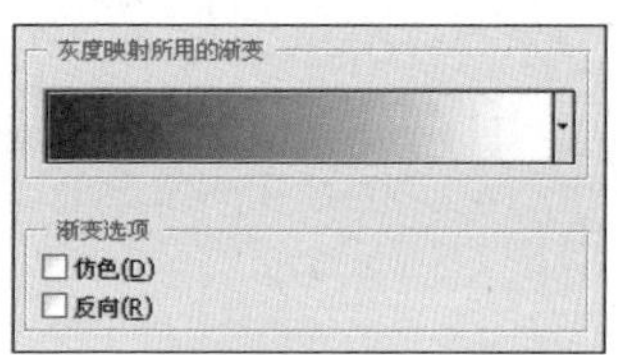

图5-141

17 在“渐变映射”对话框中单击渐变色条，弹出“渐变编辑器”对话框，并从左向右将色标设置为（R:0，G:0，B:0）、（R:255，G:255，B:255）、（R:255，G:255，B:255）、（R:0，G:0，B:0），如图5-142所示，完成后单击“确定”按钮，得到如图5-143所示的效果。

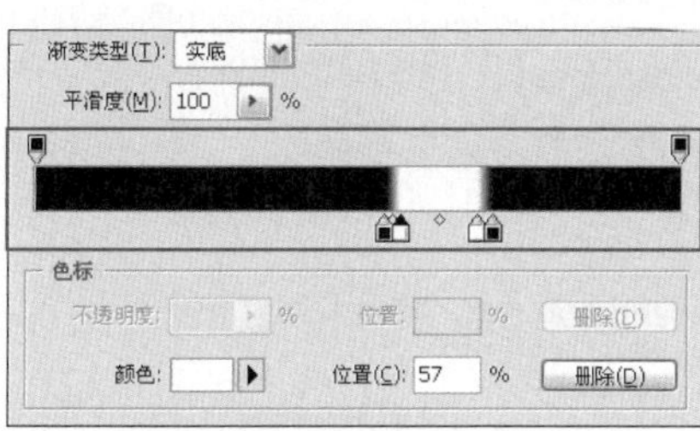

图5-142

图5-143

18 将“背景 副本”图层的混合模式设置为“滤色”，“不透明度”改为40%，如图5-144所示，得到如图5-145所示的效果。

图5-144

图5-145

单击“渐变映射”对话框中的“渐变条”，在弹出的“渐变编辑器”对话框中设置各项参数。

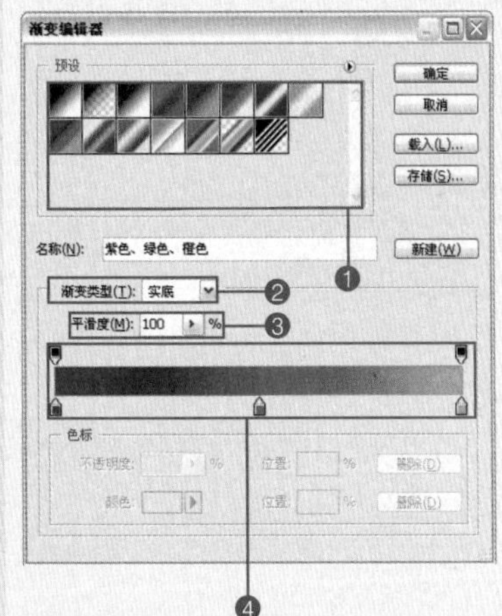

❶预设：预览渐变样式。

❷渐变类型：选择渐变映射在图像上显示的方式，分为“实底”和“杂色”两种。

❸平滑度：反映颜色过渡。

❹渐变颜色条：可以在此设置需要的颜色。

19 选择“背景 副本”图层，再切换到“路径”面板，按住Ctrl键单击“路径1”载入选区。回到“图层”面板，如图5-146所示，单击“添加图层蒙版”按钮，如图5-147所示，得到如图5-148所示的效果。

图5-146

图5-147

图5-148

20 双击“曲线1”图层的图层缩览图，在弹出的对话框中设置各项参数，如图5-149所示，完成后单击“确定”按钮，得到如图5-150所示的效果。

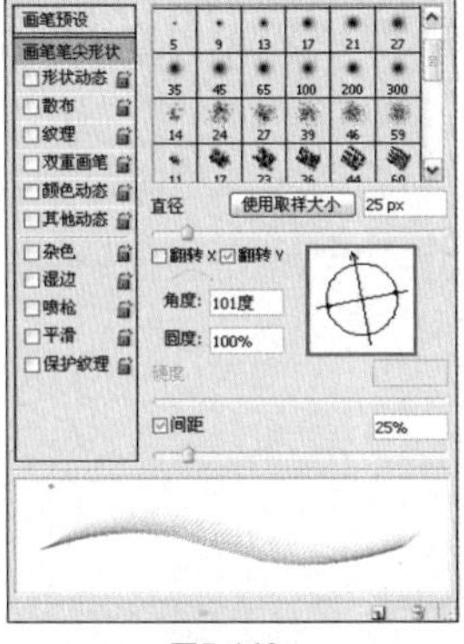

图5-149

图5-150

21 选择“背景 副本”图层的图层蒙版，如图5-151所示，然后选择画笔工具，在选项栏上设置“画笔大小”为50px，设置“不透明度”为20%。在嘴唇的边缘小心地进行涂抹，使其自然过渡，如图5-152所示。至此，本案例制作完成。

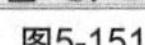

图5-151

图5-152

加长睫毛

原照片中人物的眼睛非常传神，但是睫毛略微有点短，下面就使睫毛变长，让眼睛更有魅力。

应用功能：画笔工具

CD-ROM：Chapter 5\10加长睫毛\Complete\10加长睫毛.psd

知识提点

画笔工具的选项栏

利用画笔工具可以直接在图像上绘制点或者线条，是 Photoshop 中最常用的绘画工具，也可以在照片上随意画出自己喜欢的图案，增加照片的趣味性。

选择画笔工具，在选项栏上设置各项参数。

1. 画笔大小

单击下三角按钮，在弹出的面板中设置画笔的大小和形状。

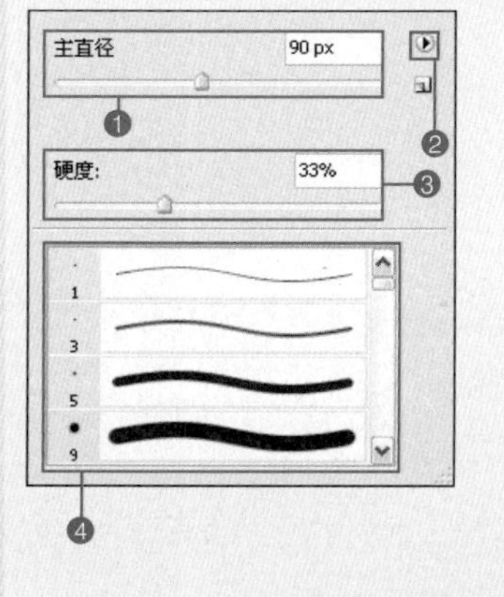

01 按快捷键Ctrl+O，在弹出的对话框中选择本书配套光盘中Chapter 5\10加长睫毛\Media\001.jpg文件，再单击“打开”按钮。打开的素材如图5-153所示。

图5-153

02 在“图层”面板中新建“图层1”图层，如果5-154所示。再选择画笔工具，然后单击工作界面右上角的“画笔”面板。在弹出的面板中选择“沙丘草”画笔，如图5-155所示，然后在面板左侧取消选中的选项，如图5-156所示。

图5-154

❶主直径：设置画笔的直径。

❷单击该按钮，在弹出的菜单中选择不同的笔刷。

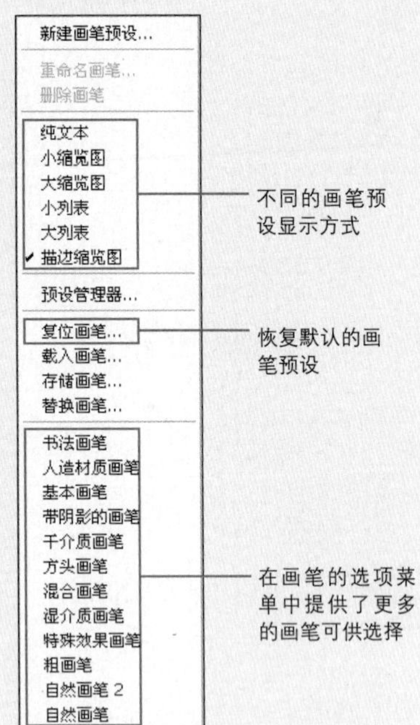

❸硬度：设置画笔的软硬度。参数越小，画笔就越软。

❹画笔的预设区。

2. 模式

图像中画笔的特殊模式

原图

模式：正常

模式：溶解

模式：清除

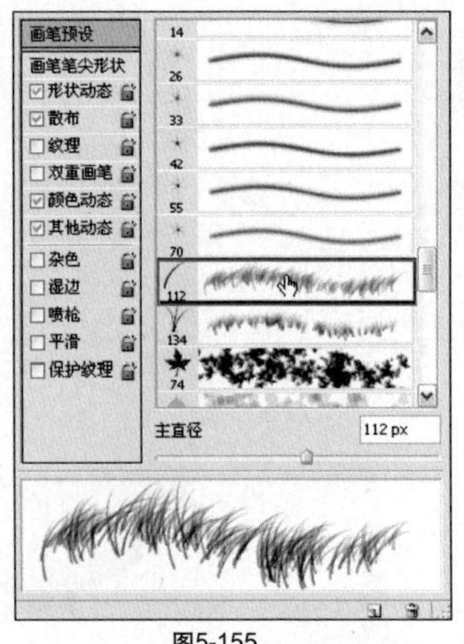

图5-155

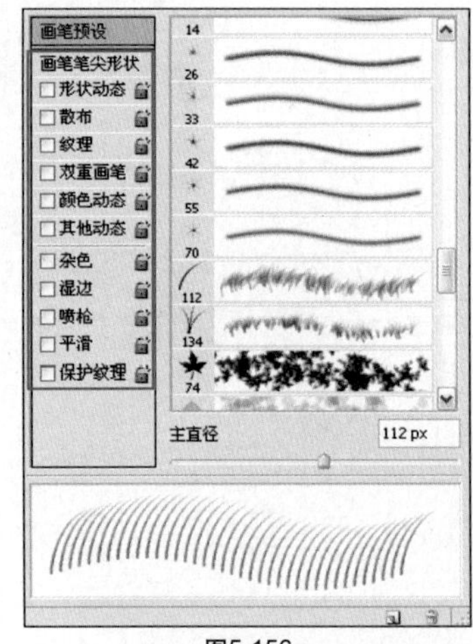

图5-156

03 单击“画笔笔尖形状”选项，在面板右侧设置各项参数，如图5-157所示，然后在选项栏上设置各项参数，如图5-158所示。

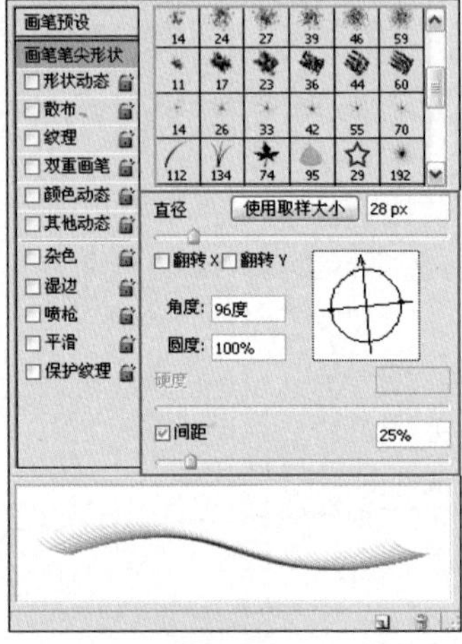

图5-157

图5-158

04 选择“图层1”图层，然后用画笔在人物的眼部添加睫毛。由于睫毛的长短不一，要不断在“画笔”面板中调节“直径”和“角度”。效果如图5-159所示。

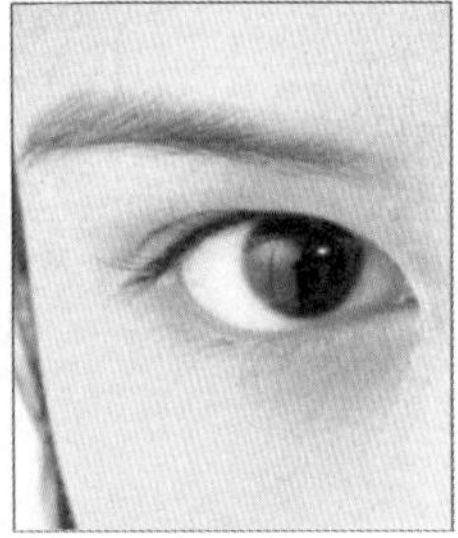
图5-159

05 在“图层”面板中新建“图层2”图层，如图5-160所示。选择画笔工具，在选项栏中设置画笔的“不透明度”为70%，再用不同直径和角度的画笔绘制睫毛，如图5-161所示。

模式：点光

模式：差值

模式：强光

模式：正片叠底

3. 不透明度

调整笔触的不透明度，范围为 0%~100%

不透明度：50%

不透明度：80%

4. 流量

流量：50%

流量：80%

图5-160

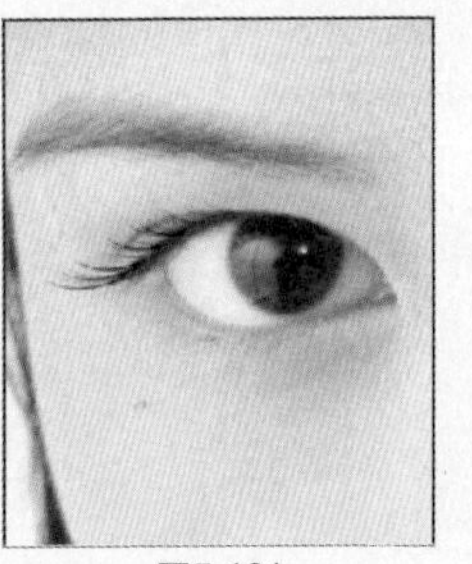
图5-161

06 在“画笔”面板中单击“画笔笔尖形状”选项，然后选中“翻转Y”复选框，如图5-162所示。用相同的方法添加另一只眼睛的睫毛，得到如图5-163所示的效果。

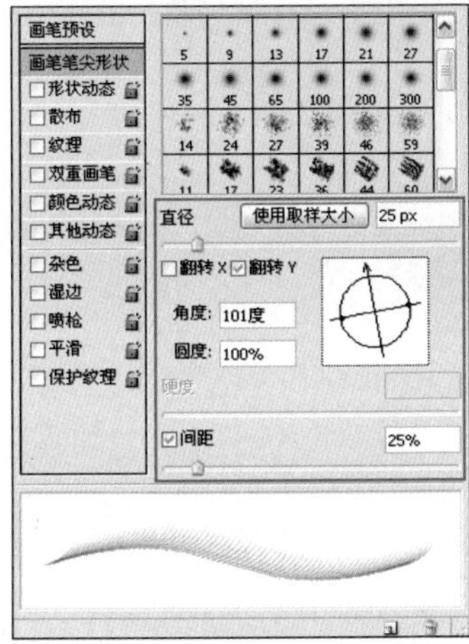

图5-162

图5-163

07 按快捷键Ctrl+Shift+E合并所有图层，选择仿制图章工具，按住Alt键在睫毛的根部周围吸取颜色，然后松开Alt键并在睫毛根部进行修饰，效果如图5-164所示。至此，本案例制作完成。

图5-164

11 打造魅力烟熏妆

原照片中人物的双眼略显无神，精神面貌不佳，本例利用烟熏妆使眼睛成为脸部的亮点。

应用功能：钢笔工具、添加杂色滤镜、色阶命令、图层的混合模式、图层蒙版、多边形套索工具、画笔工具

CD-ROM：Chapter 5\11打造魅力烟熏妆\Complete\11打造魅力烟熏妆.psd

知识提点

与路径相关的工具

下面介绍 3 种和路径相关的工具。

1. 钢笔工具

选择钢笔工具，在选项栏上设置各项参数。

（1）形状图层：单击该按钮，在图像上绘制路径后会新建“形状 1”图层，该图层填充当前的前景色。

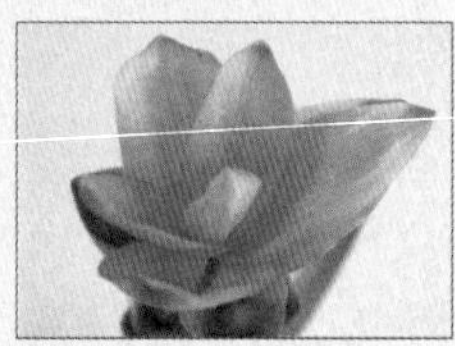
原图

建立形状路径后

01 按快捷键Ctrl+O，在弹出的对话框中选择本书配套光盘中Chapter 5\11打造魅力烟熏妆\Media\001.jpg文件，再单击“打开”按钮。打开的素材如图5-165所示。选择钢笔工具，沿人物的唇部轮廓绘制路径，如图5-166所示。

图5-165

图5-166

02 在“路径”面板中双击“工作路径”，如图5-167所示，在弹出的“存储路径”对话框中保持默认设置，如图5-168所示，完成后单击“确定”按钮。

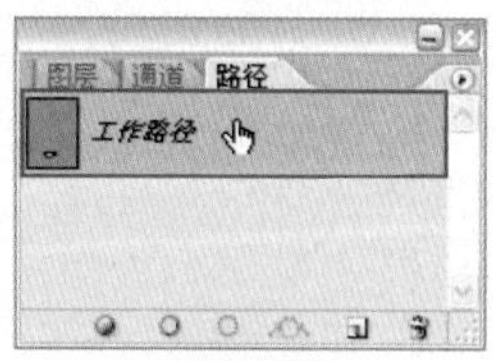

图5-167

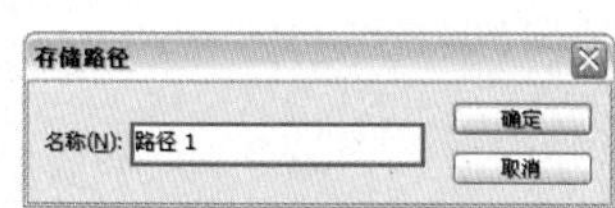

图5-168

"形状 1" 图层

（2）

路径：单击该按钮，在图像上建立路径。

建立路径

（3）自动添加/删除：选中"自动添加/删除"复选框，然后单击路径上没有锚点的地方，添加锚点。

建立路径　添加锚点

继续选中"自动添加/删除"复选框，然后单击路径上的锚点，删除锚点。

删除锚点后

2. 路径选择工具

在建立路径后选择路径选择工具，可以对路径进行整体选择。

选择路径并拖动鼠标，可移动路径。

移动路径

03 在"路径"面板中单击灰色区域，隐藏路径1，如图5-169所示，得到如图5-170所示的效果。

图5-169

图5-170

04 在"图层"面板中单击"创建新图层"按钮，新建"图层1"图层，然后将前景色设置为（R:50，G:50，B:50）。在工具箱中选择油漆桶工具，在"图层1"图层上进行颜色填充，如图5-171所示，得到如图5-172所示的效果。

图5-171

图5-172

05 选择"图层1"图层，执行"滤镜>杂色>添加杂色"命令，并在弹出的对话框中设置各项参数，如图5-173所示，完成后单击"确定"按钮，效果如图5-174所示。

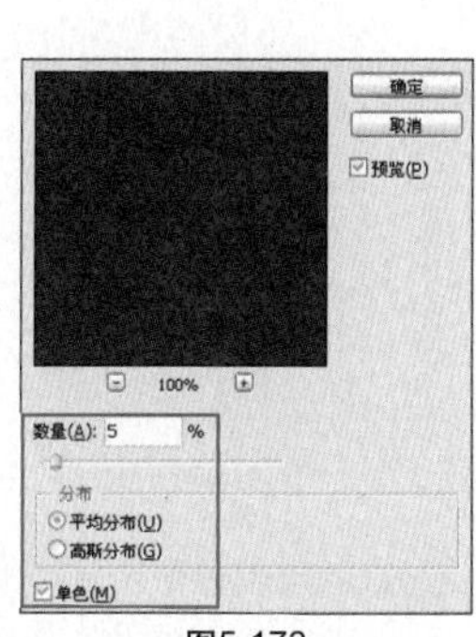
图5-173

图5-174

按住 Alt 键移动路径，可以复制路径。

复制路径后

在路径上右击后在弹出的快捷菜单中执行“删除路径”命令，可以删除路径，或者按 Delete 键进行删除。

删除路径

在路径上右击并在弹出的快捷菜单中执行“删除锚点”命令，可以删除路径中的锚点。

删除锚点

按快捷键 Ctrl+T 或执行“编辑>变换路径”命令，对路径进行自由变换。

变形路径

可以在一个文件中建立路径并将其移动到另一个文件中。

方法一：分别打开两个文件，在一个文件上建立路径，然后选择路径选择工具，将路径拖移到另一个文件中。

方法二：在窗口中分别打开两个文件后，在一个文件上建立路径，然后选择路径选择工具，按快捷键 Ctrl+C 复制路径，再按快捷键 Ctrl+V 把路径粘贴到另一个文件中。

06 调整“图层1”图层的色阶，如图5-175和图5-176所示。

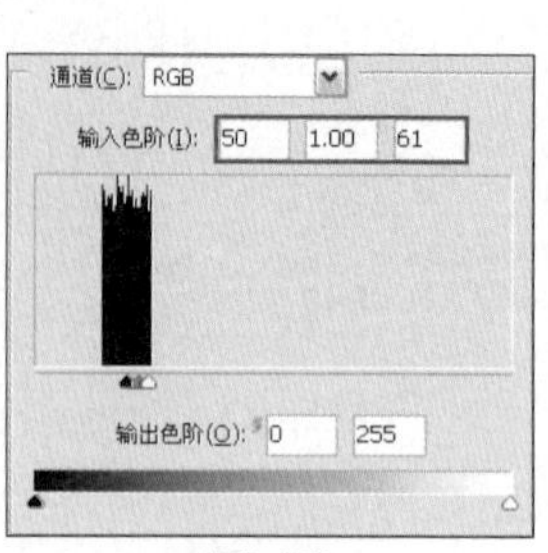

图5-175

图5-176

07 选择“图层1”图层，将图层的混合模式设置为“颜色减淡”，把“不透明度”改为80%，如图5-177所示，得到如图5-178所示的效果。

图5-177

图5-178

08 切换到“路径”面板，按住Ctrl键单击“路径1”，如图5-179所示，得到如图5-180所示的效果。

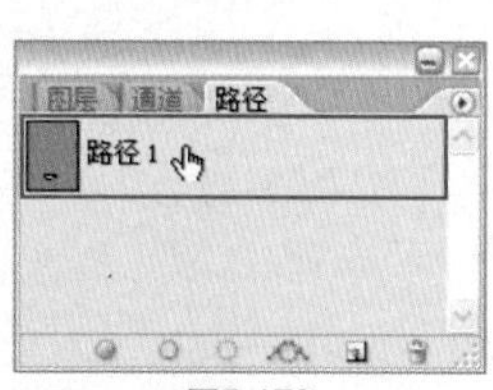

图5-179

图5-180

09 按快捷键Ctrl+Alt+D，在弹出的对话框中设置参数，如图5-181所示，完成后单击“确定”按钮，效果如图5-182所示。

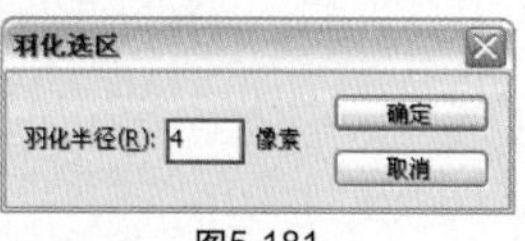

图5-181

图5-182

10 选择“图层1”图层，单击“添加图层蒙版”按钮，如图5-183所示，得到如图5-184所示的效果。

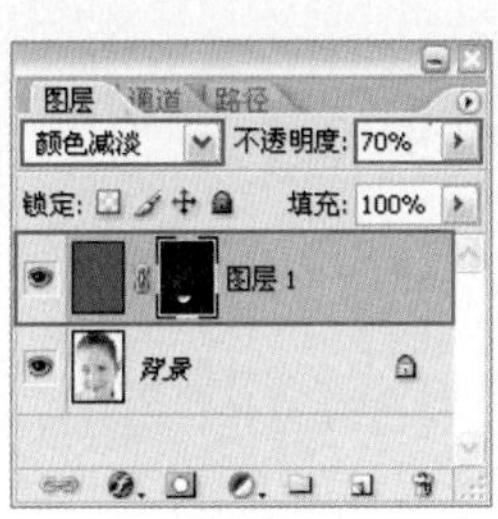

图5-183

图5-184

11 在“图层”面板中单击“图层1”图层的蒙版缩览图，如图5-185所示，再选择画笔工具，在选项栏上设置画笔大小40px，设置“不透明度”为30%，然后在蒙版上对嘴唇暗部的荧光颜色进行涂抹，如图5-186所示。

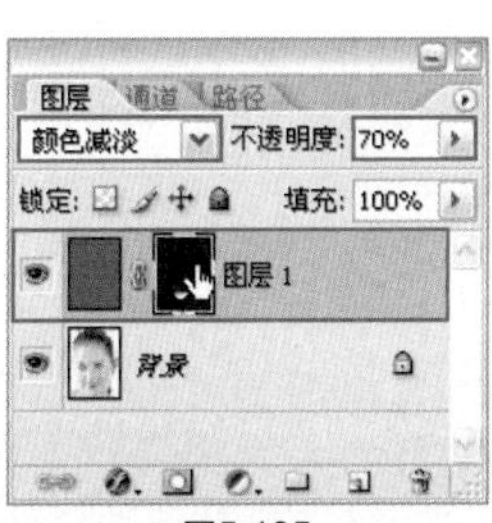

图5-185

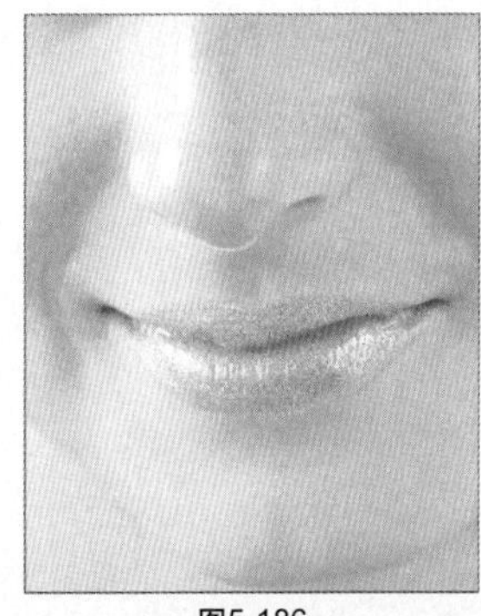
图5-186

12 选择“图层1”图层的蒙版，并单击“创建新的填充或调整图层”按钮，如图5-187所示，在弹出的菜单中执行“曲线”命令。在弹出的对话框中设置各项参数，如图5-188所示，再单击“确定”按钮，得到如图5-189所示的效果。

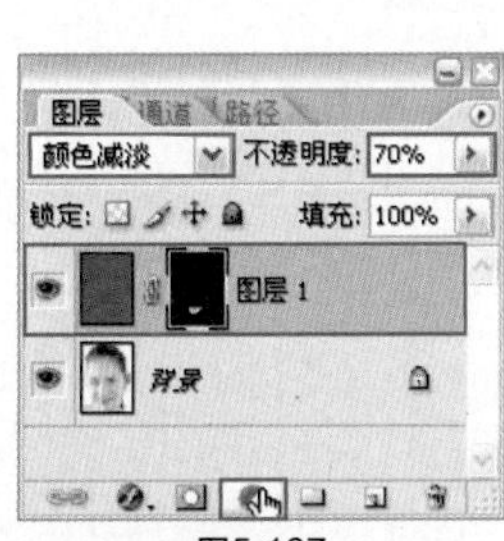

图5-187

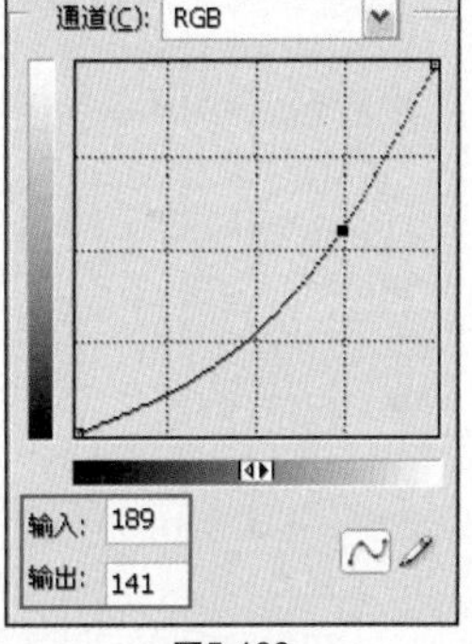

图5-188

图5-189

建立路径

复制路径后

提 示

移动路径后，路径在新图像中的位置和在原图像中的位置是相对不变的。

3. 直接选择工具：

用于选择和控制路径的每个锚点和方向线。利用该工具可以调节路径。

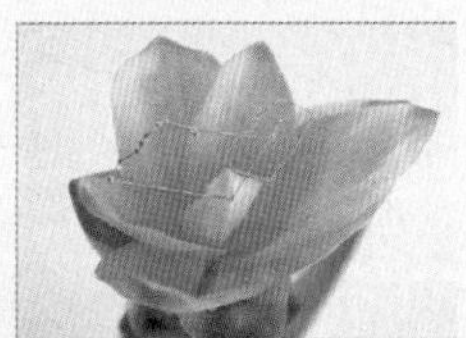
调节路径后

选择直接选择工具后，选择路径，锚点变为空心。

锚点变为空心

选择路径上的锚点，该锚点变为实心，其余锚心为空心。右击并在弹出的快捷菜单中执行“删除锚点”命令，可以删除路径中的锚点。

删除锚点

拖动鼠标可以随意移动锚点。其他锚点的位置不会改变。

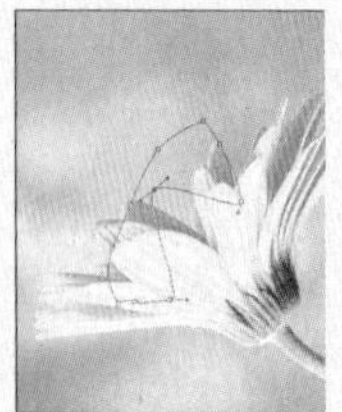
移动锚点

在路径上右击并在弹出的快捷菜单中执行“自由变换路径”命令，可以对路径进行自由变换。

自由变换

自由变换后

如果选择路径上的某个锚点后执行自由变换操作，只有该锚点和相邻的曲线变形。

选择路径曲线后，再选择直接选择工具，拖动鼠标可以调节这段路径曲线。

建立曲线

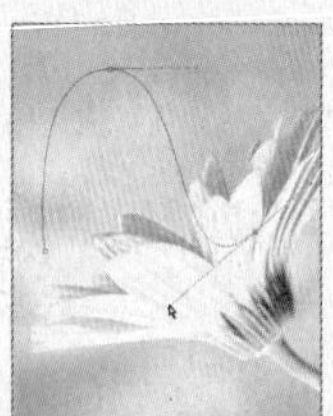
调节路径曲线

提 示

单击并拖动两个锚点之间的路径曲线，可以调节曲线的弧度。

13 双击“曲线1”图层的图层缩览图，如图5-190所示，然后在弹出的对话框的“通道”下拉列表框中选择“蓝”，并设置各项参数，如图5-191所示，完成后单击“确定”按钮，效果如图5-192所示。

图5-190

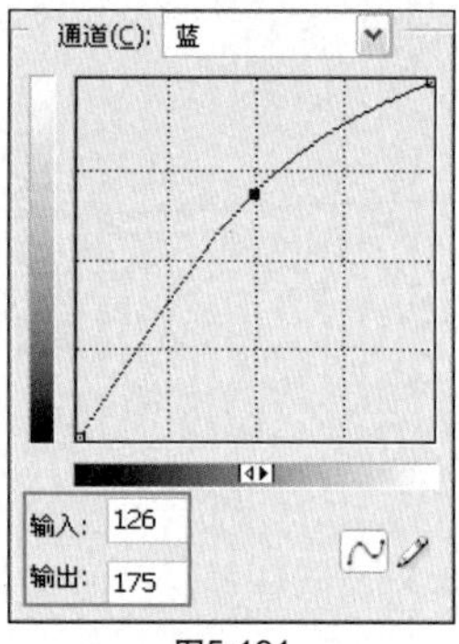

图5-191

图5-192

14 选择“曲线1”图层的蒙版，再切换到“路径”面板，按住Ctrl键单击“路径1”，将路径载入选区，得到如图5-193所示的效果，然后执行“选择>反向”命令，效果如图5-194所示。

图5-193

图5-194

15 按D键恢复前景色和背景色的默认设置，再按快捷键Alt+Delete，对选区进行填充，得到如图5-195所示的效果，然后按快捷键Ctrl+D取消选区，效果如图5-196所示。

图5-195

图5-196

知识提点

颜色加深混合模式

利用颜色加深混合模式可以加强暗色调，同时也提高了照片颜色的饱和度，使照片效果更加鲜明突出。

在“图层”面板中复制“背景”图层，然后调整“背景 副本”图层的混合模式为“颜色加深”，再设置不同的不透明度。

原图

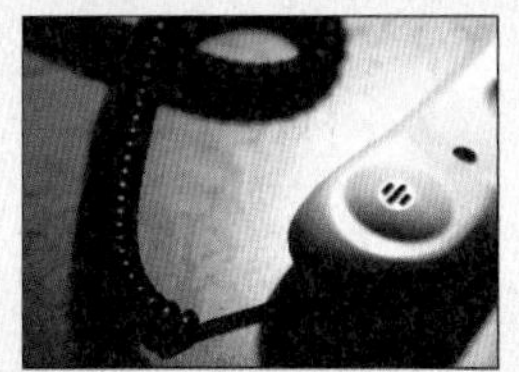

混合模式：颜色加深
不透明度：50%

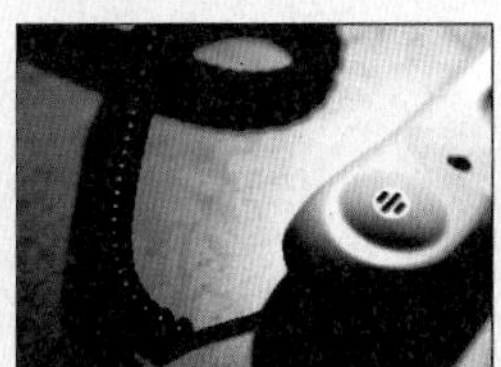

混合模式：颜色加深
不透明度：70%

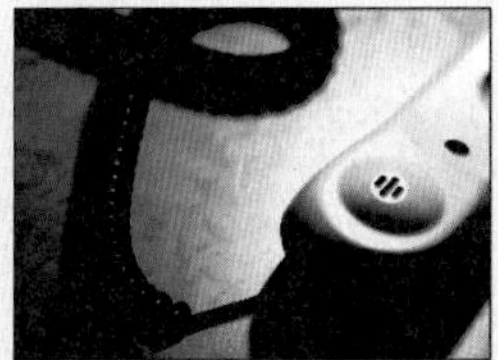

混合模式：颜色加深
不透明度：100%

原图

16 选择“曲线1”图层，将“不透明度”改为60%，如图5-197所示，得到如图5-198所示的效果。

图5-197

图5-198

17 选择套索工具，如图5-199所示，在眼睛上建立一个选区。按快捷键Ctrl+Alt+D，在弹出的“羽化选区”对话框中设置“羽化半径”为“60像素”，完成后单击“确定”按钮，效果如图5-200所示。

图5-199

图5-200

18 在“图层”面板中新建“图层2”图层，如图5-201所示。将前景色设置为（R:63，G:142，B:171），按快捷键Alt+Delete，对选区填充三次，效果如图5-202所示。

图5-201

图5-202

混合模式：颜色加深
不透明度：30%

混合模式：颜色加深
不透明度：60%

混合模式：颜色加深
不透明度：90%

混合模式：颜色加深
不透明度：100%

知识提点

溶解混合模式

利用溶解混合模式可以根据不同的透明度，对合成图像的颜色随机产生透明的点，但是不影响颜色。透明度小于100%时，溶解效果才显示。

原图 1

19 按快捷键Ctrl+D取消选区，在“图层”面板上，将图层的混合模式设置为“颜色加深”，把“不透明度”改为60%，如图5-203所示，得到如图5-204所示的效果。

图5-203

图5-204

20 选择“图层2”图层，再单击“添加图层蒙版”按钮，如图5-205所示。按D键恢复前景色和背景色的默认设置，然后选择画笔工具，在人物的眼白处进行涂抹，得到如图5-206所示的效果。

图5-205

图5-206

21 复制“图层2”图层，并将图层的混合模式设置为“正片叠底”，把“不透明度”改为60%，如图5-207所示，得到如图5-208所示的效果。

图5-207

图5-208

原图 2

混合模式：溶解
不透明度：30%

混合模式：溶解
不透明度：60%

混合模式：溶解
不透明度：90%

知识提点

彩色半调滤镜

利用彩色半调滤镜可以用半调形式的网点表现图像。

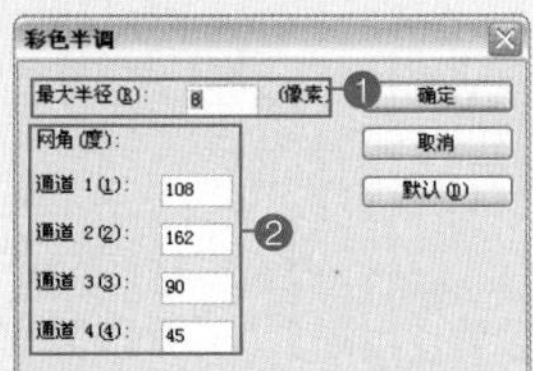

❶最大半径：设置网点大小。
❷网角：按通道设置网点的角度。

22 在“图层”面板中新建“图层3”图层，如图5-209所示，再选择多边套索工具，在眼睛上建立选区，如图5-210所示。

图5-209

图5-210

23 按快捷键Ctrl+Alt+D，在弹出的“羽化半径”对话框中设置“羽化半径”为“30像素”，完成后单击“确定”按钮，效果如图5-211所示。按快捷键Alt+Delete，对选区填充两次，再按快捷键Ctrl+D取消选区，效果如图5-212所示。

图5-211

图5-212

24 选择“图层3”图层，并将图层的混合模式设置为“颜色加深”，把“不透明度”改为60%，如图5-213所示，得到如图5-214所示的效果。

图5-213

图5-214

原图

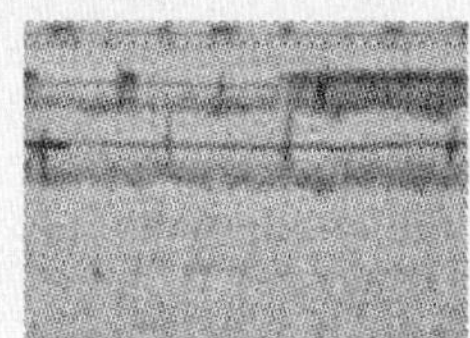

最大半径：8
网角：106/162/90/45

最大半径：16
网角：106/162/90/45

25 选择"图层3"图层，单击"添加图层蒙版"按钮，如图5-215所示。按D键恢复前景色和背景色的默认设置，然后选择画笔工具，在人物的眼白处进行涂抹，得到如图5-216所示的效果。

图5-215

图5-216

26 双击"曲线1"图层的图层缩览图，然后在弹出的对话框设置各项参数，如图5-217所示，完成后单击"确定"按钮，效果如图5-218所示。至此，本案例制作完成。

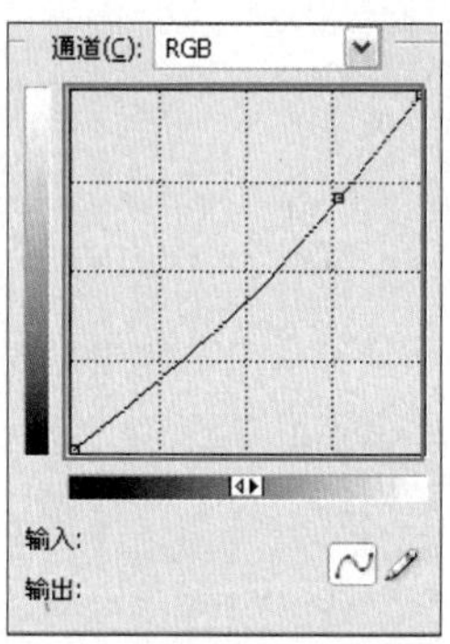

图5-217

图5-218

修整人物的身材

After

Before

原照片中人物的身材缺点充分暴露，需要对其进行修正。

应用功能：液化滤镜、色阶命令

CD-ROM：Chapter 5\12修整人物的身材\Complete\12修整人物的身材 .psd

知识提点

液化滤镜的应用

液化滤镜是处理人物照片不可缺少的功能。利用该功能可轻松对照片中人物的部位进行变形，修饰人物的缺陷，也可以制作图像的底纹效果。

下面主要介绍“液化”对话框中各工具的用法。

（1）向前变形工具：用于处理照片的背景变形。

原图

向前变形

（2）重建工具：用于在变形后恢复到原图像。如果对变形不满意，可以用此工具恢复。

01 按快捷键Ctrl+O，在弹出的对话框中选择本书配套光盘中Chapter 5\12修整人物的身材\Media\001.jpg文件，再单击“打开”按钮。打开的素材如图5-219所示。

图5-219

02 在“图层”面板中复制“背景”图层，得到“背景 副本”图层，如图5-220所示。

图5-220

向前变形

重建后

(3) 顺时针旋转扭曲工具：选择该工具后，在图像上单击并按住不放，图像就产生旋转扭曲。在照片处理中多用于制作背景的漩涡。

顺时针旋转扭曲

(4) 褶皱工具：选择该工具后，在图像上单击并按住不放，图像就会由外向中心缩小。在照片处理中主要用于缩小部分景物。

褶皱

(5) 膨胀工具：选择该工具后，在图像上单击并按住不放，图像就会由内向外膨胀。与褶皱工具相反，在照片处理中主要用于放大部分景物。

膨胀

03 选择“背景 副本”图层，执行“滤镜>液化”命令。在弹出的“液化”对话框中选择缩放工具，放大人物的脸部，然后选择向前变形工具，并设置各项参数，在人物的脸部仔细向内推，如图5-221所示，得到如图5-222所示的效果。

图5-221

图5-222

04 在“液化”对话框中选择缩放工具，放大人物的手臂，然后继续选择向前变形工具，并设置各项参数，在手臂上仔细向内推，如图5-223所示，得到如图5-224所示的效果。

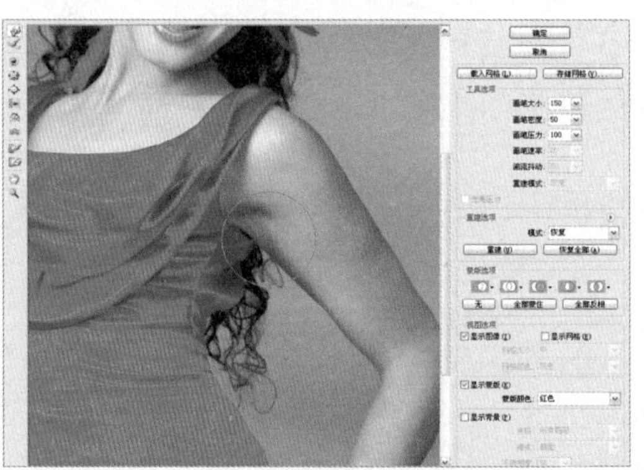

图5-223

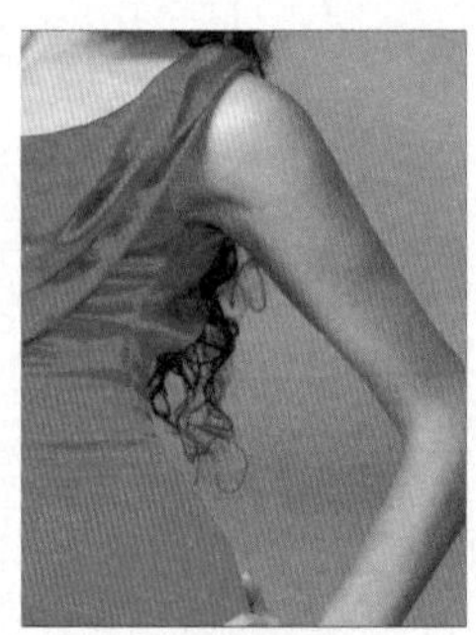

图5-224

05 参考步骤04，修饰人物的另一只手臂，如图5-225和图5-226所示。

图5-225

图5-226

（6）左推工具：单击该工具后，在图像上进行变形，可以在照片中对人物的缺点进行修复，也可以在照片中任意变形，制作出趣味十足的搞笑照片。

左推

（7）镜像工具：选择该工具后，在图像上按照需要进行变形，将图像变为反射的状态。一般不用于对人物照片的处理，常用于制作个性图形。

镜像扭曲

提 示

上述变形都可以利用重建工具恢复其原图像。

06 参考步骤04，修饰人物的腰部，如图5-227和图5-228所示。

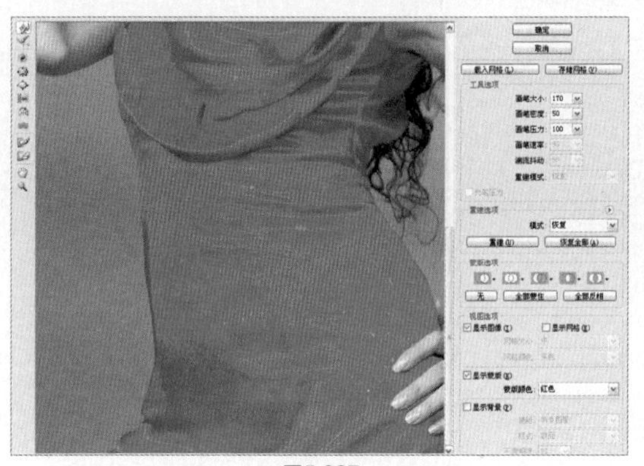

图5-227

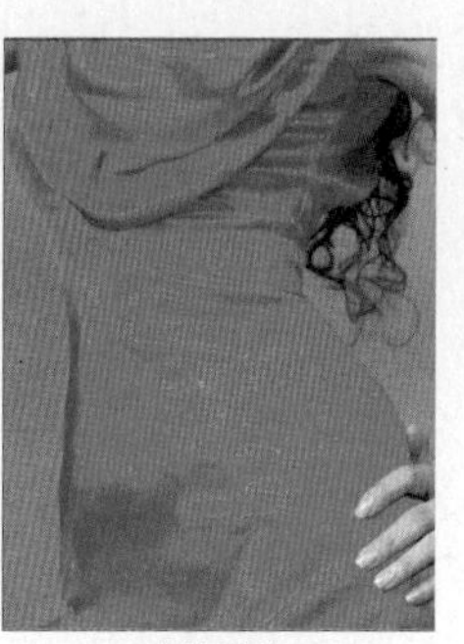

图5-228

07 参考步骤04修饰人物的脖子和眼睛，如图5-229和图5-230所示。

图5-229

图5-230

08 完成上述操作后，单击“确定”按钮，效果如图5-231所示。选择“背景 副本”图层，按快捷键Ctrl+L，在弹出的“色阶”对话框中设置各项参数，如图5-232所示，完成后单击“确定”按钮，得到如图5-233所示的效果。至此，本案例制作完成。

图5-231

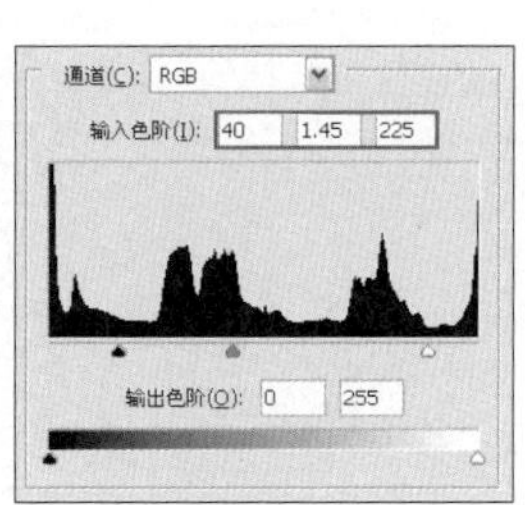

图5-232

图5-233

合成人物照片

01 给人物照片易容

知识提点：裁剪范围的调整、可选颜色命令

02 给衣服添加印花

知识提点：Alpha通道、通道面板

03 将人物夸张变形

知识提点：图层锁定功能、合并图层

04 给人物照片换背景

知识提点：照片滤镜命令

05 制作标准证件照

知识提点：裁剪工具的选项栏、收缩命令、定义画笔和图案

06 将合影变成单人照

知识提点：图像窗口、仿制图章工具的选项栏

07 合成异国之旅留影

知识提点：抽出滤镜的工具、表面模糊滤镜

08 制作电影胶片效果

知识提点：烟灰墨滤镜

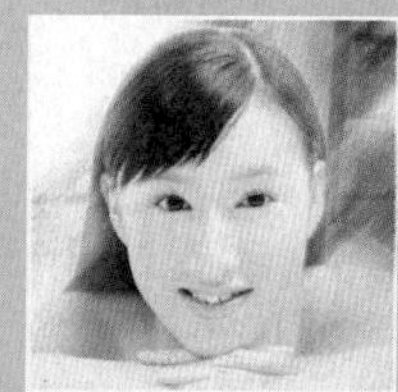

09 制作朦胧动感效果

知识提点：图层的特点、动感模糊滤镜、颜色填充、炭精笔滤镜

01 给人物照片易容

本例中原照片拍摄的构图和光线都不理想，为了寻求更好的效果，可将人物照片的脸部易容到自己喜欢的明星照片中，得到自己的照片，非常有趣。

应用功能：裁剪工具、橡皮擦工具、多边形套索工具、仿制图章工具、曲线命令、可选颜色命令

CD-ROM：Chapter 6\01给人物照片易容\complete\01给人物照片易容.psd

知识提点

裁剪范围的调整

在使用裁剪工具时，可以通过鼠标的移动来扩大和缩小需要裁剪的范围，从而对照片中不需要的部分随意进行裁剪，操作非常便捷。

原图

(1) 选择裁剪工具，在照片上选定需要裁剪的区域，然后将鼠标指针放在裁剪区域下面的节点上，自由向下或者向上拖动，可以改变照片的高度。

改变高度后

01 按快捷键Ctrl+O，选择本书配套光盘中Chapter 6\01给人物照片易容\Media\001.jpg文件，单击“打开”按钮。打开的素材如图6-1所示。

图6-1

02 再次按快捷键Ctrl+O，选择本书配套光盘中Chapter 6\01给人物照片易容\Media\002.jpg文件，单击“打开”按钮。打开的素材如图6-2所示。

图6-2

(2)选择裁剪工具，选定裁剪区域后，将鼠标指针放在裁剪区域左边或者右边的节点上，自由向左或者向右拖动，可以改变照片的宽度。

改变宽度后

(3)选择裁剪工具，选定裁剪区域后，将鼠标指针放在裁剪区域对角的节点上，可以随意进行拖动，从而改变照片的大小。

改变大小后

(4) 选择裁剪工具，选定裁剪区域后，将鼠标指针放在裁剪区域对角的节点上后，按住Shift键可以等比例对所选区域进行放大或缩小的操作。

等比例改变高度后

等比例改变宽度后

(5) 在裁剪图像的时候，假如将所选区域拖动到图像的外面，确定后会出现背景的颜色。

03 选择裁剪工具，如图6-3所示对图片进行裁剪，确定后得到如图6-4所示的效果。

图6-3

图6-4

04 选择移动工具，将素材文件002拖移到素材文件001上，如图6-5所示。按快捷键Ctrl+T对照片进行自由变换，按Enter键确定后得到如图6-6所示的效果。

图6-5

图6-6

05 选择“图层1”，并将不透明度改为80%，如图6-7所示，得到如图6-8所示的效果。

图6-7

图6-8

06 选择橡皮擦工具，在“图层1”上将人物脸部以外的部分擦去，并随时在选项栏上调节画笔的大小，如图6-9所示，得到如图6-10所示的效果。

图6-9

图6-10

向右拖动裁剪图像

向下拖动裁剪图像

上下拖动裁剪图像

左右拖动裁剪图像

(6) 设置背景色后，将所选区域拖动到图像的外面，就可以将设置的颜色显现出来。

裁剪图像

07 按快捷键Ctrl+T，对图像进行自由变换，得到如图6-11所示的效果，继续使用橡皮擦工具，在“图层1”上对人物脸部进行修饰，得到如图6-12所示的效果。

图6-11

图6-12

08 选择“背景”图层，再选择仿制图章工具，在脸部的周围按住Alt键吸取颜色，然后松开Alt键并在脸部多余的部分进行涂抹，如图6-13所示，反复进行相同的操作后得到如图6-14所示的效果。

图6-13

图6-14

09 选择“图层1”图层，继续使用仿制图章工具，在额头周围按住Alt键吸取颜色，然后松开Alt键并在额头上进行涂抹，反复进行相同的操作后得到如图6-15所示的效果。

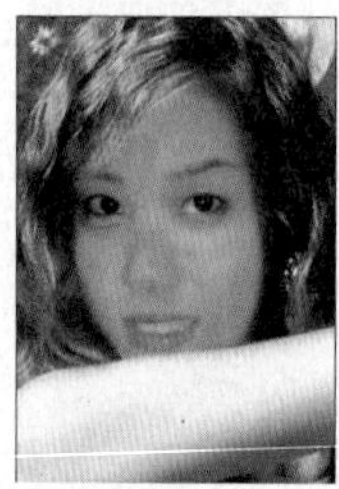
图6-15

10 选择“图层1”，使用多边形套索工具，如图6-16所示建立一个选区，按下快捷键Ctrl+Alt+D，在弹出的对话框中设置“羽化半径”为25，如图6-17所示，完成后单击“确定”按钮，得到如图6-18所示的效果。

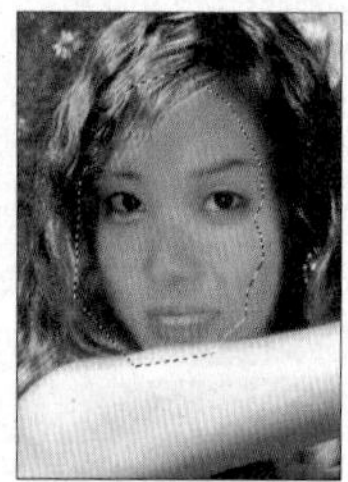
图6-16

图6-17

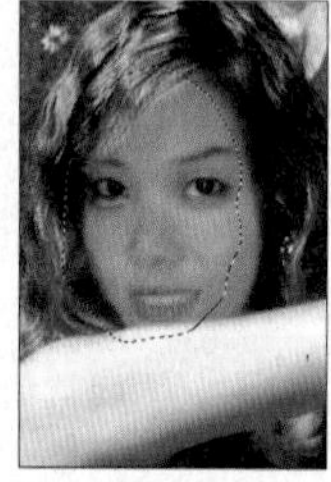
图6-18

设置背景色为红色后

设置背景色为黄色后

（7）将所选区域的四周都拖动到图像的外面，并且拖动的距离相同，就可以得到像边框一样的效果。

裁剪图像

设置背景色为黄色后

提示

此方法的不足之处在于，效果的边框宽度不能精确控制。

11 按下快捷键Ctrl+M，在弹出的对话框设置各项参数，如图6-19所示，完成后单击“确定”按钮，得到如图6-20所示的效果。

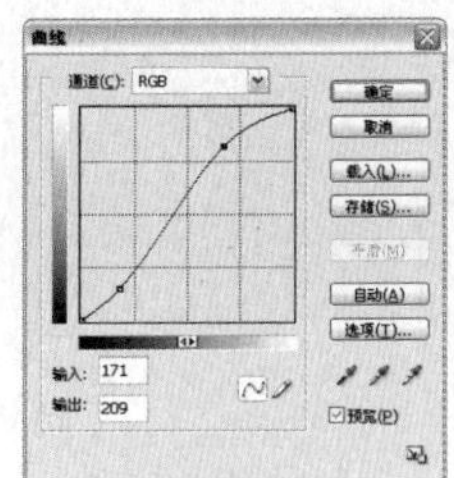

图6-19

图6-20

12 再次按下快捷键Ctrl+M，在弹出的对话框的“通道”下拉列表中分别选择“红”、“蓝”，并设置各项参数，如图6-21、图6-22所示，完成后单击“确定”按钮，得到如图6-23所示的效果。

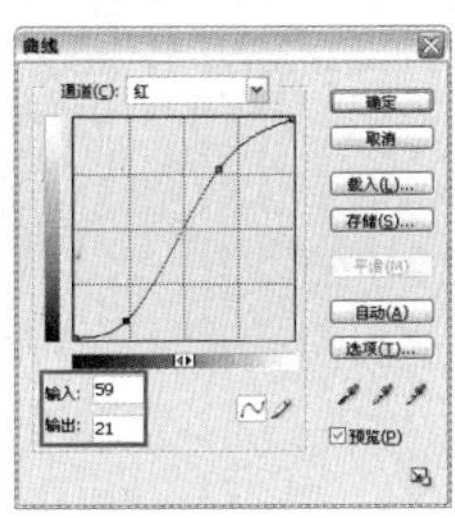

图6-21

图6-22

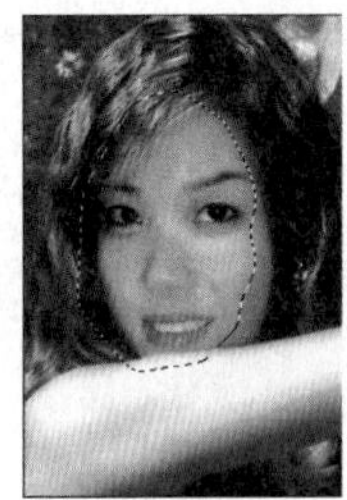

图6-23

13 再次按下快捷键Ctrl+M，在弹出的对话框设置各项参数，如图6-24所示，完成后单击“确定”按钮。按下快捷键Ctrl+D取消选择，得到如图6-25所示的效果。

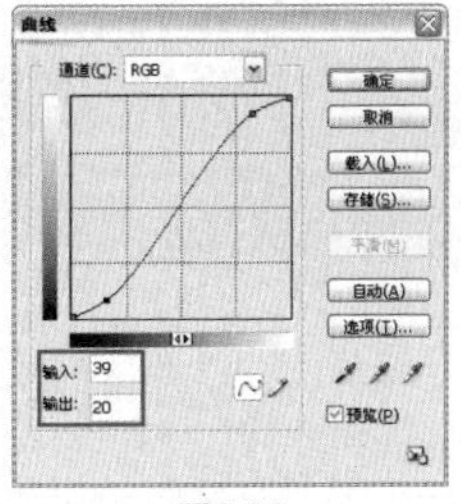

图6-24

图6-25

14 使用多边形套索工具，如图6-26所示建立一个选区，按下快捷键Ctrl+Alt+D，在弹出的对话框中设置“羽化半径”为25，如图6-27所示，完成后单击“确定”按钮，得到如图6-28所示的效果。

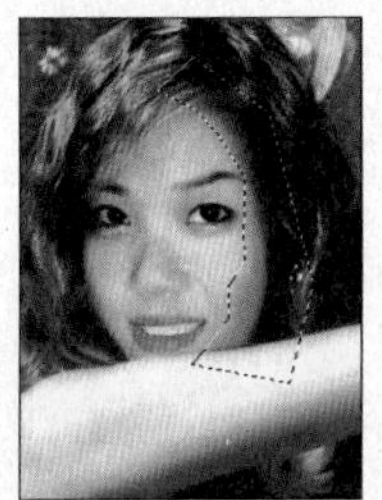

图6-26

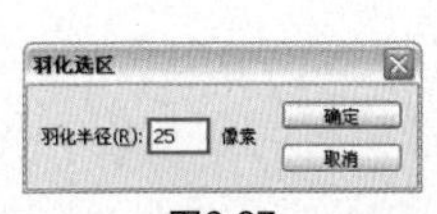

图6-27

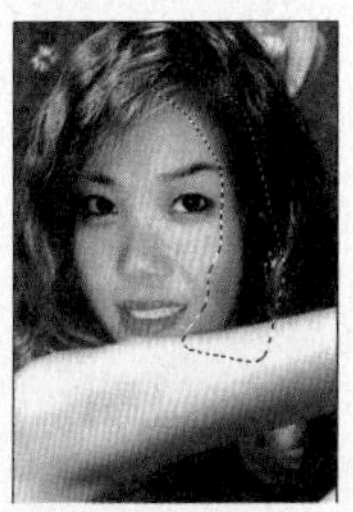

图6-28

知识提点

可选颜色命令

在调整图层中已经介绍过"可选颜色"命令，如果在"可选颜色"对话框的"颜色"下拉列表中选择不同的调整，可以对照片中的近似颜色进行调整。

不同于其他颜色调整方法的是，可选颜色命令具有针对性，可以丰富图像的颜色。

原图

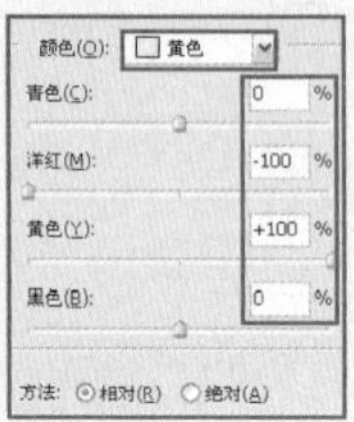

颜色：黄色
洋红：-100%
黄色：+100%
方法：相对

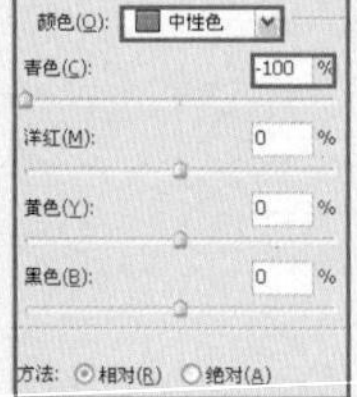

颜色：中性色
青色：-100%
方法：相对

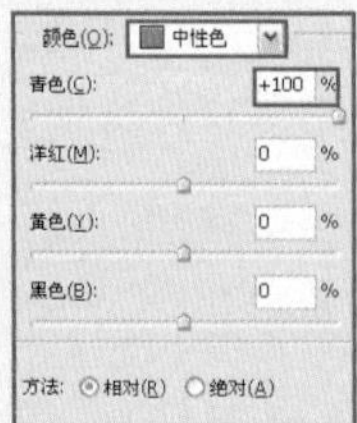

颜色：中性色
青色：+100%
方法：相对

15 再次按快捷键Ctrl+M，在弹出的对话框设置各项参数，如图6-29所示，完成后单击"确定"按钮，得到如图6-30所示的效果。

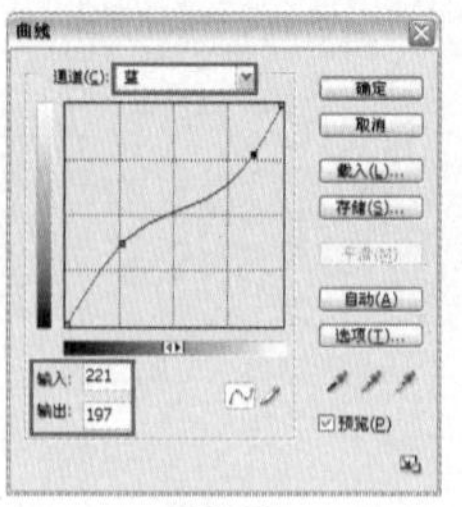

图6-29

图6-30

16 按快捷键Ctrl+M，在弹出的对话框的"通道"下拉列表中选择"红"选项并设置各项参数，如图6-31所示，完成后单击"确定"按钮，得到如图6-32所示的效果。

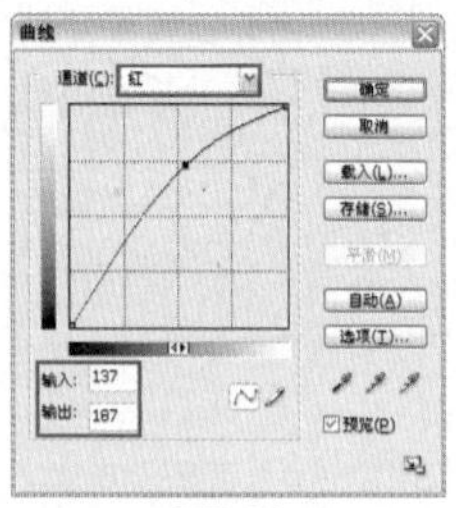

图6-31

图6-32

17 再次按快捷键Ctrl+M，在弹出的对话框中设置各项参数，如图6-33所示，完成后单击"确定"按钮，得到如图6-34所示的效果。

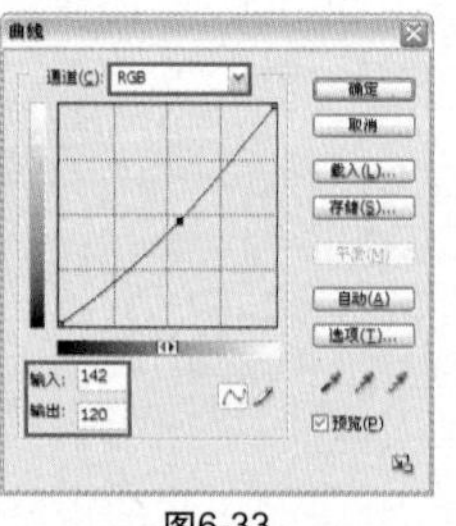

图6-33

图6-34

18 对"图层1"执行"图像>调整>可选颜色"命令，在弹出的对话框中设置各项参数，如图6-35所示，完成后单击"确定"按钮，效果如图6-36所示。

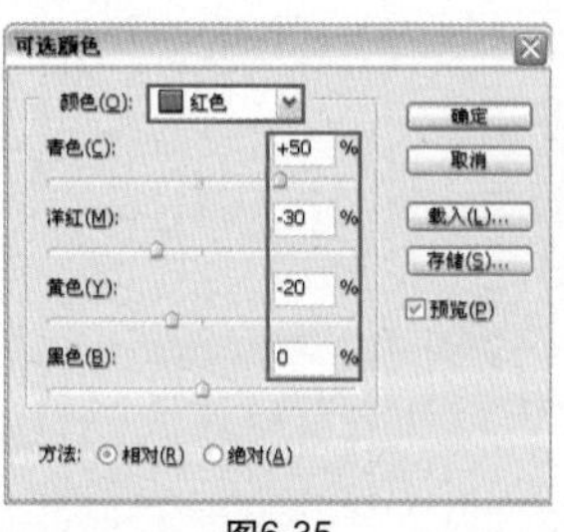

图6-35

图6-36

颜色：中性色
黑色：-100%
方法：相对

19 按快捷键Ctrl+M，在弹出的对话框中设置各项参数，如图6-37所示，完成后单击“确定”按钮，得到的效果如图6-38所示。

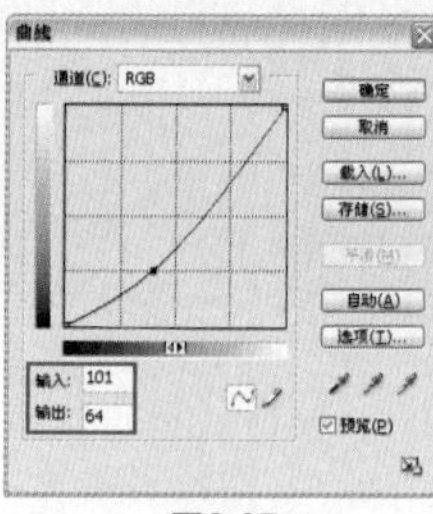

图6-37

图6-38

20 按快捷键Ctrl+E合并图层，得到“背景”图层，然后对其执行“图像> 调整>可选颜色”命令，在弹出的对话框中设置各项参数，如图6-39所示，完成后单击“确定”按钮，得到的效果如图6-40所示，至此，本例制作完成。

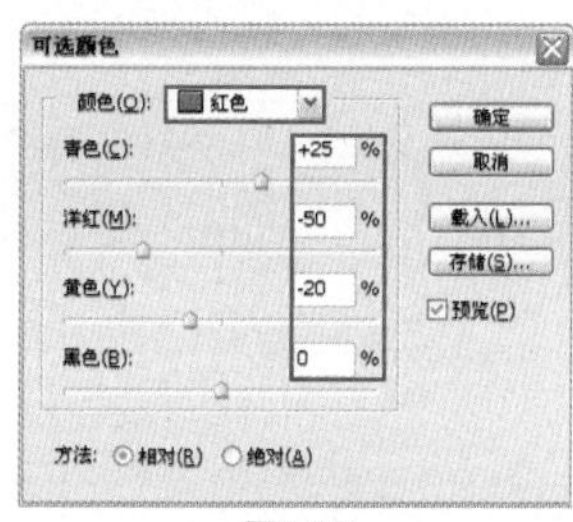

图6-39

图6-40

02 给衣服添加印花

原照片上小女孩的衣服过于单一，没有突出孩子的活泼可爱，给她的衣服添加一些印花，可以使照片增色不少。

应用功能：钢笔工具、通道面板

CD-ROM：Chapter 6\02给衣服添加印花\Complete\02给衣服添加印花.psd

知识提点

Alpha 通道

Alpha 通道既是新建通道也是可以用来制作选区的通道，它不会直接影响图像的颜色，但是可以制作选区或删除选区，同时又可以对选区进行编辑操作，丰富了照片的处理效果，此工具还可以运用到平面广告的一些特殊效果的制作中。

1. 新建通道

打开文件后，选择钢笔工具，在图像中需要的地方绘制路径。然后切换到"通道"面板，单击"创建新通道"按钮。

原图

绘制路径

01 按快捷键Ctrl+O，选择本书配套光盘中Chapter 6\02给衣服添加印花\Media\001.jpg文件，单击"打开"按钮。打开的素材如图6-41所示。

图6-41

02 在"通道"面板中，选择"蓝"通道，如图6-42所示，得到如图6-43所示的效果。

图6-42

图6-43

创建 Alpha1 通道

得到图像

2. 建立选区

在路径上右击，在弹出的快捷菜单中选择“建立选区”命令建立选区，并且将选区填充为白色，最后按下快捷键 Ctrl+D 取消选择。

将选区填充为白色后

得到通道

3. 调整选区

（1）按住 Ctrl 键单击“Alpha1”通道，载入选区，然后对选区内的图像进行编辑和调整。

单击〞Alpha1〞通道

载入选区

03 选择钢笔工具，在女孩的裙子上绘制一个路径，如图6-44所示，再按下快捷键Ctrl+Enter建立选区，如图6-45所示。

图6-44

图6-45

04 复制〞背景〞图层，如图6-46和图6-47所示。

图6-46

图6-47

05 添加图层蒙版，如图6-48和图6-49所示。

图6-48

图6-49

06 按快捷键Ctrl+O，选择本书配套光盘中Chapter 6\02给衣服添加印花\Media\002.jpg文件，单击〞打开〞按钮。打开的素材如图6-50所示。

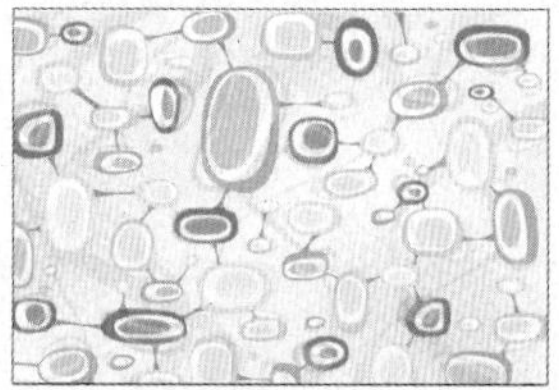
图6-50

07 在工具箱中选择移动工具，将素材文件002拖移到素材文件001上，如图6-51所示。再按快捷键Ctrl+T，调整弹出的自由变换框，对图像进行自由变换。角度合适后按Enter键确认，效果如图6-52所示。

图6-51

图6-52

08 在“图层”面板中将“不透明度”改为55%，如图6-53所示，得到如图6-54所示的效果。

图6-53

图6-54

09 选择“背景 副本”图层，再切换到“通道”面板，按住Ctrl键单击“背景副本蒙版”通道，如图6-55所示，将其载入选区，效果如图6-56所示。

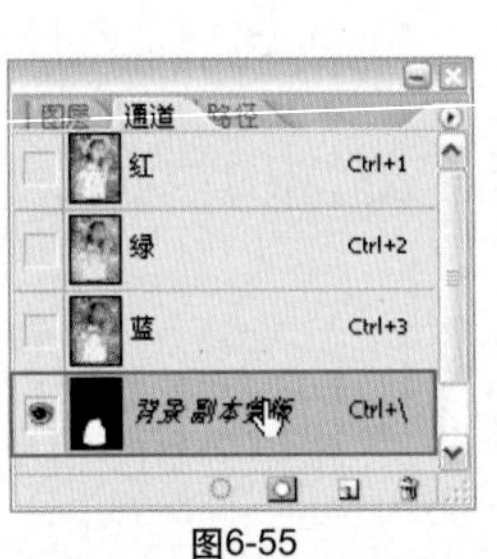

图6-55

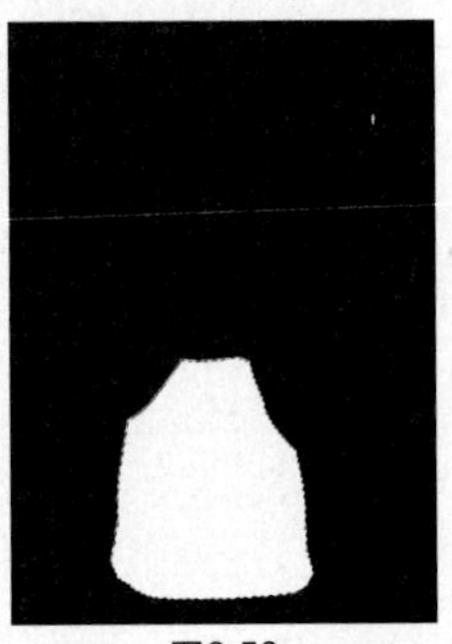
图6-56

10 按快捷键Ctrl+Shift+I反选选区，效果如图6-57所示，然后回到“图层”面板。选择“图层1”图层，按Delete键删除选区中的图像，效果如图6-58所示，最后按快捷键Ctrl+D取消选择，效果如图6-59所示。小女孩的衣服添加了花色图案。

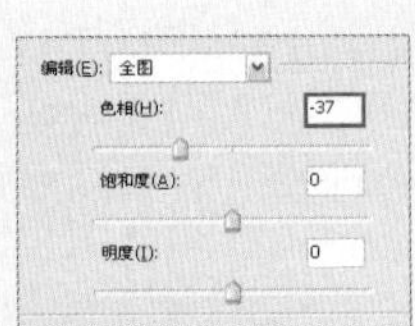

设置参数

调整选区后

（2）按下快捷键 Ctrl+Shift+I 反选通道的选区，然后再对图像进行调整。

反选后

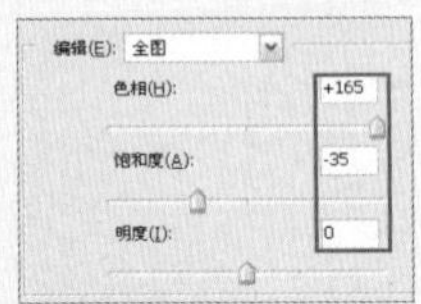

设置参数

调整选区后

通道面板

“通道”面板上有通道的相关功能，更加深入的了解通道，有助于更加熟练地对照片进行处理。

单击“通道”面板的扩展菜单按钮，在弹出的扩展菜单中按照所需进行选择。

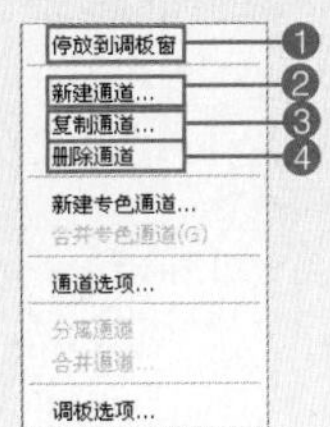

扩展菜单

❶停放到调板窗：在选项栏的面板上插入“通道”面板。

❷新建通道：创建新通道。

❸复制通道：在“通道”面板中选择其中一个通道，然后使用该命令，在弹出的对话框中保持默认设置，完成后单击“确定”按钮。

单击扩展菜单按钮

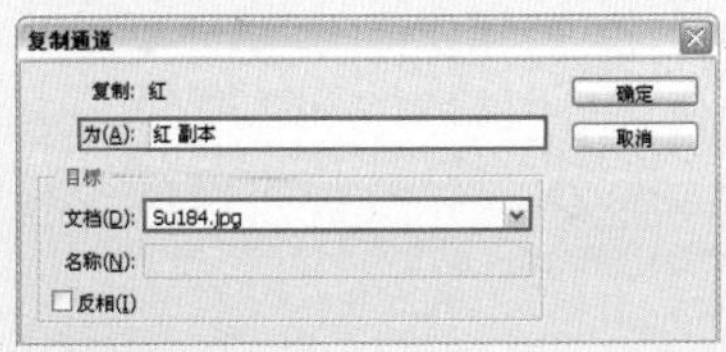

选择复制通道后

得到复制后的通道

❹删除通道：用于删除所选择的通道，选择其中一个通道，然后单击扩展菜单按钮，在弹出的扩展面板中选择“删除通道”命令，单击弹出对话框中的“确定”按钮，即可删除选择的通道。

图6-57

图6-58

图6-59

11 将图层的混合模式设置为“正片叠底”，“不透明度”设置为45%，如图6-60所示，得到如图6-61所示的效果。

图6-60

图6-61

12 选择钢笔工具，在女孩的裙子上绘制一个路径，如图6-62所示，按快捷键Ctrl+Enter建立选区，再按快捷键Ctrl+Alt+D，在弹出的对话框中设置参数，如图6-63所示，完成后单击“确定”按钮，再按Delete键删除选区，最后按快捷键Ctrl+D取消选择，如图6-64所示。

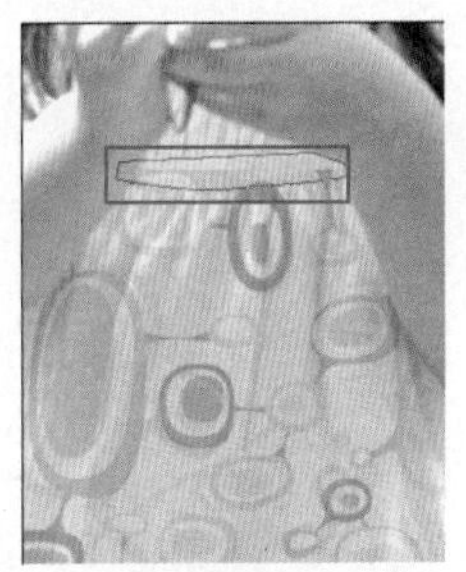
图6-62

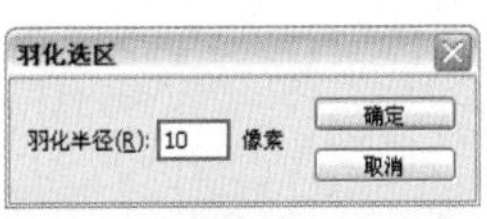

图6-63

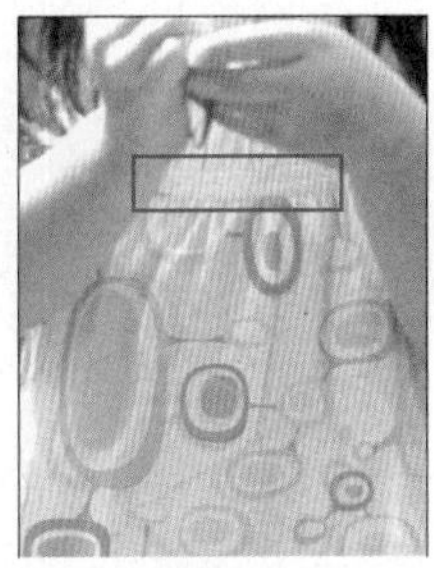
图6-64

13 按快捷键Ctrl+L，在弹出的对话框中设置各项参数，如图6-65所示，完成后单击“确定”按钮，效果如图6-66所示。

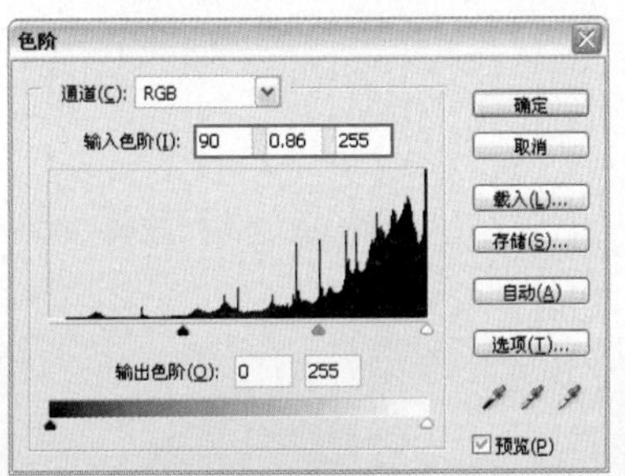

图6-65

图6-66

单击扩展菜单按钮

删除“蓝”通道后

图像效果

14 将“背景 副本”图层拖移到“图层1”的上面，并将其混合模式设置为“柔光”，如图6-67所示，得到如图6-68所示的效果。

图6-67

图6-68

15 按快捷键Ctrl+L，在弹出的对话框中设置各项参数，如图6-69所示，完成后单击“确定”按钮，效果如图6-70所示，至此，本例制作完成。

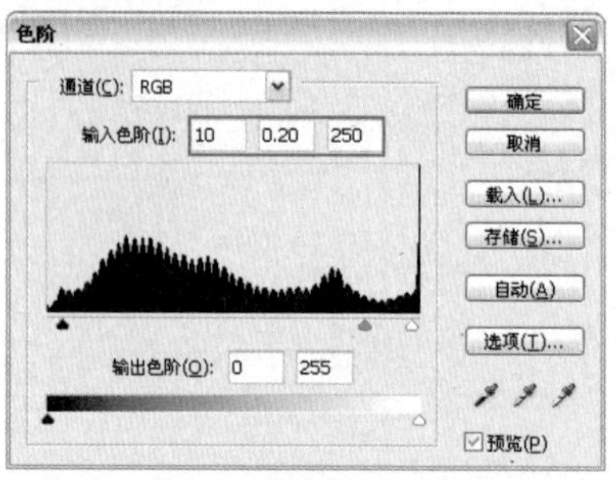

图6-69

图6-70

将人物夸张变形

After

Before

原照片中人物的动作和表情都非常可爱、有趣，将人物的头部进行变形，更增添了照片的趣味性。

应用功能：快速蒙版命令、移动工具、橡皮擦工具、仿制图章工具、裁剪工具、自定形状工具

CD-ROM：Chapter 6\03将人物夸张变形\Complete\03将人物夸张变形.psd

知识提点

图层锁定功能

在“图层”面板中有一个锁定功能，单击后就不可以在选取的图层上应用其他功能。对于处理照片的初学者来说，可以用此功能避免在操作过程中发生错误。

1. 锁定透明像素

单击这个按钮后，就不能在所选图层上进行任何操作了。

（1）在“图层”面板上，单击“锁定透明像素”按钮，可锁定透明像素。

原图

01 按快捷键Ctrl+O，选择本书配套光盘中Chapter 6\03将人物夸张变形\Media\001.jpg文件，单击“打开”按钮。打开的素材如图6-71所示。

图6-71

02 复制“背景”图层，得到“背景 副本”图层，如图6-72所示。

图6-72

单击"锁定透明像素"按钮后

图像效果

单击此按钮后，操作只对图像产生作用，没有对背景产生作用。

（2）再次在"图层"面板上，单击"锁定透明像素"按钮，取消对"锁定透明像素"的选定后，再进行同样的操作，可以看到操作对整个图层都产生了作用。

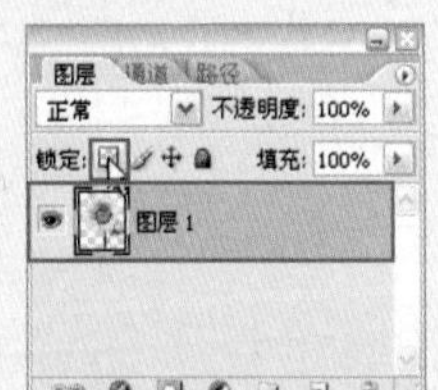

再次单击"锁定透明像素"按钮后

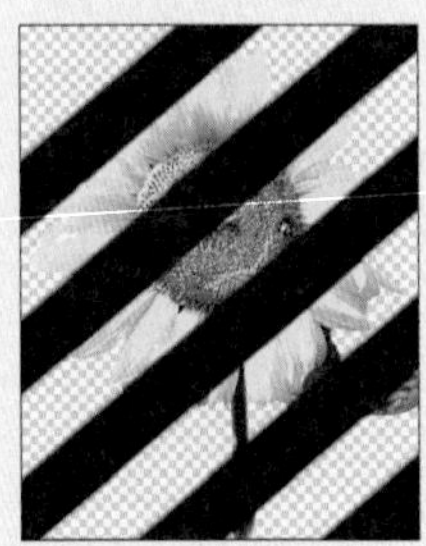

图像效果

知识提点

合并图层

在对图像进行操作的时候，常常都要新建很多图层并对其进行操作，在照片

03 在工具箱中单击"以快速蒙版模式编辑"按钮，然后选择画笔工具，并选项栏中选择较硬的画笔。利用画笔工具对人物的头部进行染色，如图6-73所示。在工具箱中单击"以标准模式编辑"按钮，得到如图6-74所示的效果。按快捷键Ctrl+X剪切选区，此时的"图层"面板如图6-75所示。

图6-73

图6-74

图6-75

04 选择"背景"图层，按快捷键Ctrl+A全选图像，如图6-76所示，然后按下快捷键Ctrl+T对图像进行自由变换，如图6-77所示。选择移动工具，将"背景"图层拖移到合适的位置，并按快捷键Ctrl+D取消选择，如图6-78所示。

图6-76

图6-77

图6-78

05 在"图层"面板中选择"背景 副本"图层，如图6-79所示，然后在工具箱中选择橡皮擦工具，再在选项栏中选择较软的画笔，在人物头发的多余部分进行涂抹，如图6-80所示。

图6-79

图6-80

的处理过程中，合并图层后就很难再对照片进行修改，下面介绍怎样减少图层的数量。

1. 合并可见图层

此功能用于在“图层”面板中合并激活了“指示图层可视性”按钮的图层。

原图

原图层

2. 指示图层可视性

单击图层 2 左边的“指示图层可视性”按钮，隐藏“图层 2”，单击“图层”面板中右上角的扩展菜单按钮，在弹出的扩展菜单中选择“合并可见图层”命令，合并除“图层 2”以外的所有图层，“图层 2”保持原来的状态。

隐藏“图层 2”

合并可见图层后

06 按下快捷键Ctrl+E合并图层，得到“背景”图层，如图6-81所示。选择仿制图章工具，在头发的周围按住Alt键吸取颜色，然后松开Alt键并在头发的衔接处进行涂抹，反复进行相同的操作后得到如图6-82所示的效果。

图6-81

图6-82

07 选择裁剪工具，选中图像中如图6-83所示的部分，确定后得到如图6-84所示的效果。

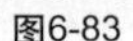

图6-83

图6-84

08 选择自定形状工具，在选项栏上单击“形状”下三角按钮，在弹出的面板中单击右上角的扩展按钮，在弹出的扩展菜单中执行“全部”命令，在弹出的对话框中单击“追加”按钮，如图6-85所示，然后在面板中选择“惊叹号”，如图6-86所示。

图6-85

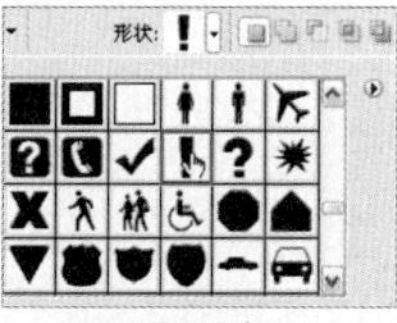

图6-86

09 选择自定形状工具，在选项栏上单击“形状图层”按钮，将前景色设置为（R:255，G:0，B:60），进行形状填充，如图6-87所示。复制“形状1”图层，再选择移动工具将其调整到合适的位置，然后按下快捷键Ctrl+T对图像进行自由变换，效果如图6-88所示。

3. 拼合图像

该功能主要是将“图层”面板上的所有图层合并为一个图层。单击“图层”面板右上角的扩展菜单按钮，在弹出的扩展菜单中选择“拼合图像”命令。

原图层

拼合图像后

当存在隐藏图层时，选择“拼合图像”命令后会弹出提示对话框，单击“确定”按钮将会丢失隐藏的图层。

隐藏图层

拼合图像后

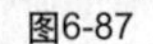

图6-87

图6-88

10 再次复制“形状1”图层，如图6-89所示，按下快捷键Ctrl+T对图像进行自由变换并将其调整到合适的位置，如图6-90所示。

图6-89

图6-90

11 多次复制“形状1”图层，如图6-91所示，按下快捷键Ctrl+T对图像进行自由变换并将其调整到合适的位置，如图6-92所示，至此，本例制作完成。

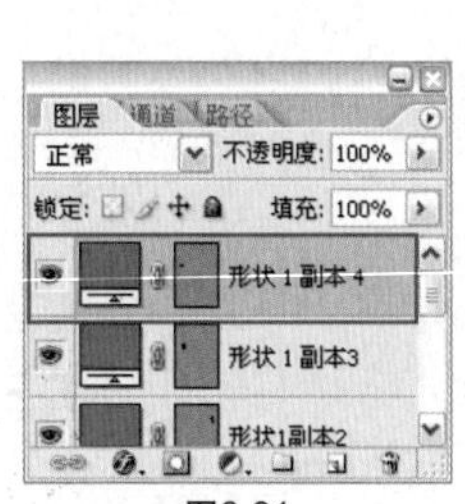

图6-91

图6-92

给人物照片换背景

原照片的背景过于简单，没有环境衬托使得照片毫无生气，因此需要替换照片的背景，增加照片的气氛。

应用功能：魔棒工具、移动工具、橡皮擦工具、照片滤镜命令

CD-ROM：Chapter 6\04给人物照片换背景\Complete\04给人物照片换背景.psd

知识提点

照片滤镜命令

照片滤镜命令的作用是在图像上设置颜色滤镜，在应用“照片滤镜”命令后，并不会破坏照片的图像，相反还会保持照片的质量和特征，只是给照片增加了一种颜色，多用于制作照片的怀旧效果。

执行“图像>调整>照片滤镜”命令，在弹出的对话框设置各项参数，完成后单击“确定”按钮。

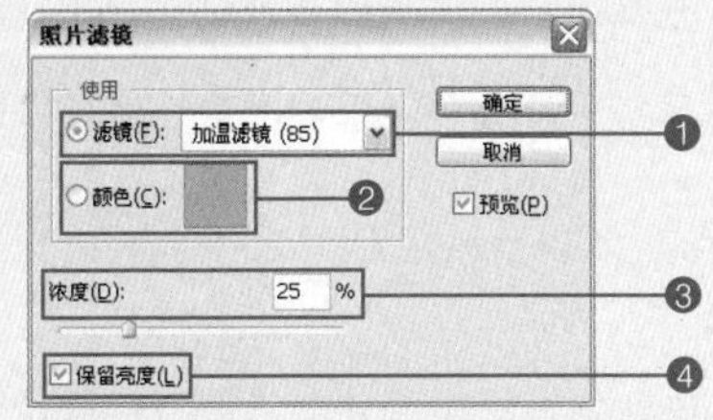

❶滤镜：单击下拉按钮，在弹出的下拉列表中选择需要增加的颜色滤镜。

❷颜色：显示“滤镜”下拉列表中选

01 按快捷键Ctrl+O，选择本书配套光盘中Chapter 6\04给人物照片换背景\Media\001.jpg文件，单击“打开”按钮。打开的素材如图6-93所示。

图6-93

02 双击“背景”图层，在弹出的“新建图层”对话框中保持默认设置，单击“确定”按钮，此时的“图层”面板如图6-94所示。

图6-94

择的滤镜颜色，是滤镜颜色预览窗口，同时也可以单击“颜色”色块，在弹出的“拾色器”对话框中选择所需颜色。

❸浓度：调整颜色滤镜的使用程度。

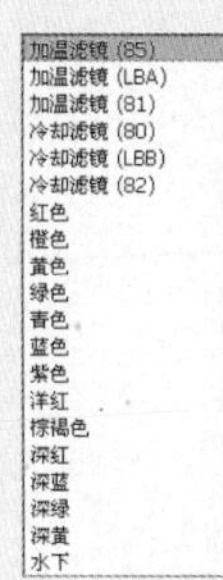

❹保留亮度：勾选该复选框后，可以在保持图像亮度的情况下应用“照片滤镜”命令。

下面举例说明照片滤镜命令的功能和用途。

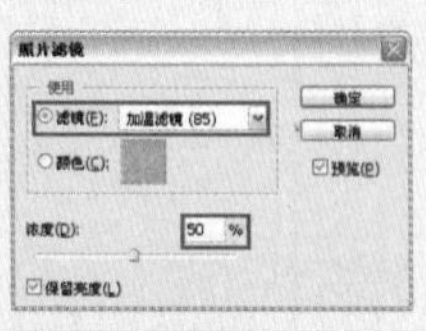

滤镜：加温滤镜（85）

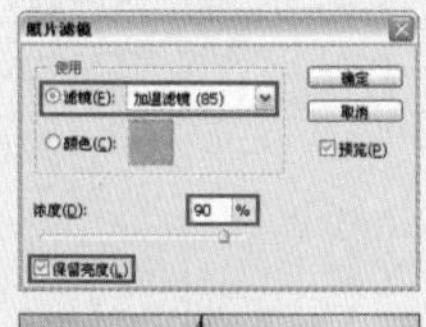

保留亮度

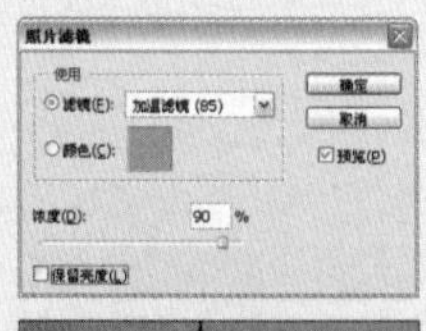

不保留亮度

03 选择魔棒工具，在选项栏上设置容差为40，其他默认，选择图像的白色区域，如图6-95所示，然后按下Delete键删除选区，并按快捷键Ctrl+D取消选择，如图6-96所示。

图6-95

图6-96

04 按快捷键Ctrl+O，选择本书配套光盘中Chapter 6\04给人物照片换背景\Media\002.jpg文件，单击“打开”按钮。打开的素材如图6-97所示。

图6-97

05 选择移动工具，将素材文件002拖移到素材文件001上，并将其放置于“图层0”的下一层，如图6-98所示，按快捷键Ctrl+T对图像进行自由变换并将其调整到合适的位置，效果如图6-99所示。

图6-98

图6-99

06 选择“图层0”，选择橡皮擦工具，并在选项栏中设置“画笔大小”为30px，设置“模式”为“画笔”，设置“不透明度”为50%。在人物的头发周围进行涂抹，如图6-100所示，得到如图6-101所示的效果。

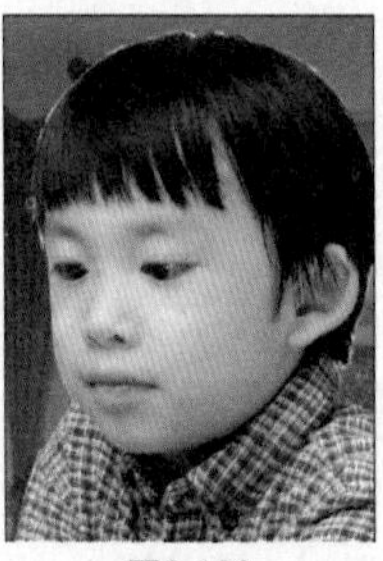

图6-100

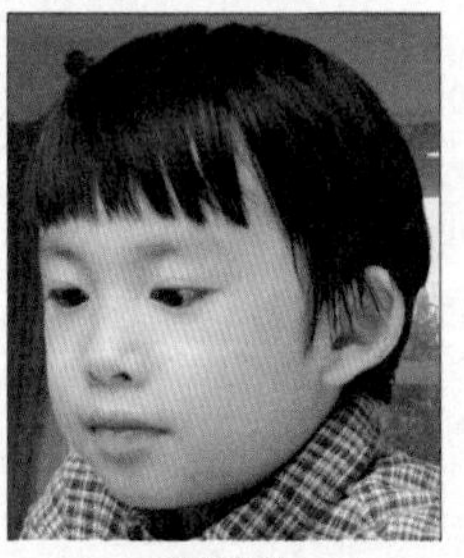

图6-101

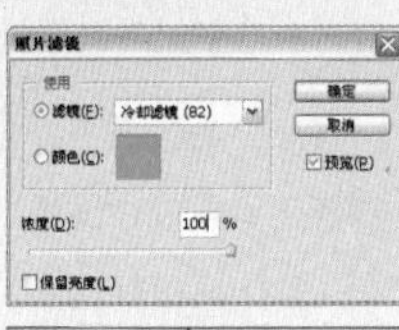
浓度：20%

浓度：100%

单击“颜色”色块，在弹出的对话框中设置颜色，完成后单击“确定”按钮。

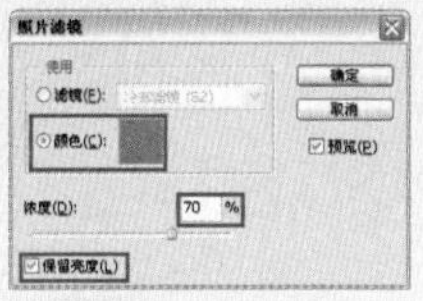
单击色块

设置颜色

调整效果

07 继续对图像左边进行相同的操作，删掉多余的图像，效果如图6-102所示。

图6-102

08 选择“图层0”图层，执行“图像>调整>照片滤镜”命令，在弹出的对话框设置各项参数，如图6-103所示，完成后单击“确定”按钮，效果如图6-104所示。

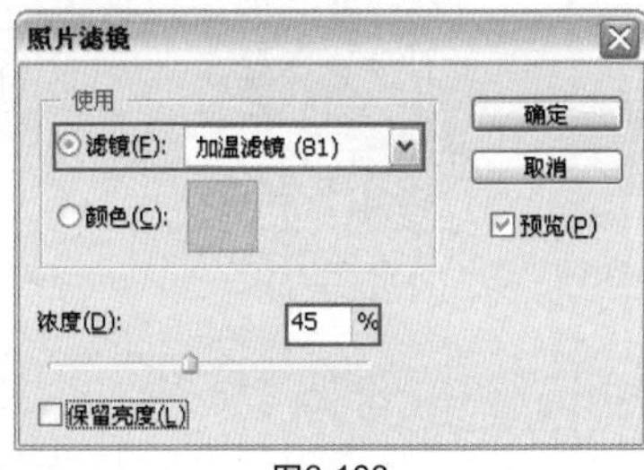

图6-103

图6-104

09 按下快捷键Ctrl+E合并图层，得到“图层1”，然后按下快捷键Ctrl+L，在弹出的对话框中设置各项参数，如图6-105所示，完成后单击“确定”按钮，最终效果如图6-106所示。至此，本例制作完成。

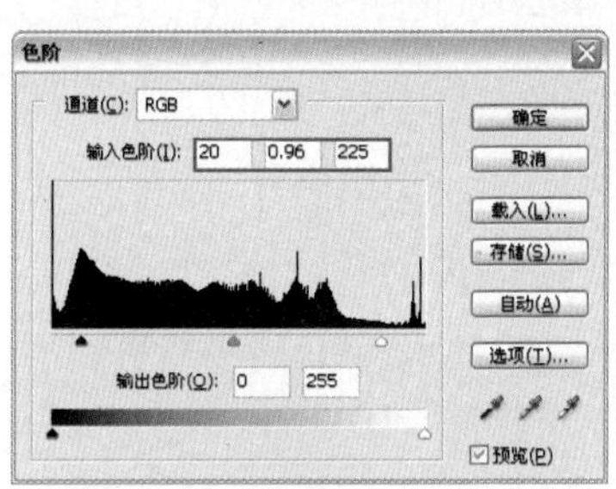

图6-105

图6-106

05 制作标准证件照

After

Before

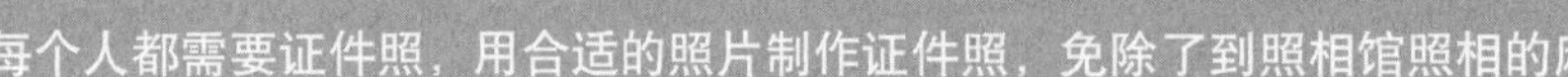

每个人都需要证件照，用合适的照片制作证件照，免除了到照相馆照相的麻烦。

应用功能：裁剪工具、收缩命令

CD-ROM：Chapter 6\05制作标准证件照\complete\05制作标准证件照.psd

知识提点

裁剪工具的选项栏

选择裁剪工具，在选项栏上可以设置需要裁剪图像的大小、分辨率，还可以按照原图像比例对图像进行裁剪，这个设置可以精确地对照片进行裁剪。

宽度： 高度：

宽度和高度：用于设置图像的宽度和高度，在对图像进行裁剪之前，如果先在选项栏上设置宽度和高度，在裁剪的时候就会按照这个参数对图像进行裁剪。

分辨率： 像素/英寸

分辨率：用于设置图像的分辨率，设置的参数越大，裁剪后的图像就越大，图像分辨率也会下降，所以，一般设置的范围不要超过130%，以免影响照片的质量。

前面的图像 清除
❶ ❷

❶前面的图像：单击该按钮后，裁剪时就会按照原图像的宽高比例进行裁剪。

01 按快捷键Ctrl+O，选择本书配套光盘中Chapter 6\05制作标准证件照\Media\001.jpg文件，单击“打开”按钮。打开的素材如图6-107所示。

图6-107

02 选择裁剪工具，在选项栏上设置“宽度”为2.78厘米，设置“高度”为3.8厘米，设置“分辨率”为300像素/英寸，然后在图像上进行裁剪，如图6-108所示，确定后得到如图6-109所示的效果。

图6-108

图6-109

❷清除：单击该按钮后，可以删除在选项栏中设置的宽度和高度的值。

选择裁剪工具，在选项栏上可以将"宽度"设置为11厘米，"高度"设置为8厘米，"分辨率"设置为100像素/英寸，然后在图像上裁剪。

原图

宽度：11厘米
高度：8厘米
分辨率：100像素/英寸

宽度：8厘米
高度：8厘米
分辨率：100像素/英寸

03 选择魔棒工具，在选项栏上设置"容差"为20，再选中"消除锯齿"和"连续"复选框，然后选取图像的白色区域，如图6-110所示，再按快捷键Ctrl+Shift+I反选选区，如图6-111所示。

图6-110

图6-111

04 执行"选择>修改>收缩"命令，在弹出的对话框中设置"收缩量"为1，如图6-112所示，完成后单击"确定"按钮，效果如图6-113所示。

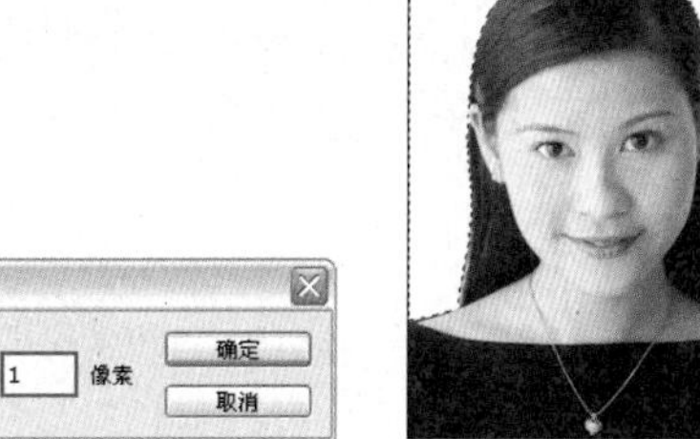

图6-112

图6-113

05 按快捷键Ctrl+Alt+D，在弹出的对话框中设置参数，如图6-114所示，完成后单击"确定"按钮，效果如图6-115所示。

羽化选区
羽化半径(R): 1 像素
确定
取消

图6-114

图6-115

06 按快捷键Ctrl+J剪切选区，如图6-116所示，效果如图6-117所示。

图6-116

图6-117

知识提点

收缩命令

收缩命令是针对选区执行的命令，作用是等比例缩小选区的范围，在对照片中的图像进行选取的时候，可以更加准确地控制选取范围。

先在图像上建立选区，然后执行“选择>修改>收缩”命令，在弹出的对话框中设置收缩量参数，参数越大，收缩的范围越大。

建立选区

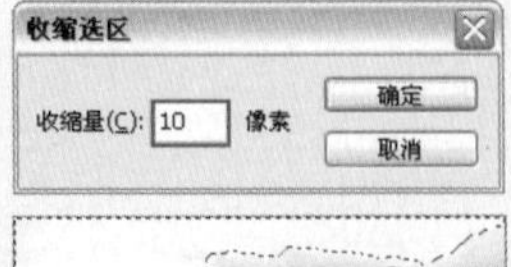

收缩量：10 像素

收缩量：30 像素

收缩量：60 像素

07 新建“图层2”，如图6-118所示，然后将前景色设置为（R:255，G:0，B0），按快捷键Alt+Delete填充该图层，效果如图6-119所示。

图6-118

图6-119

08 利用橡皮擦工具擦去在人物外轮廓的白边，如图6-120和图6-121所示。

图6-120

图6-121

09 执行“滤镜>渲染>光照效果”命令，在弹出的对话框设置各项参数，如图6-122所示，完成后单击“确定”按钮，效果如图6-123所示。

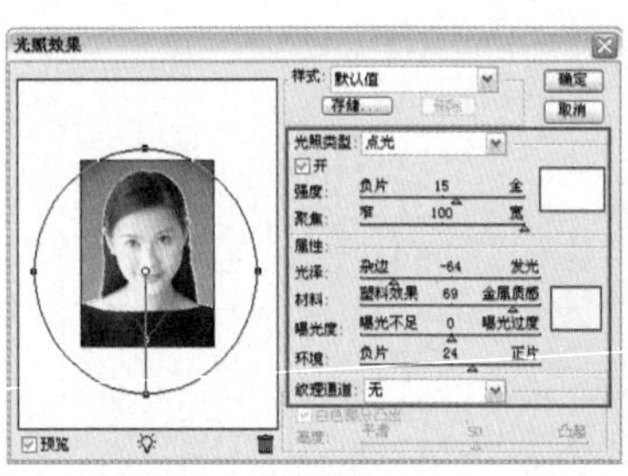

图6-122

图6-123

10 按快捷键Alt+Ctrl+C，在弹出的“画布大小”对话框中设置各项参数，如图6-124所示，完成后单击“确定”按钮，效果如图6-125所示。

图6-124

图6-125

定义画笔和图案

Photoshop 已经提供了很多画笔样式和图案资源，但是可以定义一些个性化的画笔样式和图案。

1. 定义画笔

选择要定义的画笔图案，然后执行“编辑>定义画笔预设”命令，在弹出的“画笔名称”对话框中设置参数。

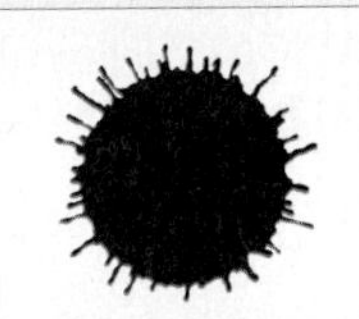

选择画笔图案

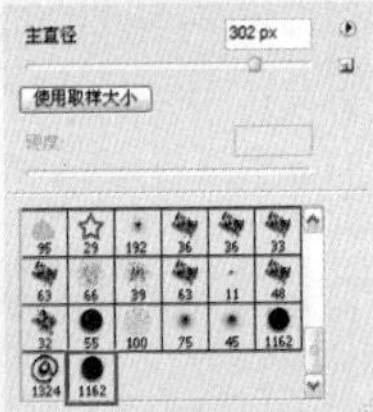

“画笔”面板中新增的画笔

2. 定义图案

选择要定义的图案，执行“编辑>定义图案”命令，在弹出的“图案名称”对话框中设置参数。

选择图案

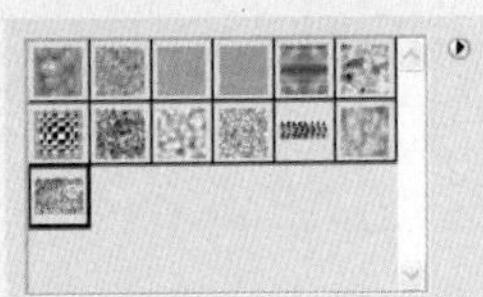

新增的图案

11 执行“编辑>定义图案”命令，在弹出的对话框中保持默认设置，如图6-126所示，完成后单击“确定”按钮。

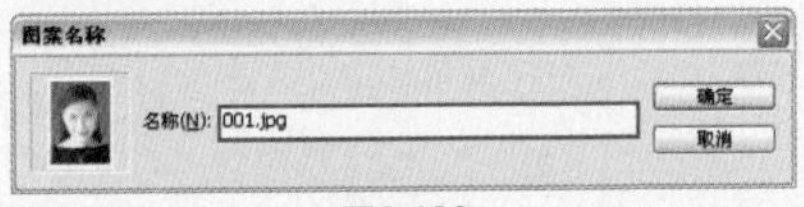

图6-126

12 执行“文件>新建”命令，在弹出的对话框中设置各项参数，如图6-127所示，完成后单击“确定”按钮。

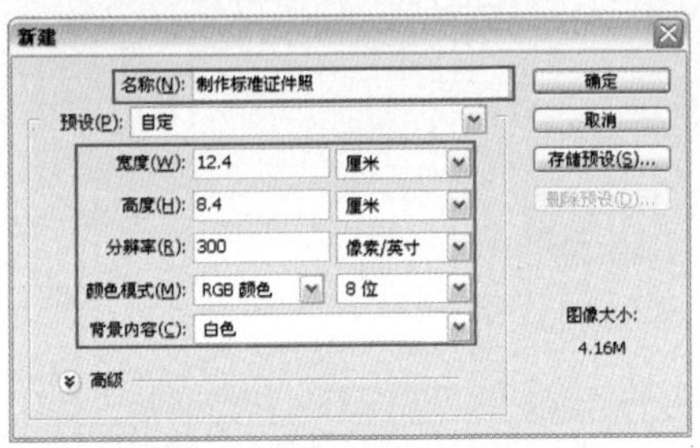

图6-127

13 选择油漆桶工具，在选项栏上设置各项参数，如图6-128所示，然后在文件“制作标准证件照”上进行填充，效果如图6-129所示。至此，本例制作完成。

图案 模式: 正常

图6-128

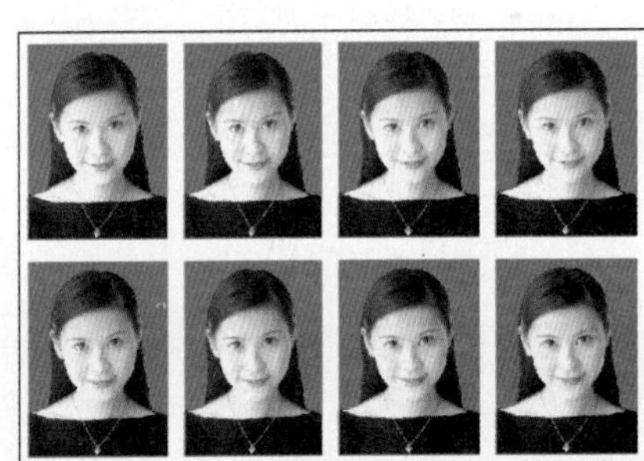

图6-129

06 将合影变成单人照

After

Before

本例中原照片是合照，对照片进行修改后，可将合影变为单人照。

应用功能：修补工具、多边形套索工具、仿制图章工具、裁剪工具

CD-ROM：Chapter 6\06将合影变成单人照\complete\06将合影变成单人照.psd

知识提点

图像窗口

执行“文件>打开”命令，在弹出的“打开”对话框中选择所需要的文件。

1. 移动图像窗口

打开文件后图像显示在Photoshop中，如果想随意移动图像位置，可以按住图像窗口的标题栏并拖动。

打开文件

移动图像窗口

01 按快捷键Ctrl+O，选择本书配套光盘中Chapter 6\06将合影变成单人照\Media\001.jpg文件，单击“打开”按钮。打开的素材如图6-130所示。

图6-130

02 选择修补工具，如图6-131所示在照片的多余景物上建立一个选区，然后移动选区到楼梯上，最后按快捷键Ctrl+D取消选择，得到如图6-132所示的效果。

图6-131

图6-132

2. 最大化、最小化图像窗口

（1）如果想放大图像窗口，单击图像窗口右上角的最大化按钮。

图像最大化

（2）如果想隐藏图像，可以单击图像窗口右上角的最小化按钮。

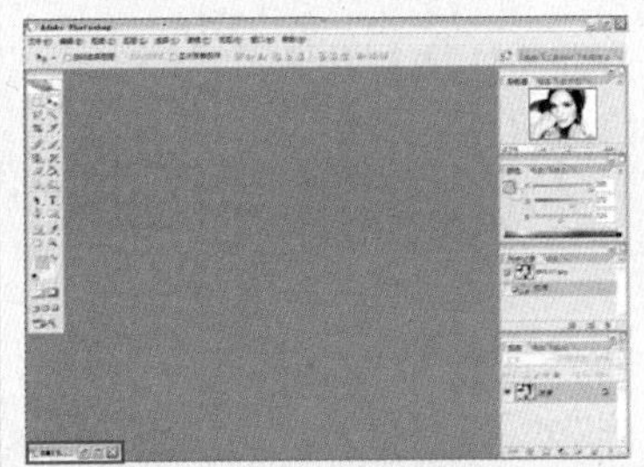

隐藏图像

知识提点

仿制图章工具的选项栏

仿制图章工具在修饰照片时应用非常广泛，是最常用的工具之一，下面对仿制图章工具选项栏上的“模式”进行详细的讲解，它与图层的混合模式相似，不同的是它必须在图像上吸取颜色后才有效。

原图

变暗

按住仿制图章工具按钮不放，在弹出的工具条中，分别有仿制图章工具和图案图章工具，图案图章工具可以复制照片中的部分图像，使照片产生多

03 选择修补工具，继续在照片上建立选区，如图6-133所示，然后移动选区到楼梯上，最后按快捷键Ctrl+D取消选择，得到如图6-134所示的效果。

图6-133

图6-134

04 使用相同的方法，在多余的人物上反复进行操作，得到如图6-135所示的效果。

图6-135

05 选择多边形套索工具，在地面上建立选区，如图6-136所示，然后选择仿制图章工具，在选区的周围按住Alt键吸取颜色，然后松开Alt键并在选区内进行涂抹，反复进行相同的操作，最后按快捷键Ctrl+D取消选择，得到如图6-137所示的效果。

图6-136

图6-137

06 选择多边形套索工具，在地面上建立选区，如图6-138所示，然后选择仿制图章工具，在选区的周围按住Alt键吸取颜色，然后松开Alt键并在选区内进行涂抹，反复进行相同的操作后按快捷键Ctrl+D取消选择，得到如图6-139所示的效果。

个相同图像重复的效果，下面对图案图章工具进行详细的讲解。

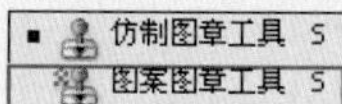

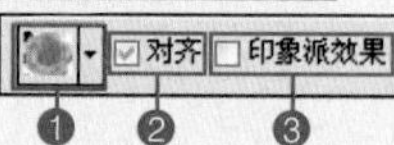

❶图案拾色器：设置不同的图案，在图像中得到不同的效果，单击其下拉按钮，在弹出的面板中选择所需的图案样式。

单击面板右上角的三角按钮，在弹出的扩展菜单中选择更多的图案样式。

图案 2
图案
填充纹理 2
填充纹理
岩石图案
彩色纸
灰度纸
自然图案
艺术表面

选择加载的图案后，在弹出的对话框中单击“确定”或者“追加”按钮，得到新图案，选择图案后在图像上进行涂抹。

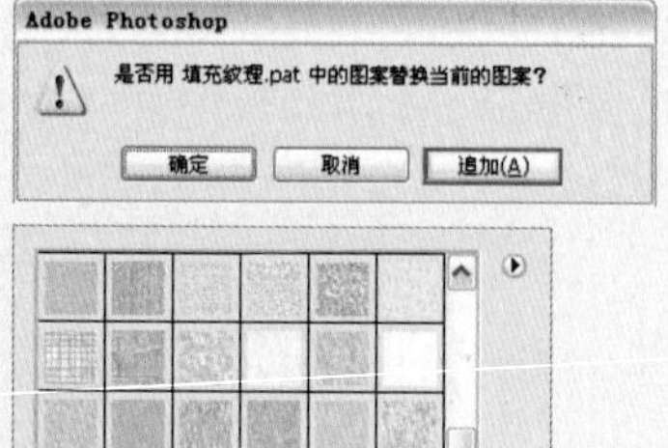

新图案

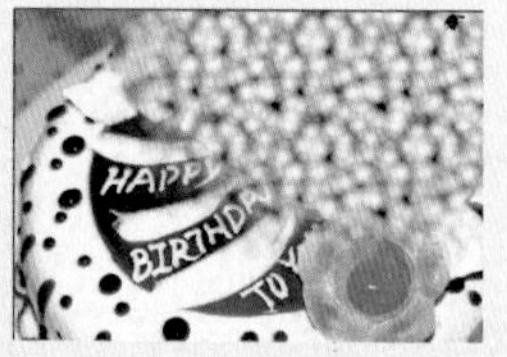

❷对齐：勾选此复选框后，图案在图像中呈对齐边缘状态。

图6-138

图6-139

07 反复进行上述操作，得到如图6-140所示的效果。

图6-140

08 选择套索工具，在头发上建立选区，如图6-141所示，然后按快捷键Ctrl+Alt+D，在弹出的对话框中设置“羽化半径”为5，如图6-142所示，完成后单击“确定”按钮，效果如图6-143所示。

图6-141

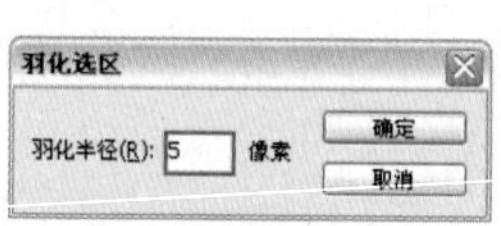

图6-142

图6-143

09 按快捷键Ctrl+L，在弹出的对话框中设置各项参数，如图6-144所示，完成后单击“确定”按钮，效果如图6-145所示。

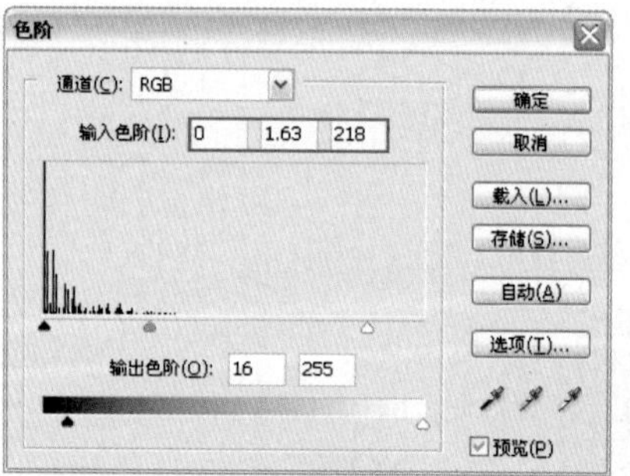

图6-144

图6-145

勾选

取消勾选

❸印象派效果：勾选此复选框后，图案在图像中呈模糊艺术效果。

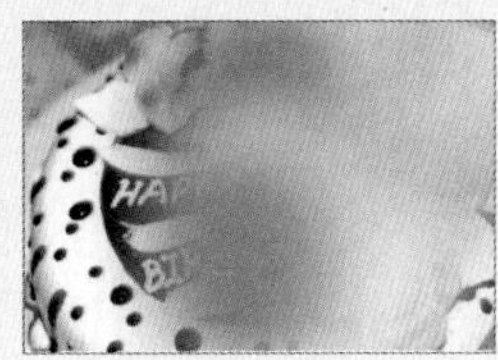
勾选

取消勾选

10　选择裁剪工具，在图片的相应位置进行裁剪，如图6-146所示，确定后得到如图6-147所示效果。

图6-146

图6-147

11　按快捷键Ctrl+L，在弹出的“色阶”对话框中设置各项参数，如图6-148所示，完成后单击“确定”按钮，效果如图6-149所示。至此，本例制作完成。

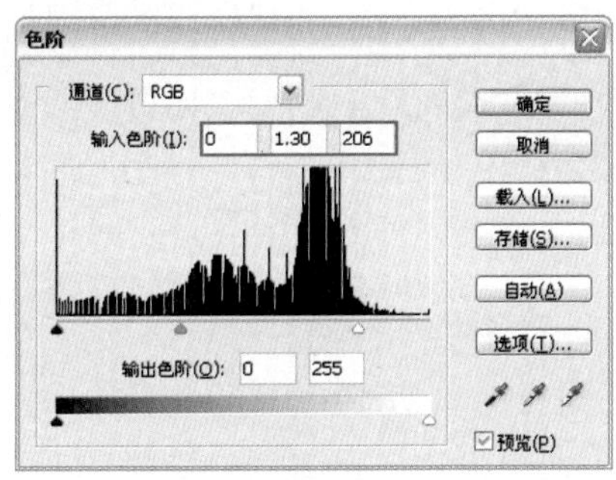

图6-148

图6-149

07 合成异国之旅留影

原照片的取景过于单调，直接影响了照片的画面效果，将其与异国风景照片进行合成后，效果有趣而自然，同时也满足了异国之旅的心愿。

应用功能：抽出命令、橡皮擦工具、色相/饱和度命令、自由变换命令、色阶命令、曲线命令

CD-ROM：Chapter 6\07合成异国之旅留影\Complete\07将照片合成异国之旅.psd

知识提点

抽出滤镜的工具

抽出滤镜命令主要作用是针对难以抠除的图像进行抠图操作，在照片的处理中，运用这个命令，可以轻松地抠除背景图像，换成自己喜欢的背景。

抽出滤镜的操作简单方便，同时也可以达到较好的效果。

边缘高光器工具：作用是标记所要保留区域的边缘。

缩放工具：作用是放大和缩小图像。

01 按快捷键Ctrl+O，选择本书配套光盘中Chapter 6\07合成异国之旅留影\Media\001.jpg文件，单击“打开”按钮。打开的素材如图6-150所示。

图6-150

02 执行“滤镜>抽出”命令，在弹出的对话框中选择边缘高光器工具，并设置各项参数，然后将人物的轮廓勾绘出来，如图6-151所示。再选择填充工具，在人物上进行填充，如图6-152所示，完成后单击“确定”按钮，保留人物图像，效果如图6-153所示。

图6-151

图6-152

抓手工具：作用是移动图像的位置。

执行“滤镜>抽出”命令，在弹出的对话框中选择边缘高光器工具，并设置各项参数，然后将人物的轮廓勾绘出来。

原图

勾绘轮廓后

提示

（1）在用边缘高光器工具对图像的边缘进行勾绘的时候，要放大图像仔细进行操作，图像中高光的边缘必须闭合，中间不能断开。

（2）在用边缘高光器工具对图像的边缘进行勾绘的时候，可以随时调节画笔的大小，从而提高勾出图像的精确轮廓。

如果对勾出的图像边缘不满意，可以选择橡皮擦工具，在高光的边缘进行修改。

勾出图像的轮廓后，选择填充工具，在图像上进行填充，完成后单击“确定”按钮。

填充后

抽出命令后

图6-153

03 继续在“抽出”对话框中选择橡皮擦工具，擦去人物边缘多余的部分，效果如图6-154所示。

图6-154

04 按快捷键Ctrl+O，选择本书配套光盘中Chapter 6\07将照片合成异国之旅\Media\002.jpg文件，单击“打开”按钮，打开素材文件，如图6-155所示。

图6-155

05 选择移动工具，将素材文件001拖移到素材文件002上，如图6-156所示，按快捷键Ctrl+T对图像进行自由变换，并将其调整到合适的位置，如图6-157所示。

图6-156

图6-157

06 按快捷键Ctrl+L，在弹出的对话框中设置各项参数，如图6-158所示，完成后单击“确定”按钮得到如图6-159所示的效果。

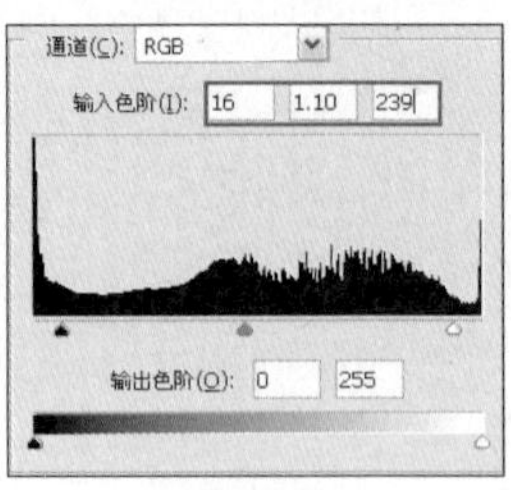

图6-158

图6-159

07 按快捷键Ctrl+U，在弹出的对话框中设置各项参数，如图6-160所示，完成后单击“确定”按钮得到如图6-161所示的效果。

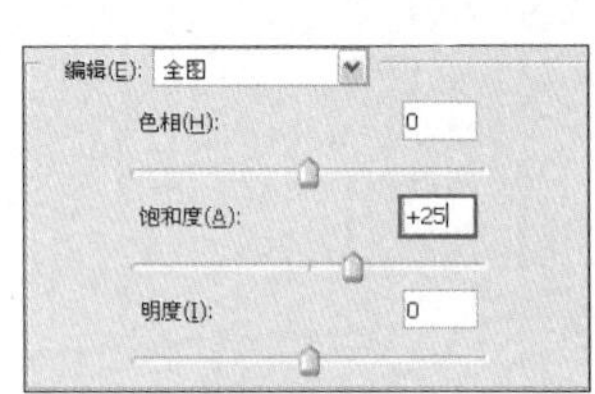

图6-160

图6-161

08 对图像进行自由变换，如图6-162所示，在图片上右击，在弹出的快捷菜单中执行“水平翻转”命令，效果如图6-163所示。

图6-162

图6-163

09 按快捷键 Ctrl+L，在弹出的对话框中设置各项参数，如图6-164所示，完成后单击“确定”按钮，得到如图6-165所示的效果。

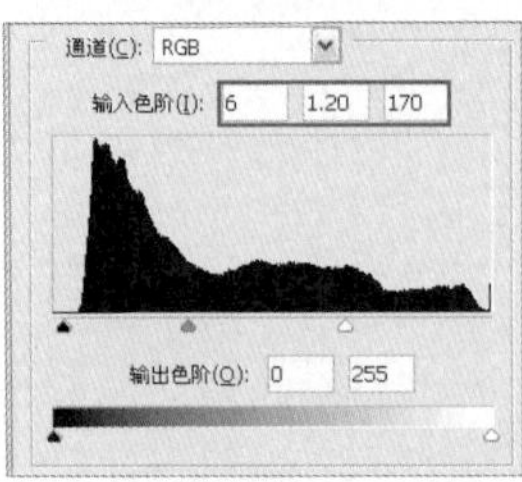

图6-164

图6-165

用边缘高光器工具勾出图像轮廓的时候，要注意笔触不能在原图像上涂抹得过多，否则会丢失部分原图像。

原图

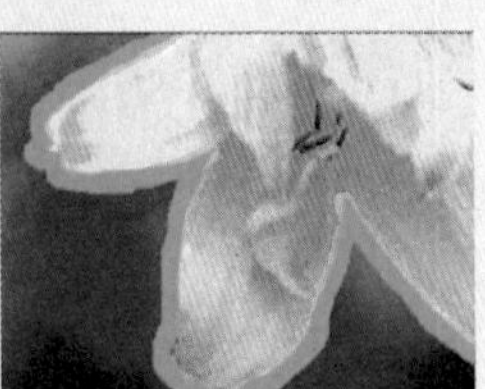

执行抽出命令

没有丢失

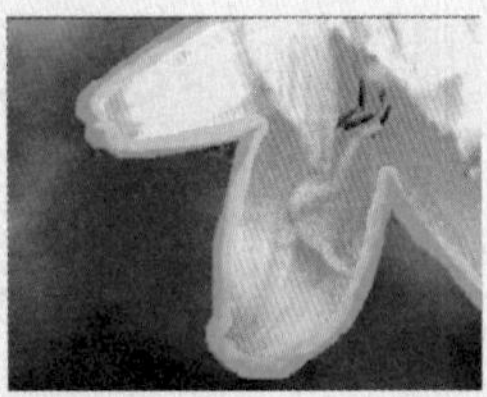

执行抽出命令

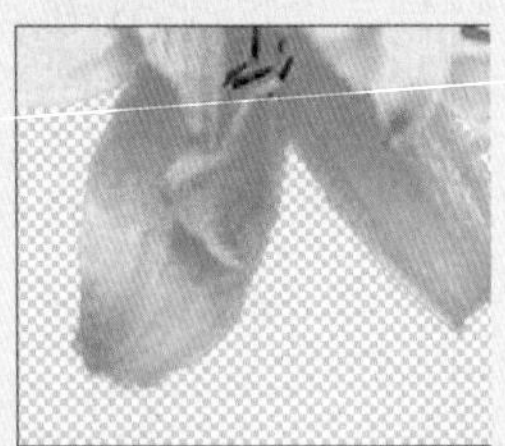

丢失后

对图像应用抽出滤镜后，图像的轮廓会出现一些不可避免的残缺，需要运用其他工具进行再处理才能获得较为完整的图像，如橡皮擦工具、历史纪录画笔工具等，详细的操作在以后的学习中会陆续进行讲解。

知识提点

表面模糊滤镜

利用该滤镜可以使图像边缘产生从中心扩散的晕染效果，即通过对图像中线条和阴影区域硬边相邻的像素进行平均化，产生平滑的过渡效果。

执行“滤镜>模糊>表面模糊”命令，在弹出的“表面模糊”对话框中设置参数。

❶半径像素越大，图案模糊半径越大。
❷阈值像素越大，图案模糊度越大。

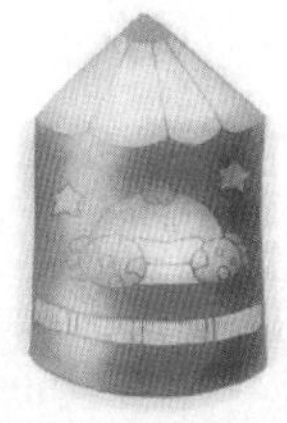

半径：20 像素
阈值：150 色阶

提 示

如果将模糊效果应用到图层的边缘，在图层的透明区域将生成一些像素，所以必须确保没有单击“图层”面板的“锁定透明像素”按钮 。

10 选择橡皮擦工具，并选择较软的橡皮，在人物的头发边缘进行涂抹，如图6-166所示，完成后效果如图6-167所示。

图6-166

图6-167

11 按快捷键Ctrl+A全选图像，如图6-168所示，按快捷键Ctrl+Shift+C复制图像，最后按快捷键Ctrl+V进行粘贴，得到“图层2”，如图6-169所示。

图6-168

图6-169

12 按快捷键Ctrl+M，在弹出的对话框中设置各项参数，如图6-170所示，完成后单击“确定”按钮，最终效果如图6-171所示。至此，本例制作完成。

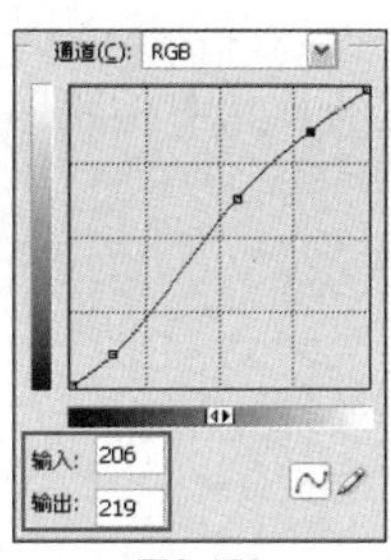

图6-170

图6-171

08 制作电影胶片效果

本例原照片是一张极其普通的照片，但是又隐喻着一种内容，对其进行处理后，更加突出照片的主题，体现出它的与众不同。

应用功能：去色命令、色彩平衡命令、添加杂色命令、滤镜颗粒命令、图层的混合模式

CD-ROM：Chapter 6\08制作电影胶片效果\Complete\08制作电影胶片效果.psd

知识提点

烟灰墨滤镜

利用烟灰墨滤镜可以表现日本传统的绘图技法，以实现水墨画效果。

执行“滤镜>画笔描边 烟灰墨”命令，在弹出的“烟灰墨”对话框中设置相关参数。

❶描边宽度：设置线的粗细。
❷描边压力：设置线的压力。
❸对比度：设置线的颜色对比。

原图

01 按快捷键Ctrl+O，选择本书配套光盘中Chapter 6\08制作电影胶片效果\Media\001.jpg文件，再单击“打开”按钮。打开的素材如图6-172所示。

图6-172

02 按快捷键Ctrl+Shift+U，为照片去色，效果如图6-173所示，再按快捷键Ctrl+B，在弹出的对话框中设置参数，如图6-174所示，完成后单击“确定”按钮，效果如图6-175所示。

图6-173

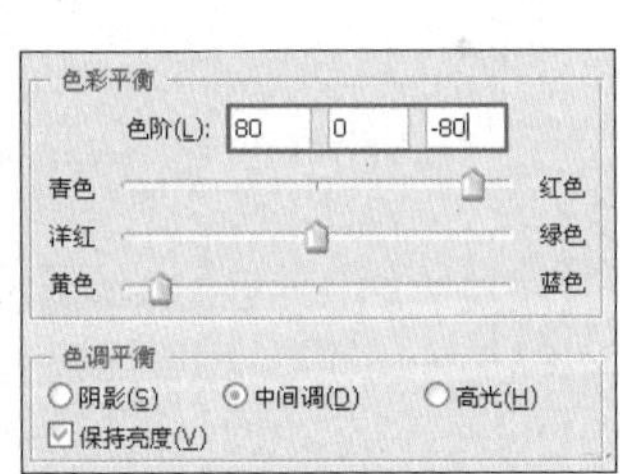

图6-174

图6-175

描边宽度：6
描边压力：8
对比度：10

描边宽度：10
描边压力：8
对比度：10

描边宽度：10
描边压力：15
对比度：10

描边宽度：10
描边压力：15
对比度：20

描边宽度：3
描边压力：0
对比度：0

03 复制“背景”图层后执行“滤镜>杂色>添加杂色”命令，在弹出的对话框中设置参数，如图6-176所示，完成后单击“确定”按钮，效果如图6-177所示。

图6-176

图6-177

04 执行“滤镜>纹理>颗粒”命令，在弹出的对话框中设置各项参数，如图6-178所示，完成后单击“确定”按钮，效果如图6-179所示。

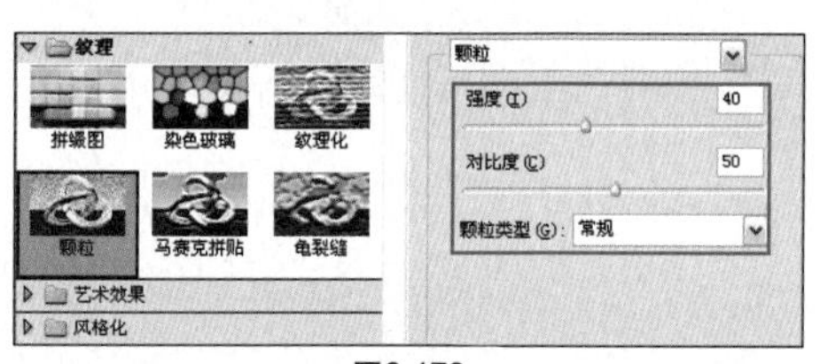

图6-178

图6-179

05 将图层混合模式设置为“溶解”，“不透明度”改为50%，如图6-180所示，得到如图6-181所示的效果。

图6-180

图6-181

06 复制“背景 副本”图层，将混合模式设置为“柔光”，如图6-182所示，得到如图6-183所示的效果。至此，本例制作完成。

图6-182

图6-183

09 制作朦胧动感效果

After

Before

本例中原照片背景过于单一，为了使照片效果更加突出，对照片进行处理，制作出特殊的朦胧动感效果。

应用功能：魔棒工具、套索工具、移动工具、动感模糊命令、画笔工具、图层的混合模式、曲线命令、添加杂色命令、光照效果命令、裁剪工具

CD-ROM：Chapter 6\09制作朦胧动感效果\Complete\09制作朦胧动感效果.psd

知识提点

图层的特点

(1) 图层之间具有上下关系，上面的图层可以遮盖下面的图层，改变图层的上下关系会影响图像的最终效果，这在对照片进行处理时要特别注意，以免影响照片的效果，此特点也广泛应用于所有图像处理。

图层面板

原图层效果

01 按快捷键Ctrl+O，选择本书配套光盘中Chapter 6\09制作朦胧动感效果\Media\001.jpg文件，然后单击“打开”按钮。打开的素材如图6-184所示。

图6-184

02 双击“背景”图层，在弹出的“新建图层”对话框中保持默认设置，单击“确定”按钮，如图6-185所示。

图6-185

移动图层 3

调整图层位置后的效果

（2）图层还可以随意移动，每一个图层都可以整体地进行移动，也可以向任意方向独立地移动，从而改变图层在图像上的位置。

移动五角星后

移动波纹后

（3）图层都是独立的，在一个图层上进行绘制的时候，这个操作只对当前图层起作用。

对条纹进行操作后

（4）图层的移动可以超出画布的范围，且图层仍然存在。

五角星移出画布范围

03 选择魔棒工具，在选项栏上将“容差”设置为30，选取照片的白色区域，如图6-186所示，再选择套索工具，按住Alt键在人物的手臂选取多选的部分，如图6-187所示。

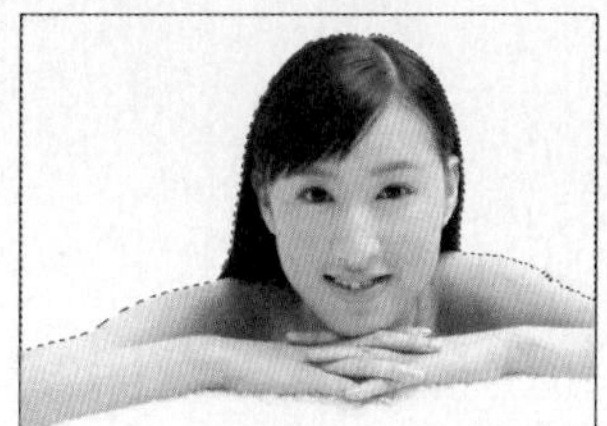
图6-186

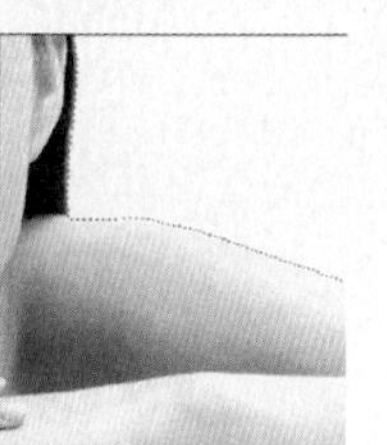
图6-187

04 按Delete键删除选区，再按快捷键Ctrl+D取消选择，效果如图6-188所示。

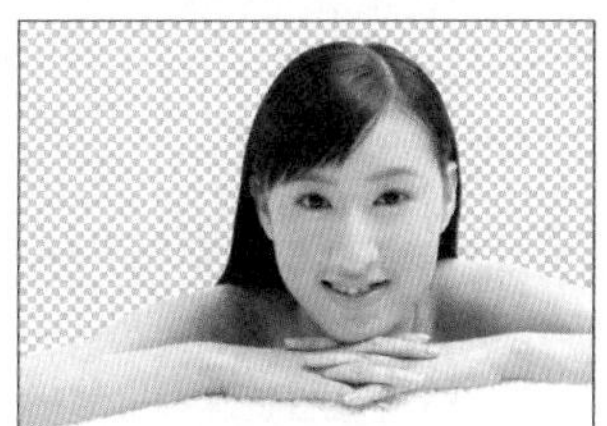
图6-188

05 按快捷键Ctrl+O，选择本书配套光盘中Chapter 6\09制作朦胧动感效果\Media\002.jpg文件，单击“打开”按钮。打开的素材如图6-189所示。

图6-189

06 选择移动工具，将素材文件002拖移到素材文件001中，并将其放置于“图层0”图层的下面，如图6-190所示，得到如图6-191所示的效果。

图6-190

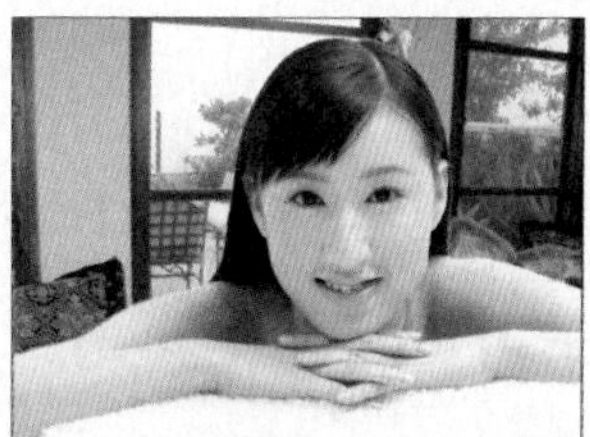
图6-191

知识提点

动感模糊滤镜

动感模糊的原理和高斯模糊有些相似，不同的是它是有方向的，并且能产生动感效果，在照片处理中通常用于表现速度感，使静态的图像产生运动的感觉，多次使用后效果会不断累积，还可用于制作其他效果的图像。

执行“滤镜>模糊>动感模糊”命令，即可弹出“动感模糊”对话框。

❶角度：可以改变模糊在图像中的方向。

❷距离：设置图像模糊的程度，距离越大，图像的模糊程度就越高，也就更有速度感。

原图

角度：0
距离：50

角度：0
距离：300

角度：20
距离：80

07 选择“图层0”并按快捷键Ctrl+E合并图层，得到“图层1”，如图6-192所示，然后按快捷键Ctrl+J复制“图层1”，如图6-193所示。

图6-192

图6-193

08 执行“滤镜>模糊>动感模糊”命令，在弹出的“动感模糊”对话框中设置各项参数，如图6-194所示，完成后单击“确定”按钮，效果如图6-195所示。

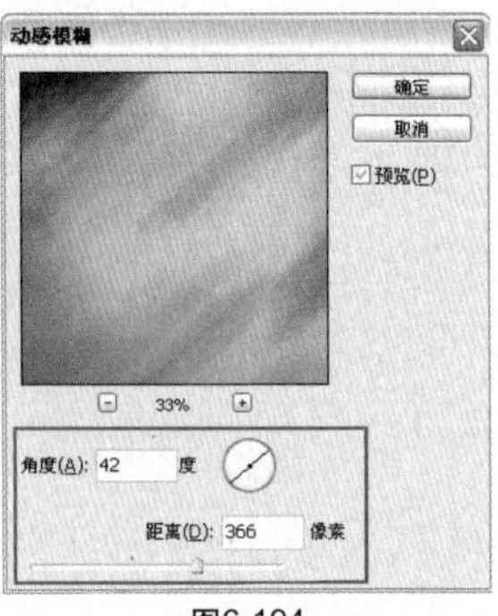

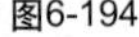
图6-194

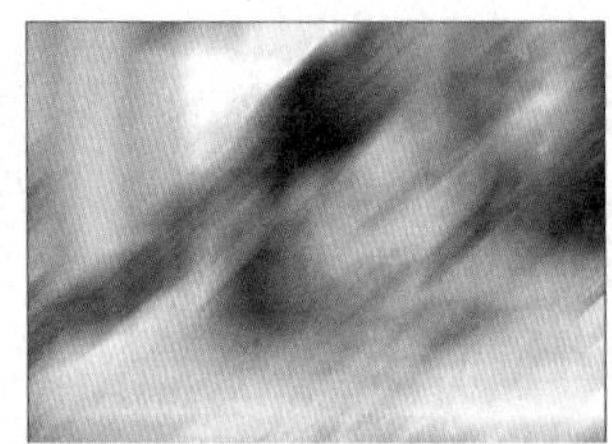
图6-195

09 单击“添加图层蒙版”按钮，如图6-196所示，然后按D键恢复前景色和背景色的默认设置，选择画笔工具，选择较软的画笔，在人物的面部进行涂抹，如图6-197所示。

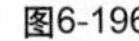
图6-196

图6-197

10 复制图层1，得到图层1副本2，并将其放置于“图层1 副本”的上层，如图6-198所示，得到如图6-199所示的效果。

图6-198

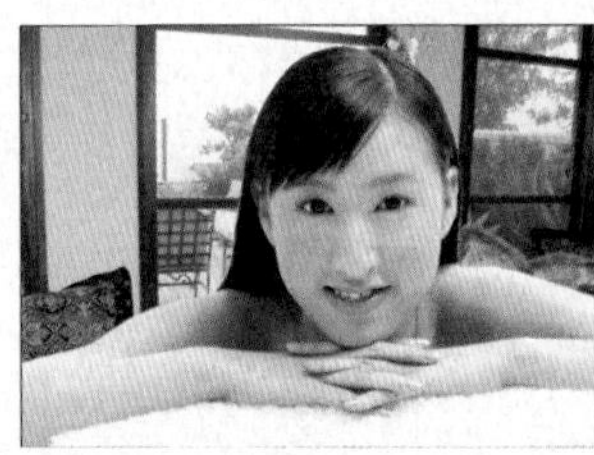
图6-199

知识提点

颜色填充

颜色填充在照片处理中是很常见的，主要有几种填充方法。

方法一：在色板上设置前景色，然后按下快捷键Alt+Delete进行颜色填充。

原图

填充后

方法二：在色板上设置前景色后，选择油漆桶工具，在图像上进行颜色填充，它只对局部相近的颜色起作用，不能一次性填充整个图像。

填充后

方法三：在色板上设置前景色后，选择渐变工具，在图像上进行渐变填充，具体的填充方法在以后的章节中会进行详细讲解。

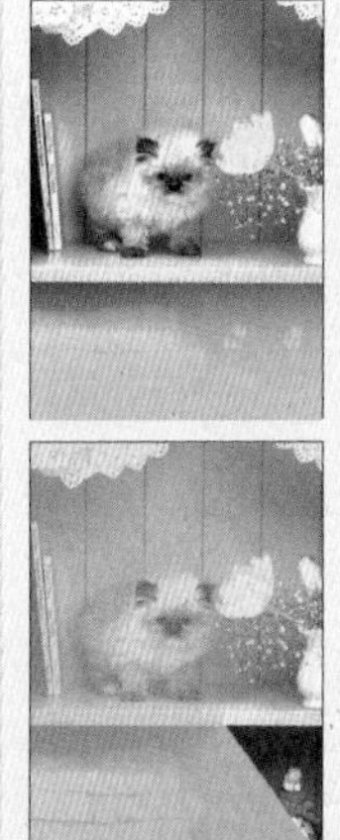

渐变填充

11 将混合模式设置为"柔光"，如图6-200所示，得到如图6-201所示的效果。

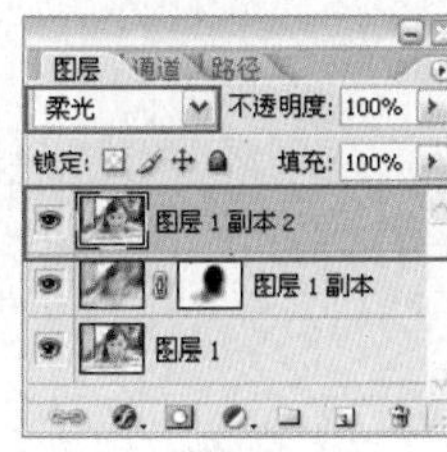
图6-200

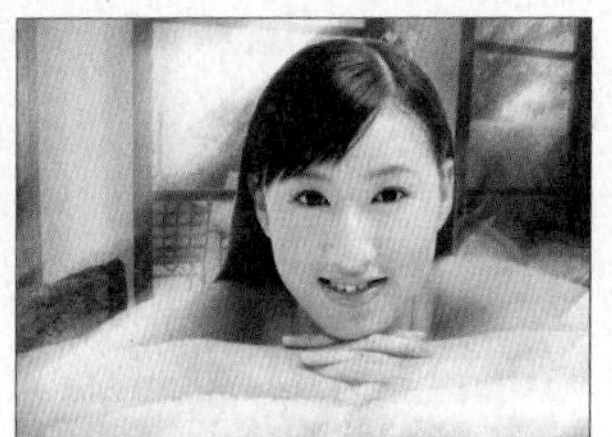
图6-201

12 单击"创建新的填充或调整图层"按钮，如图6-202所示，在弹出的列表中选择"曲线"，然后在弹出的对话框中设置各项参数，如图6-203所示，完成后单击"确定"按钮，效果如图6-204所示。

图6-202

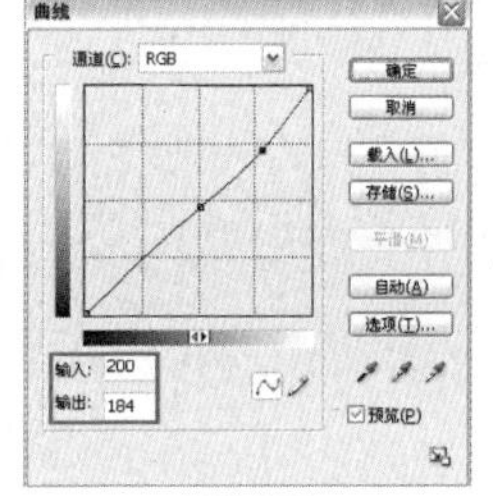
图6-203

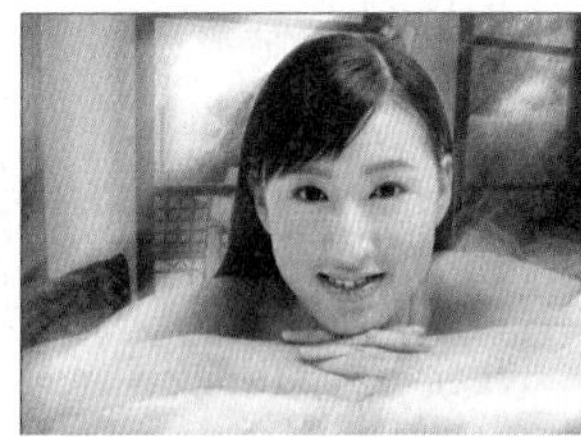
图6-204

13 双击"曲线1"的图层缩略图，如图6-205所示，在弹出的对话框的"通道"下拉列表中选择"红"，并设置各项参数，如图6-206所示，完成后单击"确定"按钮，效果如图6-207所示。

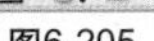
图6-205

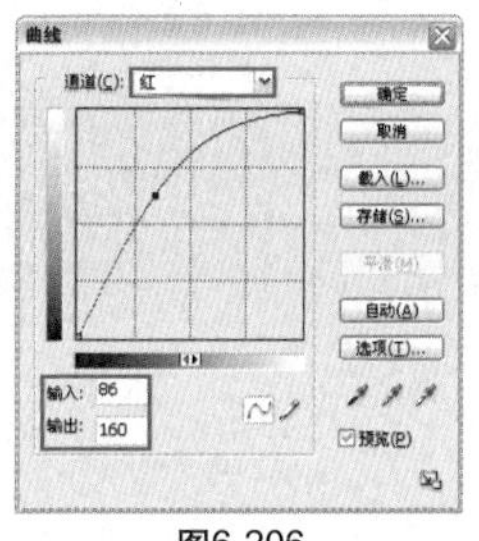
图6-206

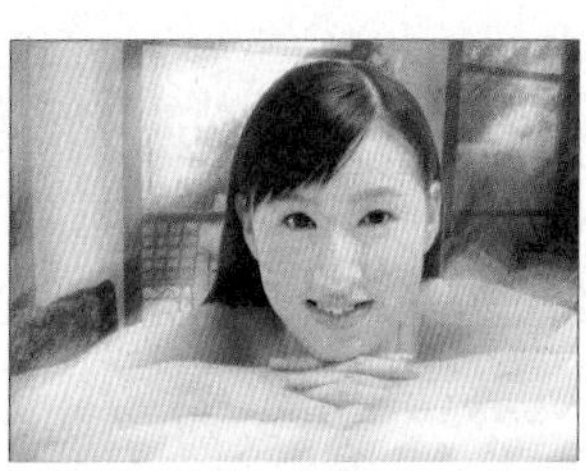
图6-207

14 再次双击"曲线1"的图层缩略图，在弹出的对话框的"通道"下拉列表中先后选择"绿"、"蓝"，并设置各项参数，如图6-208和图6-209所示，完成后单击"确定"按钮，效果如图6-210所示。

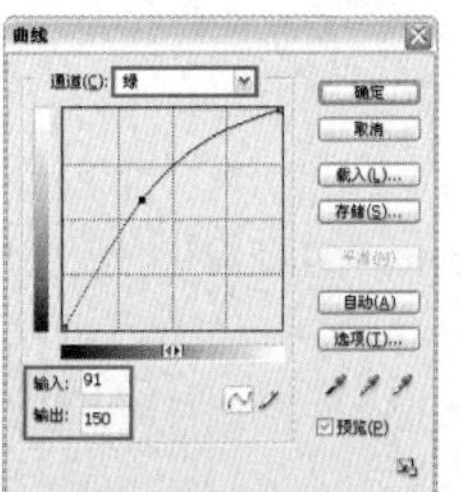
图6-208

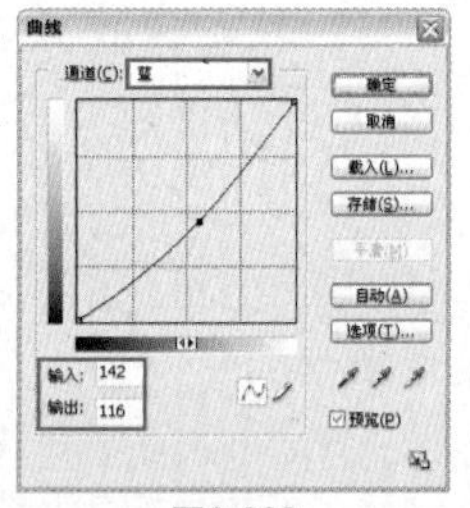
图6-209

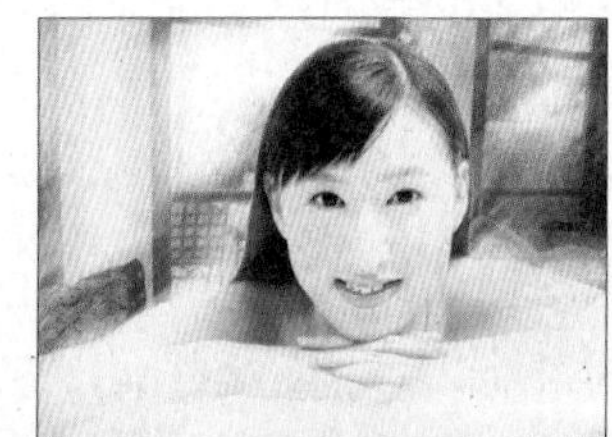
图6-210

知识提点

炭精笔滤镜

利用炭精笔滤镜可以表现在有纹理的纸上利用炭精笔绘画的效果。背景色表现高光部分，前景色表现暗调部分。

执行“滤镜＞素描＞炭精笔”命令，在弹出的“炭精笔”对话框中设置相关参数。

❶前景色阶：设置前景色的应用范围。

❷背景色阶：设置背景色的应用范围。

❸纹理：选择纹理的种类。

❹缩放：设置纹理的大小。

❺凸现：设置纹理的粗糙程度。

❻光照：设置光的方向。

原图

在“纹理”下拉列表框中选择“画布”选项，然后设置其他参数。

前景色阶 / 背景色阶：8
缩放：100%
凸现：0
光照：上

15 在“图层”面板上单击“创建新的填充或调整图层”按钮，在弹出的列表中选择“色相/饱和度”，然后在弹出的对话框中设置各项参数，如图6-211所示，完成后单击“确定”按钮，效果如图6-212所示。

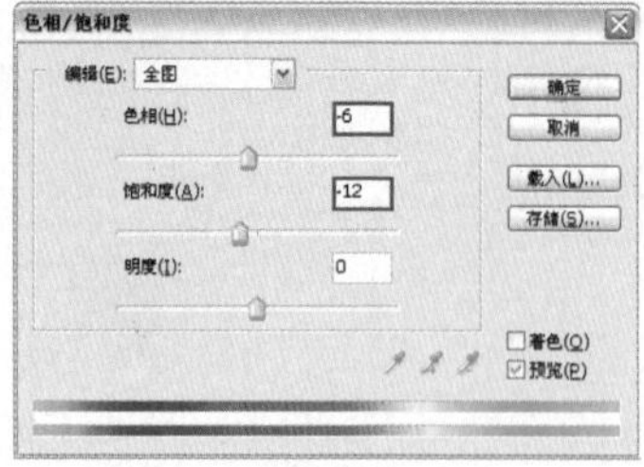

图6-211

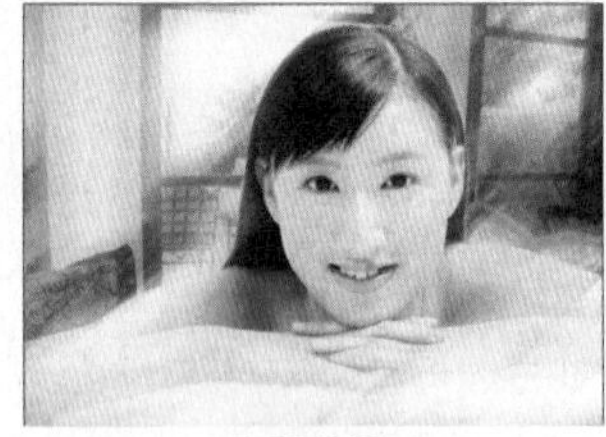

图6-212

16 新建一个图层，如图6-213所示，将前景色设置为黑色，按下快捷键Alt+Delete进行颜色填充，如图6-214所示。

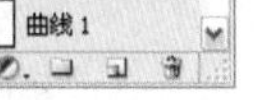

图6-213

图6-214

17 执行“滤镜＞杂色＞添加杂色”命令，在弹出的对话框中设置各项参数，如图6-215所示，完成后单击“确定”按钮，效果如图6-216所示。

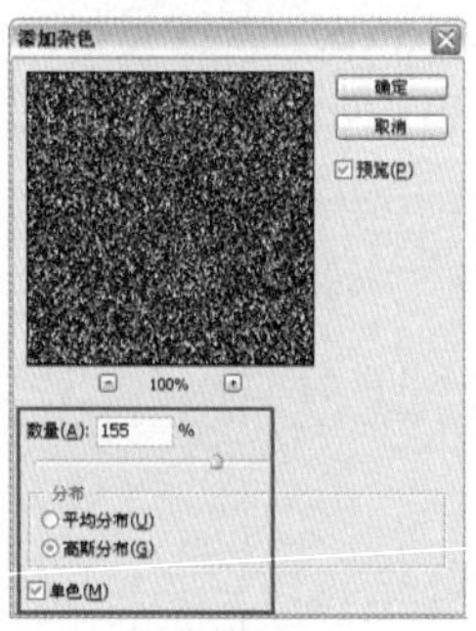

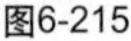

图6-215

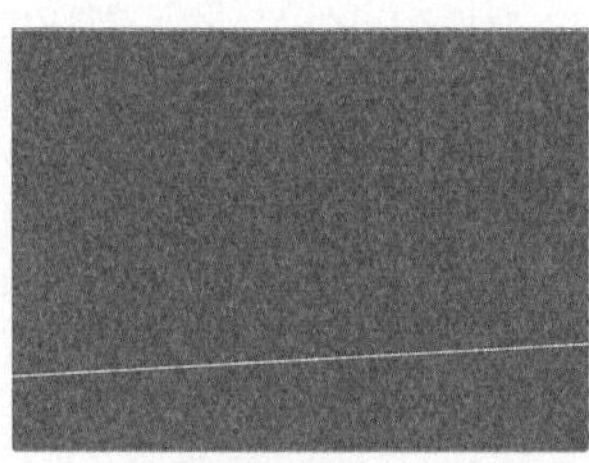

图6-216

18 执行“滤镜＞模糊＞动感模糊”命令，在弹出的对话框中设置各项参数，如图6-217所示，完成后单击“确定”按钮，效果如图6-218所示。

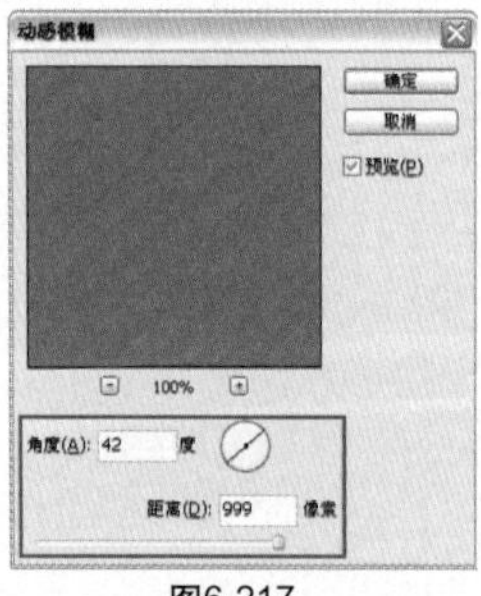

图6-217

图6-218

前景色阶 / 背景色阶：4
缩放：140%
凸现：10
光照：左

设置不同的前景色阶和背景色阶。

前景色阶：12
背景色阶：10
缩放：110%
凸现：8
光照：右下

重新设置前景色和背景色。

前景色阶：12
背景色阶：10

炭精笔滤镜效果有 4 种纹理：砖型、粗麻布、画布和砂岩。

纹理：砖型

纹理：砂岩

纹理：粗麻布

19 执行“滤镜>渲染>光照效果”命令，在弹出的对话框中设置各项参数，如图6-219所示，完成后单击“确定”按钮，效果如图6-220所示。

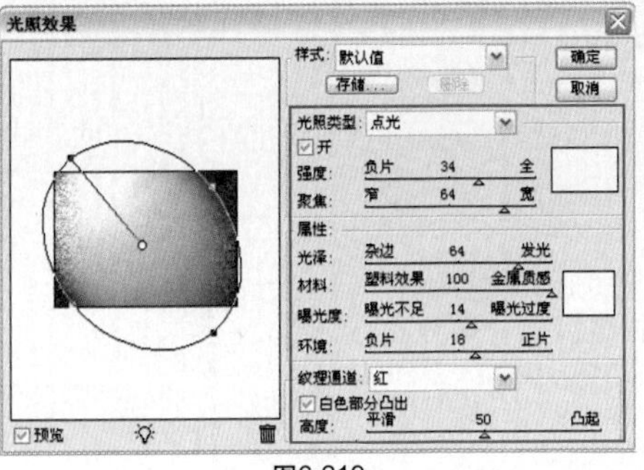

图6-219

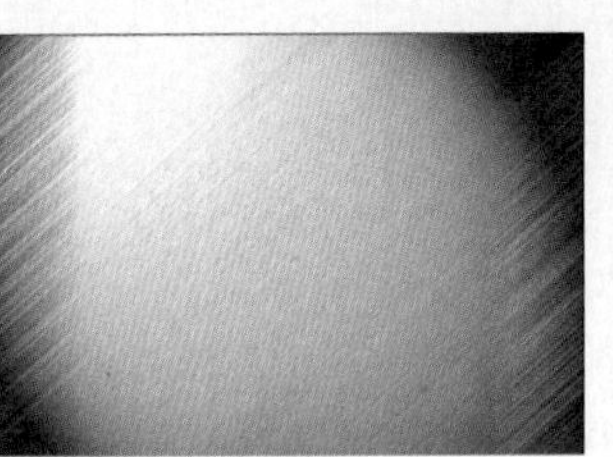

图6-220

20 将图层混合模式设置为“叠加”，如图6-221所示，得到如图6-222所示的效果。

图6-221

图6-222

21 单击“添加图层蒙版”按钮，如图6-223所示，然后按D键恢复前景色和背景色的默认设置，选择画笔工具，选择较软的画笔，在人物的面部进行涂抹，效果如图6-224所示，最后“图层”面板如图6-225所示。

图6-223

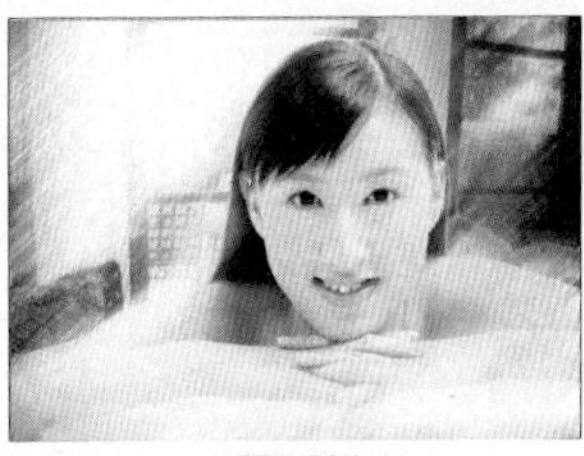

图6-224

图6-225

22 选择“图层1 副本2”图层，将“不透明度”改为50%，如图6-226所示，得到如图6-227所示的效果。

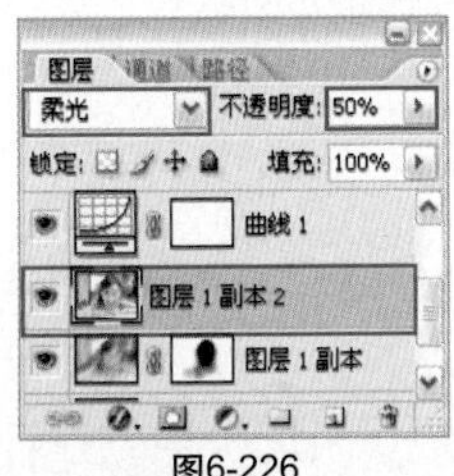

图6-226

图6-227

可以在“炭精笔”对话框中选中“反相”复选框。

反相效果

23 选择裁剪工具，在照片合适的位置上进行裁剪，如图6-228所示，确定后得到如图6-229所示的效果。至此，本例制作完成。

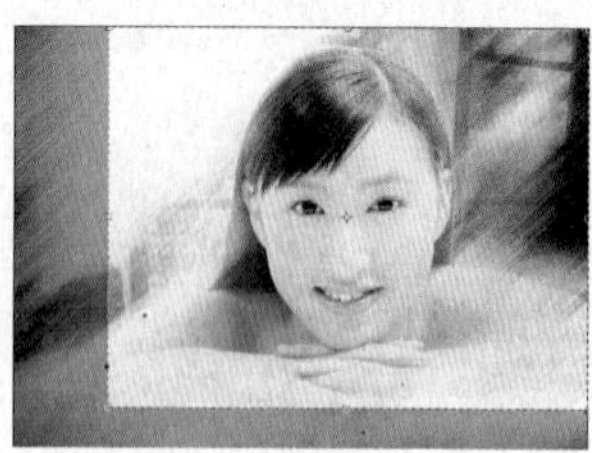

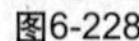

图6-228

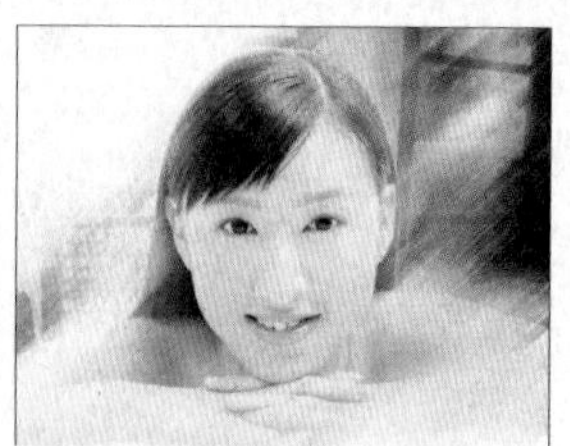

图6-229

修复老照片

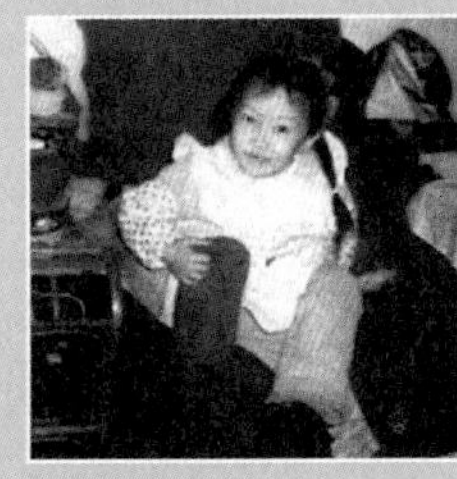

01 修复照片的划痕

知识提点：历史记录面板

02 修复照片的污渍

知识提点：修复画笔工具

03 修复局部色彩偏差

知识提点：修补工具

04 修复残缺的照片

知识提点：矩形选区的形状

05 修复严重受损的照片

知识提点：通道的复制、通道混合器命令

01 修复照片的划痕

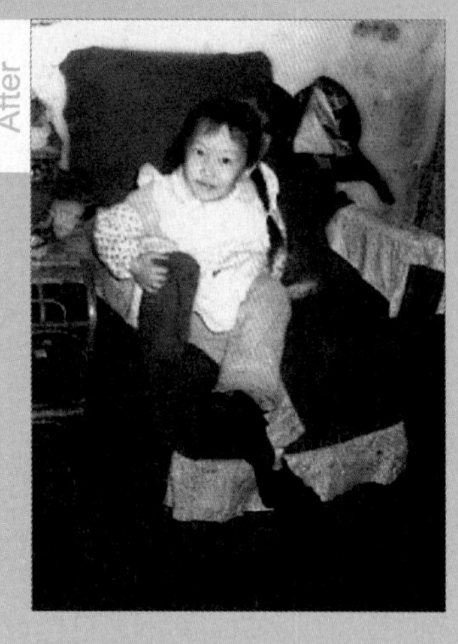

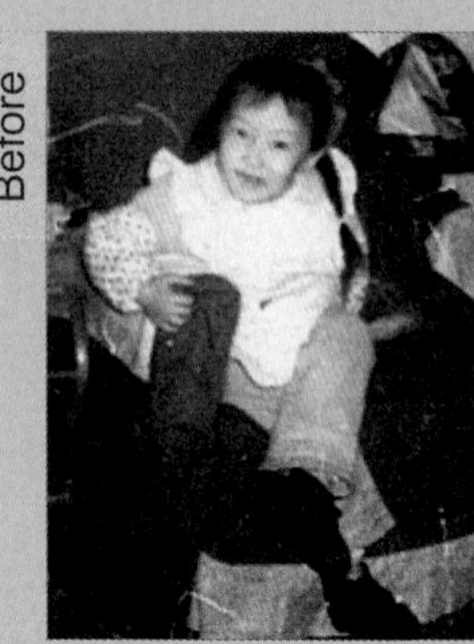

原照片是一张老照片，照片上出现了一些划痕，需要修复。

应用功能：高斯模糊滤镜、历史记录画笔工具、去斑命令、锐化滤镜

CD-ROM：Chapter 7\01修复照片的划痕\Complete\01修复照片的划痕.psd

知识提点

历史记录面板

历史记录面板具有记录功能，将处理照片时执行的命令按照顺序记录下来，在需要修改的时候可以返回到指定的步骤，重新对照片进行调整和编辑，并且可随时返回到此操作修改。

执行"窗口>历史记录"命令，弹出"历史记录"面板。

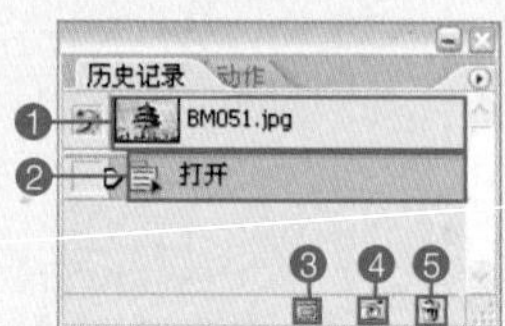

❶预览框：预览操作中的照片，双击后可以更改图像在预览框中的名称。

❷历史步骤：将在图像中执行的操作记录在面板中。

❸ 从当前状态创建新文档：复制图像之后，将其创建为一个新图像。

❹ 创建新快照：单击该按钮后，可以将当前图像保存为快照。

❺ 删除当前状态：在"历史记录"面板中，将历史步骤拖移到此按钮上，

01 按快捷键Ctrl+O，在弹出的对话框中选择本书配套光盘中Chapter 7\01修复照片的划痕\Media\001.jpg文件，再单击"打开"按钮。打开的素材如图7-1所示。

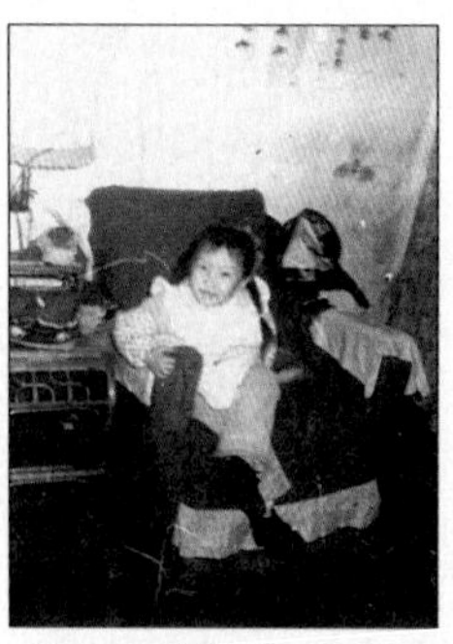

图7-1

02 选择"历史记录"面板，单击右上角的三角按钮，如图7-2所示，在弹出的扩展菜单中执行"历史记录选项"命令，在弹出的"历史记录选项"对话框中设置各项参数，如图7-3所示，完成后单击"确定"按钮。

图7-2

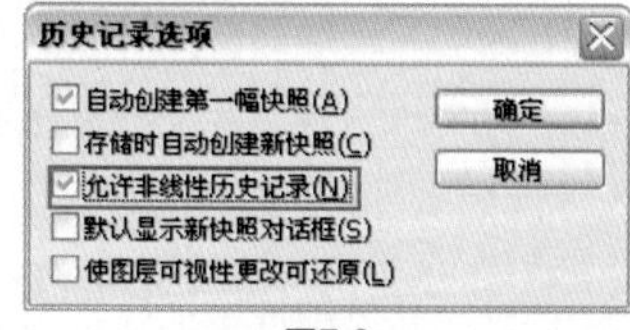

图7-3

就可以删除相应的步骤。

单击“历史记录”面板右上角的三角按钮，在弹出的菜单中按照所需进行选择。

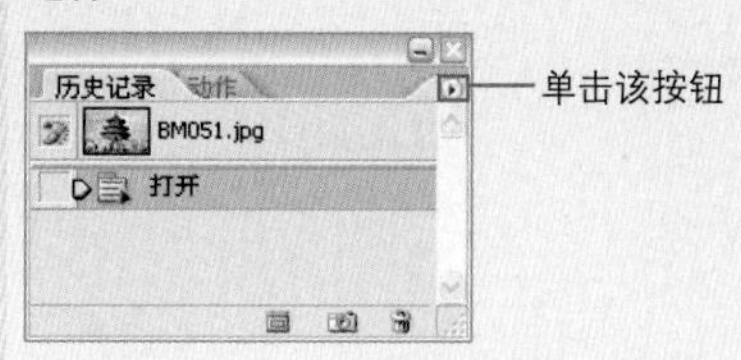

快捷菜单

执行“历史记录选项”命令，在弹出的对话框中设置参数。

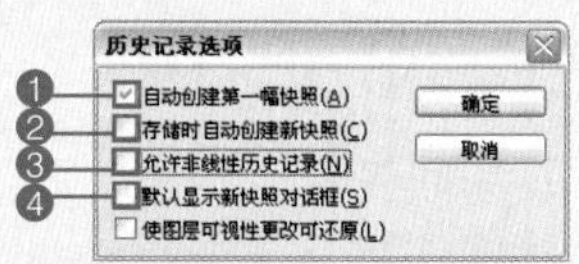

❶选中此复选框后，再打开文件或者复制并新建一个图像时，会自动对打开的图片或者当前选定的步骤进行快照处理。

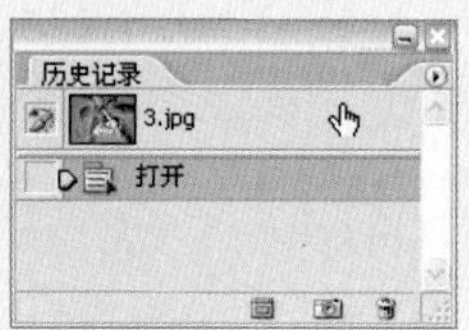

❷选中此复选框后，打开图像或者对图像进行保存时，会自动创建快照。

❸选中此复选框后，在删除历史记录时，只删除全部步骤中的选定步骤。如果不选中此复选框，将会删除选定后的所有操作。

03 执行“滤镜>模糊>高斯模糊”命令，在弹出的对话框中将“半径”设置为“10像素”，如图7-4所示，完成后单击“确定”按钮，效果如图7-5所示。

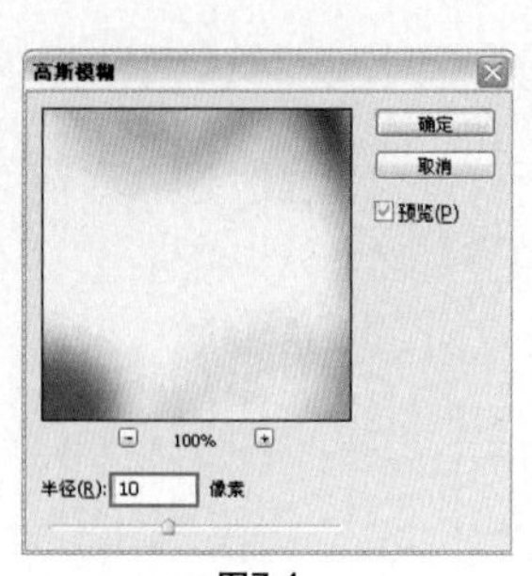

图7-4

图7-5

04 在“历史记录”面板中，将历史画笔的源移动到高斯模糊状态，并保持当前状态仍处于打开状态，如图7-6所示，得到如图7-7所示的效果。

图7-6

图7-7

05 选择历史记录画笔工具，在选项栏上设置画笔大小为21px，设置“模式”为“变暗”，如图7-8所示，然后在照片的划痕上进行涂抹，效果如图7-9所示。

图7-8

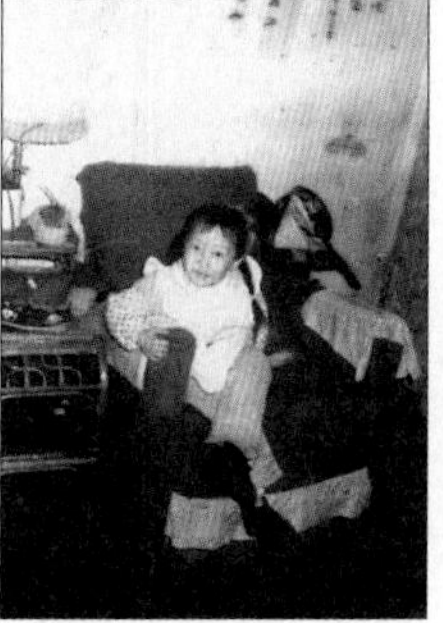

图7-9

删除操作

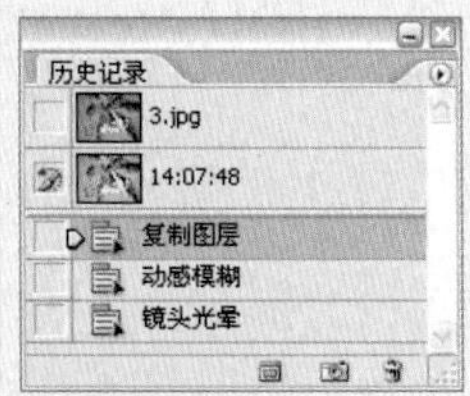

保留后面的操作

不保留后面的操作

❹选中此复选框后，单击“历史记录”面板上的“创建新快照”按钮，会弹出“新建快照”对话框，并在“自”下拉列表框中选择建立快照的方法。

06 多次执行“滤镜＞杂色＞去斑”命令，效果如图7-10所示。在人物的左边有些划痕，如图7-11所示，选择仿制图章工具，按住Alt键在人物的左边吸取颜色，然后松开Alt键并在沙发上反复进行涂抹，得到如图7-12所示的效果。

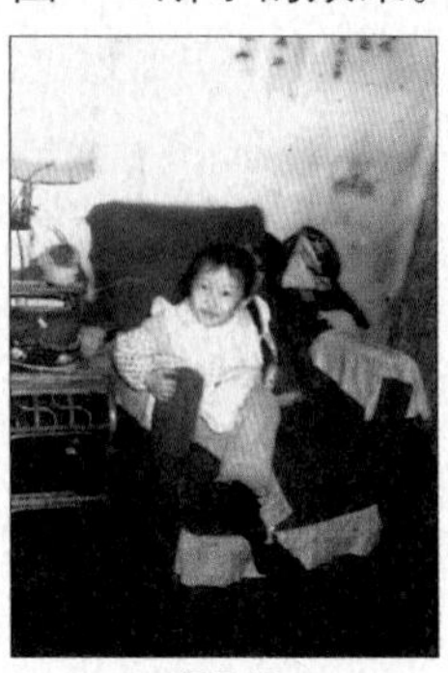
图7-10

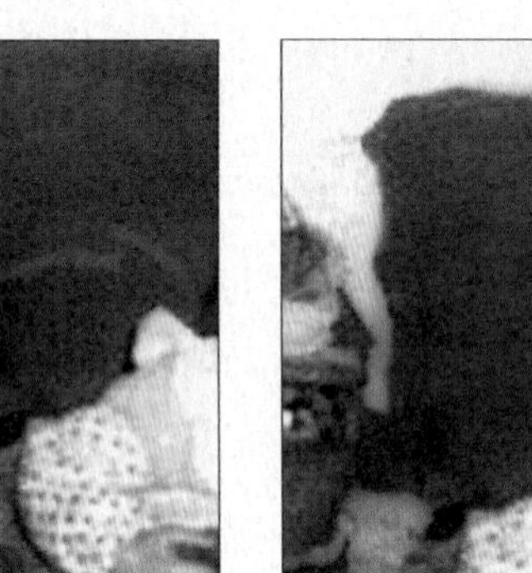
图7-11

图7-12

07 执行“滤镜＞锐化＞USM锐化”命令，在弹出的对话框中设置各项参数，如图7-13所示，完成后单击“确定”按钮，效果如图7-14所示。至此，本例制作完成。

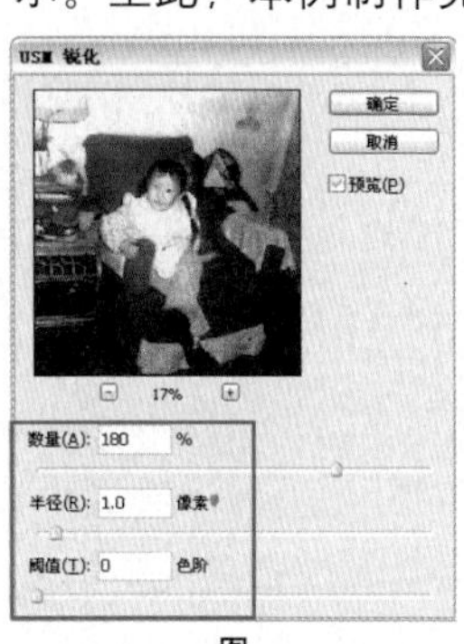

图

图7-14

修复照片的污渍

原照片中有残留污渍，破坏了照片的原貌，可以在Photoshop中修复。

应用功能：修复画笔工具、曲线命令

CD-ROM：Chapter 7\02修复照片的污渍\Complete\02修复照片的污渍.psd

知识提点

修复画笔工具

利用修复画笔工具可以将图像中的无受损部分移植到指定的位置。此方法方便快捷，但是控制性和自由性受限制，修复的质量还不是很专业。

选择修复画笔工具，按住 Alt 键在图像的样本部位吸取颜色，然后在需要修复的地方进行修复。

原图

修复后

01 按快捷键Ctrl+O，在弹出的对话框中选择本书配套光盘Chapter 7\02修复照片的污渍\Media\001.jpg文件，再单击“打开”按钮。打开的素材如图7-15所示。选择修复画笔工具，按住Alt键在污渍旁边吸取颜色，松开Alt键后在污渍上涂抹，重复相同的操作，效果如图7-16所示。

图7-15

图7-16

02 调整图像的曲线，如图7-17和图7-18所示。至此，本例制作完成。

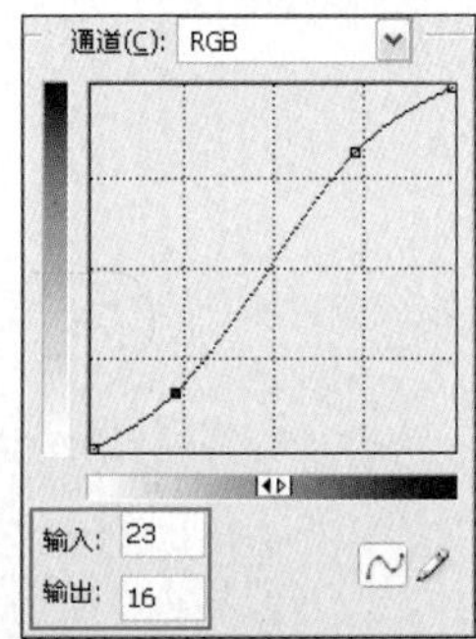

图7-17

图7-18

03 修复局部色彩偏差

原照片中有一块难看的颜色，影响了整个照片的色调，去除后可简化照片的背景。

应用功能：修补工具、仿制图章工具

CD-ROM：Chapter 7\03修复局部色彩偏差\Complete\03修复局部色彩偏差.psd

知识提点

修补工具

利用修补工具可以将图像中的特定区域隐藏起来，从而达到对图像进行修补的目的。但是被修补部分本身的亮度无法完全被修改，所以还需要使用图章工具进一步修补。

选择修补工具，在图像上要修补的区域建立选区，然后将选区拖移到没有缺陷的部分，最后按快捷键 Ctrl+D 取消选区。

原图

建立修补区域

01 按快捷键Ctrl+O，在弹出的对话框中选择本书配套光盘中Chapter 7\03修复局部色彩偏差\Media\001.jpg文件，再单击“打开”按钮。打开的素材如图7-19所示。

图7-19

02 在“图层”面板中复制“背景”图层，得到“背景 副本”图层，如图7-20所示。

图7-20

拖移选区

修补效果

选区内的指定区域的图像已经消失，但是在图像的边缘还有图像的痕迹，需要再次使用修补工具进行修补。

边缘的痕迹

拖移修补区域

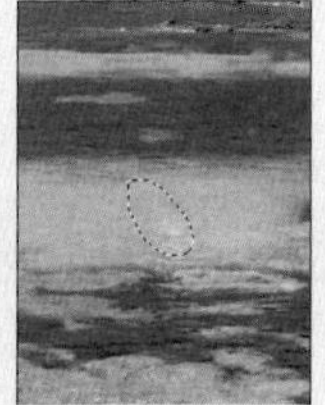
拖移修补区域

03 选择修补工具，如图7-21所示，在照片的多余景物上建立一个选区，然后移动选区到木门上，最后按快捷键Ctrl+D取消选区，效果如图7-22所示。

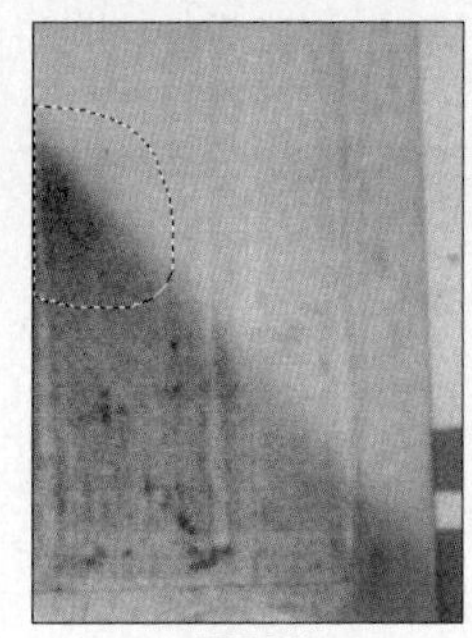
图7-21

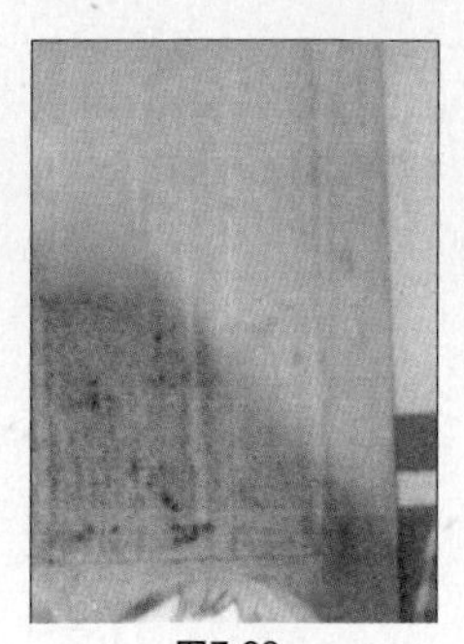
图7-22

04 使用相同的方法对图像进行反复调整，效果如图7-23所示。

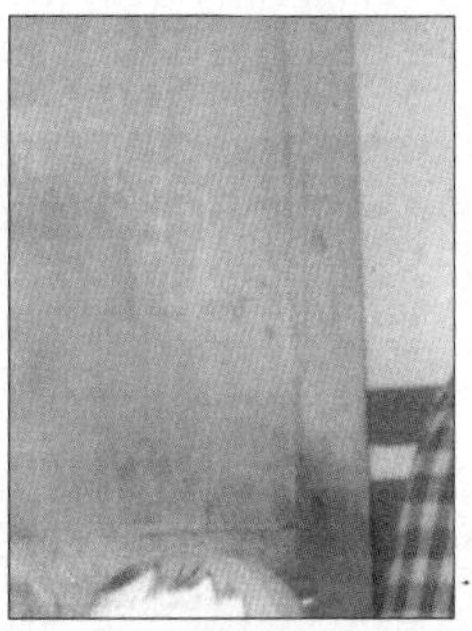
图7-23

05 选择仿制图章工具，按住Alt键在木门周围吸取颜色，然后松开Alt键并在偏色区域进行涂抹，如图7-24所示。反复进行相同的操作，得到如图7-25所示的效果。至此，本例制作完成。

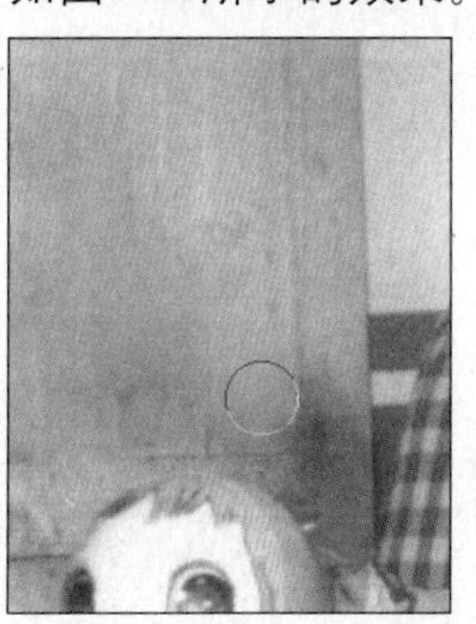
图7-24

图7-25

04 修复残缺的照片

After

Before

原照片的一角残缺，需要还原残缺的一角。

应用功能：矩形选框工具、自由变换命令、仿制图章工具

CD-ROM：Chapter 7\04修复残缺的照片\Complete\04修复残缺的照片.psd

知识提点

矩形选区的形状

利用矩形选框工具可以选取矩形或者正方形的选区，并且可以设置选区的大小。

选择矩形选框工具，在选项栏上设置各项参数。

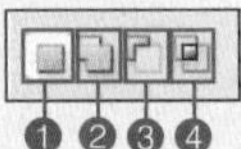

这些按钮的功能和套索工具、多边形套索工具、磁性套索工具的用法相同。

❶ 新选区：在选项栏上单击“新选区”按钮，然后在图像上建立选区。

新选区

01 按快捷键Ctrl+O，在弹出的对话框中选择本书配套光盘中Chapter 7\04修复残缺的照片\Media\001.jpg文件，再单击“打开”按钮。打开的素材如图7-26所示。

图7-26

02 选择矩形选框工具，如图7-27所示，建立选区，再按快捷键Ctrl+J复制剪切图层，如图7-28所示。

图7-27

图7-28

❷ 添加到选区：在选项栏上单击“添加到选区”按钮，在选区上自动切换到添加选区。

建立选区

添加选区后

❸ 从选区中减去：在选项栏上单击“从选区中减去”按钮，在选区上会自动切换到从选区中减去。

建立选区

从选区中减去

❹ 与选区交叉：在选项栏上单击“与选区交叉”按钮，在选区上会自动切换到与选区交叉。

建立选区

与选区交叉后

03 选择“图层1”图层，再按快捷键Ctrl+T对图像进行自由变换，如图7-29所示，确定后得到如图7-30所示的效果。

图7-29

图7-30

04 按快捷键Ctrl+E合并图层，再选择矩形选框工具，如图7-31所示建立选区，然后按快捷键Ctrl+J复制剪切图层，如图7-32所示。

图7-31

图7-32

05 选择“图层1”图层，再按快捷键Ctrl+T，然后按住Ctrl键对图像进行自由变换，如图7-33所示，确定后得到如图7-34所示的效果。

图7-33

图7-34

06 按快捷键Ctrl+E合并图层，再选择矩形选框工具，如图7-35所示建立选区，然后按快捷键Ctrl+J复制剪切图层。按快捷键Ctrl+T，然后按住Ctrl键对图像进行自由变换，如图7-36所示，确定后得到如图7-37所示的效果。

图7-35

图7-36

图7-37

羽化: 0 px

羽化：设置羽化的参数值，用于表现选区边框的柔和度。参数值越大，选区的边缘也就越圆滑。

羽化：0px

羽化：10px

羽化：30px

羽化：50px

提示

（1）必须先在选项栏上设置羽化参数值后，再在图像上建立选区。

（2）羽化的参数值越大，选区就越趋于圆形。

07 按快捷键Ctrl+E合并图层，再选择矩形选框工具，如图7-38所示建立选区。按快捷键Ctrl+J复制剪切图层。按快捷键Ctrl+T，然后按住Ctrl键对图像进行自由变换，确定后得到如图7-39所示的效果。

图7-38

图7-39

08 按快捷键Ctrl+E合并图层，再选择矩形选框工具，如图7-40所示建立选区。按快捷键Ctrl+J复制剪切图层，再按快捷键Ctrl+T，然后按住Ctrl键对图像进行自由变换，确定后得到如图7-41所示的效果。

图7-40

图7-41

09 选择仿制图章工具，按住Alt键在缺失图像的周围吸取颜色，然后松开Alt键并在缺失区域进行涂抹，如图7-42所示。反复进行相同的操作，再按快捷键Ctrl+D取消选区，得到如图7-43所示的效果。至此，本案例制作完成。

图7-42

图7-43

05 修复严重受损的照片

After

Before

原照片在冲洗的时候受到严重损害，也就是常说的漏色。

应用功能：通道、通道混合器命令

CD-ROM：Chapter 7\05修复严重受损的照片\Complete\05修复严重受损的照片.psd

知识提点

通道的复制

选择“通道”面板，单击任意一个通道，按快捷键 Ctrl+A 全选图像，然后按快捷键 Ctrl+C 将其复制到另一个通道中。

原图

选择“蓝”通道并复制

01 按快捷键Ctrl+O，在弹出的对话框中选择本书配套光盘中Chapter 7\05修复严重受损的照片\Media\001.jpg文件，再单击“打开”按钮。打开的素材如图7-44所示。

图7-44

02 在“通道”面板中选择“绿”通道，如图7-45所示。按快捷键Ctrl+A全选图像，如图7-46所示。

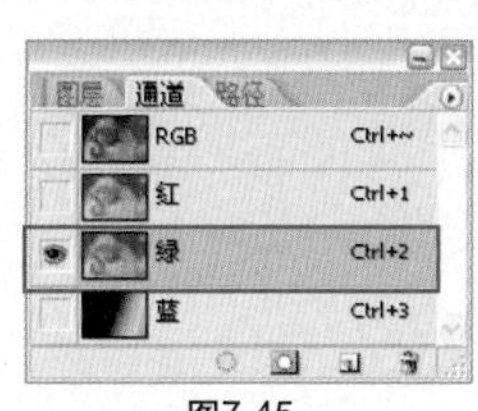

图7-45

图7-46

选择“绿”通道并粘贴

最终效果

通道混合器命令

通道混合器主要是利用颜色信息的通道来混合通道的颜色，从而改变图像的颜色。

执行“图像>调整>通道混合器”命令，在弹出的对话框的“输出通道”下拉列表框中选择需要调整的通道并设置参数，完成后单击“确定”按钮。

❶输出通道和源通道是基本通道，调整各项参数，可以形成不同的图像颜色。

❷单色：选中此复选框，可以将图像变为黑白效果。

03 按快捷键Ctrl+C复制图像并选择“蓝”通道。按快捷键Ctrl+V粘贴图像，再按快捷键Ctrl+D取消选区，如图7-47所示，得到如图7-48所示的效果。

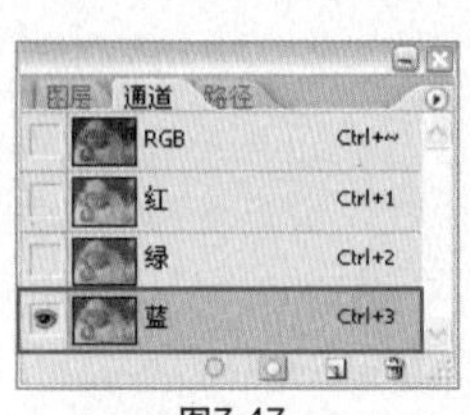

图7-47

图7-48

04 复制“背景”图层，再选择“背景 副本”图层，执行“图像>调整>通道混合器”命令，在弹出的对话框的“输出通道”下拉列表框中选择“绿”，并设置各项参数，如图7-49所示，完成后单击“确定”按钮，效果如图7-50所示。

图7-49

图7-50

05 按快捷键Ctrl+U，在弹出的对话框中设置参数，如图7-51所示，完成后单击“确定”按钮，效果如图7-52所示。至此，本例制作完成。

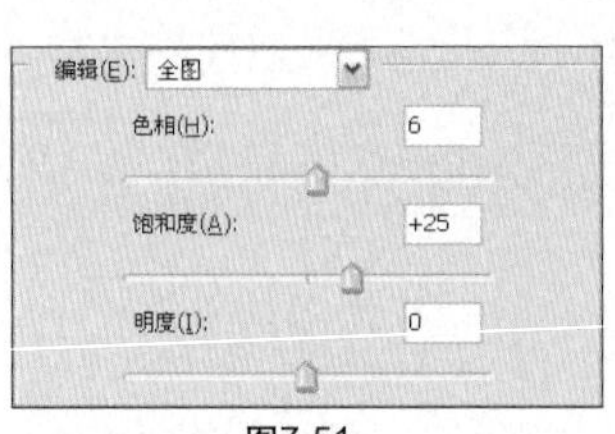

图7-51

图7-52

为照片添加创意文字

01 添加纪念文字

知识提点：文字工具的选项栏 、栅格化文字

02 添加个性签名

知识提点：矩形选区的样式

03 增加趣味性文字

知识提点：自定形状工具

04 杂志封面效果

知识提点：字符面板

05 制作大头贴

知识提点：画笔工具的扩展菜单

06 添加艺术字

知识提点：“变形文字”对话框

01 添加纪念文字

原照片具有怀旧色彩，但没有主题，添加文字后可突出照片的主题。

应用功能：横排文字工具、图层样式

CD-ROM：Chapter 8\01添加纪念文字\Complete\01添加纪念文字.psd

知识提点

文字工具的选项栏

文字工具是 Photoshop 中的常用工具之一。利用该工具可以在照片中加入文字，并可以在“字符”面板中对文字的字体、大小、颜色以及字体间距等进行调整。

文字可以直观地传递信息，广泛用于平面广告设计、网页制作等领域。

文字工具分为横排文字工具、直排文字工具、横排文字蒙版工具、直排文字蒙版工具。

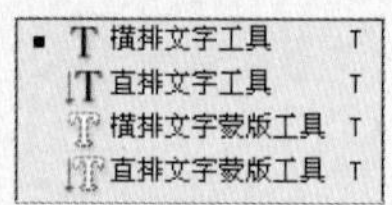

选择横排文字工具，在选项栏上设置各项参数。

创艺繁标宋

设置字体

8点 锐利

设置字体的大小

01 按快捷键Ctrl+O，在弹出的对话框中选择本书配套光盘中Chapter 8\01添加纪念文字\Media\001.jpg文件，再单击“打开”按钮。打开的素材如图8-1所示。

图8-1

02 将前景色设置为白色，选择横排文字工具T，添加文字“记”。在“字符”面板上设置各项参数，如图8-2所示，得到如图8-3所示的效果。

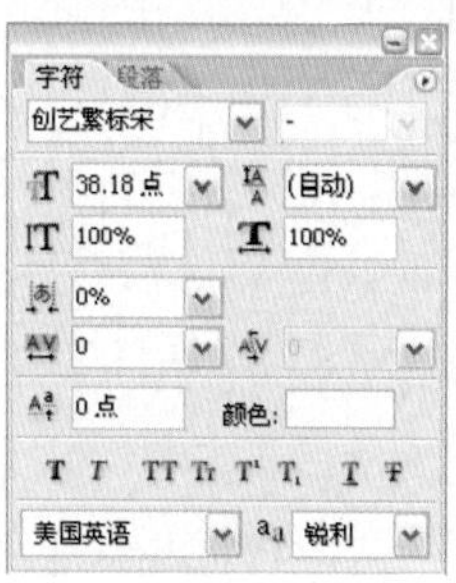

图8-2

图8-3

03 将前景色设置为白色，再选择横排文字工具T，添加文字“忆”。在“字符”面板上设置参数，如图8-4所示，效果如图8-5所示。

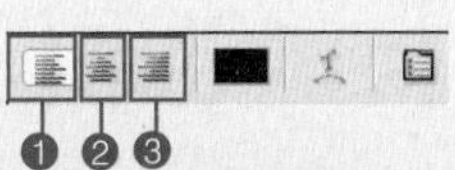

❶左对齐文本。

❷居中对齐文本。

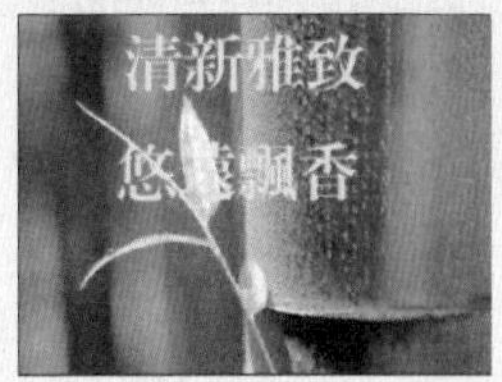

❸右对齐文本。

颜色块：单击并在弹出的“拾色器”对话框中设置颜色。

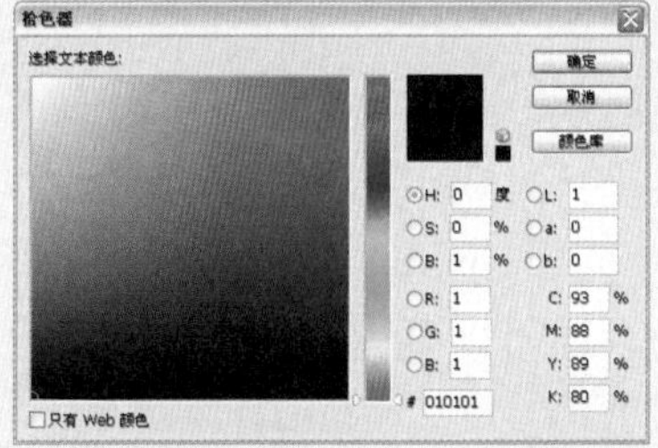

知识提点

栅格化文字

对文字进行栅格化处理，以便对文字应用滤镜等高级编辑功能。

选择文字所在的图层。

图8-4

图8-5

04 将前景色设置为白色，选择横排文字工具，添加文字“与”。将字体设置为“创意繁仿宋”，大小为31.83点，效果如图8-6所示。

图8-6

05 将前景色设置为白色，选择横排文字工具，添加文字“忘”。将字体设置为“创意繁宋”，大小为45.46点，效果如图8-7所示。

图8-7

06 将前景色设置为白色，选择横排文字工具，添加文字“记”。将字体设置为“创意繁仿宋”，大小为35.42点，效果如图8-8所示。

图8-8

07 将前景色设置为白色，选择横排文字工具，添加文字1943。将字体设置为“创意繁仿宋”，大小为7.71点，效果如图8-9所示。

"记"图层

右击，在弹出的快捷菜单中执行"栅格化文字"命令，即可把所选图层上的文化栅格化。

栅格化文字

栅格化文字以后，文字所在的图层变为普通图层，即可对文字图层执行各种滤镜效果，如果没有栅格化文字，Photoshop 会自动弹出一个提示对话框，提示需要栅格化文字才能继续。

图8-9

08 将前景色设置为（R:109, G:74, B:0），双击"记"所在的文字图层，在弹出的"图层样式"对话框中选中"投影"复选框并设置各项参数，如图8-10所示，完成后单击"确定"按钮，效果如图8-11所示。

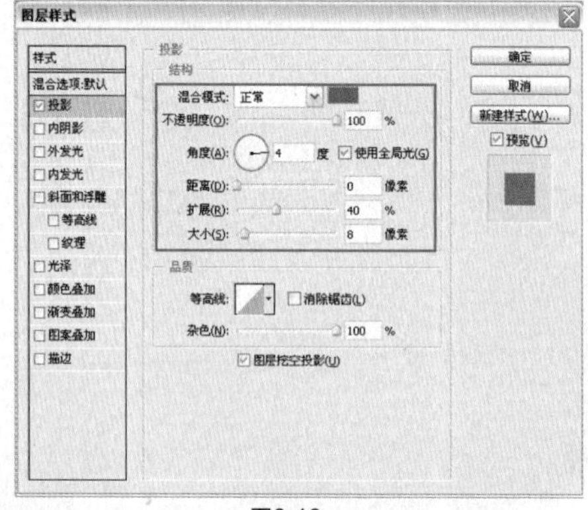

图8-10

图8-11

09 选择"记"图层，如图8-12所示，右击并在弹出的快捷菜单中执行"拷贝图层样式"命令，然后选择"忆"图层，右击并在弹出的快捷菜单中执行"粘贴图层样式"命令，得到如图8-13所示的效果。

图8-12

图8-13

10 分别选择"与"、"忘"、"记"所在的图层，右击并在弹出的快捷菜单中执行"粘贴图层样式"命令，得到如图8-14所示的效果。至此，本例制作完成。

图8-14

添加个性签名

原照片是人物头部侧面的特写，添加个性签名后突出了人物的神态，强化了照片的意境。

应用功能：横排文字工具

CD-ROM：Chapter 8\02添加个性签名\Complete\02添加个性签名.psd

知识提点

矩形选区的样式

选择矩形选框工具，在选项栏的“样式”下拉列表框中有三种样式，分别是正常、固定长宽比、固定大小。选择不同的样式可以选取不同的选区。

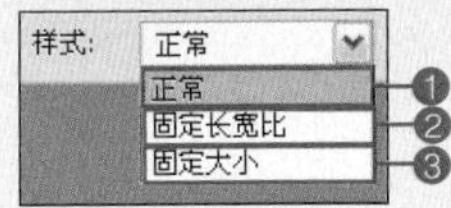

❶正常：在图像上建立随意大小的选区。

原图

01 按快捷键Ctrl+O，在弹出的对话框中选择本书配套光盘中Chapter 8\02添加个性签名\Media\001.jpg文件，再单击“打开”按钮。打开的素材如图8-15所示。

图8-15

02 将前景色设置为白色，再选择横排文字工具T，添加文字并在“字符”面板上设置各项参数，如图8-16所示，效果如图8-17所示。

图8-16

图8-17

样式：正常

❷固定长宽比：分别设置选区的“宽度”和“高度”。

样式：固定长宽比 宽度：3 高度：1

原图

样式：固定长宽比

❸固定大小：分别设置选区的“宽度”和“高度”。

样式：固定大小 宽度：50 px 高度：50 px

原图

样式：固定大小
宽度：50px
高度：50px

样式：固定大小
宽度：100px
高度：150px

03 将前景色设置为白色，再选择横排文字工具T，添加文字“[”。将字体设置为“创意繁标宋”，大小为369.44，如图8-18所示。用相同的方法添加文字“]”，大小为157.26点，得到如图8-19所示的效果。

图8-18

图8-19

04 将前景色设置为（R:107, G:140, B:44），再选择横排文字工具T，添加文字Listen并在“字符”面板中设置各项参数，如图8-20所示，得到如图8-21所示的效果。

图8-20

图8-21

05 选择Listen所在的图层，将图层的“不透明度”改为30%，如图8-22所示，得到如图8-23所示的效果。

图8-22

图8-23

06 为了完善画面效果，再添加一些文字，如图8-24所示。至此，本案例制作完成。

图8-24

增加趣味性文字

原照片的故事情节不是很明显，增加文字对白后，使照片更具趣味性。

应用功能：画笔工具、自定形状工具

CD-ROM：Chapter 8\03增加趣味性文字\Complete\03增加趣味性文字.psd

知识提点

自定形状工具

利用自定形状工具可以绘制 Photoshop 自带的形状和路径。Photoshop 提供了 13 种不同类型的形状。选择自定形状工具后，在选项栏中设置相关参数。

1. 扩展菜单

单击选项栏上的“形状”下三角按钮，弹出的面板中包括很多形状图案。

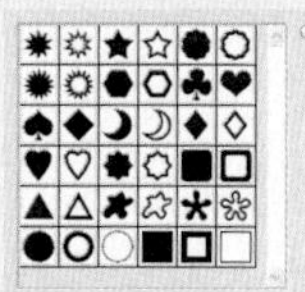

单击面板右上角的▶按钮，弹出扩展菜单。

❶ 全部：执行该命令，可以在“形状”面板中添加 Photoshop 中的所有形状图案。拖曳面板的右下脚，可以显示更多形状图案。

01 按快捷键Ctrl+O，在弹出的对话框中选择本书配套光盘中Chapter 8\03增加趣味性文字\Media\001.jpg文件，再单击“打开”按钮。打开的素材如图8-25所示。

图8-25

02 在“图层”面板中新建“图层1”图层，再将前景色设置为（R:255, G:116, B:116）。选择自定形状工具，在选项栏上单击“填充像素”按钮，并设置“形状”为“会话1”，如图8-26所示，然后在“图层1”图层上对图像进行形状填充，效果如图8-27所示。

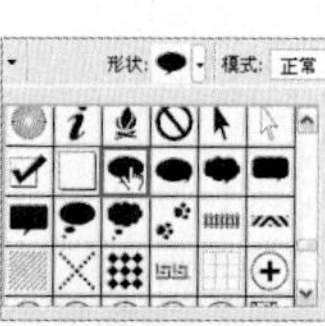

图8-26

图8-27

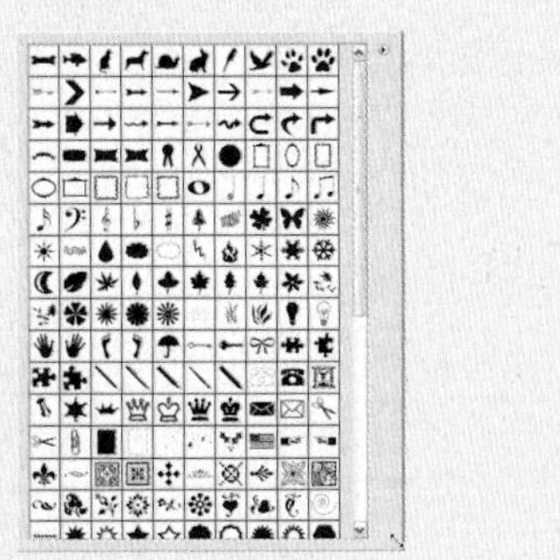

❷ 复位形状：执行该命令，恢复默认的“形状”面板。

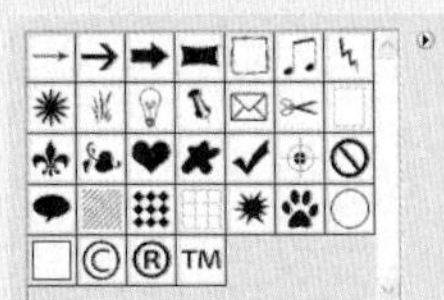

❸ 载入形状：执行该命令，在弹出的对话框中载入自定义的特殊形状图案。

❹ 存储形状：执行该命令，可以存储形状图案。

❺ 替换形状：该命令用于选择需要替换的形状。

2. 自定形状选项

单击选项栏中自定形状工具旁边的下三角按钮，会弹出一个面板，在面板中可以设置参数。

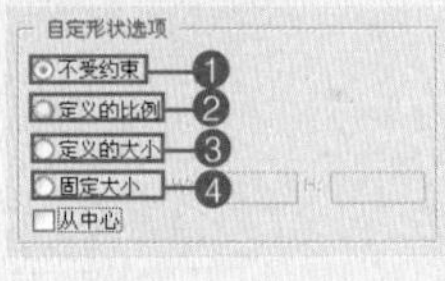

03 将前景色设置为黑色，再在工具箱中选择横排文字工具，添加文字并在“字符”面板上设置各项参数，如图8-28所示，得到如图8-29所示的效果。

图8-28

图8-29

04 在“图层”面板中新建“图层2”图层，再将前景色设置为（R:193,G:216,B:95）。参考步骤2和步骤3添加另一只猫的对白内容，如图8-30至图8-32所示。

图8-30

字符 段落

图8-31

图8-32

05 新建“图层3”图层，如图8-33所示，将前景色设置为（R:255，G:246, B:0），再选择画笔工具，并选择较硬的画笔，在图像上进行绘制，效果如图8-34所示。新建“图层4”图层，将前景色设置为（R:0,G:151,B:247），再选择画笔工具，并选择较硬的画笔，在图像上进行绘制，效果如图8-35所示。至此，本案例制作完成。

图8-33

图8-34

图8-35

04 杂志封面效果

原照片中的人物位于近景，而且造型不错，添加文字后可模拟杂志的封面效果，也增加了照片的时尚性。

应用功能：横排文字工具、自定形状工具、移动工具

CD-ROM：Chapter 8\04杂志封面效果\Complete\04杂志封面效果.psd

知识提点

字符面板

在选项栏上单击按钮，在弹出的面板中设置各项参数。

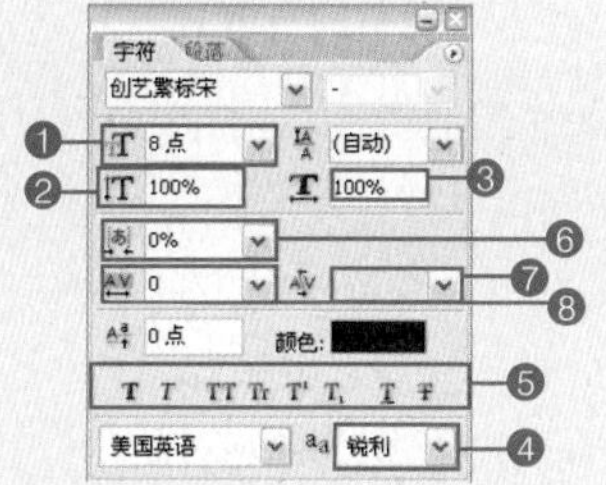

❶设置行距：在文本框中输入参数值或者在弹出的下拉列表框中选择参数值。参数值越大，两行之间的距离就越大。"自动"是Photoshop中默认的设置。

行距：自动

01 按快捷键Ctrl+O，在弹出的对话框中选择本书配套光盘中Chapter 8\04杂志封面效果\Media\001.jpg文件，再单击"打开"按钮。打开的素材如图8-36所示。

图8-36

02 将前景色设置为（R:251, G:84, B:50），再选择横排文字工具，添加文字并在"字符"面板上设置各项参数，如图8-37所示，得到如图8-38所示的效果。

图8-37

图8-38

行距：8 点

❷垂直缩放：控制文字的垂直变形。

❸水平缩放：和垂直缩放是相对的，控制文字的水平变形。

垂直缩放：100%
水平缩放：50%

垂直缩放：200%
水平缩放：100%

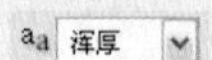

❹设置消除锯齿的方法：在下拉列表框中选择消除锯齿的方式。

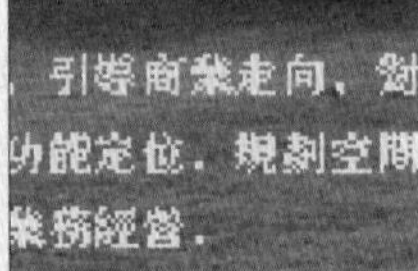

设置消除锯齿的方法：无

设置消除锯齿的方法：锐利

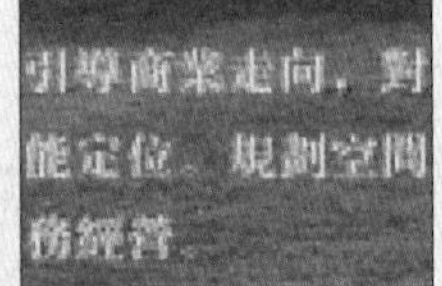

设置消除锯齿的方法：犀利

03 将前景色设置为（R:251, G:84, B:50），再选择横排文字工具，添加文字并在“字符”面板上设置各项参数，如图8-39所示，得到如图8-40所示的效果。

图8-39　　图8-40

04 在“图层”面板中新建“图层1”图层，如图8-41所示。将前景色设置为（R:251, G:84, B:50），再选择自定形状工具，在选项栏上单击“填充像素”按钮，并设置“形状”为“花2”，如图8-42所示，然后在“图层1”图层上对图像进行形状填充，效果如图8-43所示。

图8-41　　图8-42　　图8-43

05 将前景色设置为白色，再选择横排文字工具，添加文字并在“字符”面板上设置各项参数，如图8-44所示，得到如图8-45所示的效果。继续添加文字“套装”，大小为8.6点，效果如图8-46所示。

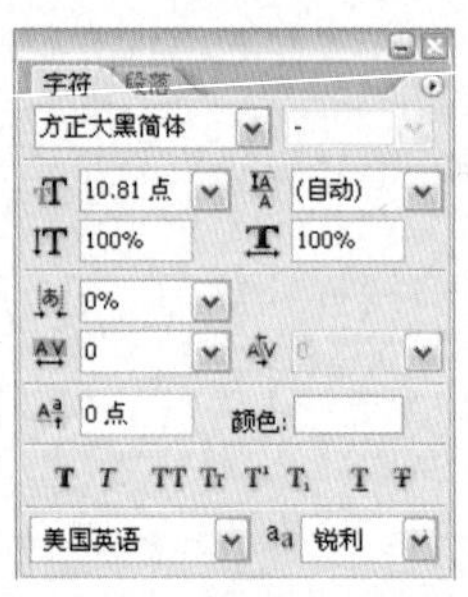

图8-44　　图8-45　　图8-46

06 将前景色设置为（R:251, G:84, B:50），再选择横排文字工具，添加文字“秋季补水秘籍”并将字体设置为“方正大黑简体”，大小为28.01点，如图8-47所示，继续添加英文Repair the book of water in summer，并在“字符”面板上设置各项参数，如图8-48所示，得到如图8-49所示的效果。

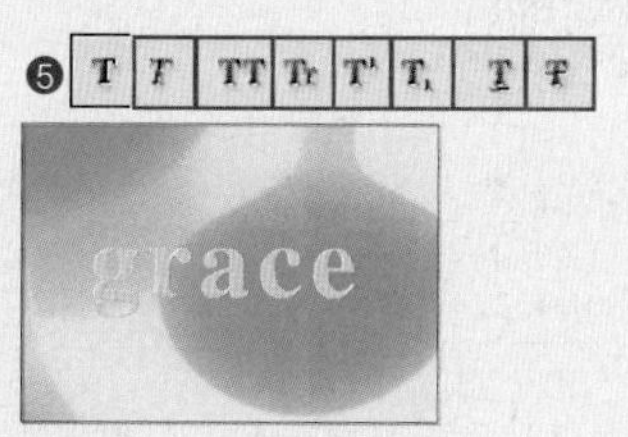

仿粗体

仿斜体

TT 全部大写字母

❻设置文字的基线：在弹出的下拉列表框中选择所需的参数，也可以直接在文本框中设置。

基线：50

基线：75

基线：-100

❼设置所选字符的比例间距：参数值越大，文字的间距就越小。

图8-47

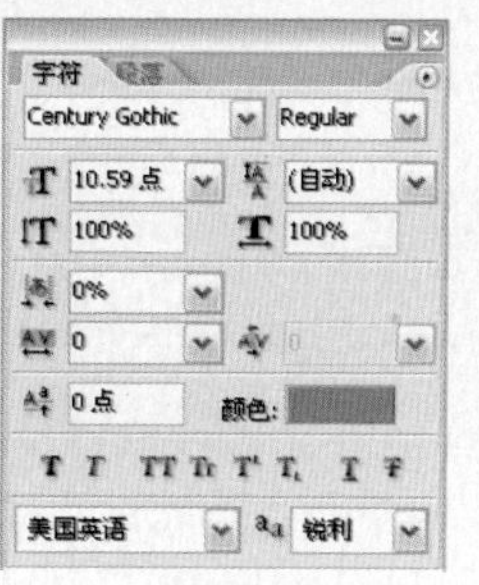

图8-48

图8-49

07 将前景色设置为（R:116, G:180, B:242），再选择横排文字工具T，添加文字并在"字符"面板上设置各项参数，如图8-50所示，得到如图8-51所示的效果。

图8-50

图8-51

08 在"图层"面板中新建"图层2"图层，将前景色设置为（R:116, G:180, B:242）。选择自定形状工具，在选项栏上单击"填充像素"按钮，并设置"形状"为"5角星"，如图8-52所示，然后在"图层2"图层上对图像进行形状填充，效果如图8-53所示。将前景色设置为黑色，再选择横排文字工具T，添加文字并将字体设置为"方正大黑简体"，大小为4.74点，效果如图8-54所示。

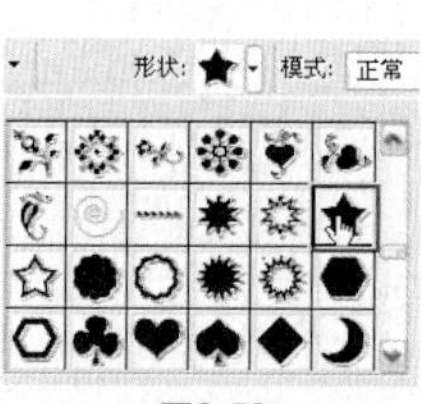

图8-52

图8-53

图8-54

09 复制"图层2"图层，再选择移动工具，配合键盘中的方向键将复制的图层中的五角星调整到合适的位置，如图8-55所示。将前景色设置为黑色，再选择横排文字工具T，添加文字并将字体设置为"方正大黑简体"，大小为4.74点，效果如图8-56所示。

间距：0%

间距：50%

间距：100%

❽设置两个字符间的间距微调：选择横排文字工具T，将光标放在文字中，该选项才可用，可以在文本框中输入参数值，或者在下拉列表框中选择参数值。参数值越大，间距就越宽。

原图

光标放于文字前
间距：500

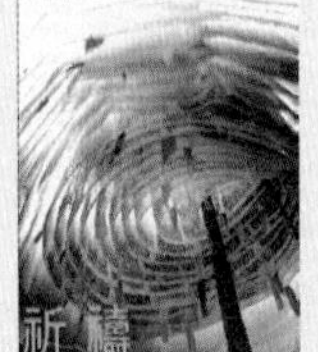

光标放于文字之间
间距：500

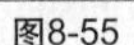

图8-55

图8-56

10 重复步骤11，添加更多文字，效果如图8-57和图8-58所示。

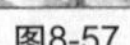

图8-57

图8-58

11 按快捷键Ctrl+O，在弹出的对话框中选择本书配套光盘中Chapter 8\04杂志封面效果\Media\条形码.psd文件，再单击“打开”按钮。打开的素材如图8-59所示。选择移动工具，把“条形码”拖移到图像中，并将其调整到合适的位置，效果如图8-60所示。至此，本例制作完成。

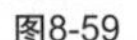

图8-59

图8-60

制作大头贴

After

Before

为特写照片加入一些可爱的卡通元素，完成大头贴的效果，使照片可爱有趣。

应用功能：磁性套索工具、移动工具、画笔工具

CD-ROM：Chapter 8\05制作大头贴\Complete\05制作大头贴.psd

画笔工具的扩展菜单

选择画笔工具，在选项栏上单击“画笔”选项右侧的三角按钮，然后单击弹出的面板右上角的三角按钮，弹出扩展菜单。

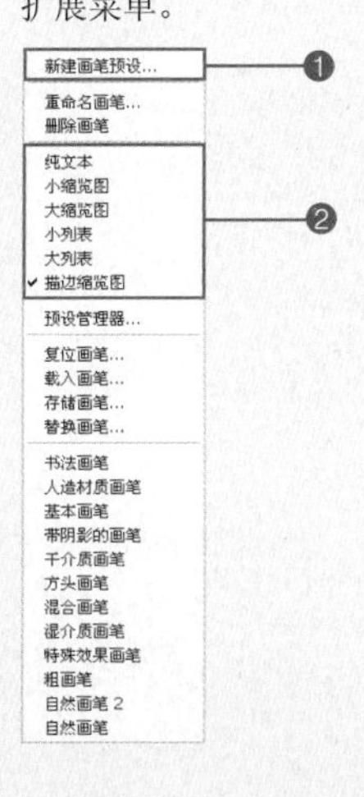

01 按快捷键Ctrl+O，在弹出的对话框中选择本书配套光盘中Chapter 8\05制作大头贴\Media\001.jpg文件，再单击“打开”按钮。打开的素材如图8-61所示。

图8-61

02 在“图层”面板中双击“背景”图层，在弹出的对话框中把图层命名为“图层0”，使背景图层变为一般图层，如图8-62所示。

图8-62

03 选择磁性套索工具，参考如图8-63所示建立选区，按Delete键删除选区，再按快捷键Ctrl+D取消选区，如图8-64所示。

图8-63

图8-64

04 按快捷键Ctrl+O，在弹出的对话框中选择本书配套光盘中Chapter 8\05制作大头贴\Media\002.jpg文件，再单击“打开”按钮。打开的素材如图8-65所示。

图8-65

05 选择移动工具，将素材拖移到图像中，在“图层”面板中新增了“图层1”图层。把“图层1”图层拖移到“图层0”图层的下层，如图8-66所示，得到如图8-67所示的效果。

图8-66

图8-67

06 选择“图层0”图层，再选择橡皮擦工具，恢复前景色和背景色的默认设置。在人物与卡通图案相邻的边缘进行涂抹，如图8-68所示。将前景色设置为（R:255, G:88, B:88），再选择画笔工具，并选择较软的画笔，在人物的面部绘制腮红，效果如图8-69所示。

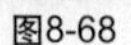

图8-68

图8-69

❶新建画笔预设：该命令用于创建新的画笔。在弹出的对话框中输入画笔的名称，完成后单击“确定”按钮，即可载入画笔。

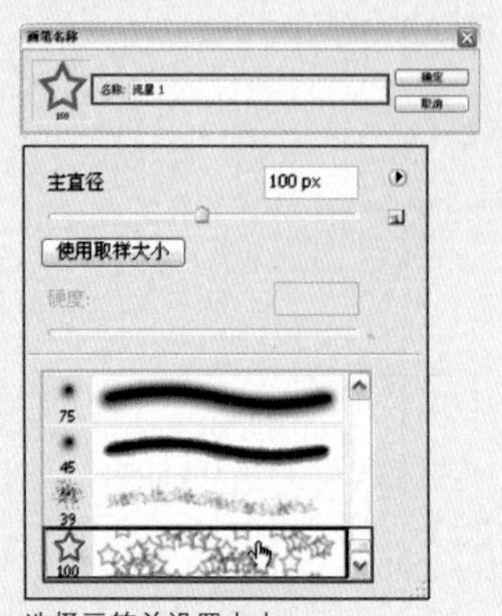

选择画笔并设置大小

绘制效果

❷画笔显示形式：设置预览画笔的显示形式。

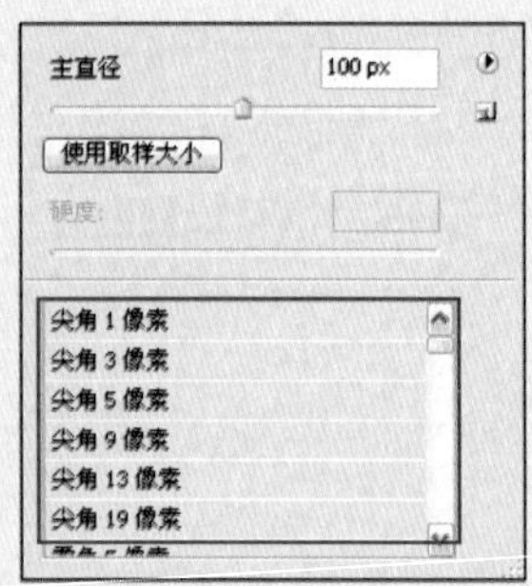

纯文本

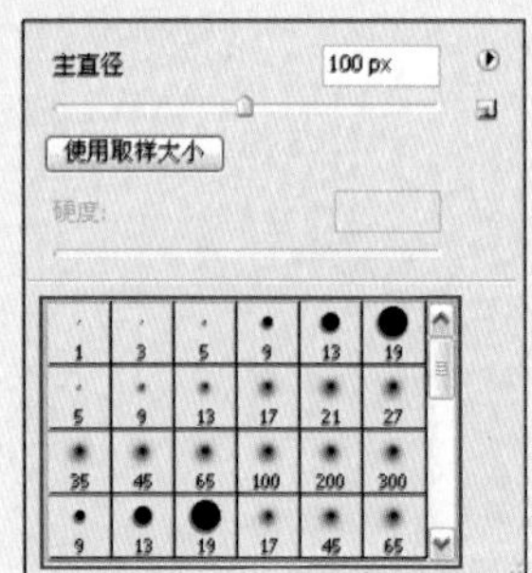

小缩览图

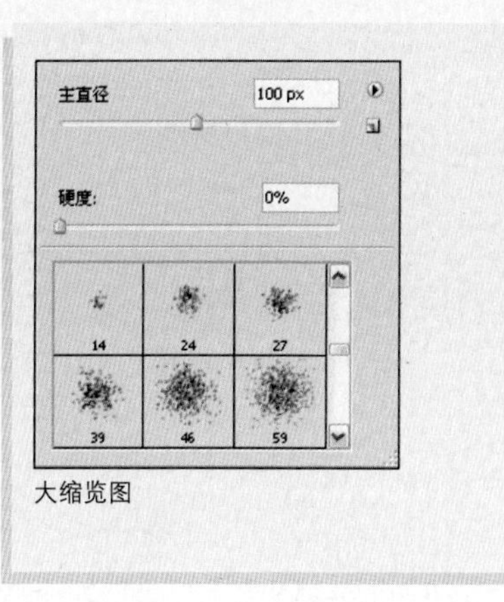

大缩览图

07 新建"图层3"图层并选择，再将前景色设置为（R:254, G:244, B:77）。选择画笔工具，并选择较软的画笔，在图像上添加文字，如图8-70所示。将前景色设置为（R:158, G:0, B:232），继续添加文字，如图8-71所示。至此，本案例制作完成。

图8-70

图8-71

06 添加艺术字

原照片的颜色非常艳丽，也很有艺术效果，可以在照片右上半部分比较空洞的背景上添加文字，增强照片的艺术性。

应用功能：横排文字工具

CD-ROM：Chapter 8\06添加艺术字\Complete\06添加艺术字.psd

知识提点

“变形文字”对话框

文字的变形功能可以使文字的样式多样化，多用于制作个性杂志封面、商业宣传单以及商业广告。

选择横排文字工具T，在图像中输入文字后，在选项栏上单击“创建文字变形”按钮，弹出“变形文字”对话框。

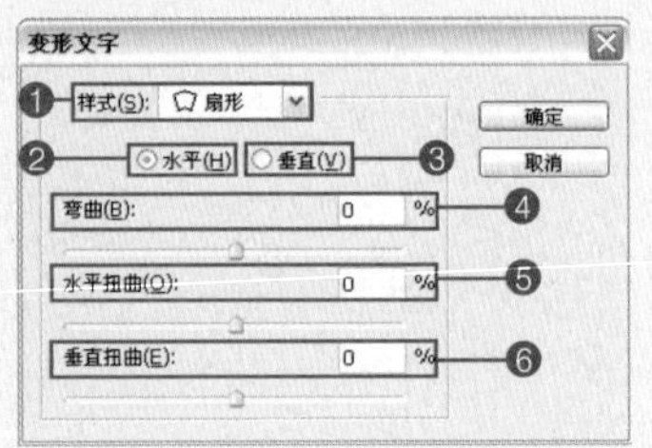

❶样式：在下拉列表框中选择需要的样式。提供了多种样式可以选择，任意选择一个后，再在对话框中设置其他参数。

无
扇形
下弧
上弧
拱形
凸起
贝壳
花冠
旗帜
波浪
鱼形
增加
鱼眼
膨胀
挤压
扭转

样式

01 按快捷键Ctrl+O，在弹出的对话框中选择本书配套光盘中Chapter 8\06添加艺术字\Media\001.jpg文件，再单击“打开”按钮。打开的素材如图8-72所示。

图8-72

02 将前景色设置为（R:255, G:126, B:12），再选择横排文字工具T，添加文字并在“字符”面板上设置各项参数，如图8-73所示，得到如图8-74所示的效果。

图8-73

图8-74

样式：扇形
弯曲：+50%
水平扭曲：0%
垂直扭曲：0%

样式：下弧
弯曲：+50%
水平扭曲：+20%
垂直扭曲：0%

样式：贝壳
弯曲：+100%
水平扭曲：0%
垂直扭曲：+40%

样式：花冠
弯曲：+60%
水平扭曲：0%
垂直扭曲：-32%

❷“水平”单选按钮：选择“水平”单选按钮后，将变形应用在水平直线的基础上。

❸“垂直”单选按钮：选择“垂直”单选按钮后，将变形应用在纵向垂直的基础上。

样式：波浪
弯曲：+100%
水平扭曲：-60%
垂直扭曲：0%

03 复制turn round图层。选择turn round图层，右击并在弹出的快捷菜单中执行“栅格化文字”命令，如图8-75所示。执行“滤镜>模糊>高斯模糊”命令，在弹出的对话框中将“半径”设置为“15像素”，完成后单击“确定”按钮，效果如图8-76所示。

图8-75

图8-76

04 选择“turn round副本”图层，将图层的混合模式设置为“颜色加深”，如图8-77所示，得到如图8-78所示的效果。

图8-77

图8-78

05 将前景色设置为（R:255, G:126, B:12），再选择横排文字工具，添加文字“转”并将字体设置为“创意繁综艺”，大小为100.97点，效果如图8-79所示。继续添加文字“身”，将字体设置为“方正大标宋简体”，大小为58.98点，效果如图8-80所示。

图8-79

图8-80

06 分别复制“转”图层和“身”图层，得到“转 副本”图层和“身副本”图层。分别选择“转”图层和“身”图层，并删格化文字，如图8-81所示。

样式：鱼形
弯曲：+70%
水平扭曲：-20%
垂直扭曲：0%

样式：增加
弯曲：+100%
水平扭曲：-50%
垂直扭曲：+33%

❹弯曲：设置图像的变形程度。参数值越大，变形就越大。

❺水平扭曲：设置变形的水平方向。

❻垂直扭曲：设置变形的垂直方向。

样式：旗帜
弯曲：+20%
水平扭曲：0%
垂直扭曲：0%

样式：旗帜
弯曲：+65%
水平扭曲：-85%
垂直扭曲：0%

样式：旗帜
弯曲：-64%
水平扭曲：+100%
垂直扭曲：0%

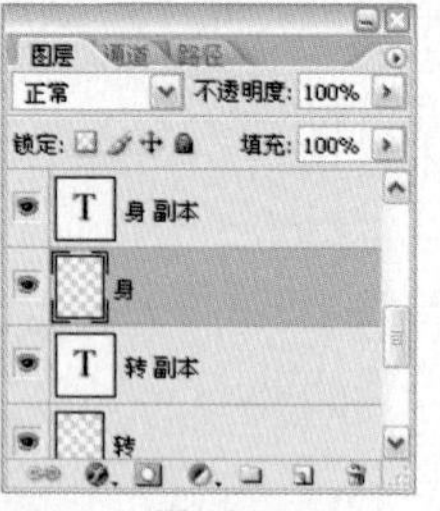

图8-81

07 分别选择“转”图层和“身”图层，执行“滤镜>模糊>高斯模糊”命令，在弹出的对话框中将“半径”设置为“15.0像素”，如图8-82所示，完成后单击“确定”按钮，效果如图8-83所示。

图8-82

图8-83

08 分别选择“转 副本”图层和“身 副本”图层，将图层的混合模式设置为“颜色加深”，如图8-84所示，得到如图8-85所示的效果。

图8-84

图8-85

09 为了完善画面效果，使用相同的方法再添加一些文字，如图8-86所示，得到如图8-87所示的效果。至此，本案例制作完成。

图8-86

图8-87

弥补风景照的拍摄局限

01 修正风景照的构图

知识提点：裁剪工具的扩展菜单

02 删除风景照中多余的人物

知识提点：炭笔滤镜、粉笔和炭笔滤镜、基底凸现滤镜

03 合成广角全景照片

知识提点：Photomerge命令

04 制作照片的微距效果

知识提点：快速蒙版、涂抹工具

05 制作照片的景深效果

知识提点：屏幕模式、钢笔工具绘制的路径形态

06 制作照片的倒影

知识提点：面板管理

07 增加照片的灯光效果

知识提点：自由钢笔选项、画笔预设、画笔笔尖形状、匹配颜色命令

08 增强夜景的霓虹效果

知识提点：形状动态笔触、喷溅滤镜

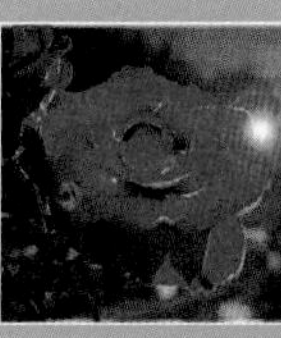

09 增加夕阳逆光效果

知识提点：渐变工具的选项栏、查找边缘滤镜、剪贴蒙版、光照效果滤镜

10 增加阳光折射效果

知识提点：扩散亮光滤镜、渐变工具、位移滤镜

01 修正风景照的构图

原照片的取景范围过大，没有表现出小路的延伸感，影响了画面的视觉效果，需要调整构图。

应用功能：裁剪工具

CD-ROM：Chapter 9\01修正风景照的构图\Complete\01修正风景照的构图.psd

知识提点

裁剪工具的扩展菜单

选择裁剪工具，并在选项栏上单击裁剪工具的快捷箭头，在弹出的面板上的单击右上角的快捷箭头，然后在弹出的快捷菜单中进行选择并设置。

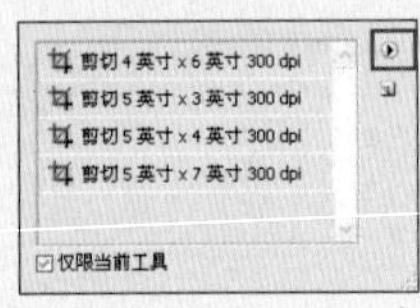

单击三角按钮

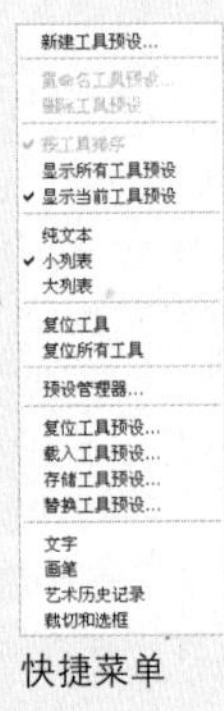

快捷菜单

01 按快捷键Ctrl+O，在弹出的对话框中选择本书配套光盘中Chapter 9\01修正风景照的构图\Media\001.jpg文件，再单击“打开”按钮。打开的素材如图9-1所示。

图9-1

02 选择裁剪工具，参考如图9-2所示对照片进行选取，然后按Enter键确定裁剪，效果如图9-3所示。至此，本案例制作完成。

图9-2

图9-3

删除风景照中多余的人物

原照片中的人物影响了画面的效果，需要恢复照片的幽静感觉。

应用功能：色相/饱和度命令、亮度/对比度命令、可选颜色命令、修补工具、仿制图章工具

CD-ROM：Chapter 9\02删除风景照中多余的人物\Complete\02删除风景照中多余的人物.psd

知识提点

炭笔滤镜

利用炭笔滤镜可以表现颜色与背景色相同的纸上利用前景色木炭绘图的效果。

执行“滤镜 > 素描 > 炭笔”命令，在弹出的“炭笔”对话框中设置相关参数。

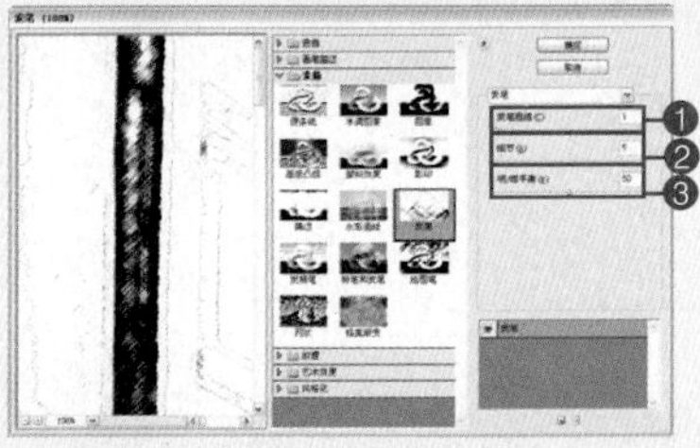

❶炭笔细度：设置木炭的厚度。

❷细节：设置笔触的细致程度。

❸明暗平衡：调节暗调和高光的平衡。

原图

炭笔细度：6
细节：3
明暗平衡：30

01 按快捷键Ctrl+O，在弹出的对话框中选择本书配套光盘中Chapter 9\02删除风景照中多余的人物\Media\001.jpg文件，再单击“打开”按钮。打开的素材如图9-4所示。

图9-4

02 按快捷键Ctrl+U，在弹出的对话框中设置各项参数，如图9-5所示，完成后单击“确定”按钮，效果如图9-6所示。

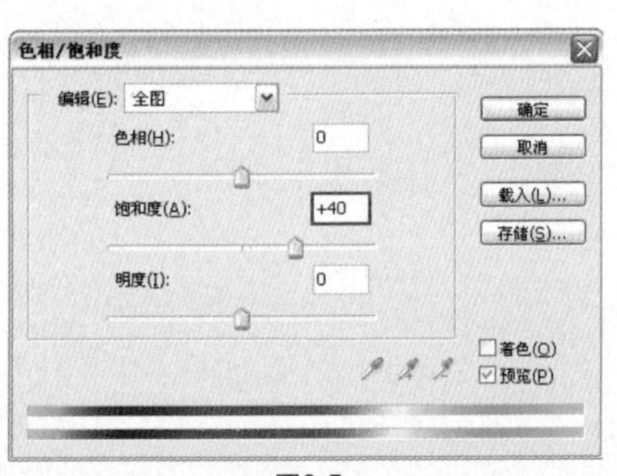

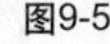

图9-5

图9-6

炭笔细度：4
细节：5
明暗平衡：80

炭笔细度：6
细节：5
明暗平衡：80

知识提点

粉笔和炭笔滤镜

利用粉。笔和炭笔滤镜可以将高光部分表现为粉笔绘画效果，将阴影部分表现为木炭绘画效果。高光部分的颜色和背景色一致，阴影部分的颜色和前景色一致。

执行“滤镜＞素描＞粉笔和炭笔”命令，在弹出的“粉笔和炭笔”对话框中设置相关参数。

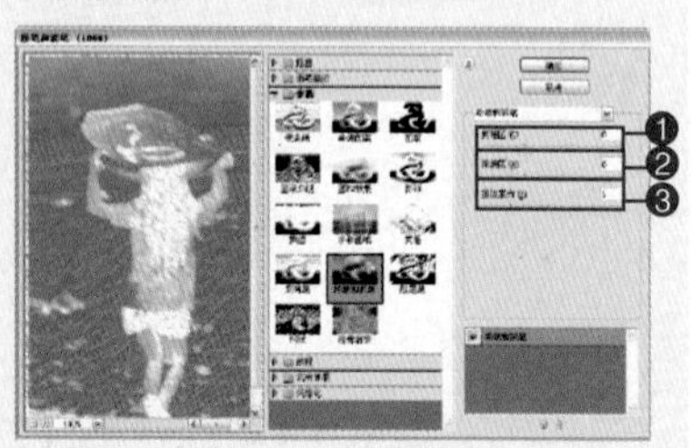

❶炭笔区：设置木炭效果的范围。

❷粉笔区：设置粉笔效果的范围。

❸描边压力：设置笔触的压力。

原图

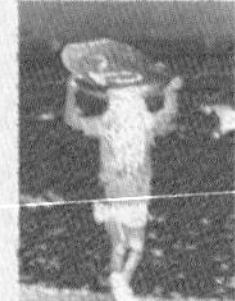

炭笔区：7
粉笔区：6
描边压力：1

炭笔区：15
粉笔区：6
描边压力：1

炭笔区：15
粉笔区：12
描边压力：1

03 执行“图像＞调整＞亮度/对比度”命令，在弹出的对话框中将“对比度”调整为20，如图9-7所示，单击“确定”按钮后，效果如图9-8所示。

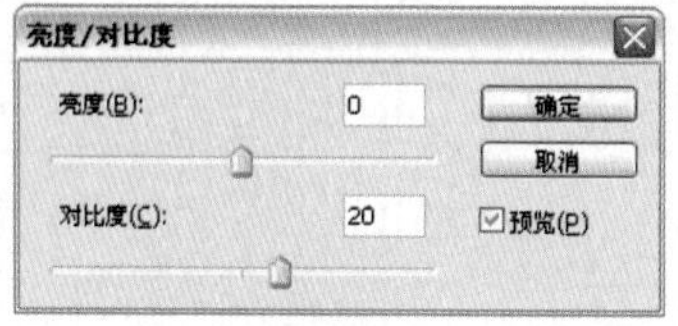

图9-7

图9-8

04 执行“图像＞调整＞可选颜色”命令，在弹出的对话框的“颜色”下拉列表框中选择“绿色”，并设置各项参数，如图9-9所示，再单击“确定”按钮，效果如图9-10所示。

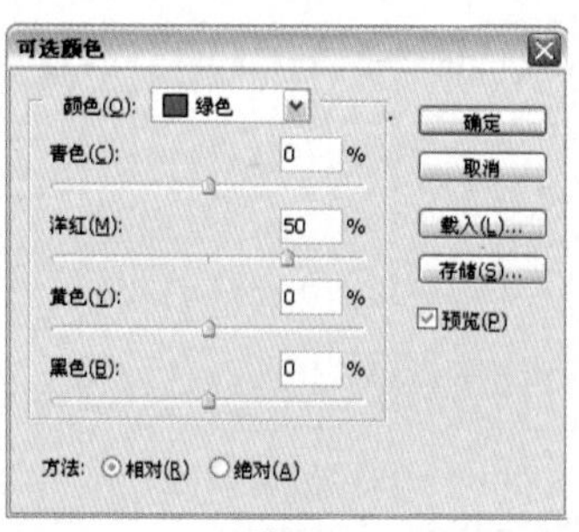

图9-9

图9-10

05 在“图层”面板中复制“背景”图层，得到“背景 副本”图层，如图9-11所示。选择修补工具，如图9-12所示，在照片的多余景物上建立一个选区，然后移动选区到竹林上，最后按快捷键Ctrl+D取消选区，得到如图9-13所示的效果。

图9-11

图9-12

图9-13

知识提点

基底凸现滤镜

基底凸现滤镜效果和浮雕效果类似，使图像有立体效果。高光颜色与前景色一致，暗调颜色与背景色相同，所以可以设置不同的前景色和背景色，进而模拟更多浮雕效果。

执行“滤镜＞素描＞基底凸现”命令，在弹出的“基底凸现”对话框中设置相关参数。

❶细节：设置细致程度。

❷平滑度：设置突出部分的柔和程度。

❸光照：设置光的方向。

原图

细节：3
平滑度：3
光照：下

06 选择修补工具，如图9-14所示，在照片的多余景物上建立一个选区，然后移动选区到地面上，最后按快捷键Ctrl+D取消选区，得到如图9-15所示的效果。

图9-14

图9-15

07 反复进行上述操作，得到如图9-16所示的效果。

图9-16

08 选择仿制图章工具，按住Alt键在地面周围吸取颜色，然后松开Alt键并进行涂抹。反复进行相同的操作，得到如图9-17所示的效果。对左边的竹林也进行相同的操作，得到如图9-18所示的效果。至此，本案例制作完成。

图9-17

图9-18

03 合成广角全景照片

After

Before

由于数码相机的功能局限，原照片照片无法容纳大的场景，所以需要在photoshop中广角全景照片。

应用功能：自动命令、裁剪工具、修复画笔工具

CD-ROM：Chapter 9\03合成广角全景照片\Complete\03合成广角全景照片.psd

拍摄技巧

拍摄一组需要拼合的全景照片之前测光时要使用平均测光，拍摄时还要满足的条件有：使用手动曝光或AE锁定曝光参数，不能改变光圈、速度、ISO、分辨率及其他设置，使用固定白平衡。

知识提点

Photomerge 命令

执行“文件>自动”命令，在弹出的级联菜单中选择需要的命令。

批处理(B)...
PDF 演示文稿(P)...
创建快捷批处理(C)...
Web 照片画廊...
裁剪并修齐照片
联系表 II...
条件模式更改...
图片包...
限制图像...
Photomerge...
合并到 HDR...

这里着重讲解 Photomerge 命令。利用该命令可以将照片自然连接，如将同一位置不同角度拍摄的照片合成一张照片，将多张照片分别摆放在不同图层。该命令通常用于制作平面广告中的全景照片。

01 执行“文件>自动>Photomerge”命令，在弹出的对话框中单击“浏览”按钮，如图9-19所示。在弹出的“打开”对话框中选择本书配套光盘 Chapter 9\03合成广角全景照片\Media文件夹，然后按住Ctrl键选择001.jpg、002.jpg、003.jpg和004.jpg文件，最后单击“打开”按钮。弹出如图9-20所示的对话框，单击“确定”按钮即可。

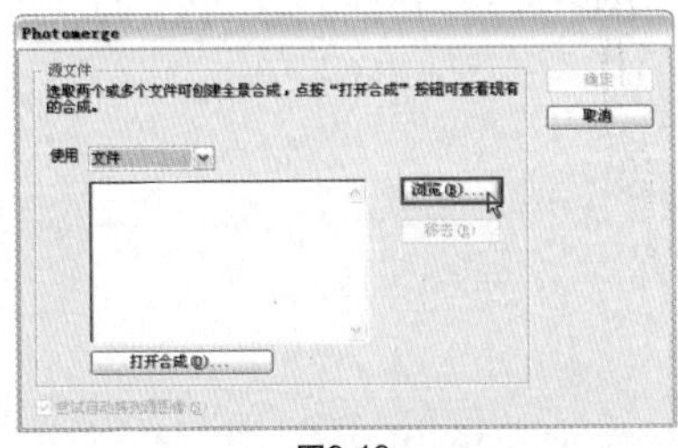
图9-19

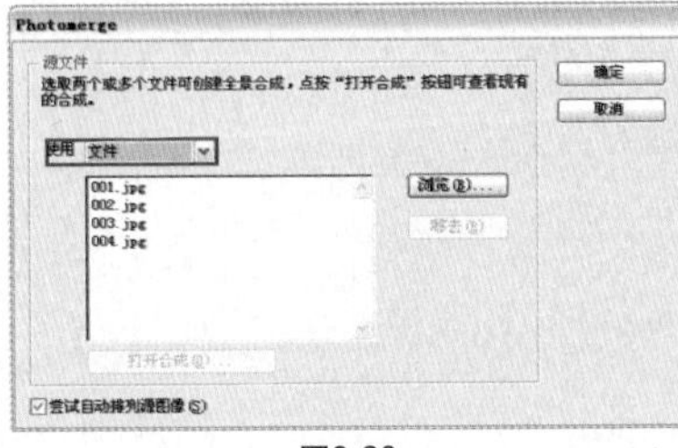
图9-20

02 在弹出的对话框中设置各项参数，如图3-21所示，完成后单击“确定”按钮，效果如图3-22所示。

图9-21

执行"文件>自动>Photomerge"命令，在弹出的对话框中单击"浏览"浏览，在弹出的"打开"对话框中选择需要合成的图片，再单击"确定"按钮。在弹出的对话框中自动对图片排列，也可用鼠标移动图像进行调整，完成后单击"确定"按钮，得到合成后的图像。

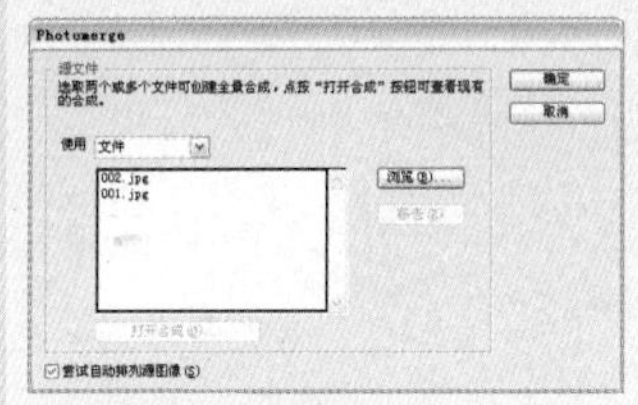
photomerge 对话框

自动排列照片

合成的图像的边缘不整齐，可利用裁剪工具对图像进行修整。

边缘参差不齐

裁剪效果

图9-22

03 选择裁剪工具，如图9-23所示建立选区，确定后得到如图9-24所示的效果。

图9-23

图9-24

04 在"图层"面板中新建"图层1"图层，如图9-25所示。

图9-25

05 选择"图层1"图层，再选择修复画笔工具，在选项栏上选中"对所有图层取样"复选框，然后按住Alt键在图像的拼合周围吸取颜色，松开后在拼合处进行涂抹。完成后得到如图9-26所示的效果。至此，本案例制作完成。

图9-26

04 制作照片的微距效果

一些数码相机没有焦距效果，所以拍摄出的照片没有主次顺序，可以对这类照片进行处理，达到专业相机的拍摄效果。

应用功能：快速蒙版、画笔工具、高斯模糊滤镜、涂抹工具

CD-ROM：Chapter 9\04制作照片的微距效果\Complete\04制作照片的微距效果.psd

知识提点

快速蒙版

在快速蒙版模式中编辑是通过画笔工具的涂抹，在图像上快速建立选区并调整。在照片处理中可以用这种方法对照片的局部进行编辑，如对照片中较复杂的景物的处理。与魔棒工具和路径工相比，使用快速蒙版模式更准确和方便，初学者也更容易掌握。

在工具箱中单击“以快速蒙版模式编辑”按钮，然后选择画笔工具，并且按D键恢复前景色和背景色的默认设置，在图像上进行涂抹，完成后单击“以标准模式编辑”按钮，就得到新的选区，最后根据需要对选区进行调整。

编辑后

新选区

01 按快捷键Ctrl+O，在弹出的对话框中选择本书的套光盘中Chapter 9\04制作照片的微距效果\Media\001.jpg文件，再单击“打开”按钮。打开的素材如图9-27所示。

图9-27

02 单击“以快速蒙版模式编辑”按钮，再选择画笔工具，然后按D键恢复前景色和背景色的默认设置。在照片上用画笔将花涂抹出来，如图9-28所示，完成后单击“以标准模式编辑”按钮，得到新的选区，如图9-29 所示。

图9-28

图9-29

知识提点

涂抹工具

涂抹工具主要用于模糊图像，反复涂抹后可以将图像变形并模糊。合成图片时可用该工具模糊图像的边缘，使其过度更自然。

选择涂抹工具，在选项栏上设置各项参数。

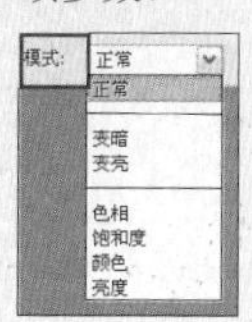

模式：在下拉列表框中选择需要的画笔模式。

强度：调整笔触强弱。参数值越大，强度越大。

手指绘画：选中此复选框，在图像上进行涂抹的时候会将前景色加入图像中。

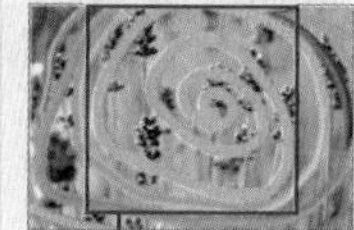

03 按快捷键Ctrl+Shift+I反选选区，如图9-30所示，再按快捷键Ctrl+J对选区进行剪切，“图层”面板中增加了“图层1”图层，如图9-31所示。

图9-30

图9-31

04 选择“背景”图层，执行“滤镜>模糊>高斯模糊”命令，在弹出的对话框中将“半径”设置为“4.5像素”，如图9-32所示，完成后单击“确定”按钮，效果如图9-33所示。

图9-32

图9-33

05 荷花边缘的颜色有些溢出，看上去不太自然，如图9-34所示。选择涂抹工具，并在选项栏上将“强度”设置为100%，然后在荷花的边缘由外向内推，效果如图9-35所示。至此，本案例制作完成。

图9-34

图9-35

05 制作照片的景深效果

原照片拍摄时，没有调整好焦距，本例为照片增加景深效果。

应用功能：钢笔工具、高斯模糊滤镜、套索工具

CD-ROM：Chapter 9\05制作照片的景深效果\Complete\05制作照片的景深效果.psd

拍摄技巧

背景模糊，前景的人物清晰，这就是景深效果。景深与对焦的范围有关，范围越广，景深越大。适当使用景深，可以增强画面的纵深感。拍摄时将光圈放到最大，可以得到景深效果。长焦拍摄时，最大限度地靠近被拍摄者，同样也可以得到景深效果。

知识提点

屏幕模式

执行“文件>打开”命令后，文件在Photoshop中的屏幕显示模式共有三种。

（1）标准的屏幕模式：是基本的Photoshop显示模式。

01 按快捷键Ctrl+O，在弹出的对话框中选择本书配套光盘中Chapter 9\05制作照片的景深效果\Media\001.jpg文件，再单击“打开”按钮。打开的素材如图9-36所示。

图9-36

02 在“图层”面板中把“背景”图层拖到“创建新图层”按钮上，复制“背景”图层，得到“背景 副本”图层，如图9-37所示。

图9-37

（2）带有菜单栏的全屏模式：按F键可切换到该模式。

（3）全屏模式：在带有菜单栏的全屏模式中按F键，可切换到该模式。

知识提点

钢笔工具绘制的路径形态

选择钢笔工具，在选项栏上设置各项参数。下面介绍利用钢笔工具绘制的路径的形态。

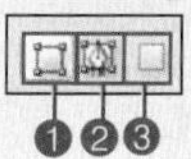

❶ 形状图层：单击该按钮后，使用钢笔工具在图像上创建路径时，根据前景色或者选定的图层样式进行填充，在“图层”面板上自动新建“形状1”图层，在“路径”面板中显示“形状1矢量蒙版”。

建立形状图案

03 选择钢笔工具，将人物的轮廓勾绘出来，如图9-38所示，再按快捷键Ctrl+Enter将路径载入选区，如图9-39所示，然后按快捷键Shift+Ctrl+I反选选区，如图9-40所示。

图9-38

图9-39

图9-40

04 选择“背景 副本”图层，执行“滤镜>模糊>高斯模糊”命令，在弹出的对话框中将“半径”设置为“5像素”，如图9-41所示，完成后单击“确定”按钮，效果如图9-42所示。

图9-41

图9-42

05 在工具箱中选择套索工具，按住Ctrl键，在照片的下半部分进行选取，如图9-43所示。按快捷键Ctrl+Alt+D，在弹出的“羽化半径”对话框中设置“半径”为“15像素”，如图9-44所示，完成后单击“确定”按钮。

图9-43

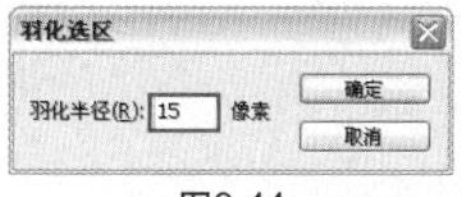

图9-44

06 对选区执行“滤镜>模糊>高斯模糊”命令，在弹出的对话框中将“半径”设置为“10像素”，如图9-45所示，完成后单击“确定”按钮，再按快捷键Ctrl+D取消选区，效果如图9-46所示。

"形状 1"图层

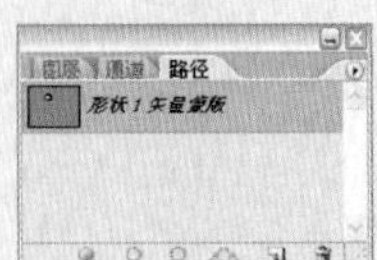
形状 1 矢量蒙版

❷路径：单击该按钮后，使用钢笔工具在图像上创建路径时，图像上只会显示路径，在"路径"面板中显示"工作路径"。

绘制的路径

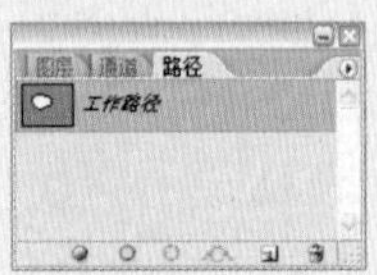
工作路径

❸填充像素：单击该按钮后，在图像上绘制路径时，直接以当前前景色进行填充，不会生成图层和路径。但是只有选择了矩图形工具、圆角矩形工具、椭圆工具、多边形工具、直线工具和自定形状工具后才可用该按钮。

在选项栏上单击"椭圆工具"按钮，激活"填充像素"按钮，在图像上建立选区，并且直接对选区进行颜色填充。

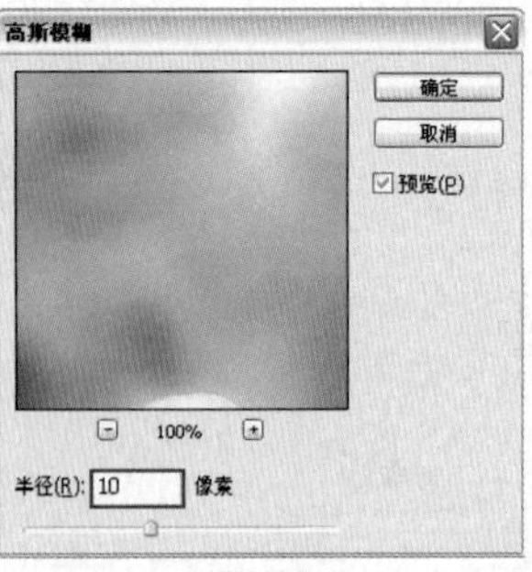

图9-45

图9-46

07 选择"背景 副本"图层，再单击"添加图层蒙版"按钮，如图9-47所示，然后选择画笔工具，在图层蒙版上进行涂抹，得到如图9-48所示的效果。

图9-47

图9-48

08 单击"背景 副本"图层的图层缩览图，如图9-49所示，再执行"滤镜>锐化>USM锐化"命令，在弹出的对话框中设置各项参数，如图9-50所示，完成后单击"确定"按钮，效果如图9-51所示。至此，本案例制作完成。

图9-49

图9-50

图9-51

06 制作照片的倒影

After

Before

本例原照片中的水面不够澄清，导致倒影模糊不清，没有映射出美丽的景色，失去了倒影的镜面效果，需要恢复清晰的倒影。

应用功能：移动工具、自由变换命令、动感模糊滤镜、亮度/对比度命令、色相/饱和度命令、画笔工具、图层蒙版

CD-ROM：Chapter 9\06制作照片的倒影\Complete\06制作照片的倒影.psd

知识提点

面板管理

在 Photoshop 中，可以随意移动工具箱和面板到不妨碍对图像进行操作的地方，也可以调整面板的大小，或者隐藏部分不需要的面板。

（1）移动面板：在 Photoshop 中，可以根据操作习惯来调整面板的位置。将面板拖移到合适的位置即可。

拖移面板

（2）关闭不需要的面板：选择面板并单击右上角的“关闭”按钮☒。

01 按快捷键Ctrl+O，在弹出的对话框中选择本书配套光盘中Chapter 9\06制作照片的倒影\Media\001.jpg文件，再单击“打开”按钮。打开的素材如图9-52所示。

图9-52

02 再次按快捷键Ctrl+O，在弹出的对话框中选择本书配套光盘中Chapter 9\06制作照片的倒影\Media\002.jpg文件，再单击“打开”按钮。打开的素材如图9-53所示。

图9-53

关闭面板

（3）打开面板：关闭了部分面板后，如果想再次打开，需要在“窗口”菜单中选择需要打开的面板。

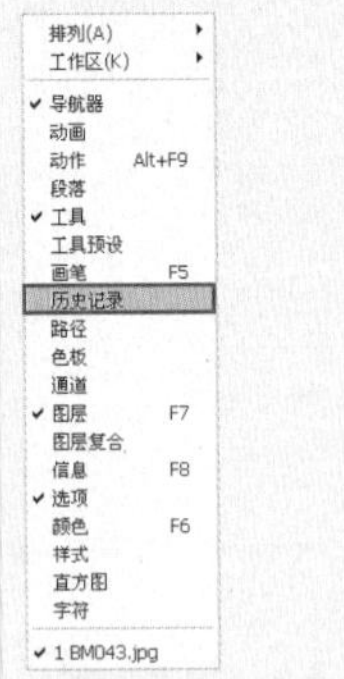

“窗口”菜单

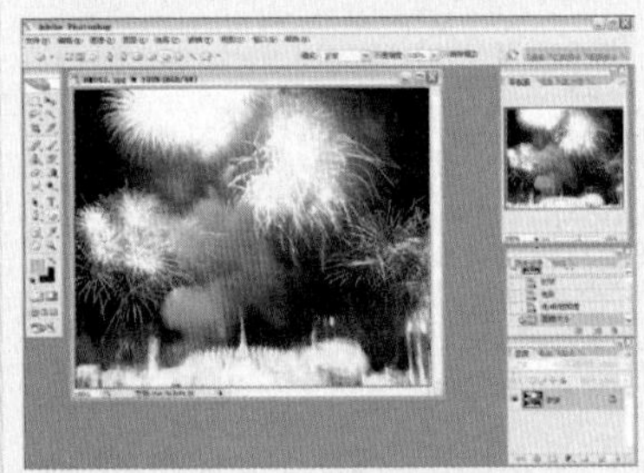
打开需要的面板

（4）调整面板的大小：将光标移动到面板的最下方，光标的形状变为双箭头，然后向下拖移。

调整大小

03 选择移动工具，将素材002.jpg拖移到素材001.jpg上，“图层”面板增加了“图层1”图层，如图9-54所示。把“图层1”图层中的图像调整到合适的位置，如图9-55所示。

图9-54

图9-55

04 选择“图层1”图层，按快捷键Ctrl+T，弹出自由变换框，如图9-56所示。右击并在弹出的快捷菜单中执行“垂直翻转”命令，再选择移动工具，配合键盘中的方向键将翻转后的图像调整到合适的位置，得到如图9-57所示的效果。

图9-56

图9-57

05 执行“滤镜>模糊>动感模糊”命令，在弹出的对话框中设置各项参数，如图9-58所示，完成后单击“确定”按钮，效果如图9-59所示。

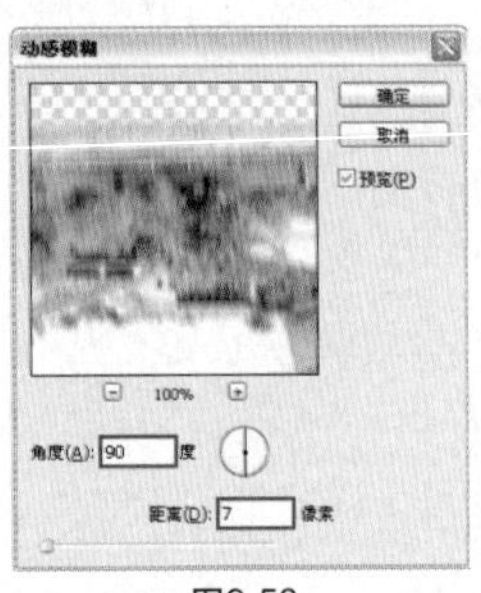

图9-58

图9-59

06 执行“图像>调整>亮度/对比度”命令，在弹出的对话框中设置各项参数，如图9-60所示，完成后单击“确定”按钮，效果如图9-61所示。

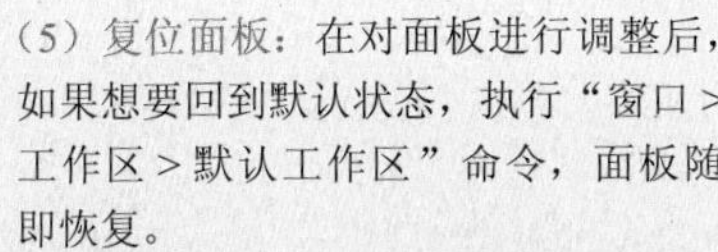

（5）复位面板：在对面板进行调整后，如果想要回到默认状态，执行“窗口＞工作区＞默认工作区”命令，面板随即恢复。

复位面板后

（6）组合面板：通常情况下，为了提面板组中进行操作。

下面我们将“历史记录”面板移动到“图层”面板所在的面板组中。将“历史记录”面板拖移到“图层”面板所在的面板组中即可。

选中面板

移动后

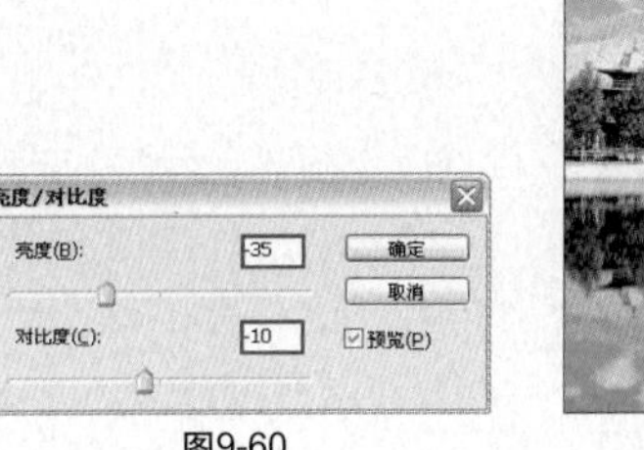

图9-60

图9-61

07 执行“图像＞调整＞色相/饱和度”命令，在弹出的对话框中设置各项参数，如图9-62所示，完成后单击“确定”按钮，效果如图9-63所示。

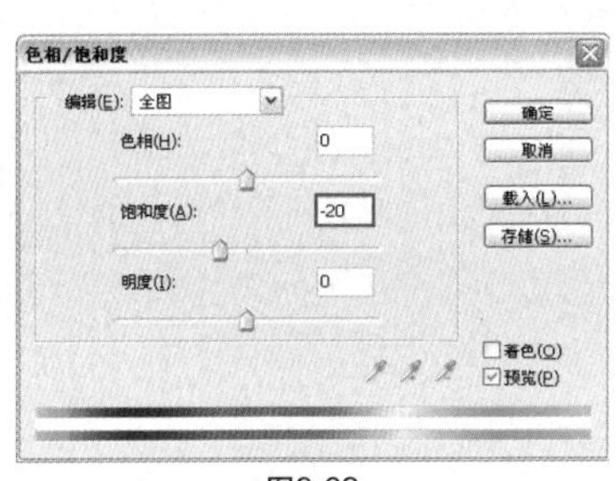

图9-62

图9-63

08 在“图层”面板中单击“添加图层蒙版”按钮，然后选择画笔工具，并设置画笔大小为50px，设置“不透明度”为42%。在“图层1”图层的蒙版上对图像下面的天空部分进行涂抹，如图9-64所示，得到如图9-65所示的效果。至此，本案例制作完成。

图9-64

图9-65

07 增加照片的灯光效果

After

Before

原照片是傍晚时拍摄的，灯光很弱，图像也略微显暗，可以将它处理成一张夜景灯光的照片，以弥补照片的缺陷。

应用功能：色相/饱和度命令、曲线命令、钢笔工具、高斯模糊滤镜、画笔工具

CD-ROM：Chapter 9\07增加照片的灯光效果\Complete\07增加照片的灯光效果.psd

知识提点

自由钢笔选项

选择钢笔工具，在选项栏上单击“自由钢笔工具”按钮，然后拖动鼠标在图像上建立路径。通常情况下，建立不精确的路径时使用该工具。

在选项栏上单击“几何形状”按钮，在弹出的面板中设置各项参数。

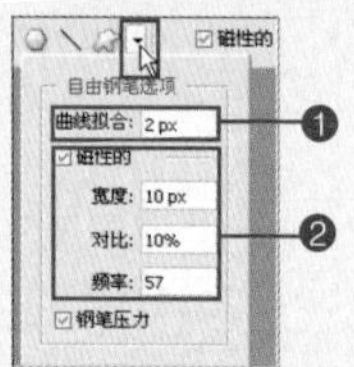

❶ 曲线拟合：在图像上建立路径的时候，调整图像曲线部分的弯曲程度。参数值越大，路径弯曲得越柔和。

01 按快捷键Ctrl+O，在弹出的对话框中选择本书配套光盘中Chapter 9\07增加照片的灯光效果\Media\001.jpg文件，再单击“打开”按钮。打开的素材如图9-66所示。

图9-66

02 在“图层”面板中复制“背景”图层，得到“背景 副本”图层，如图9-67所示。

图9-67

曲线拟合：1px

曲线拟合：10px

❷选中此复选框的情况下，在图像上建立路径时，会像磁石一样紧贴图像的边缘建立路径。

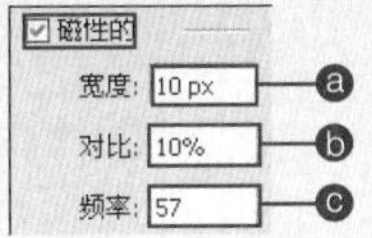

ⓐ宽度：调整路径的选择范围。参数值越大，自然选择的范围就越大。

宽度：10px
对比：1%
频率：0

ⓑ对比：设置边缘对比度。参数值越大，对比度越强。

宽度：10px
对比：100%
频率：10

ⓒ频率：建立路径时，设置锚点的密度。参数值越大，产生的锚点越多。

宽度：10px
对比：100%
频率：100

03 选择“背景 副本”图层，再按快捷键Ctrl+U，在弹出的“色相/饱和度”对话框中设置各项参数，如图9-68所示，完成后单击“确定”按钮，效果如图9-69所示。

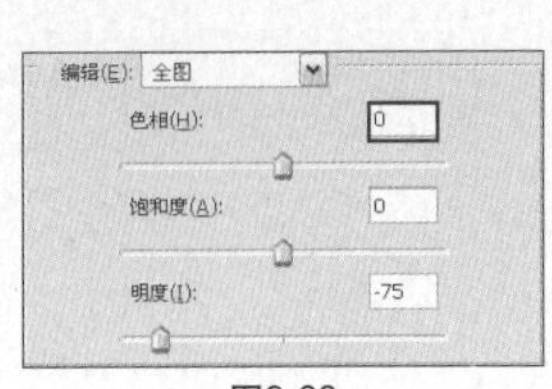

图9-68

图9-69

04 在“图层”面板上单击按钮，如图9-70所示，在弹出的菜单中执行“曲线”命令，然后在弹出的对话框中设置各项参数，如图9-71所示，完成后单击“确定”按钮，效果如图9-72所示。

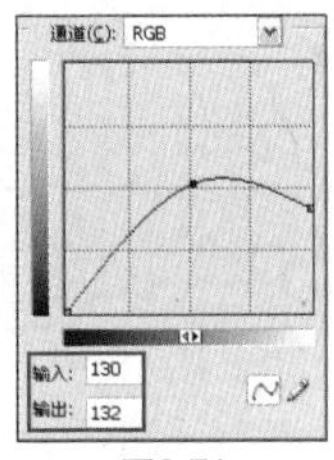
图9-70

图9-71

图9-72

05 在“图层”面板中新建“图层1”图层，如图9-73所示。选择钢笔工具，如图9-74所示建立路径。

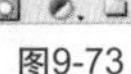
图9-73

图9-74

06 在路径上右击并在弹出的快捷菜单中执行“描边路径”命令。在弹出的对话框中设置参数，如图9-75所示，完成后单击“确定”按钮。单击“路径”面板的空白处，如图9-76所示，效果如图9-77所示。

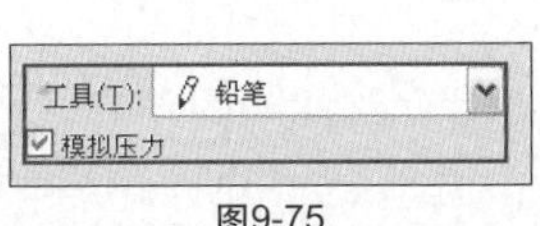

图9-75

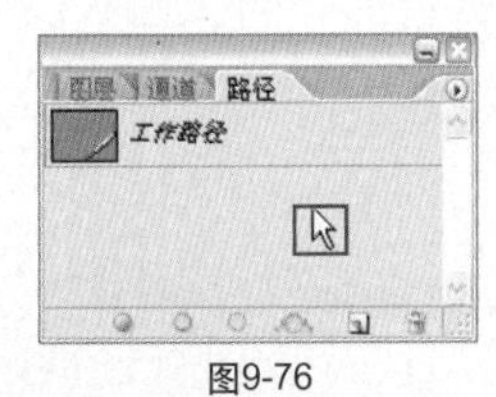

图9-76

图9-77

知识提点

画笔预设

选择画笔工具后，在选项栏的右侧单击“画笔”标签，弹出的面板默认显示画笔预设的相关参数。

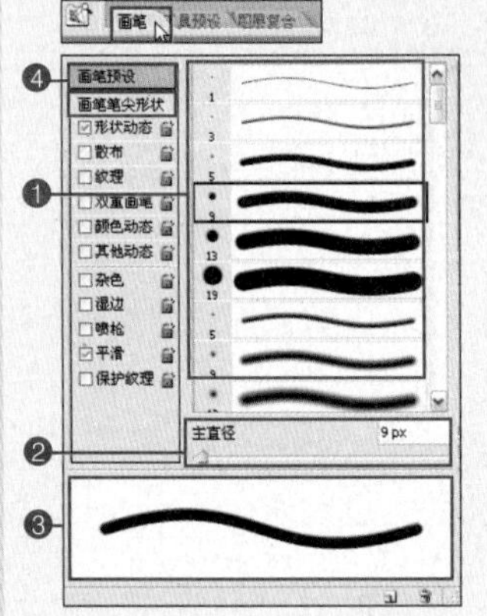

❶预览画笔。

❷主直径：调整选择的画笔的大小。

❸主要显示所选画笔的类型。

❹画笔预设：显示画笔的尺寸、距离、材质等。选中各个复选框，可以对画笔进行相应的设置。

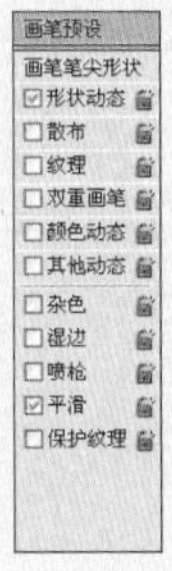

07 选择“图层1”图层，执行“滤镜>模糊>高斯模糊”命令，在弹出的对话框中将“半径”设置为“2.5像素”，如图9-78所示，完成后单击“确定”按钮，效果如图9-79所示。

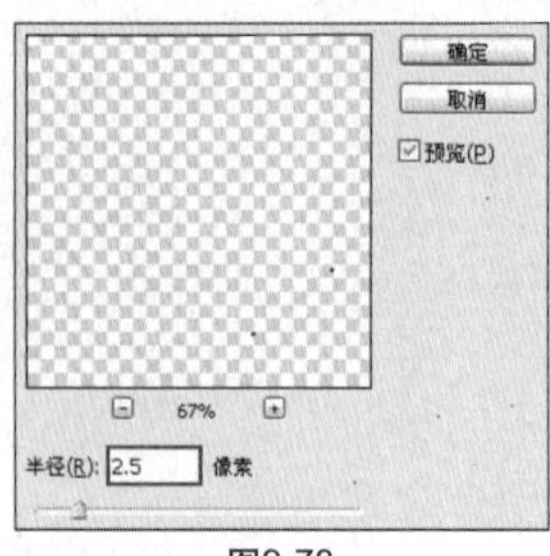

图9-78

图9-79

08 在“图层”面板中新建“图层2”图层，如图9-80所示。选择钢笔工具，如图9-81所示建立路径。然后参考步骤6描边路径。

图9-80

图9-81

09 选择“图层2”图层，执行“滤镜>模糊>高斯模糊”命令，在弹出的对话框中将“半径”设置为“1像素”，如图9-82所示，完成后单击“确定”按钮，效果如图9-83所示。

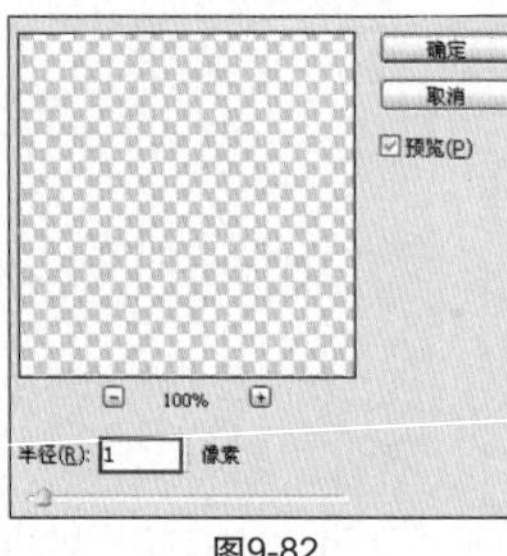

图9-82

图9-83

10 在图像中的桥上及柱子上，反复进行上述操作，如图9-84所示，再合并除“曲线1”图层、“背景 副本”图层和“背景”图层以外的所有图层，得到“图层3”图层，如图9-85所示。

图9-84

图9-85

知识提点

画笔笔尖形状

在“画笔”面板中选择“画笔笔尖形状选项”，然后调整画笔的形状、大小、角度、距离等。

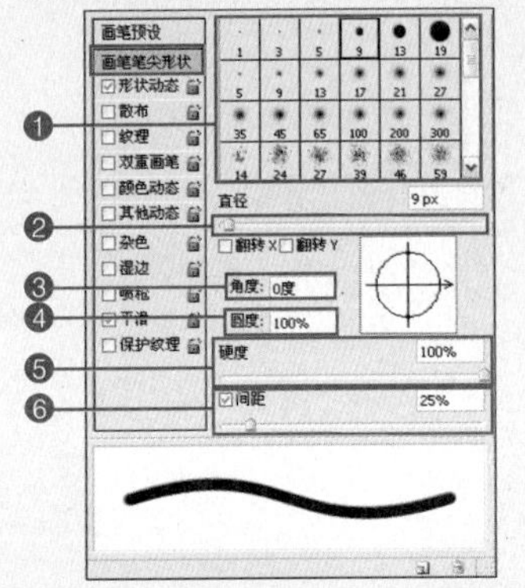

❶选择画笔的样式。

❷直径：调整画笔的直径，也就是大小。参数值越大，画笔也就越粗。

❸角度：调整画笔的角度。可以直接输入参数，也可以在右侧的坐标中拖动鼠标进行调整。

❹圆度：调整画笔的笔触形状。当参数为100%的时候，笔触为圆形，参数变小，笔触就会变为椭圆形。

❺硬度：调整画笔的硬度。参数越大，画笔的笔触边缘越分明。

❻间距：调整画笔的间隔距离。参数越大，画笔的距离越宽。

知识提点

匹配颜色命令

利用颜色匹配命令可以使多个图像文件、多个图层、多个色彩选区之间进行颜色的匹配。使用该命令时，要将颜色模式设置为RGB。

执行“图像＞调整＞颜色匹配”命令，打开“颜色匹配”对话框。

11 隐藏“曲线1”图层，选择“背景 副本”图层，如图9-86所示。选择画笔工具，在选项栏上单击“喷枪”按钮，并设置画笔大小为8px，设置“模式”为“颜色减淡”，设置“流量”为50%。将前景色设置为（R:255, G:252, B:218），在图像上对路灯及桥的亮部进行涂抹，效果如图9-87所示。

图9-86

图9-87

12 在“图层”面板中，单击“添加图层蒙版”按钮，如图9-88所示。选择画笔工具，再将前景色设置为黑色，在图像上涂抹出中间调，效果如图9-89所示。

图9-88

图9-89

13 选择“图层3”图层，再单击“创建新的填充或调整图层”按钮。在弹出的菜单中执行“曲线”命令，在弹出的对话框中设置各项参数，如图9-90所示，再单击“确定”按钮，效果如图9-91所示。

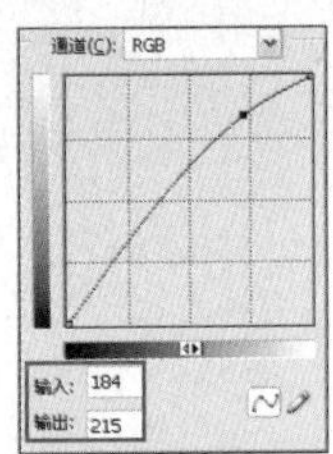

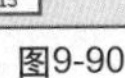

图9-90

图9-91

14 双击“曲线2”图层的图层缩览图，如图9-92所示，在弹出的对话框的“通道”下拉列表框中选择“红”，并设置各项参数，如图9-93所示，完成后单击“确定”按钮，效果如图9-94所示。

图9-92

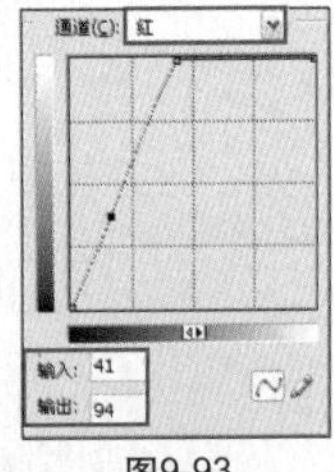

图9-93

图9-94

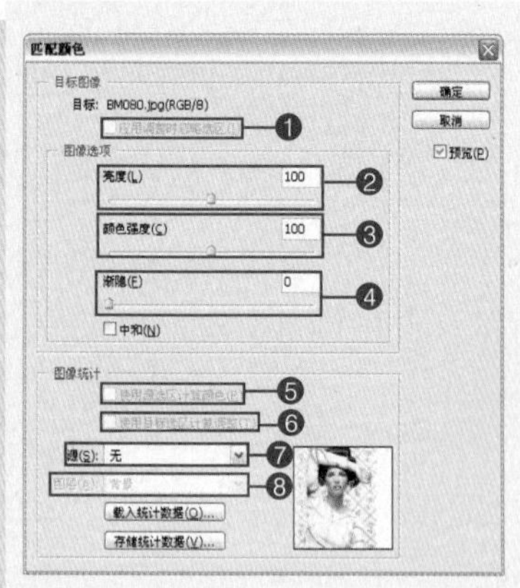

❶应用调整时忽略选区：选中该复选框后，将调整整个目标图层，而忽略图层中的选区。

❷亮度：调整当前图层中图像的亮度。

❸颜色强度：调整颜色的饱和度。

❹渐隐：控制应用的调整量。

❺中和：选中该复选框，可自动消除目标图像中色彩的偏差。

❻使用源选区计算颜色：选中该复选框，可使用源图像中的选区的颜色计算调整度。取消选中该复选框，忽略图像中的选区，使用原图层中的颜色计算调整度。

❼使用目标选区计算调整：选中该复选框，使用目标图层中选区的颜色计算调整度。

❽源：在下拉列表框中选择要将其颜色匹配到目标图像中的原图像。

原图 1

原图 2

亮度：30
颜色强度：100
渐隐：0
图层：背景

15 再次双击“曲线2”图层的图层缩览图，在弹出的对话框的“通道”下拉列表框中选择“蓝”，并设置各项参数，如图9-95所示，完成后单击“确定”按钮，效果如图9-96所示。

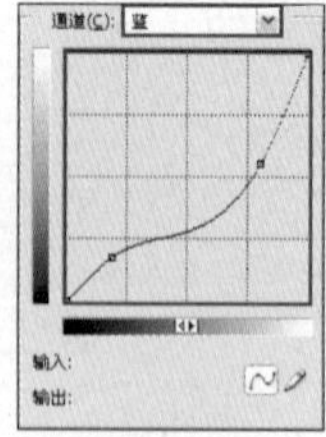

图9-95

图9-96

16 选择“背景 副本”图层的图层蒙版，如图9-97所示，然后选择画笔工具，将前景色设置为白色，在选项栏上将“不透明度”改为30%，在桥的转弯处进行涂抹，效果如图9-98所示。

图9-97

图9-98

17 单击“背景 副本”图层的图层缩略图，如图9-99所示，然后选择画笔工具，在选项栏上单击“喷枪”按钮，将前景色设置为黑色，在图像上对右边桥上的路灯进行涂抹，效果如图9-100所示。至此，本案例制作完成。

图9-99

图9-100

08 增强夜景的霓虹效果

原照片是一张有夜景霓虹效果的照片，但是霓虹灯光的颜色灰暗，并没有突出夜景的灯光效果，需要增强夜景的霓虹效果。

应用功能：USM锐化滤镜、曲线命令、绘画涂抹命令、画笔工具、色相/饱和度命令

CD-ROM：Chapter 9\08增强夜景的霓虹效果\Complete\08增强夜景的霓虹效果.psd

知识提点

形状动态笔触

在“画笔”面板中选择“形状动态”选项。

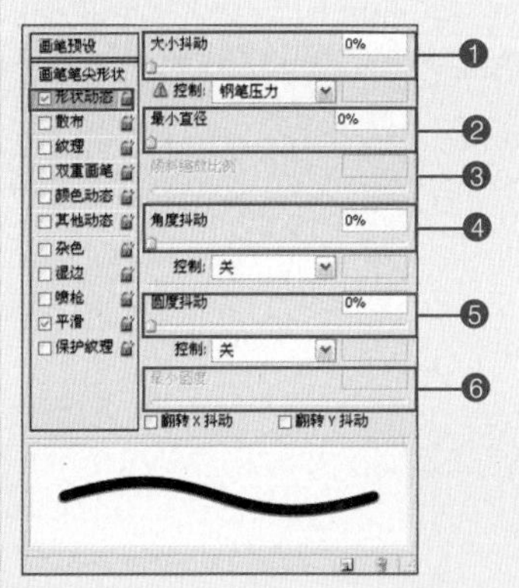

❶大小抖动：调整画笔抖动的大小。参数值越大，抖动的幅度就越大。

在“控制”下拉列表框中选择抖动的方式。

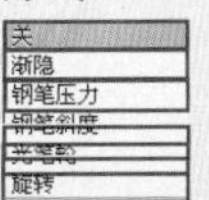

关：没有指定笔触抖动的程度。

01 按快捷键Ctrl+O，在弹出的对话框中选择本书配套光盘中Chapter 9\08增强夜景的霓虹效果\Media\001.jpg文件，再单击“打开”按钮。打开的素材如图9-101所示。

图9-101

02 在“图层”面板中复制“背景”图层，得到“背景 副本”图层，如图9-102所示。

图9-102

渐隐：逐渐减小笔触的长度，笔触的尾部在图像上渐渐消失。

钢笔压力：根据强度调整画笔的大小。

钢笔斜度：根据倾斜度调整画笔的大小。

光笔轮：根据旋转程度调整笔触的旋转角度。

旋转：根据旋转程度调整画笔。

❷最小直径：设置抖动幅度的最小直径。参数值越小，画笔抖动得越严重。

❸倾斜缩放比例：在大小抖动的“控制”下拉列表框中选择“钢笔斜度”后，该选项才可以使用。

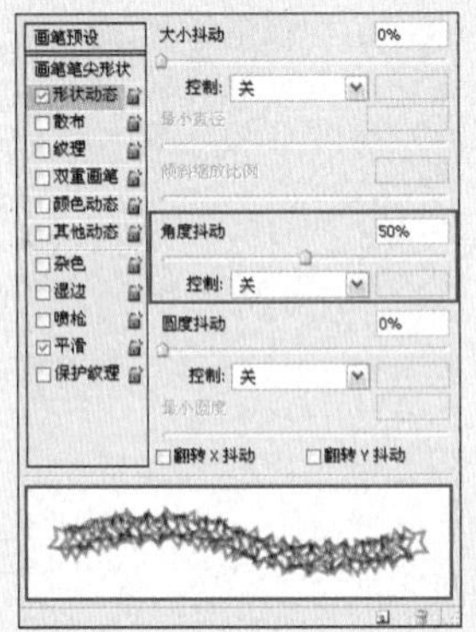

❹角度抖动：控制抖动幅度笔触的角度。参数值越小，笔触的角度越接近原画笔。同样，在“控制”下拉列表框中有很多类型可供选择。在处理图片的时候，利用该功能可以实现富于变化的效果。

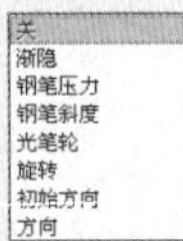

关：不制定笔触的抖动效果。

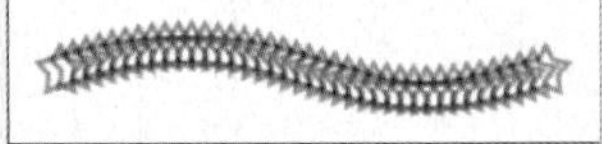

渐隐：使笔触的角度渐渐变小。

钢笔压力：根据画笔的强度来调整笔触的角度。

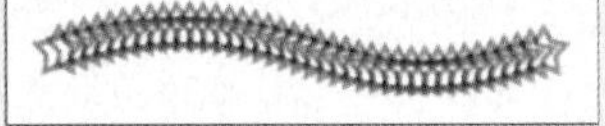

03 执行“滤镜＞锐化＞USM锐化”命令，在弹出的对话框中设置参数，如图9-103所示，再单击“确定”按钮，效果如图9-104所示。

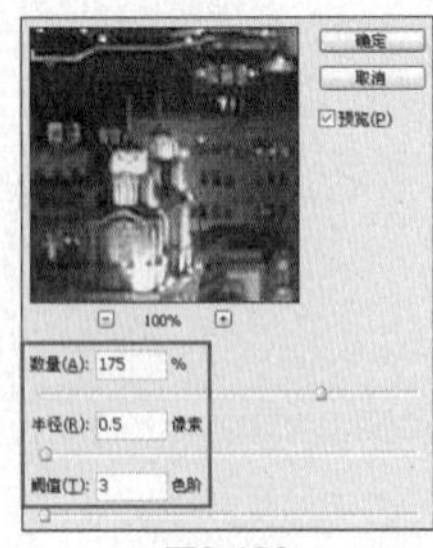

图9-103

图9-104

04 在“图层”面板中单击“创建新的填充或调整图层”按钮，在弹出的菜单中执行“曲线”命令，然后在弹出的对话框中设置各项参数，如图9-105所示，完成后单击“确定”按钮，效果如图9-106所示。

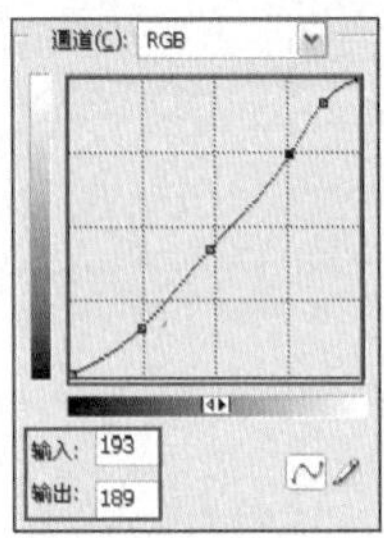

图9-105

图9-106

05 继续单击“创建新的填充或调整图层”按钮，在弹出的菜单中执行“曲线”命令，然后在弹出的对话框中设置各项参数，如图9-107所示，完成后单击“确定”按钮，效果如图9-108所示。

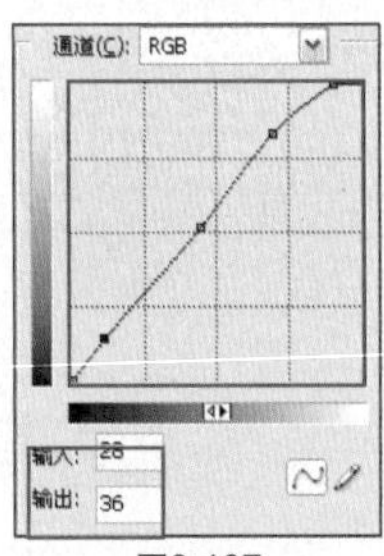

图9-107

图9-108

06 继续调整曲线，如图9-109和图9-110所示。

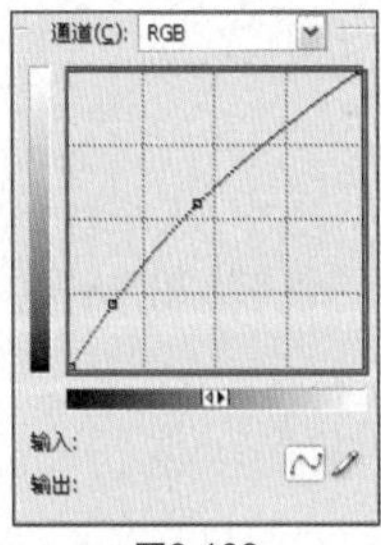

图9-109

图9-110

钢笔斜度：调整笔触的倾斜度。

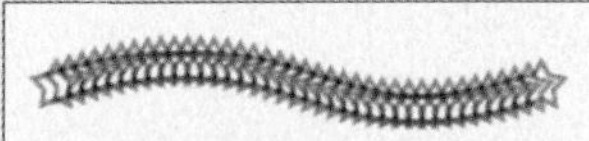

光轮笔：调整笔触的旋转角度。

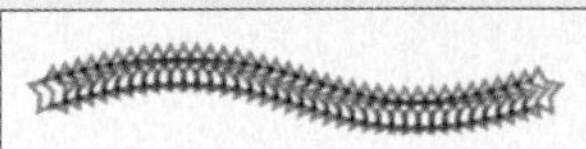

旋转：根据旋转的程度，调整笔触的旋转角度。

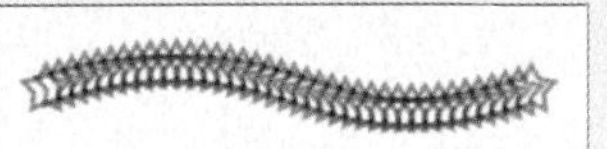

初始方向：在保持原画笔的值后再调整笔触的角度。

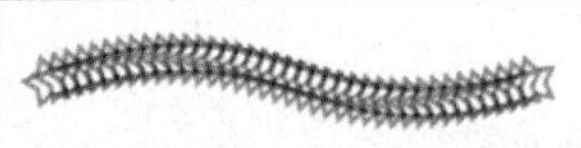

方向：调整笔触的角度。

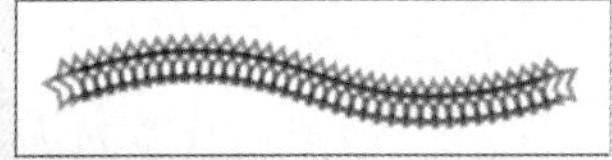

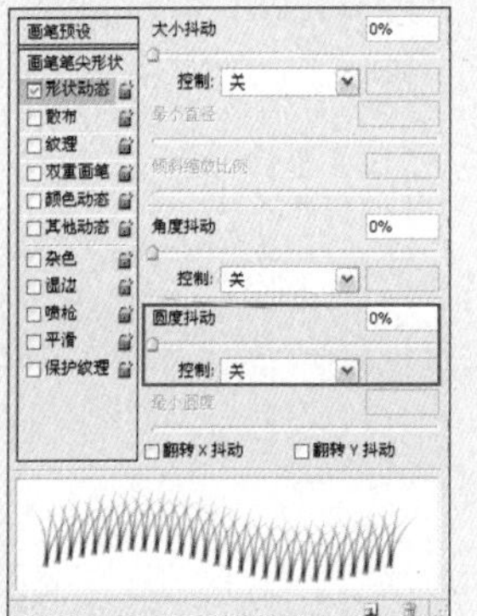

❺圆度抖动：调整画笔笔触的椭圆程度。参数值越大，形状越扁平。

圆度抖动：100%

可以在“控制”下拉列表框中进行选择并设置。

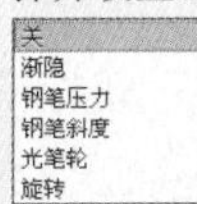

关：不制定画笔的抖动效果。

渐隐：对笔触产生渐隐效果，笔触的尾部笔触会越来越小。

07 单击“曲线3”图层的蒙版缩览图，如图9-111所示。选择画笔工具，并选择较软的画笔，将前景色设置为黑色，在建筑的周围进行涂抹，如图9-112所示。

图9-111

图9-112

08 选择“背景 副本”图层，再单击“创建新的填充或调整图层”按钮。在弹出的快捷菜单中执行“曲线”命令，然后在弹出的对话框中设置各项参数，如图9-113所示，完成后单击“确定”按钮，效果如图9-114所示。

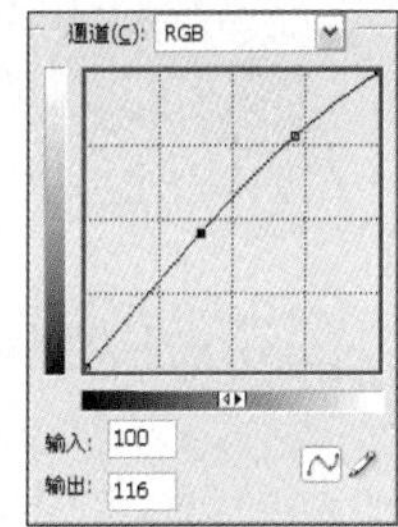

图9-113

图9-114

09 单击“曲线4”图层的蒙版缩览图。选择画笔工具，并选择较软的画笔，将前景色设置为黑色，在建筑的周围进行涂抹，如图9-115所示。此时的“图层”面板如图9-116所示。

图9-115

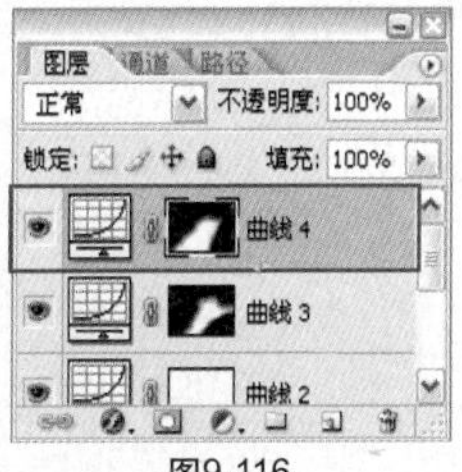

图9-116

10 选择“背景 副本”图层，再单击“创建新的填充或调整图层”按钮。在弹出的快捷菜单中执行“可选颜色”命令，然后在弹出的对话框中设置各项参数，如图9-117所示，完成后单击“确定”按钮，效果如图9-118所示。

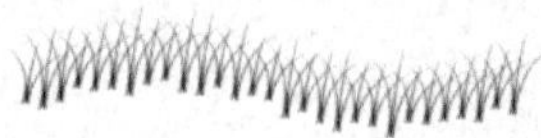

圆度抖动：50%
渐隐：25

钢笔压力：根据强度调整笔触的椭圆程度。

钢笔斜度：通过调整画笔的倾斜度决定笔触的椭圆程度。

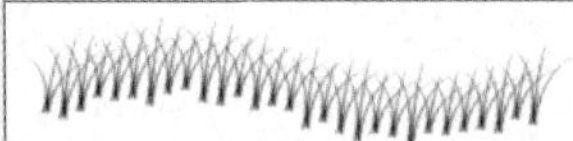

光笔轮：通过旋转的程度调整笔触的椭圆程度。

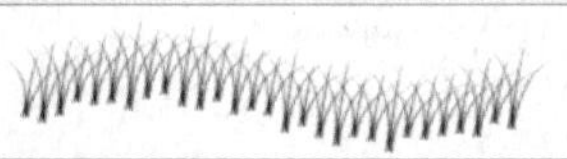

旋转：通过旋转的程度调整笔触的旋转圆度。

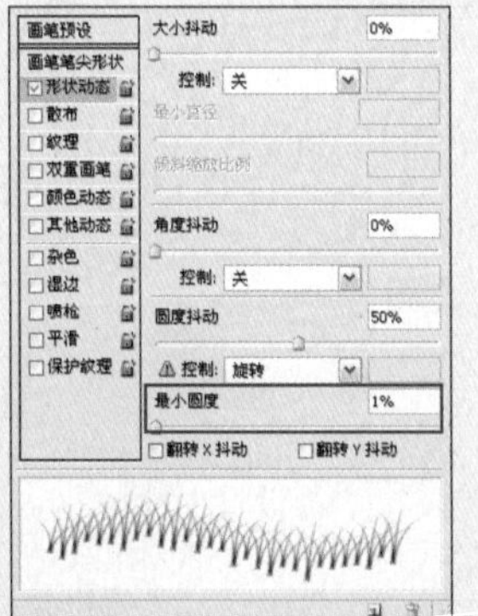

❻最小圆度：根据画笔的抖动程度决定笔触的最小直径。

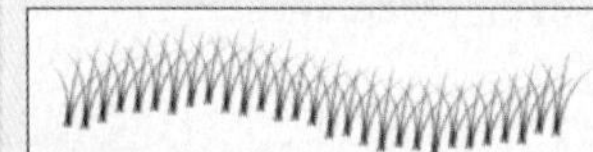

最小圆度：50%

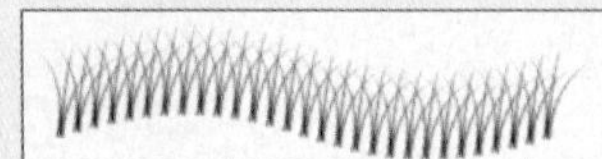

最小圆度：100%

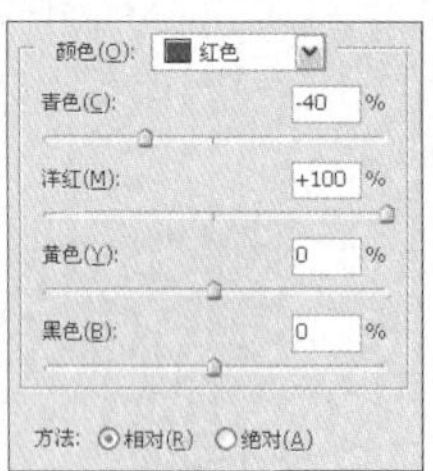

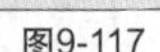

图9-117

图9-118

11 双击“选取颜色1”图层的图层缩览图，在弹出的对话框的“颜色”下拉列表框中选择“黄色”，并设置各项参数，如图9-119所示，完成后单击“确定”按钮，效果如图9-120所示。

图9-119

图9-120

12 按快捷键Ctrl+A全选图像，如图9-121所示，再按快捷键Ctrl+Shift+C复制图像，然后按快捷键Ctrl+V进行粘贴，“图层”面板中增加了“图层”图层1图层，如图9-122所示。

图9-121

图9-122

13 复制“图层1”图层，再执行“滤镜>艺术效果>绘画涂抹”命令，在弹出的对话框中设置各项参数，如图9-123所示，完成后单击“确定”按钮，效果如图9-124所示。

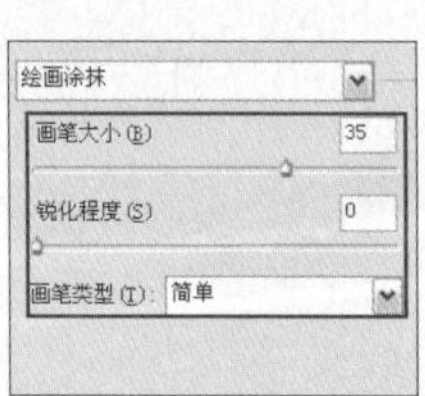

图9-123

图9-124

知识提点

喷溅滤镜

利用喷溅滤镜可以设置对象的散播效果，使边界部分变模糊。

执行“滤镜 > 画笔描边 > 喷溅”命令，在弹出的对话框中设置相关参数。

❶喷色半径：设置散播的范围。

❷平滑度：调节柔和度。

原图

喷色半径：10
平滑度：5

14 选择“图层1 副本”图层，将图层的混合模式设置为“柔光”，将“不透明度”改为50%，如图9-125所示，得到如图9-126所示的效果。

图9-125

图9-126

15 选择“图层1”图层，按快捷键Ctrl+U，在弹出的对话框中设置各项参数，如图9-127所示，完成后单击“确定”按钮，效果如图9-128所示。至此，本案例制作完成。

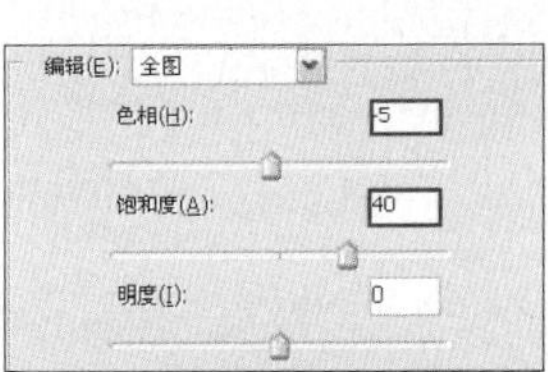

图9-127

图9-128

09 增加夕阳逆光效果

原照片是一张普通的花卉特写，不能表现花的娇媚姿态，下面为照片增加逆光效果。

应用功能：色阶命令、渐变工具、查找边缘滤镜、画笔工具、色相/饱和度命令、照片滤镜命令、镜头光晕滤镜

CD-ROM：Chapter 9\09增加夕阳逆光效果\Complete\09增加夕阳逆光效果.psd

知识提点

渐变工具的选项栏

利用渐变工具可以阶段性地对图片填充颜色。在照片处理中，对背景进行渐变填充并结合图层混合模式的调整，可以表现照片的怀旧感和神秘感。填充的颜色不同，给人的感觉就不同。

选择渐变工具，并在选项栏上设置各项参数。

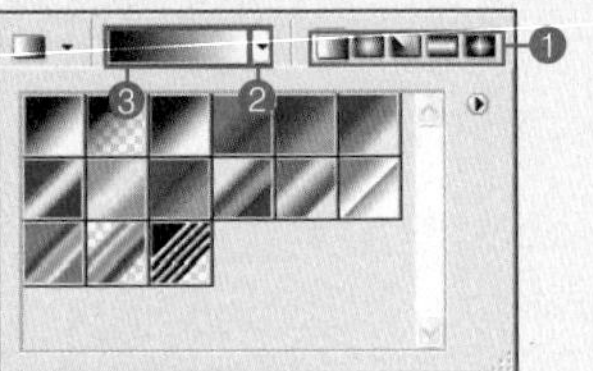

❶ 包括线性渐变、径向渐变、角度渐变、对称渐变、菱形渐变。

添加渐变时，如果拖动的方向不同，同一渐变方式的颜色顺序或位置也会不同。

01 按快捷键Ctrl+O，在弹出的对话框中选择本书配套光盘中Chapter 9\09增加夕阳逆光效果\Media\001.jpg文件，再单击“打开”按钮。打开的素材如图9-129所示。

图9-129

02 在“图层”面板中复制“背景”图层，得到“背景 副本”图层，如图9-130所示。

图9-130

在照片处理中使用渐变工具时，可以先在图像上建立选区，再设置前景色和背景色，然后选择渐变工具，设置各项参数后，在图像上进行渐变填充。

线性渐变

径向渐变

角度渐变

对称渐变

菱形渐变

❷单击该下三角按钮，在弹出的面板中选择渐变样式。

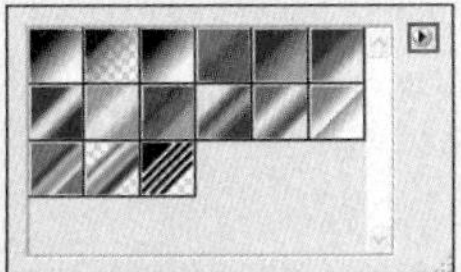
弹出的面板

03 选择“背景 副本”图层，按快捷键Ctrl+L，在弹出的对话框中设置各项参数，如图9-131所示，完成后单击“确定”按钮，效果如图9-132所示。

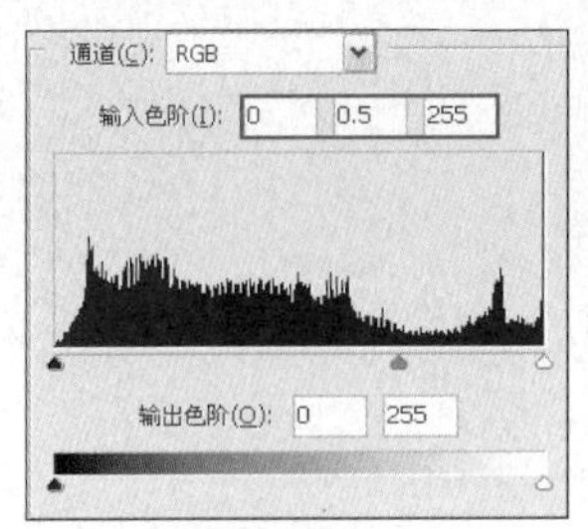

图9-131

图9-132

04 在“图层”面板中新建“图层1”图层，如图9-133所示。将前景色设置为（R:209, G:77, B:0），背景色设置为（R:232, G:167, B:52），再选择渐变工具，并在选项栏上选择“线性渐变”，在图像上从上到下进行渐变填充，效果如图9-134所示。

图9-133

图9-134

05 把“图层1”图层的混合模式设置为“正片叠底”，如图9-135所示，得到如图9-136所示的效果。

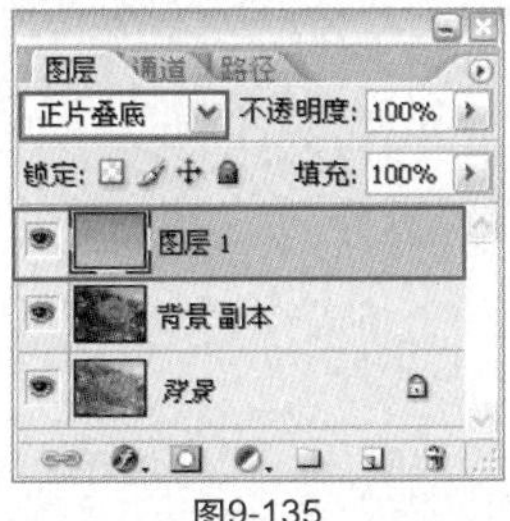

图9-135

图9-136

06 复制“背景 副本”图层，并将其放于“图层1”图层的上层，如图9-137所示，再执行“滤镜>风格化>查找边缘”命令，效果如图9-138所示。

图9-137

图9-138

❸单击弹出“渐变编辑器”对话框。

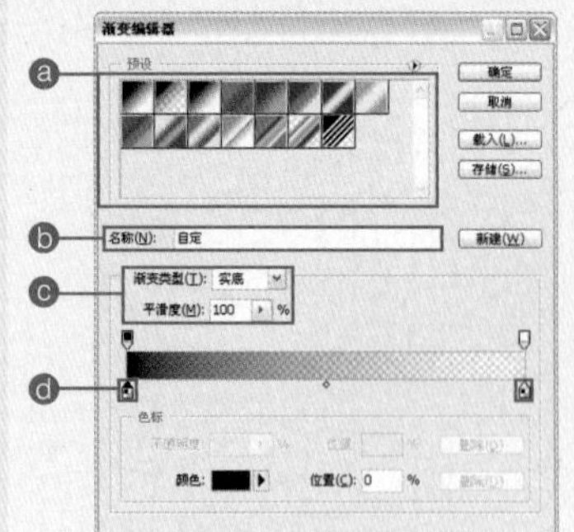

ⓐ预设：设置渐变的样式。

ⓑ名称：显示渐变的名称。

ⓒ渐变类型：图像中渐变的显示形态。

平滑度：调整渐变颜色的阶段的柔和度。

ⓓ色标：调整渐变中颜色的范围，通过拖动滑块来调整渐变。

在“渐变编辑器”对话框中，双击“色标”，在弹出的“拾色器”对话框中设置颜色，完成后单击“确定”按钮。利用此功能可以随意改变渐变的颜色。

将鼠标放在色标上，当图标变为“手形”的时候，拖动鼠标可以添加色标。双击色标后在弹出的对话框中设置颜色，完成后单击“确定”按钮，再进行渐变填充。

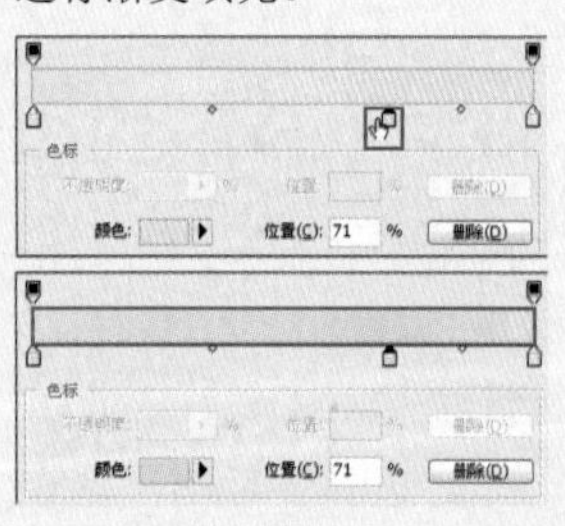

07 选择“背景 副本2”图层，按快捷键Ctrl+L，在弹出的对话框中设置各项参数，如图9-139所示，完成后单击“确定”按钮，效果如图9-140所示。

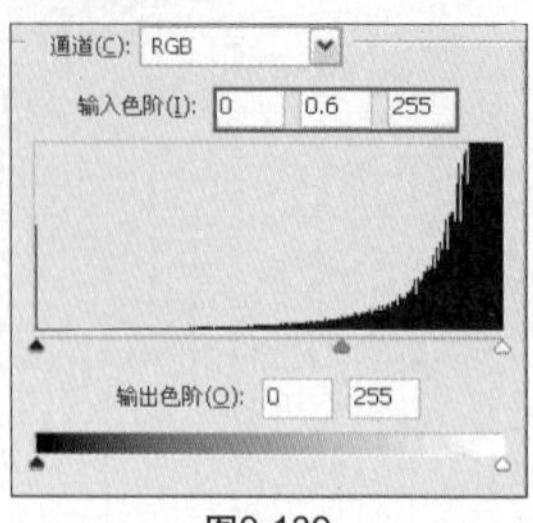

图9-139

图9-140

08 再次按快捷键Ctrl+L，在弹出的对话框中设置各项参数，如图9-141所示，完成后单击“确定”按钮，效果如图9-142所示。

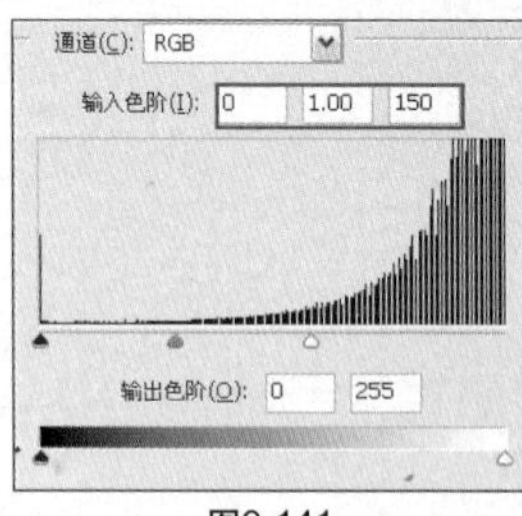

图9-141

图9-142

09 继续按快捷键Ctrl+U，在弹出的对话框中设置各项参数，如图9-143所示，完成后单击“确定”按钮，效果如图9-144所示。

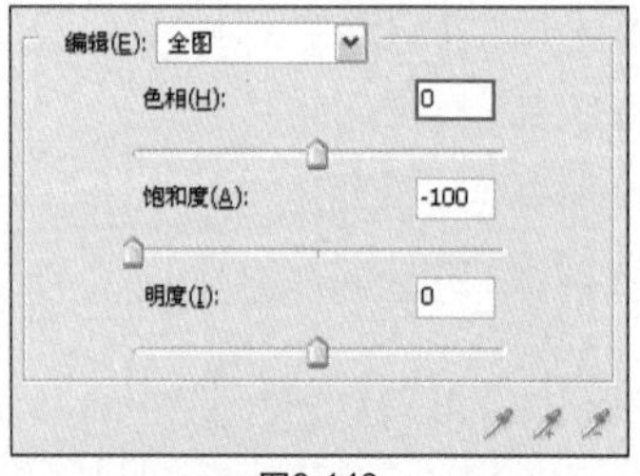

图9-143

图9-144

10 按快捷键Ctrl+I反相图像，效果如图9-145所示。

图9-145

11 再次按快捷键Ctrl+L，在弹出的对话框中设置各项参数，如图9-146所示，完成后单击“确定”按钮，效果如图9-147所示。

图9-146

图9-147

12 继续按快捷键Ctrl+L，在弹出的对话框中设置各项参数，如图9-148所示，完成后单击“确定”按钮，效果如图9-149所示。

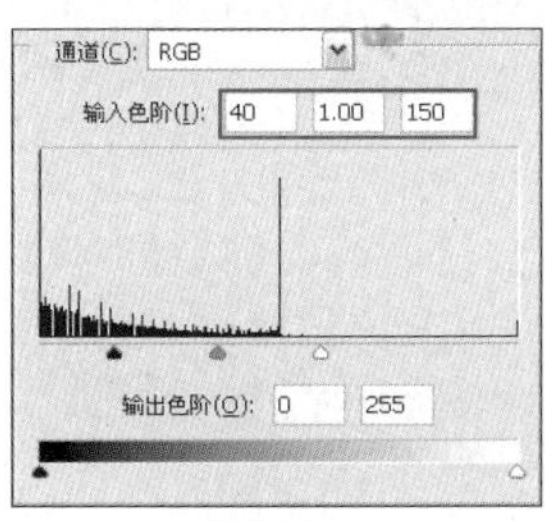

图9-148

图9-149

13 选择画笔工具，并选择较软的画笔，按D键恢复前景色和背景色的默认设置。在“背景 副本2”图层上对图像的白边小心进行涂抹，如图9-150所示，得到如图9-151所示的效果。

图9-150

图9-151

14 执行“图像>调整>照片滤镜”命令，在弹出的对话框中设置参数，如图9-152所示，完成后单击“确定”按钮，效果如图9-153所示。

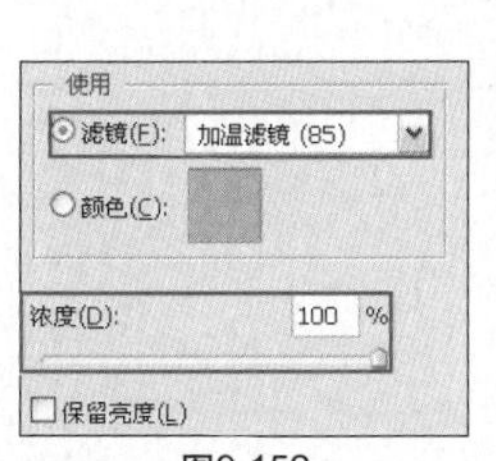

图9-152

图9-153

知识提点

查找边缘滤镜

利用查找边缘滤镜可以找出图像的边缘，并以深色线条表示。在处理照片时，如果某部分图像边缘的颜色与周围相邻图像部分的颜色差别较大时，可以使用该方法保持边缘的轮廓。利用此方法还可以制作一些个性海报或招贴广告。

执行“滤镜>风格化>查找边缘”命令，得到查找边缘效果。

原图

查找边缘效果

知识提点

剪贴蒙版

蒙版可以将一部分图像保护起来。当选中“通道”面板中的蒙版通道时，前景色和背景色以灰度显示。

在图层上右击，在弹出的快捷菜单中执行“创建剪贴蒙版”命令，可以创建剪贴蒙版。

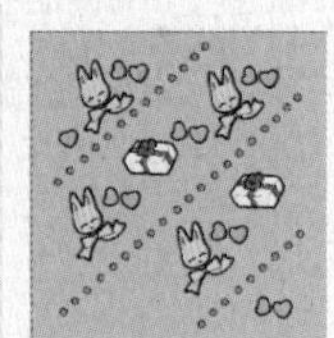

原图

原图层

剪贴蒙版效果

剪贴蒙版

由此可看出，剪贴蒙版保留剪贴图像的局部，在原来的形状基础上保持剪贴图像的图案效果。另外，剪贴蒙版只对该图层的下一个图层起作用。

知识提点

光照效果滤镜

该滤镜只能用于RGB颜色模式的图像。

执行“滤镜＞渲染＞光照效果”命令，在弹出的“光照效果”对话框中设置相关参数。

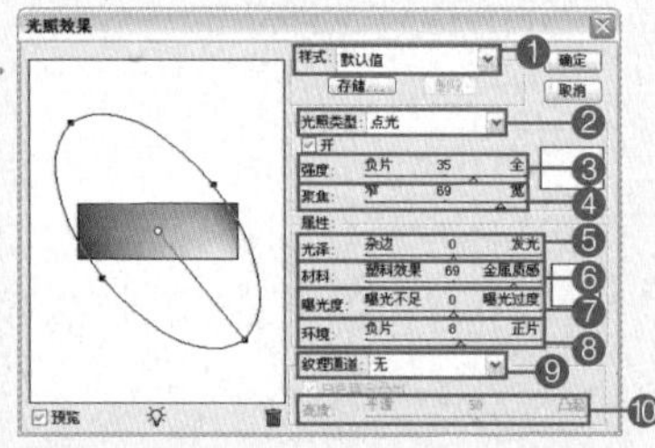

❶样式：设置光源样式，默认提供了17种样式，模拟各种舞台光源。

❷光照类型：设置灯光类型。选中“开”复选框后，激活该选项。系统提供了3种灯光类型：“平行光”、“全光源”和“点光”。

❸强度：设置光强，取值范围为-100～100，该值越大光亮越强。

❹聚焦：设置椭圆区内光线的照射范围，此项对某些光源无效。

❺光泽：设置反光物的表面光洁度。光洁度越来越低，反光效果越来越差。

15 在“图层”面板中单击“创建新的填充或调整图层”按钮。在弹出的快捷菜单中执行“色阶”命令，然后在弹出的对话框中设置各项参数，如图9-154所示，完成后单击“确定”按钮，效果如图9-155所示。

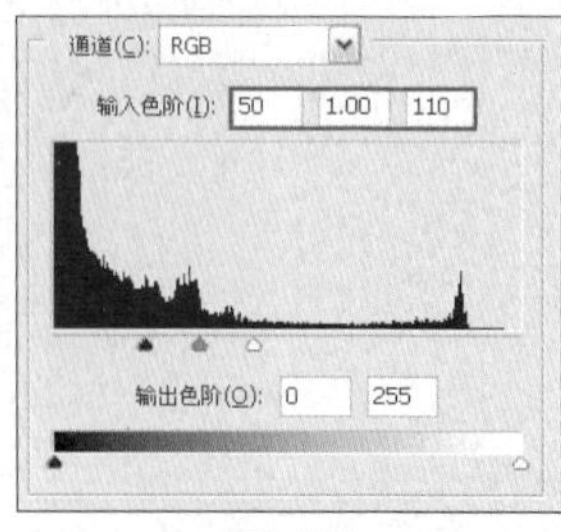

图9-154

图9-155

16 选择“色阶1”图层，执行“图层＞创建剪贴蒙版”命令，得到如图9-156所示的效果。

图9-156

17 在“图层”面板中新建“图层2”图层，如图9-157所示。按D键恢复前景色和背景色的默认设置，按快捷键Alt+Delete填充颜色，效果如图9-158所示。

图9-157

图9-158

18 选择“图层2”图层，执行“滤镜＞渲染＞镜头光晕”命令，在弹出的对话框中设置各项参数，如图9-159所示，完成后单击“确定”按钮，效果如图9-160所示。

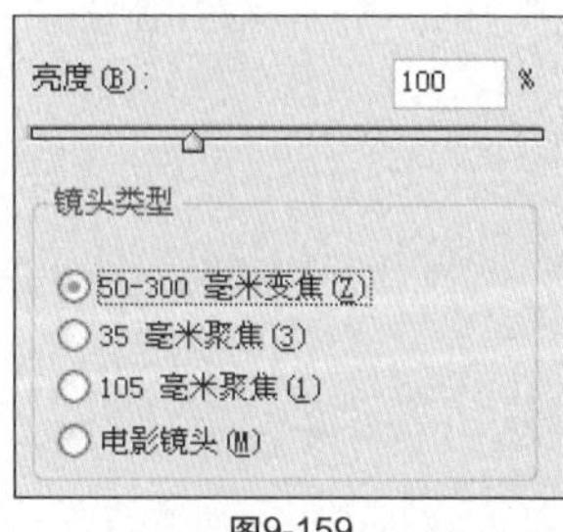

图9-159

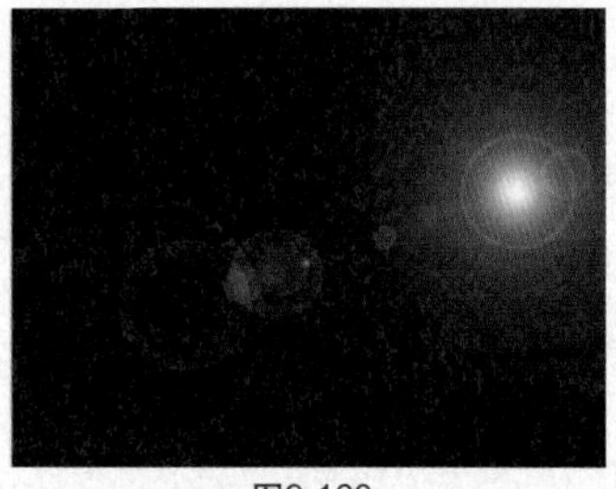

图9-160

❻材料：设置材质，有“塑料效果”和“金属质感”的效果。

❼曝光度：设置光线的亮暗度。

❽环境：设置舞台弥漫效果。

❾纹理通道：利用该选项为图像加入纹理，产生一种浮雕的效果。若选择“无”以外的设置，则可调整纹理通道的深浅。

❿高度：选中“白色部分凸出”复选框后，纹理中凸出部分用白色表示，凹陷部分用黑色表示，从“平滑”到“凸起”，纹理越来越深。

默认设置的光照效果

三处下射光照效果

添加纹理后效果

19 把“图层2”图层的混合模式设置为“滤色”，如图9-161所示，得到如图9-162所示的效果。

图9-161

图9-162

20 按快捷键Ctrl+U，在弹出的对话框中设置各项参数，如图9-163所示，完成后单击“确定”按钮，效果如图9-164所示。至此，本案例制作完成。

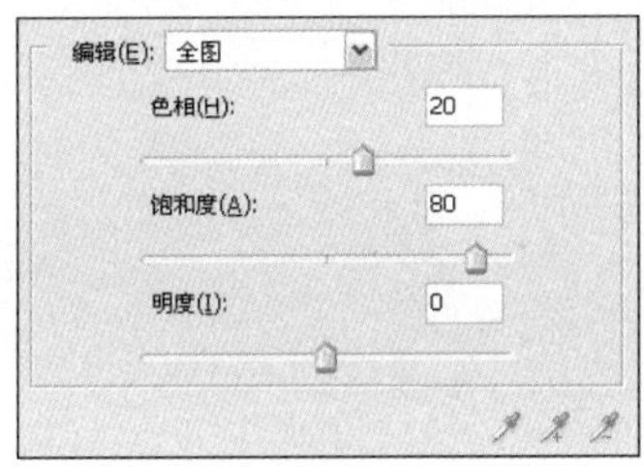

图9-163

图9-164

10 增加阳光折射效果

原照片是在强光下拍摄的，但是阳光效果不明显，照片的整体也显得阴沉灰暗，需要增强照片的阳光折射效果。

应用功能：扩散亮光滤镜、添加杂色滤镜、色阶命令、云彩滤镜、位移滤镜、渐变映射命令、镜头光晕滤镜、图层的混合模式

CD-ROM：Chapter 9\10增加阳光折射效果\Complete\10增加阳光折射效果.psd

知识提点

扩散亮光滤镜

利用扩散亮光滤镜可以当前背景色为基准，对图像上的高光部分添加反光的亮点并对其进行渲染。亮光从中心向外逐渐隐退，画面效果非常柔和。在照片处理中，该滤镜多用于表现柔和的朦胧效果。

执行“滤镜>扭曲>扩散亮光”命令，在弹出的对话框中设置各项参数，完成后单击“确定”按钮。

❶粒度：参数值越小，亮点就越细致，可以使反光更加柔和。

❷发光量：设置发光的数量。参数值越大，图像就越亮。

01 按快捷键Ctrl+O，在弹出的对话框中选择本书配套光盘中Chapter 9\10增加阳光折射效果\Media\001.jpg文件，再单击“打开”按钮。打开的素材如图9-165所示。

图9-165

02 在“图层”面板中复制“背景”图层，得到“背景 副本”图层，如图9-166所示。

图9-166

❸清除数量：设置滤镜效果的范围。参数值越小，滤镜的范围就越大。

原图

粒度：2
发光量：8
清除数量：15

粒度：2
发光量：15
清除数量：10

知识提点

渐变工具

在“渐变编辑器”对话框的“渐变类型”下拉列表框中有实底和杂色两种类型。

实底 ❶
杂色 ❷

❶实底：正常的显示颜色。

❷杂色：在颜色中添加一定的杂色。选择“杂色”选项后，“粗糙度”选项可用。

03 选择“背景 副本”图层，按D键恢复前景色和背景色的默认设置，再执行“滤镜>扭曲>扩散亮光”命令，在弹出的对话框中设置各项参数，如图9-167所示，完成后单击“确定”按钮，效果如图9-168所示。

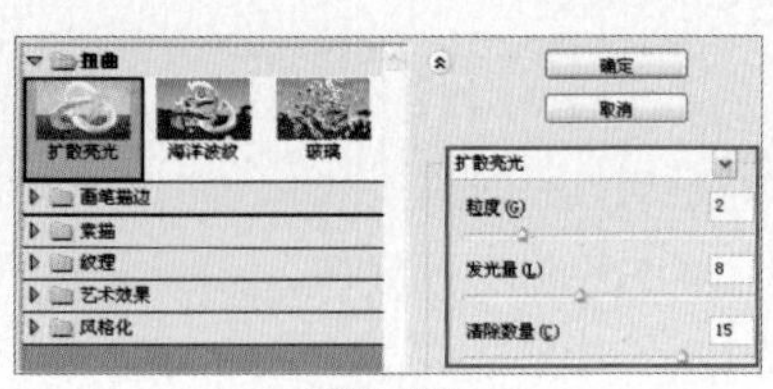

图9-167

图9-168

04 在“图层”面板上，单击“添加图层蒙版”按钮，如图9-169所示。按X键交换前景色与背景色的默认颜色，然后选择渐变工具，在选项栏上选择“径向渐变”，再在蒙版上从左上向右下进行渐变填充，效果如图9-170所示。

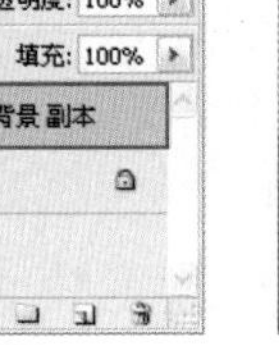

图9-169

图9-170

05 选择“背景 副本”图层的图层蒙版，然后执行“滤镜>杂色>添加杂色”命令，在弹出的对话框中设置各项参数，如图9-171所示，完成后单击“确定”按钮，效果如图9-172所示。

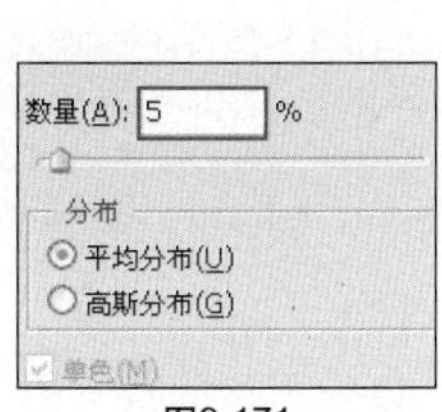

图9-171

图9-172

06 选择“背景 副本”图层，然后单击“创建新的填充或调整图层”按钮。在弹出的快捷菜单中执行“色阶”命令，然后在弹出的对话框的“通道”下拉列表框中选择“红”并设置各项参数，如图9-173所示，完成后单击“确定”按钮，效果如图9-174所示。

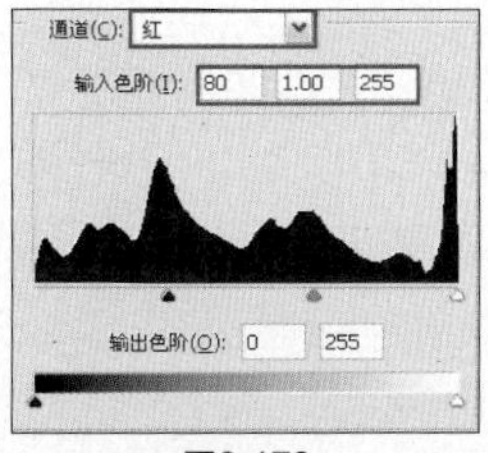

图9-173

图9-174

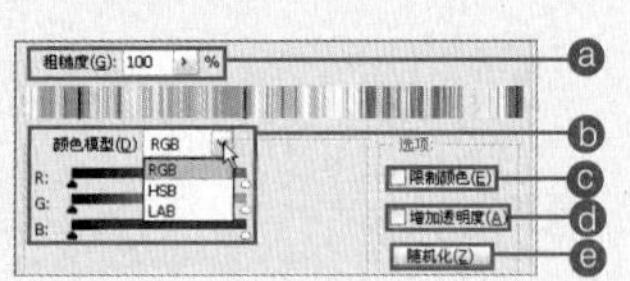

ⓐ粗糙度：调节渐变颜色的柔和度。参数值越大，颜色也就越鲜明。

粗糙度：0%

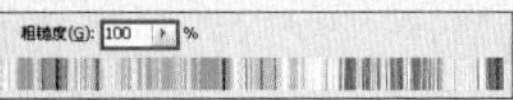

粗糙度：100%

ⓑ颜色模型：是构成渐变的颜色基准，分为 RGB、HSB、LAB。可以在下拉列表框中选择需要的颜色模式。

RGB

HSB

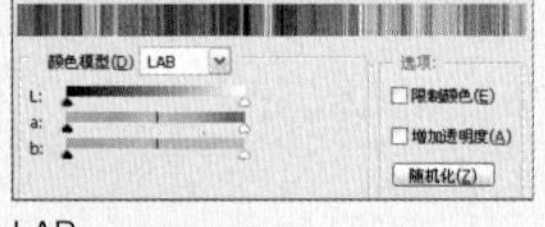

LAB

ⓒ限制颜色：选中此复选框，可以限制颜色的渐变，也可以简化颜色的渐变。

ⓓ增加透明度：选中此复选框，可以在渐变中加入透明度。

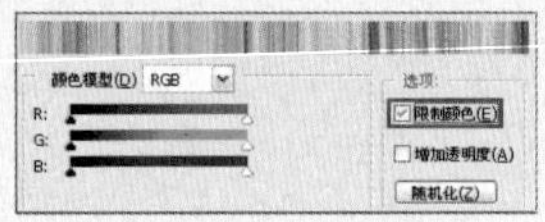

选中“限制颜色”复选框

不选中

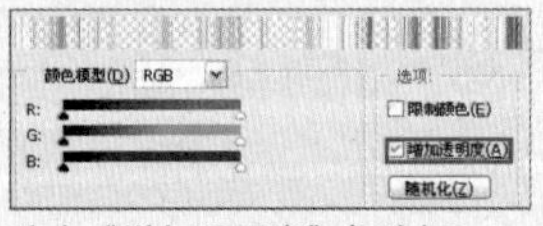

选中“增加透明度”复选框

07 双击“色阶1”图层的图层缩览图，在弹出的对话框的“通道”下拉列表框中选择“绿”并设置各项参数，如图9-175所示，完成后单击“确定”按钮，效果如图9-176所示。

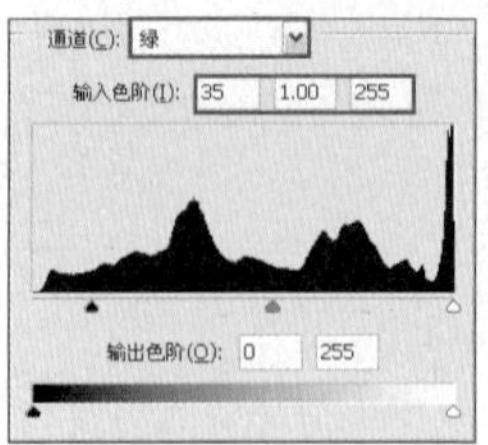

图9-175

图9-176

08 新建“图层1”图层，如图9-177所示，再执行“滤镜>渲染>云彩”命令，效果如图9-178所示。

图9-177

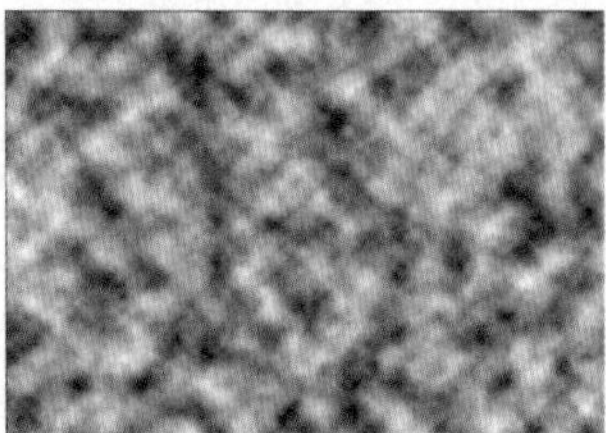

图9-178

09 选择“图层1”图层，执行“滤镜>其它>位移”命令，在弹出的对话框中设置各项参数，如图9-179所示，完成后单击“确定”按钮，效果如图9-180所示。

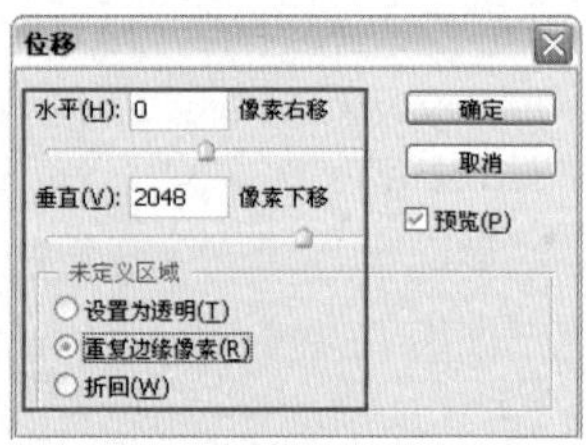

图9-179

图9-180

10 执行“滤镜>扭曲>极坐标”命令，在弹出的对话框中设置各项参数，如图9-181所示，完成后单击“确定”按钮，效果如图9-182所示。

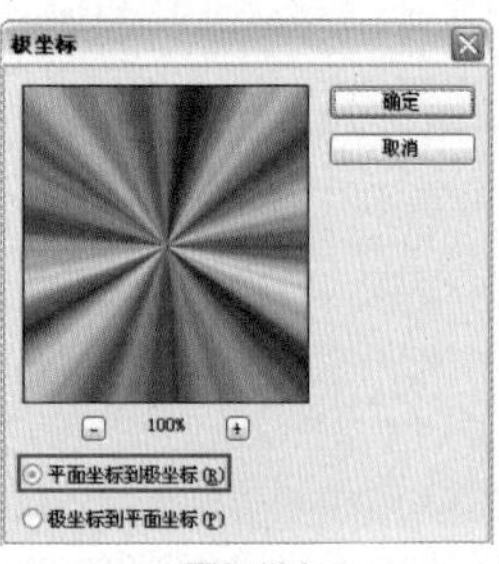

图9-181

图9-182

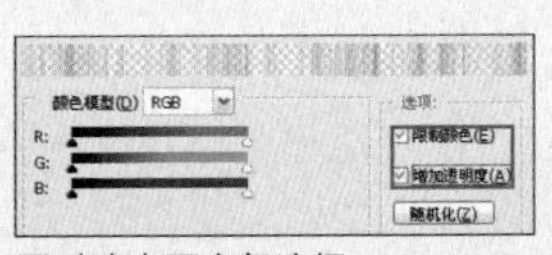

同时选中两个复选框

❺随机化：单击后可以自动改变渐变的颜色。每单击一次，颜色就改变一次。

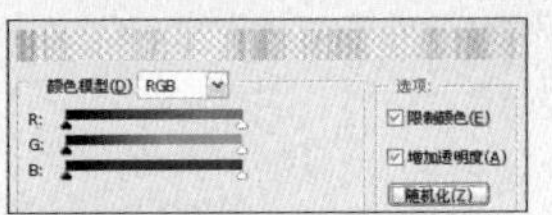

单击随机化一次

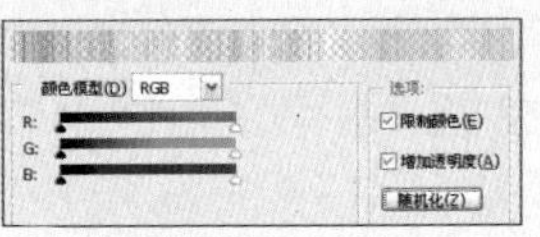

单击随机化两次

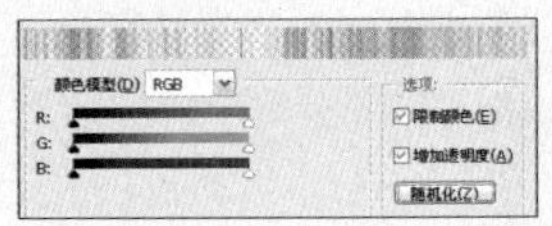

单击随机化三次

知识提点

位移滤镜

位移滤镜主要是通过输入参数值移动调整图像。在照片处理中多用于处理照片的局部，可用来制作个性首页，也可应用于制作商业广告。

执行“滤镜>其它>位移”命令，在弹出的对话框中设置各项参数，完成后单击“确定”按钮。

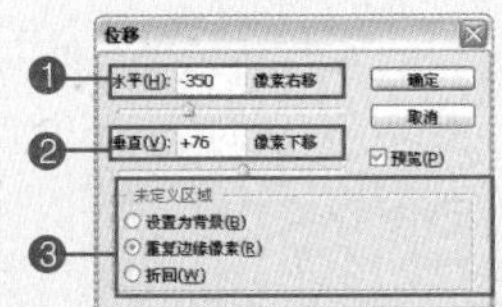

❶水平：横向移动图像。

❷垂直：纵向移动图像。

❸未定义区域：选择没有被设置的区域的表现方式，有三种方式。

设置为背景：用背景色填充图像被移动的部分。

重复边缘像素：反复使用图像的边缘像素填充被移动的部分。

折回：只使用原图像填充图像被移动的部分。

11 执行“图像>调整>渐变映射”命令，在弹出的“渐变映射”对话框中单击渐变条，如图9-183所示。在弹出的“渐变编辑器”对话框中，从左到右依次将色标设置为（R:0, G:234, B:255）、（R:0, G:127, B: 292）、（R:18, G：62, B:0）、（R:0, G:0, B:0），如图9-184所示，完成后单击“确定”按钮，效果如图9-185所示。

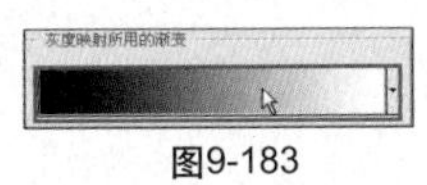

图9-183

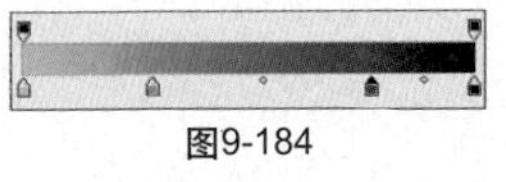

图9-184

图9-185

12 按快捷键Ctrl+L，在弹出的“色阶”对话框中设置各项参数，如图9-186所示，完成后单击“确定”按钮，效果如图9-187所示。

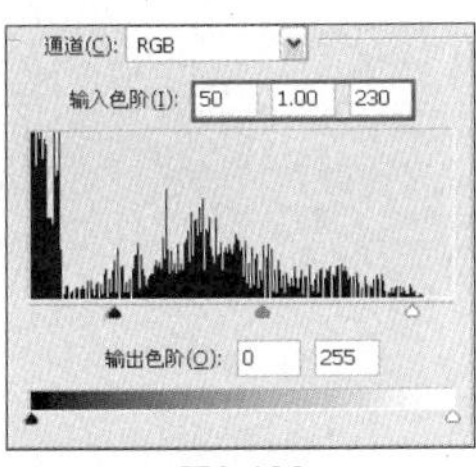

图9-186

图9-187

13 把“图层1”图层的混合模式设置为“滤色”，把“不透明度”改为70%，如图9-188所示，得到如图9-189所示的效果。

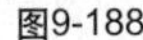

图9-188

图9-189

14 选择移动工具，将“图层1”图层上的图像移动到左上角，再按快捷键Ctrl+T对图像进行自由变换，此时的“图层”面板如图9-190所示，得到如图9-191所示的效果。

图9-190

图9-191

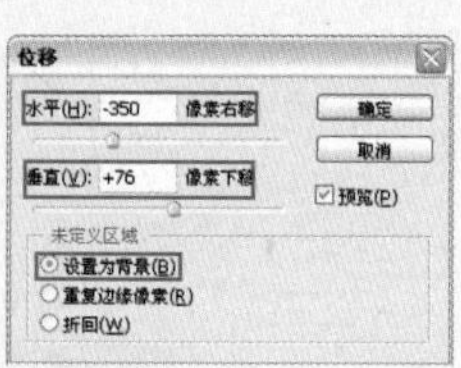

水平：-350
垂直：+76
设置为背景

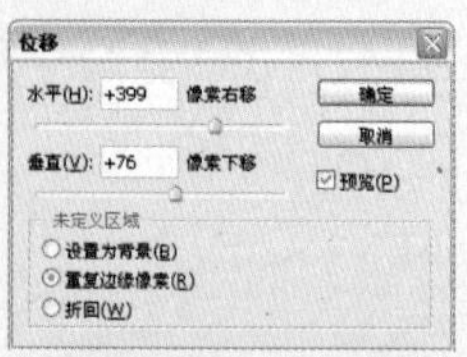

水平：+399
垂直：+76
重复边缘像素

水平：+399
垂直：+76
折回

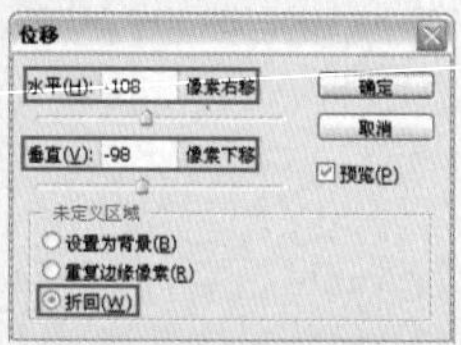

水平：-108
垂直：-98
折回

15 新建“图层2”图层，如图9-192所示。按D键恢复前景色和背景色的默认设置，按快捷键Alt+Delete进行颜色填充，效果如图9-193所示。

图9-192

图9-193

16 选择“图层2”图层，执行“滤镜>渲染>镜头光晕”命令，在弹出的对话框中将“亮度”设置为120%并设置其他参数，如图9-194所示，完成后单击“确定”按钮，效果如图9-195所示。

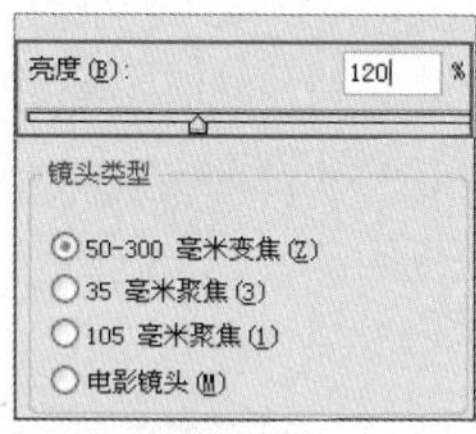

图9-194

图9-195

17 按快捷键Ctrl+L，在弹出的“色阶”对话框中设置各项参数，如图9-196所示，完成后单击“确定”按钮，效果如图9-197所示。

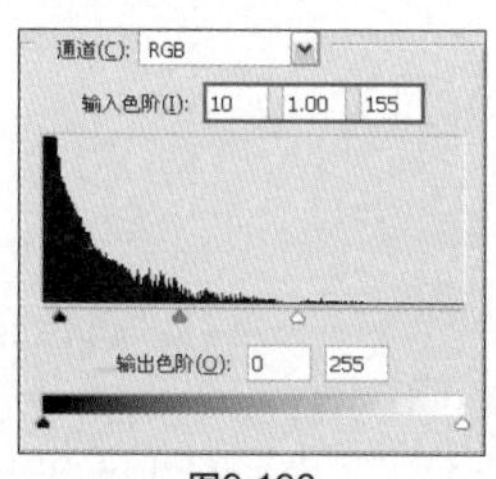

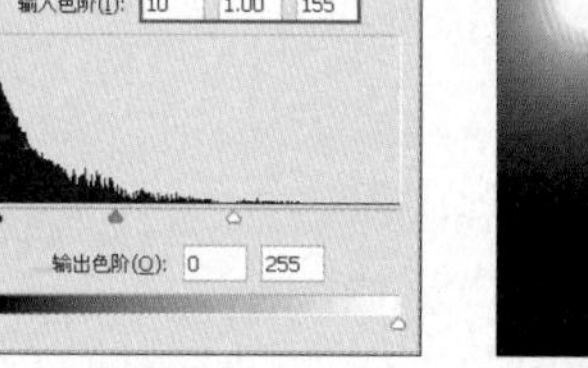

图9-196

图9-197

18 把“图层2”图层的混合模式设置为“滤色”，如图9-198所示，得到如图9-199所示的效果。至此，本案例制作完成。

图9-198

图9-199

风景照的调色和特效处理

01 为人文风景照调色

知识提点：自动颜色校正选项

02 为都市风景照调色

知识提点：设置色阶的黑场、灰点和白场

03 为河流风景照调色

知识提点：颜色混合模式、亮度混合模式、斜面和浮雕图层样式

04 为山川风光照调色

知识提点：色相、可选颜色的相对性和绝对性、内发光图层样式

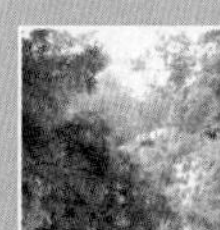

05 转换照片的季节

知识提点：色彩范围命令、渐隐命令

06 调出照片的古香古色效果

知识提点：曝光度命令

07 调出照片的怀旧效果

知识提点：纯色命令、阈值命令、纤维滤镜、智能锐化滤镜、锐化边缘滤镜

08 制作照片的朦胧效果

知识提点：彩色铅笔滤镜、影印滤镜

09 制作照片的晚霞效果

知识提点：色彩平衡命令、镜头光晕滤镜、线性减淡混合模式

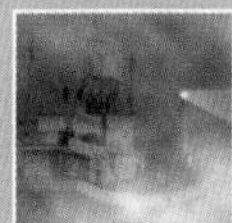

10 增加照片的云雾效果

知识提点：云彩滤镜、分层云彩滤镜、旋转扭曲滤镜、切变滤镜、半调图案滤镜

11 制作版画效果

知识提点：木刻滤镜、水彩画纸滤镜、墨水轮廓滤镜

12 制作钢笔淡彩效果

知识提点：特殊模糊滤镜、水彩滤镜、阴影/高光命令

13 制作油画效果

知识提点：成角的线条滤镜、海洋波纹滤镜

14 制作壁纸效果

知识提点：干画笔滤镜、纹理化滤镜

01 为人文风景照调色

原照片的颜色灰暗，使威严的故宫毫无生气，需要恢复照片的色彩。

应用功能：曲线命令、色相/饱和度命令

CD-ROM：Chapter 10\01为人文风景照调色\Complete\01为人文风景照调色.psd

拍摄技巧

原照片的颜色偏灰，是由曝光不足造成的，适当增加曝光量可以避免这种情况的发生。

知识提点

自动颜色校正选项

曲线命令比较复杂，也难以掌握，但准确度高。下面更进一步了解曲线命令在照片处理中的应用。

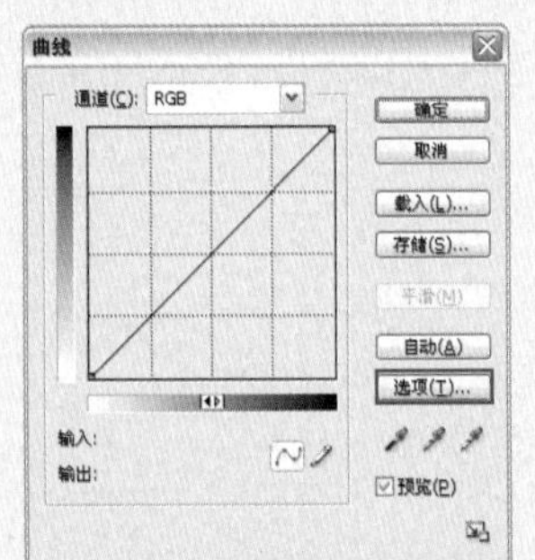

单击“选项”按钮，弹出“自动颜色校正选项”对话框。

01 按快捷键Ctrl+O，在弹出的对话框中选择本书配套光盘中Chapter 10\01为人文风景照调色\Media\001.jpg文件，再单击“打开”按钮。打开的素材如图10-1所示。

02 在“图层”面板中复制“背景”图层，得到“背景 副本”图层，如图10-2所示。

图10-1　图10-2

03 选择“背景 副本”图层，按快捷键Ctrl+M，在弹出的对话框中设置参数，如图10-3所示，完成后单击“确定”按钮，效果如图10-4所示。

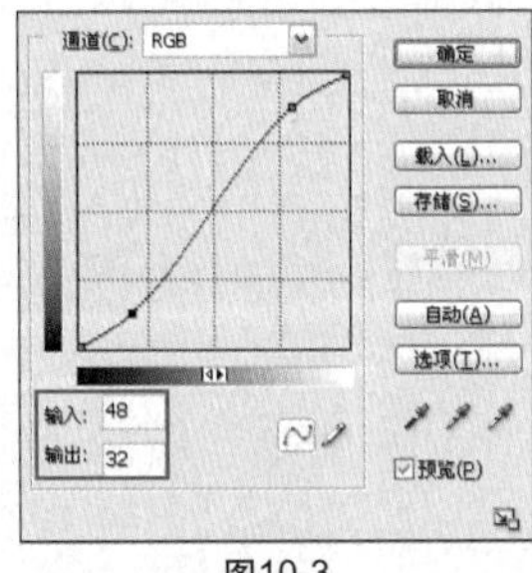

图10-3

图10-4

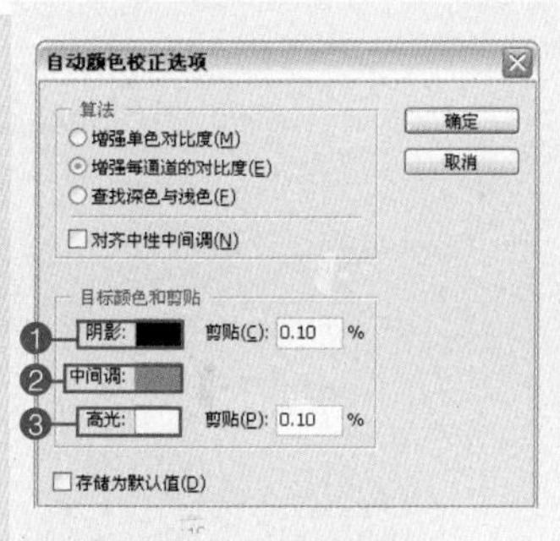
自动颜色校正选项
算法
○增强单色对比度(M)
⊙增强每通道的对比度(E)
○查找深色与浅色(F)
□对齐中性中间调(N)
目标颜色和剪贴
❶阴影： 剪贴(C): 0.10 %
❷中间调：
❸高光： 剪贴(P): 0.10 %
□存储为默认值(D)
确定
取消

原图

❶阴影：调整图像的暗部。单击色块并在弹出的对话框中设置颜色。

调整阴影后

❷中间调：调整图像的中间点，一般没有作用。

❸高光：调整图像的高光，单击色块并在弹出的对话框中设置颜色。

调整高光后

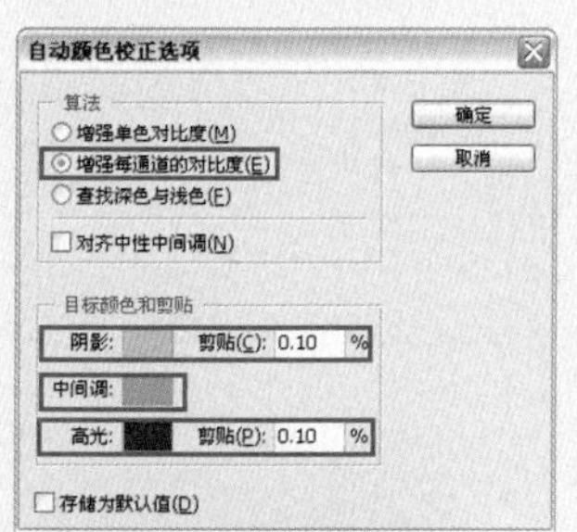
自动颜色校正选项
算法
○增强单色对比度(M)
⊙增强每通道的对比度(E)
○查找深色与浅色(F)
□对齐中性中间调(N)
目标颜色和剪贴
阴影： 剪贴(C): 0.10 %
中间调：
高光： 剪贴(P): 0.10 %
□存储为默认值(D)
确定
取消

调整阴影、高光后

04 按快捷键Ctrl+U，在弹出的对话框中设置各项参数，如图10-5所示，完成后单击“确定”按钮，效果如图10-6所示。

图10-5

图10-6

05 按快捷键Ctrl+M，在弹出的对话框中设置各项参数，如图10-7所示，完成后单击“确定”按钮，效果如图10-8所示。

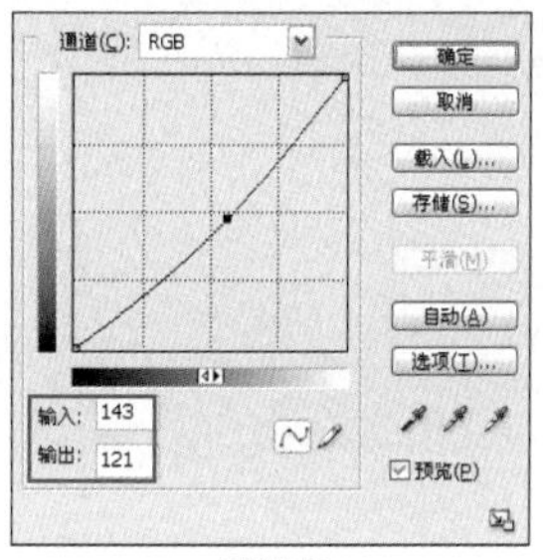

图10-7

图10-8

06 按快捷键Ctrl+M，在弹出的对话框的“通道”下拉列表框中选择“红”并设置各项参数，如图10-9所示，完成后单击“确定”按钮，效果如图10-10所示。

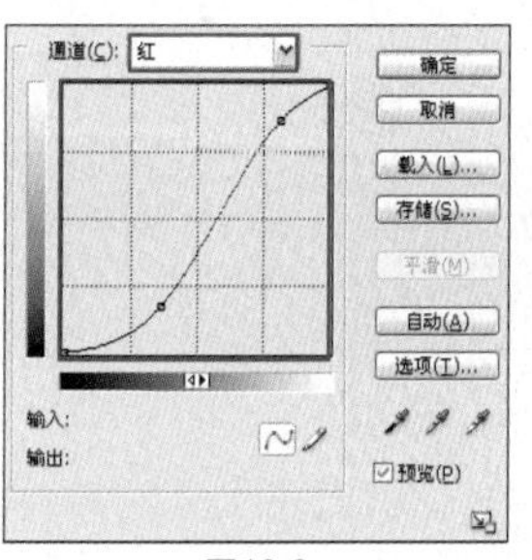

图10-9

图10-10

07 按快捷键Ctrl+M，在弹出的对话框的“通道”下拉列表框中选择“蓝”并设置各项参数，如图10-11所示，完成后单击“确定”按钮，效果如图10-12所示。至此，本案例制作完成。

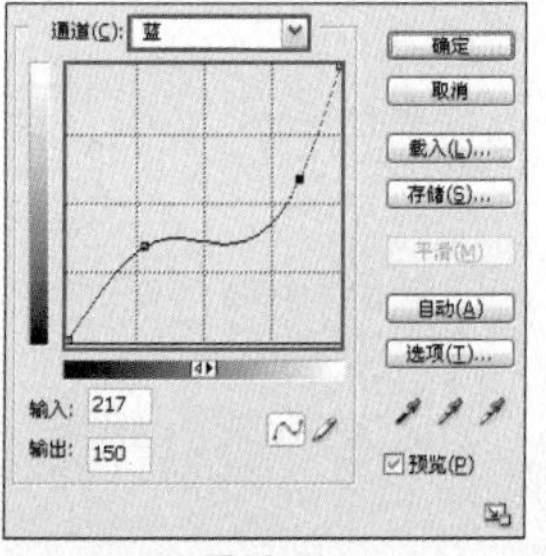

图10-11

图10-12

02 为都市风景照调色

原照片的颜色灰暗，没有体现阳光强烈照射的效果，需要恢复强光下的景物。

应用功能：色阶命令

CD-ROM：Chapter 10\02为都市风景照调色\Complete\02为都市风景照调色.psd

知识提点

设置色阶的黑场、灰点和白场

按快捷键 Ctrl+L，在弹出的“色阶”对话框中设置各项参数，完成后单击“确定”按钮。

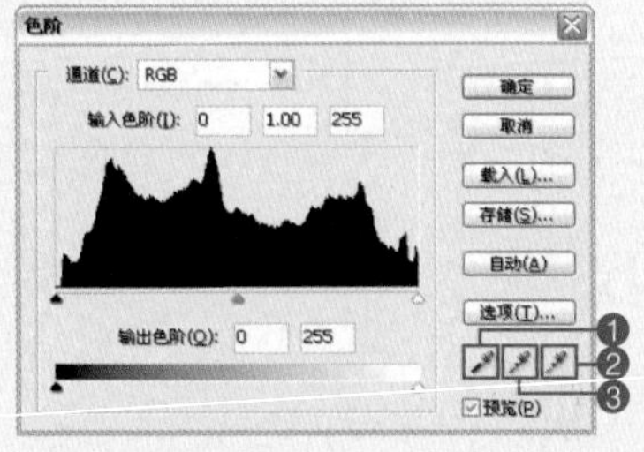

❶黑场：单击该按钮后，在图像的某一点上单击，并把这一点作为黑色，其他的色阶会随之变化。图像上比选择点暗的部分就会变为黑色。

设置黑场

01 按快捷键Ctrl+O，在弹出的对话框中选择本书配套光盘中Chapter 10\02为都市风景照调色\Media\001.jpg文件，再单击“打开”按钮。打开的素材如图10-13所示。

图10-13

02 在“图层”面板中复制“背景”图层，得到“背景 副本”图层，如图10-14所示。

图10-14

03 把“背景 副本”图层的混合模式设置为“滤色”，如图10-15所示，得到如图10-16所示的效果。

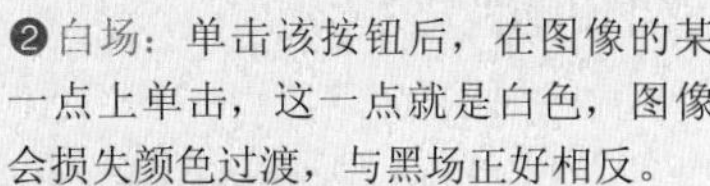

❷白场：单击该按钮后，在图像的某一点上单击，这一点就是白色，图像会损失颜色过渡，与黑场正好相反。

设置白场

❸灰点：灰点是可以双向调节的。方向的正反，决定作用的正反。色彩的过渡损失较小，反复在图像上设置灰点，可以调整画面的亮度和色相。

设置灰点

设置灰点

设置灰点

图10-15

图10-16

04 按快捷键Ctrl+L，在弹出的对话框中设置各项参数，如图10-17所示，完成后单击“确定”按钮，效果如图10-18所示。

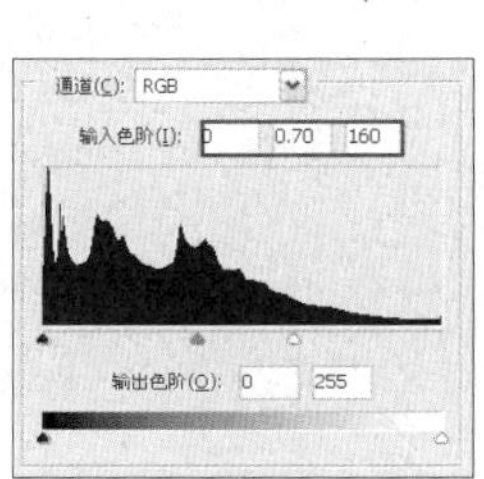

图10-17

图10-18

05 按快捷键Ctrl+L，在弹出的对话框的“通道”的下拉列表框中选择“绿”并设置各项参数，如图10-19所示，完成后单击“确定”按钮，效果如图10-20所示。至此，本案例制作完成。

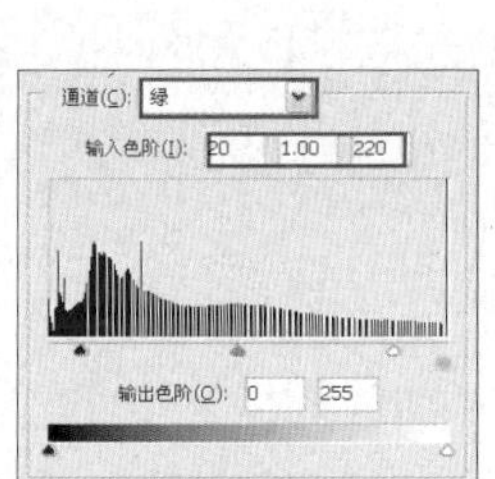

图10-19

图10-20

03 为河流风景照调色

原照片中的风景颜色偏黄，显像陈旧，需要恢复原照片的光鲜亮丽。

应用功能：色相/饱和度命令、曲线命令、亮度/对比度命令

CD-ROM：Chapter 10\03为河流风景照调色\Complete\03为河流风景照调色.psd

知识提点

颜色混合模式

利用颜色混合模式可以使图像在叠加的同时保持背景的明度，在背景上进行自然叠加。

原图 1

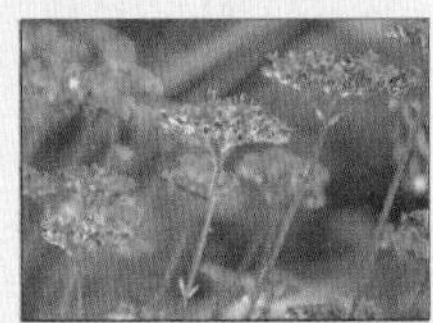

原图 2

混合模式：颜色
不透明度：100%

01 按快捷键Ctrl+O，在弹出的对话框中选择本书配套光盘中Chapter 10\03为河流风景照调色\Media\001.jpg文件，再单击“打开”按钮。打开的素材如图10-21所示。

图10-21

02 在“图层”面板上单击“创建新的填充或调整图层”按钮，如图10-22所示。在弹出的菜单中执行“色相/饱和度”命令，在弹出的对话框的“编辑”下拉列表框中选择“绿色”，并单击“吸管工具”按钮，如图10-23所示。

图10-22

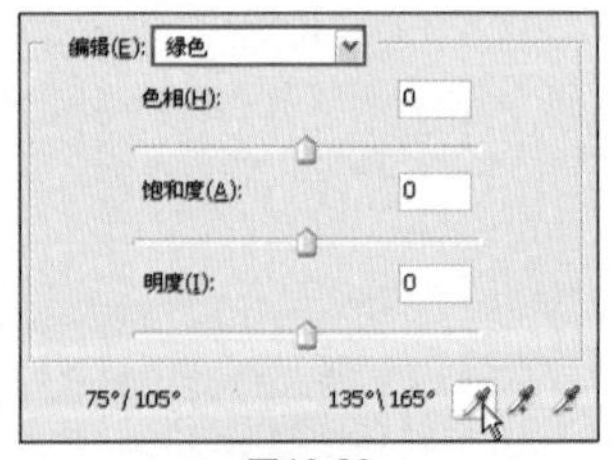

图10-23

原图 1

原图 2

混合模式：颜色
不透明度：30%

混合模式：颜色
不透明度：50%

混合模式：颜色
不透明度：80%

混合模式：颜色
不透明度：100%

知识提点

亮度混合模式

亮度：把图层的明度特征互相叠加，一般用于调整照片的局部明度或对比度。

03 用吸管工具在图像的树上吸取颜色，在“编辑”选项中显示“黄色2”，再将“色相”设置为+30，如图10-24所示，完成后单击“确定”按钮，效果如图10-25所示。

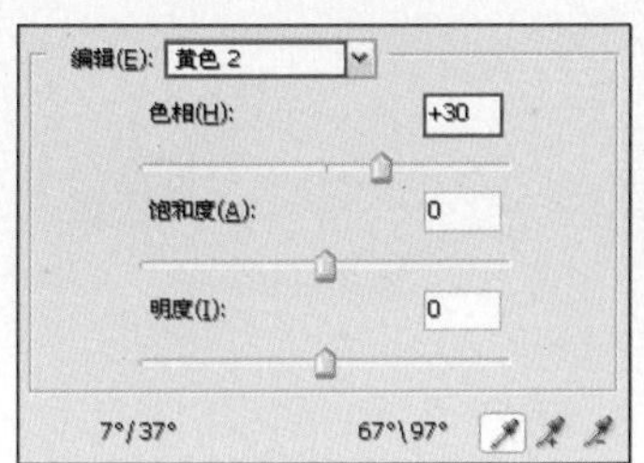

图10-24

图10-25

04 将“色相/饱和度1”图层的混合模式设置为“颜色”，如图10-26所示，得到如图10-27所示的效果。

图10-26

图10-27

05 双击“色相/饱和度1”图层的图层缩览图，在弹出的对话框的“编辑”下拉列表框中选择“黄色”，其他设置如图10-28所示，完成后单击“确定”按钮，效果如图10-29所示。

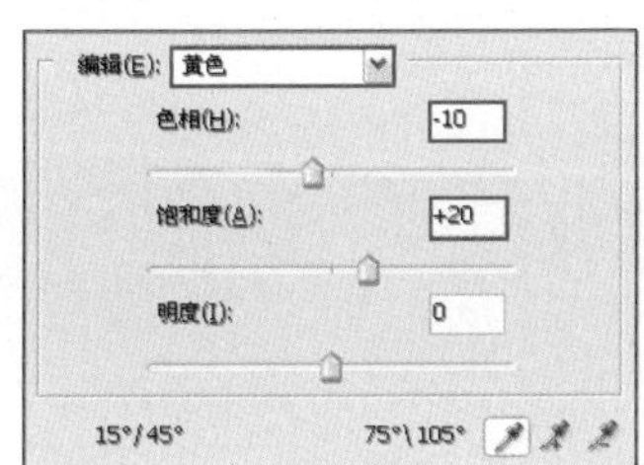

图10-28

图10-29

06 在“图层”面板中单击“创建新的填充或调整图层”按钮，在弹出的菜单中执行“曲线”命令，在弹出的对话框的“通道”下拉列表框中选择“蓝”并设置各项参数，如图10-30所示，完成后单击“确定”按钮，效果如图10-31所示。

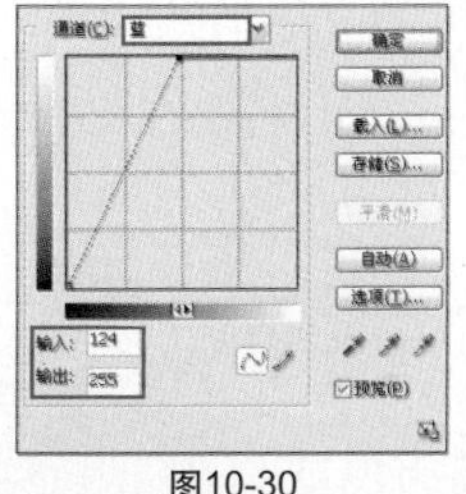

图10-30

图10-31

原图 1

原图 2

混合模式：亮度
不透明度：30%

混合模式：亮度
不透明度：80%

知识提点

斜面和浮雕图层样式

利用斜面和浮雕图层样式可以制作很多立体质感的效果。

单击“图层样式”对话框中的“斜面和浮雕”选项，然后在对话框中设置相关参数。

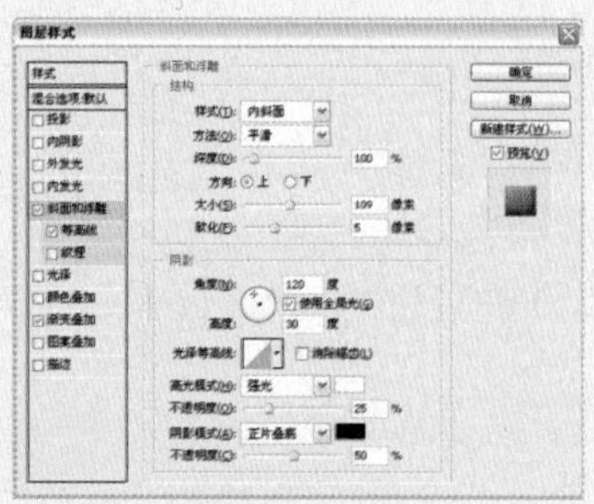

1. 结构

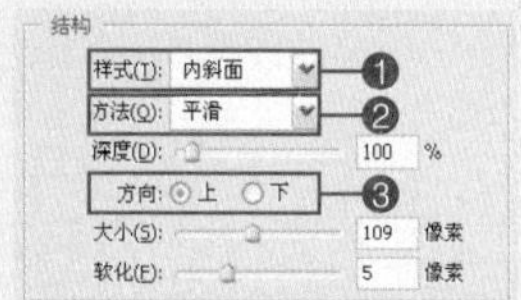

❶ 样式：下拉列表框中提供了 5 种浮雕效果。

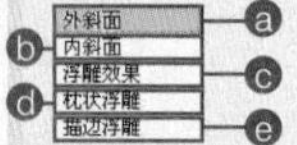

ⓐ 外斜面：在图层内容的边缘以外创建斜面。

07 把“曲线1”图层的混合模式设置为“亮度”，如图10-32所示，得到如图10-33所示的效果。

图10-32

图10-33

08 多次复制“曲线1”图层，如图10-34所示，得到如图10-35所示的效果。

图10-34

图10-35

09 在“图层”面板上单击“创建新的填充或调整图层”按钮，在弹出的菜单中执行“曲线”命令，在弹出的对话框的“通道”下拉列表框中选择“蓝”并设置各项参数，如图10-36所示，完成后单击“确定”按钮，效果如图10-37所示。

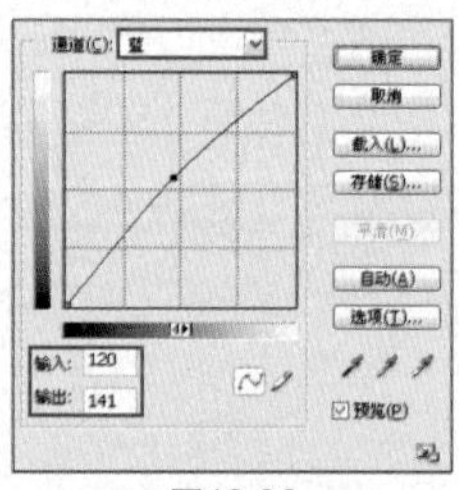

图10-36

图10-37

10 按快捷键Ctrl+A全选图像，如图10-38所示，然后按快捷键Ctrl+Shift+C复制图像，再按快捷键Ctrl+V进行粘贴，得到“图层1”图层，如图10-39所示。

图10-38

图10-39

❺内斜面：在图层内容的边缘以内创建斜面。

❻浮雕效果：创建本图层内容有下层图层突起的浮雕状效果。

❼枕状浮雕：创建本图层内容陷入下层图层中的浮雕状效果。

❽描边浮雕：只对应用了描边样式的图层有效，将浮雕应用于所描的边上。

内斜面效果

❷方法：在下拉列表框中选择“平滑”、“雕刻清晰”和“雕刻柔和”方式产生立体效果。

❸“上”和“下”单选按钮：改变高光和阴影的位置。

石纹的雕刻清晰效果

2. 阴影

在“阴影”选项组中可以设置斜面和浮雕效果的阴影效果，如阴影的颜色、高光模式。其中阴影模式是阴影和图像的混合模式，可以参考图层混合模式设置。

3. 等高线

在对话框的左侧选择“等高线”选项，然后设置斜面的等高线样式，拖动“范围”滑块可调整应用等高线的范围。

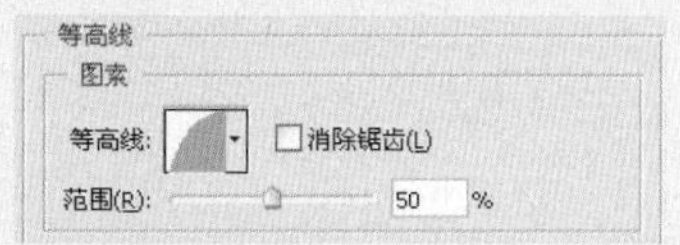

单击“等高线”右侧的下三角按钮，在弹出的面板中选择其他等高线样式。

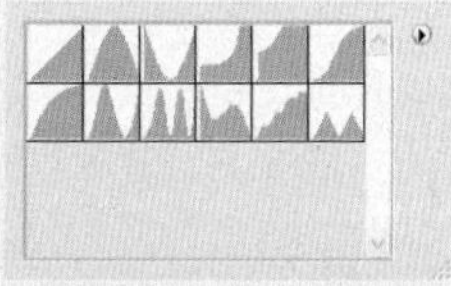

11 选择“图层1”图层，执行“图像>调整>亮度/对比度”命令，在弹出的对话框中将“对比度”设置为18，如图10-40所示，完成后单击“确定”按钮，效果如图10-41所示。

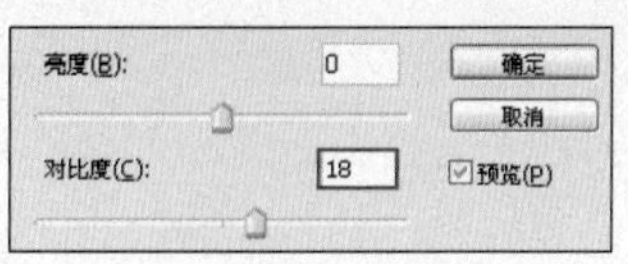

图10-40

图10-41

12 此时右边的山还偏紫。在“图层”面板上单击“创建新的填充或调整图层”按钮，如图10-42所示，在弹出的菜单中执行“色相/饱和度”命令，在弹出的对话框的“编辑”下拉列表框中选择“绿色”并单击“吸管工具”按钮，如图10-43所示。

图10-42

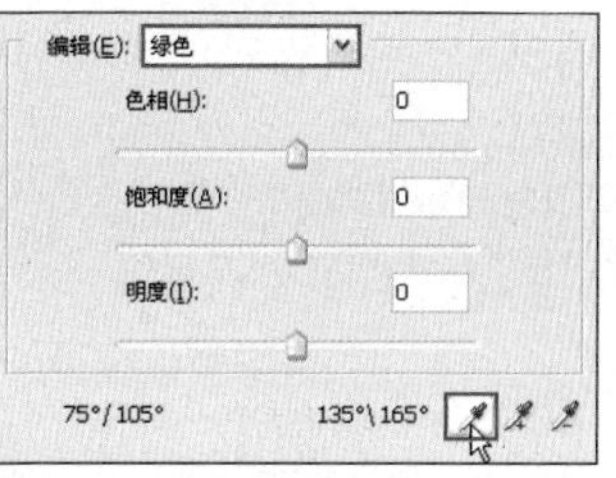

图10-43

13 用吸管工具在图像右边的山上吸取颜色，在“编辑”选项中显示“红色2”，再将“色相”设置为+60，如图10-44所示，完成后单击“确定”按钮，效果如图10-45所示。

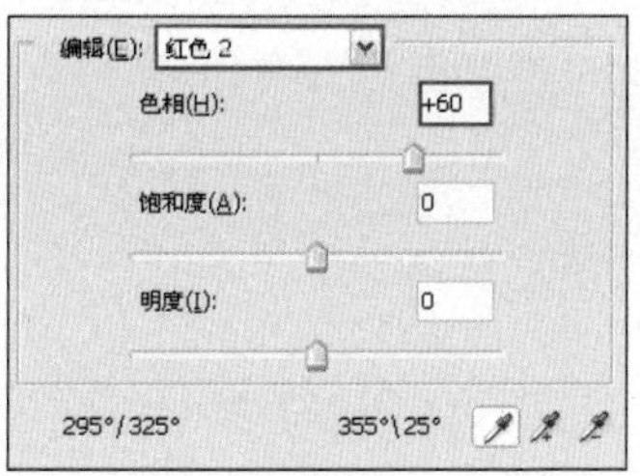

图10-44

图10-45

14 在“图层”面板上单击“创建新的填充或调整图层”按钮，在弹出的菜单中执行“曲线”命令，在弹出的对话框的“通道”下拉列表框中选择“绿”，并设置各项参数，如图10-46所示，完成后单击“确定”按钮，效果如图10-47所示。

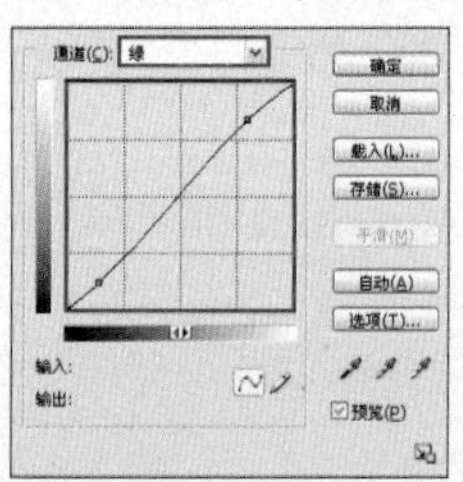

图10-46

图10-47

4. 纹理

在对话框左侧选择“纹理”选项，然后设置相关参数，如纹理图案、图案缩放、深度和反相等。选择合适的图案后，如果选中“与图层链接”复选框，可将图案与图层链接在一起，以便一起移动或变形。单击“贴紧原点”按钮可将还原移动后图案的位置。

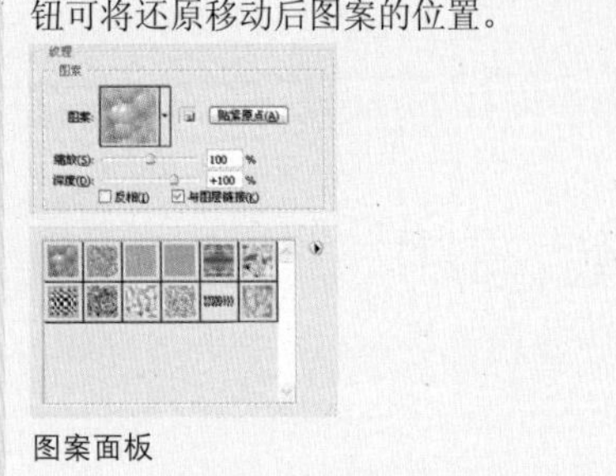

图案面板

15 双击“曲线3”图层的图层缩览图，在弹出的对话框的“通道”下拉列表框中选择“蓝”，并设置各项参数，如图10-48所示，完成后单击“确定”按钮，效果如图10-49所示。至此，本案例制作完成。

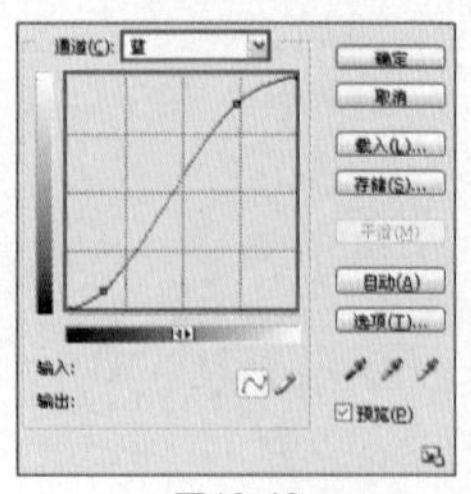

图10-48

图10-49

为山川风光照调色

After

Before

原照片天空的颜色偏红，海的颜色又显得灰暗，需要恢复山川风光照片的靓丽色彩，使照片更有生机。

应用功能：可选颜色命令

CD-ROM：Chapter 10\04为山川风光照调色\Complete\04为山川风光照调色.psd

知识提点

色相

色相就是图像中颜色的相貌，也就是图像中不同的色彩特征。如果图像的色相特征不准确，图像会失去原本该有的光彩。数码照片中经常会出现色相不准的情况。

对色相进行调整的方法很多，最常用的就是"色相/饱和度"命令。在对话框中设置"色相"的参数值。

下面这张照片的整体颜色偏红。

原图

色相：+20

01 按快捷键Ctrl+O，在弹出的对话框中选择本书配套光盘中Chapter 10\04为山川风光照调色\Media\001.jpg文件，再单击"打开"按钮。打开的素材如图10-50所示。

图10-50

02 在"图层"面板中复制"背景"图层，得到"背景 副本"图层，如图10-51所示。

图10-51

知识提点

可选颜色的相对性和绝对性

执行“图像>调整>可选颜色”命令，在弹出的对话框中设置各项参数，完成后单击“确定”按钮。

原图像中主体物中的颜色偏黄，所以在“颜色”下拉列表框中选择“黄色”并设置各项参数，完成后单击“确定”按钮。

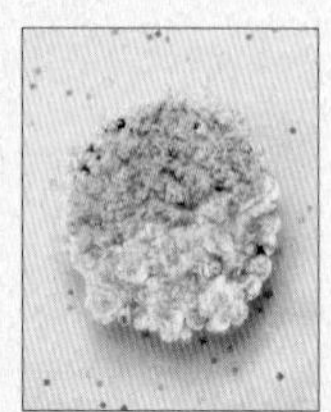

原图

相对：选择此复选框后，调整的颜色在图像中相对显示，保留原图像中的部分色彩和图像特征。

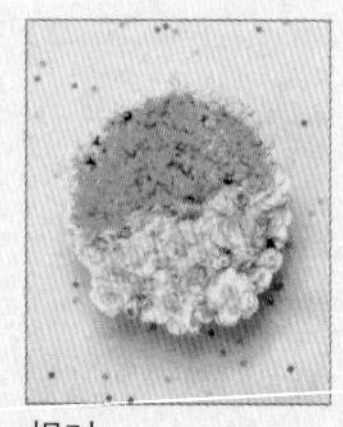

相对　绝对

调整图像的背景颜色后，观察颜色的变化。

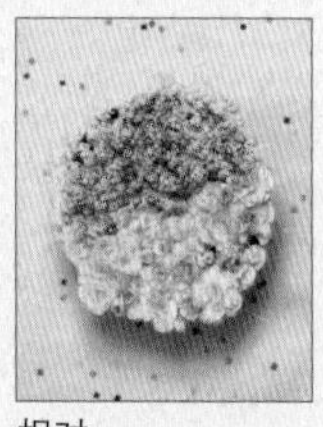

相对

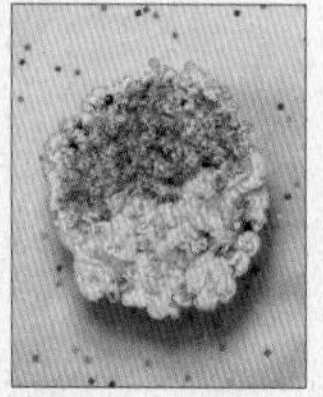

绝对

03 选择“背景 副本”图层，再单击“创建新的填充或调整图层”按钮，在弹出的菜单中执行“可选颜色”命令，在弹出的对话框中设置各项参数，如图10-52所示，完成后单击“确定”按钮，效果如图10-53所示。

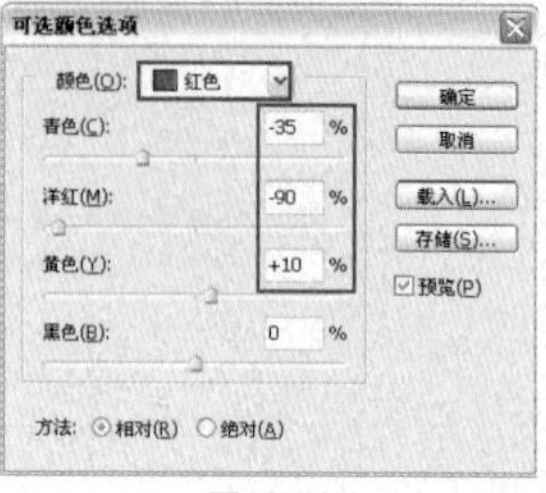

图10-52

图10-53

04 双击“可选颜色1”图层的图层缩览图，在弹出的对话框的“颜色”下拉列表框中选择“黄色”并设置各项参数，如图10-54所示，完成后单击“确定”按钮，效果如图10-55所示。

图10-54

图10-55

05 用同样的方法调整图像的青色，如图10-56和图10-57所示。

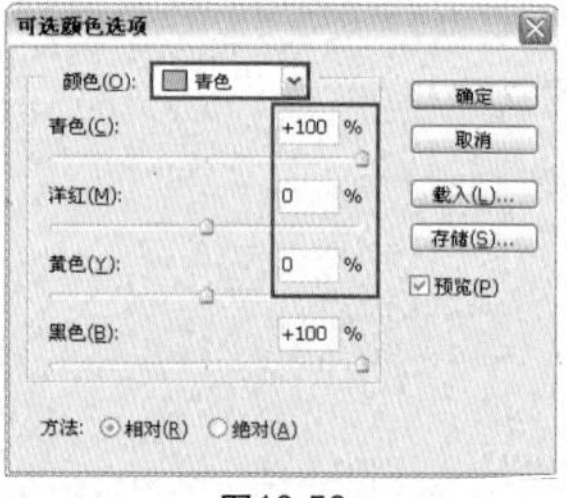

图10-56

图10-57

06 用同样的方法调整图像的蓝色，如图10-58和图10-59所示。

图10-58

图10-59

知识提点

内发光图层样式

利用内发光图层样式可以为图层的边缘以内添加发光效果。跟外发光图层样式的效果相反。

在“图层样式”对话框的左侧选择“内发光”选项，然后设置相关参数。

提 示

与外发光图层样式不同的是，内发光图层样式有两个发光来源的选择。

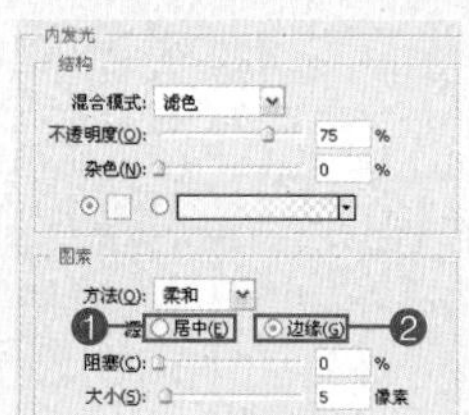

❶居中：选择该选项，从图案中央发光。

❷边缘：选择该选项，从图案边缘向内发光。如下图所示。

原图

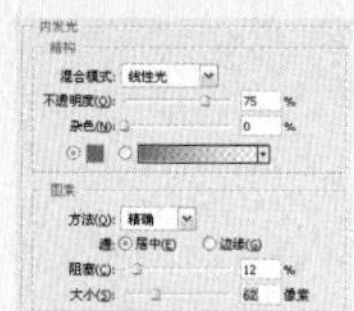
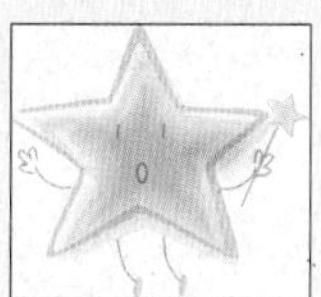

居中光源

边缘光源

07 用同样的方法调整图像的洋红色，如图10-60和图10-61所示。

图10-60

图10-61

08 用同样的方法调整图像的中性色，如图10-62和图10-63所示。

图10-62

图10-63

09 用同样的方法调整图像的黑色，如图10-64和图10-65所示。

图10-64

图10-65

10 用同样的方法调整图像的白色，如图10-66和图10-67所示。至此，本案例制作完成。

图10-66

图10-67

05 转换照片的季节

原照片是一张充满春天气息的照片，可以将季节进行转换，得到不同的视觉效果。

应用功能：色彩范围命令、云彩滤镜、套索工具

CD-ROM：Chapter 10\05转换照片的季节\Complete\05转换照片的季节.psd

知识提点

色彩范围命令

利用色彩范围命令可以将图像的选定颜色设置为选区，进而调整照片的局部颜色。在预览窗口中单击要设置为选区的部分，并调整颜色容差。

执行“选择>色彩范围”命令，在弹出的对话框中设置各项参数，完成后单击“确定”按钮。

❶选择：在“选择”下拉列表框中有9种颜色可供选择。

❷颜色容差：在图像上吸取颜色后，不同的颜色容差会有不同的效果。

01 按快捷键Ctrl+O，在弹出的对话框中选择本书配套光盘中Chapter 10\05转换照片的季节\Media\001.jpg文件，再单击“打开”按钮。打开的素材如图10-68所示。

图10-68

02 在“图层”面板中复制“背景”图层，得到“背景 副本”图层，如图10-69所示。

图10-69

颜色容差：200

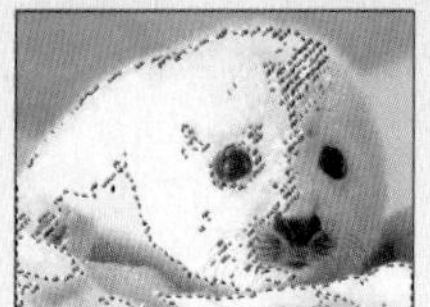
颜色容差：100

❸选择该单选按钮后，在预览窗口中会显示原图像。

❹选区预览：下拉列表框中有5种预览方式，分别为无、灰度、黑色杂边、白色杂边、快速蒙版。

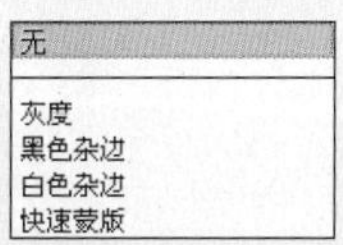

5种预览方式

灰度

黑色杂边

白色杂边

03 选择“背景 副本”图层，执行“选择>色彩范围”命令，在弹出的对话框的“选择”下拉列表框中选择“黄色”，如图10-70所示，单击“确定”按钮，效果如图10-71所示。

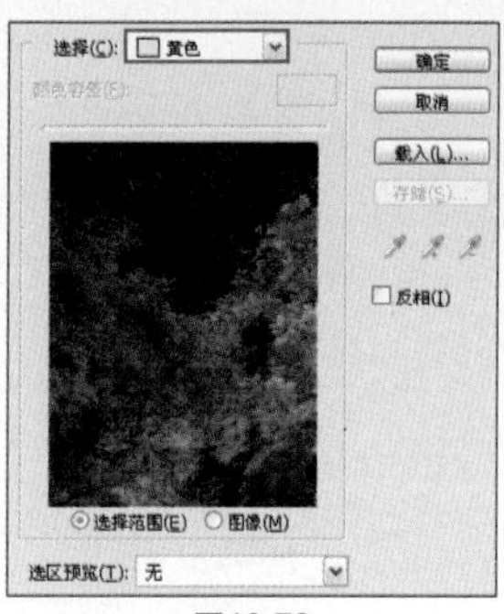

图10-70

图10-71

04 将前景色设置为（R:249，G:223，B:120），如图10-72所示。按快捷键Alt+ Delete进行颜色填充，并按快捷键Ctrl+D取消选区，效果如图10-73所示。

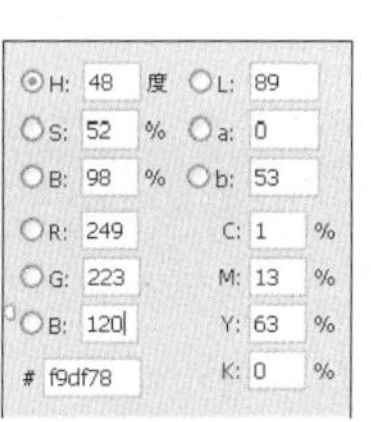

图10-72

图10-73

05 执行“选择>色彩范围”命令，在弹出的“色彩范围”对话框的“选择”下拉列表框中选择“绿色”，如图10-74所示，完成后单击“确定”按钮。双击工具箱中的“设置前景色”图标，在弹出的“拾色器”对话框中将前景色设置为（R:155，G:81，B:15），如图10-75所示，再按快捷键Alt+Delete进行颜色填充，效果如图10-76所示。

图10-74

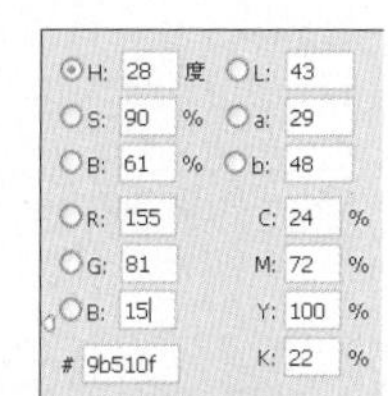

图10-75

图10-76

快速蒙版

❺反相：选中该复选框后，预览窗口的图像变为反相效果，可以看到黑色区域就是选区的范围。

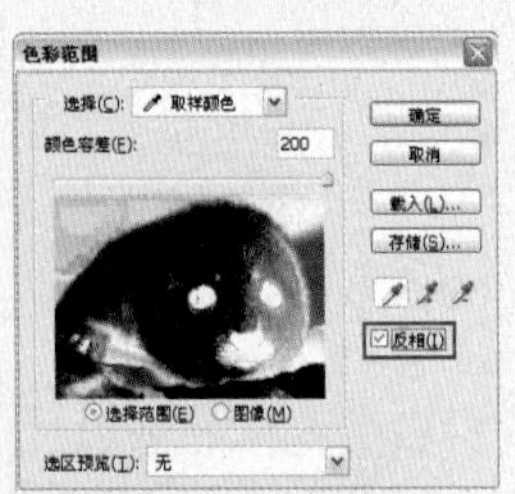

反相

提示

选择颜色时，一定要选择图像中有的颜色。

原图像中青色的成分比较多。在"选择"下拉列表框中选择"青色"，完成后单击"确定"按钮，得到选区。

原图

06 在"通道"面板中选择"蓝"通道，并复制得到"蓝 副本"通道。按快捷键Ctrl+L，在弹出的对话框中设置各项参数，如图10-77所示，完成后单击"确定"按钮，效果如图10-78所示。

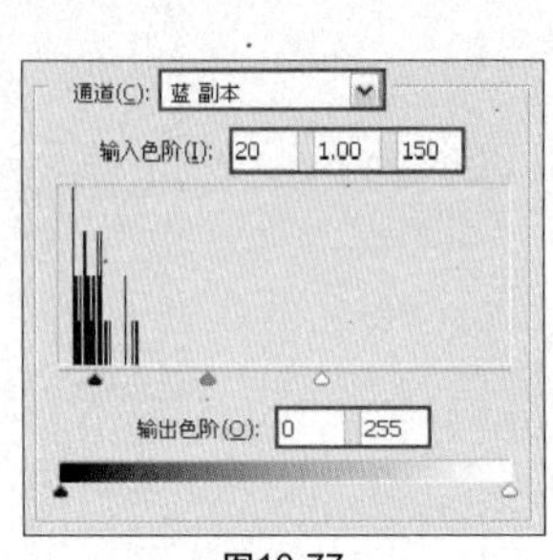

图10-77

图10-78

07 选择"蓝 副本"通道，执行"选择>载入选区"命令，在弹出的对话框中保持默认设置，再单击"确定"按钮，效果如图10-79所示。再按快捷键Ctrl+Shift+I反选选区，如图10-80所示。

图10-79

图10-80

08 回到"图层"面板，单击"创建新的填充或调整图层"按钮，如图10-81所示。在弹出的菜单中执行"色阶"命令，在弹出的对话框的"通道"下拉列表框中选择"红"并设置各项参数，如图10-82所示，完成后单击"确定"按钮，效果如图10-83所示。

图10-81

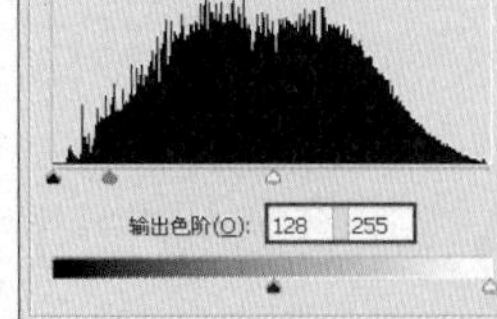

图10-82

图10-83

09 双击"色阶1"图层的图层缩览图，在弹出的菜单中执行"色阶"命令，在弹出的对话框的"通道"下拉列表框中选择"绿"并设置各项参数，如图10-84所示，完成后效果如图10-85所示。

选择：青色

将前景色设置为红色，再对选区进行填充，最后按快捷键 Ctrl+D 取消选择，得到填充颜色后的图像。

填充颜色效果

图像中还有少许黄色，在“选择”下拉列表框中选择“黄色”，确定后得到选区。

选择：黄色

将前景色设置为绿色并对选区进行填充，最后按快捷键 Ctrl+D 取消选择，得到填充颜色后的图像。

填充颜色效果

在“选择”下拉列表框中选择“阴影”可以对图像中的阴影部分进行调整。

选择：阴影

将前景色设置为蓝色，再对选区进行填充，然后按快捷键 Ctrl+D 取消选区，得到填充颜色的图像。

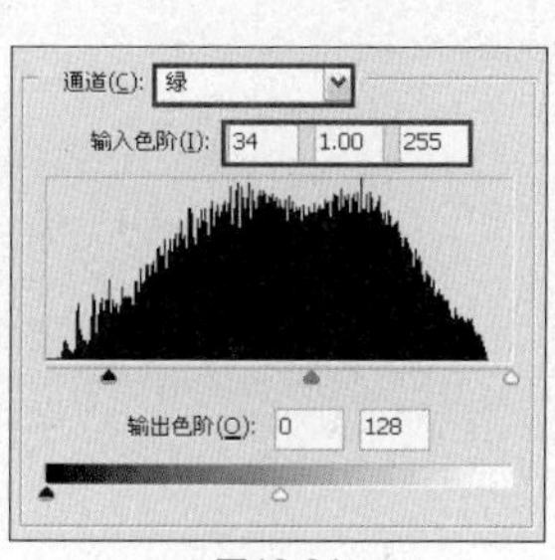

图10-84

图10-85

10 用同样的方法调整“蓝”通道，如图10-86和图10-87所示。

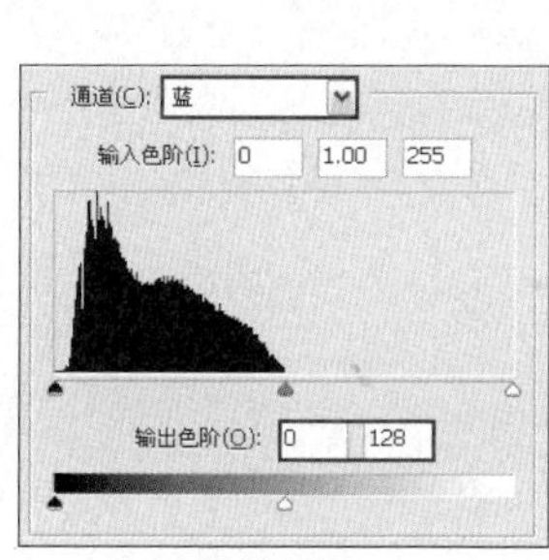

图10-86

图10-87

11 在“通道”面板中单击“指示图层可视性”按钮，如图10-88所示，隐藏“蓝 副本”通道，效果如图10-89所示。

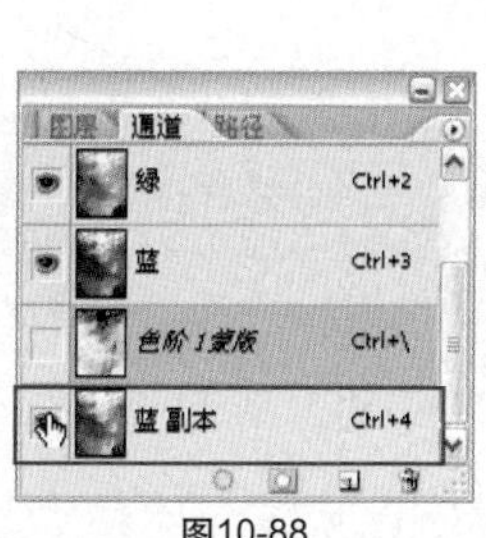

图10-88

图10-89

12 在“图层”面板中选择“色阶1”图层的图层蒙版，如图10-90所示，然后执行“滤镜＞渲染＞云彩”命令，效果如图10-91所示。

图10-90

图10-91

填充颜色效果

选中“反相”复选框后，图像选择区域也会发生变化，选区变为反向选择。

选择：阴影

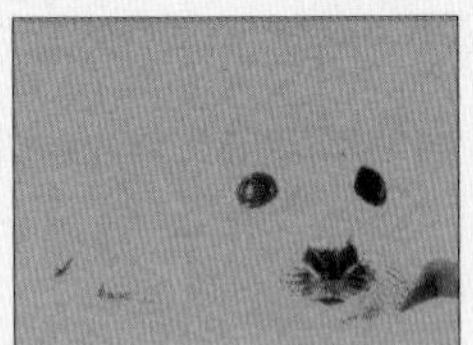
填充颜色效果

将前景色设置为橙色，再对选区进行填充，然后按快捷键Ctrl+D取消选区，得到填充颜色的图像。

知识提点

渐隐命令

调整图像的不透明度和混合模式。在照片处理中，一般是在使用画笔工具或者执行滤镜命令的时候使用。

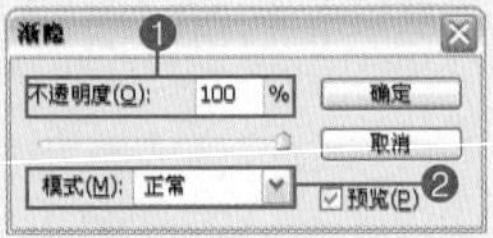

❶不透明度：调整不透明度。

❷模式：在下拉列表框中选择需要的模式。

原图

13 按快捷键Ctrl+Shift+F，在弹出的对话框中设置各项参数，如图10-92所示，完成后单击“确定”按钮，效果如图10-93所示。

图10-92

图10-93

14 把“色阶1”图层的混合模式设置为“正片叠底”，如图10-94所示，得到如图10-95所示的效果。

图10-94

图10-95

15 选择“色阶1”图层的图层蒙版，再选择画笔工具，在图像中的桥和石头上涂抹，如图10-96所示，得到如图10-97所示的效果。

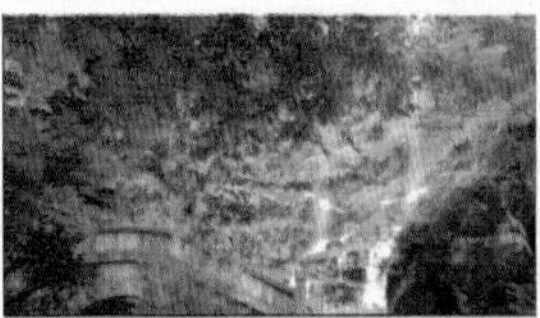
图10-96　图10-97

16 按住Ctrl键单击“色阶1”图层的图层蒙版缩览图，将图像载入选区，如图10-98所示。按快捷键Ctrl+Shift+I反选选区，如图10-99所示，再选择套索工具，按住Alt键在选区上选择并删除多余的选区，如图10-100所示。

图10-98

图10-99

图10-100

执行“滤镜 > 艺术效果 > 木刻”命令，在弹出的对话框中设置参数。

木刻滤镜效果

执行“编辑 > 渐隐木刻”命令，在弹出的对话框中设置参数。

不透明度：80%
模式：线性光

不透明度：80%
模式：叠加

不透明度：80%
模式：实色混合

不透明度：50%
模式：色相

17 选择“背景 副本”图层，按快捷键Ctrl+M，在弹出的对话框的“通道”下拉列表框中选择“红”并设置各项参数，如图10-101所示，完成后单击“确定”按钮，再按快捷键Ctrl+D取消选区，效果如图10-102所示。

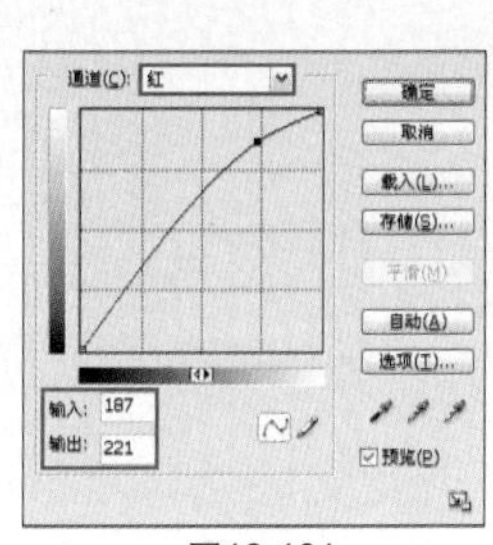

图10-101

图10-102

18 执行“图像＞调整＞亮度/对比度”命令，在弹出的对话框中设置各项参数，如图10-103所示，完成后单击“确定”按钮，效果如图10-104所示。

图10-103

图10-104

19 按快捷键Ctrl+U，在弹出的对话框中设置各项参数，如图10-105所示，完成后单击“确定”按钮，效果如图10-106所示。至此，本案例制作完成。

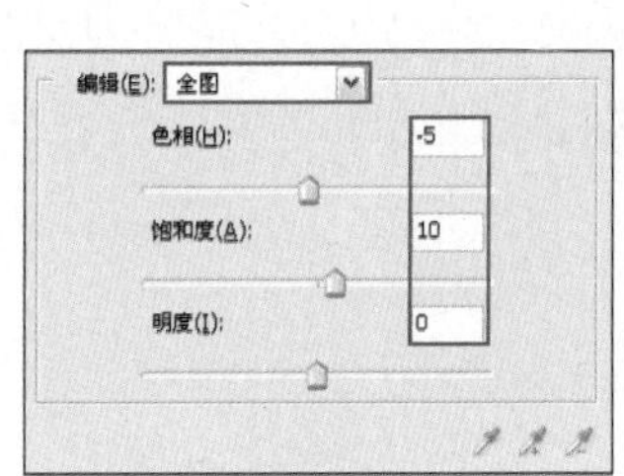

图10-105

图10-106

调出照片的古香古色效果

原照片有一种特殊的意境，但是色彩没有很好地体现照片的气质，如果调整为古香古色的感觉，可以更好地表达照片的内容。

应用功能：照片滤镜命令、图层的混合模式

CD-ROM：Chapter 10\06调出照片的古香古色效果\Complete\06调出照片的古香古色效果.psd

知识提点

曝光度命令

执行“图像＞调整＞曝光度”命令，在弹出的对话框中设置参数。

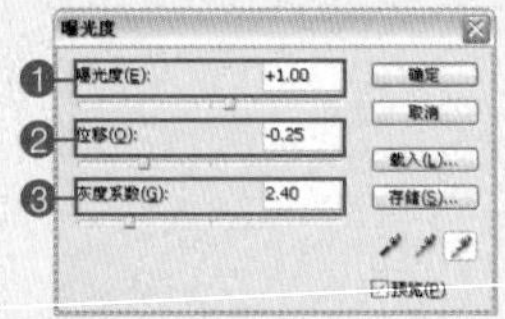

❶曝光度：数值越大，图像越亮；数值越小，图像越暗。

❷位移：数值越大，颜色越亮。

❸灰度系数：数值越大，灰度对比越弱；数值越小，灰度对比越强。

原图

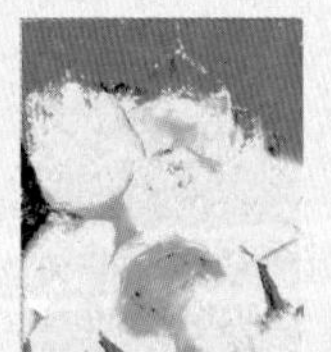
曝光度：+1.00
位移：-0.25
灰度系数：2.40

01 按快捷键Ctrl＋O，在弹出的对话框中选择本书配套光盘中Chapter 10\06调出照片的古香古色效果\Media\001.jpg文件，再单击“打开”按钮。打开的素材如图10-107所示。

图10-107

02 复制“背景”图层，得到“背景 副本”图层并选择该图层。执行“图像＞调整＞照片滤镜”命令，在弹出的对话框的“滤镜”下拉列表框中选择“黄色”并将“浓度”调整为100%，完成后单击“确定”按钮，效果如图10-108所示。把“背景 副本”图层的混合模式改为“叠加”，效果如图10-109所示。至此本案例制作完成。

图10-108

图10-109

调出照片的怀旧效果

After

Before

原照片中建筑的色彩和光影表现都欠佳，但又不缺怀旧气息，可以强化照片的怀旧效果。

应用功能：云彩滤镜、去色命令、照片滤镜命令、添加杂色滤镜、纯色命令、纤维滤镜、阈值命令

CD-ROM：Chapter 10\07调出照片的怀旧效果\Complete\07调出照片的怀旧效果.psd

知识提点

纯色命令

利用纯色命令对图像进行颜色填充，然后可以调整图层的混合模式和不透明度。

执行“图像>新建填充图层>纯色”命令，在弹出的对话框中设置各项参数，完成后单击“确定”按钮。

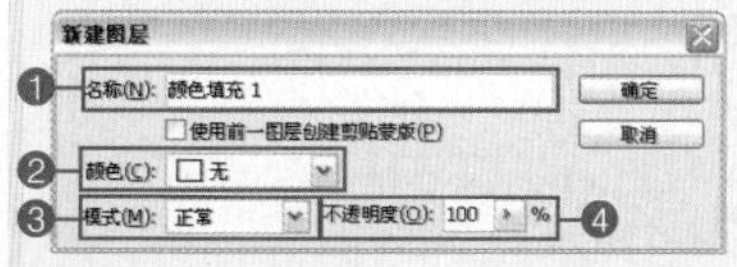

❶名称：设置颜色填充的名称，可以根据需要输入名称。

❷颜色：设置颜色填充图层的图层标识颜色，在下拉列表框中选择需要的颜色。

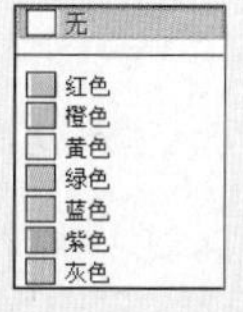

01 按快捷键Ctrl+O，在弹出的对话框中选择本书配套光盘中Chapter 10\07调出照片的怀旧效果\Media\001.jpg文件，再单击“打开”按钮。打开的素材如图10-110所示。

图10-110

02 在“图层”面板中新建“图层1”图层，如图10-111所示。按D键恢复前景色和背景色的默认设置，再按快捷键Alt+Delete进行颜色填充，效果如图10-112所示。

图10-111

图10-112

❸模式：颜色填充在图像中的混合模式，这里的模式与图层的混合模式相同。

❹不透明度：所填充的颜色在图像中的不透明度。

下面举例说明。

原图

设置合适的前景色，再执行“图层>新建填充图层>纯色”命令。在弹出的对话框选择较低的不透明度，其他设置默认，再单击“确定”按钮。

模式：色相

还可以在图像上建立选区，只对选区填充纯色。

建立选区

模式：线性光

可以在“新建图层”对话框的“颜色”下拉列表框选择“无”以外的选项，以便“图层”面板中的颜色填充图层区别于其他图层。

03 选择“图层1”图层，再单击“添加图层蒙版”按钮，并将“不透明度”改为50%，如图10-113所示，得到如图10-114所示的效果。

图10-113

图10-114

04 将前景色设置为（R:128, G:128, B:128），背景色设置为白色。再选择“图层1”图层的蒙版，执行“滤镜>渲染>云彩”命令，如图10-115所示，得到如图10-116所示的效果。

图10-115

图10-116

05 选择“背景”图层，按快捷键Ctrl+Shift+U执行“去色”操作，如图10-117所示，得到如图10-118所示的效果。

图10-117

图10-118

06 执行“图像>调整>照片滤镜”命令，在弹出的对话框的“滤镜”下拉列表框中选择“加温滤镜（81）”并将“浓度”调整为75%，如图10-119所示，完成后单击“确定”按钮，效果如图10-120所示。

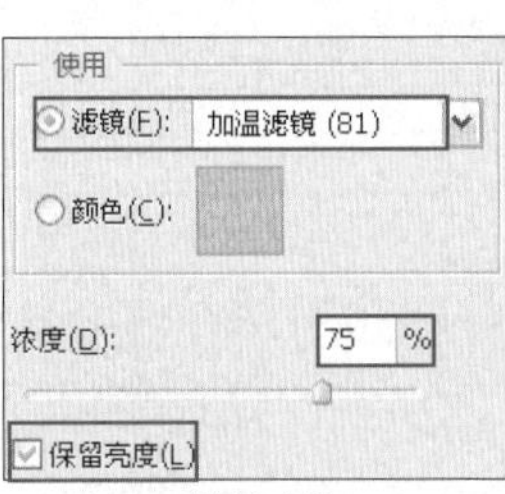

图10-119

图10-120

知识提点

阈值命令

利用阈值命令可以将彩色图像变为黑白图像。参数值范围在 0~255 之间，一般以参数 128 为基准。参数值越小，颜色就越接近白色；参数值越大，颜色就越接近黑色。一般用于调整照片的黑白效果，也可用于制作个性花色的图片。

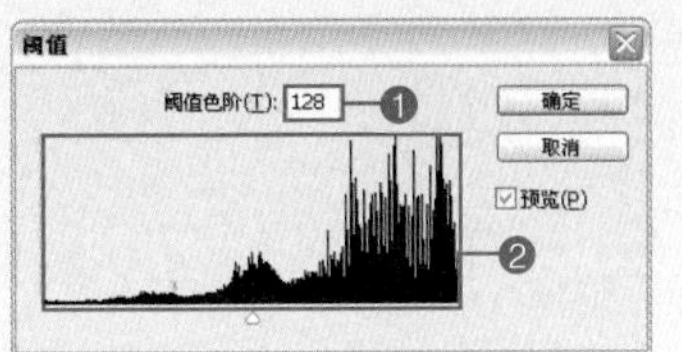

❶阈值色阶：128 是中间值，一般以它为基准设置。

❷色阶的预览窗口。

原图

阈值色阶：98

阈值色阶：128

阈值色阶：150

07 选择“图层1”图层的图层蒙版，执行“滤镜>杂色>添加杂色”命令，在弹出的对话框中设置各项参数，如图10-121所示，完成后单击“确定”按钮，效果如图10-122所示。

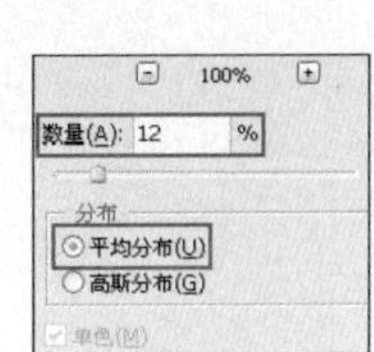
图10-121

图10-122

08 执行“图层>新建填充图层>纯色”命令，在弹出的“新建图层”对话框中保持默认设置，再单击“确定”按钮。在弹出的“拾色器”对话框中设置相关参数，如图10-123所示，完成后单击“确定”按钮，效果如图10-124所示。

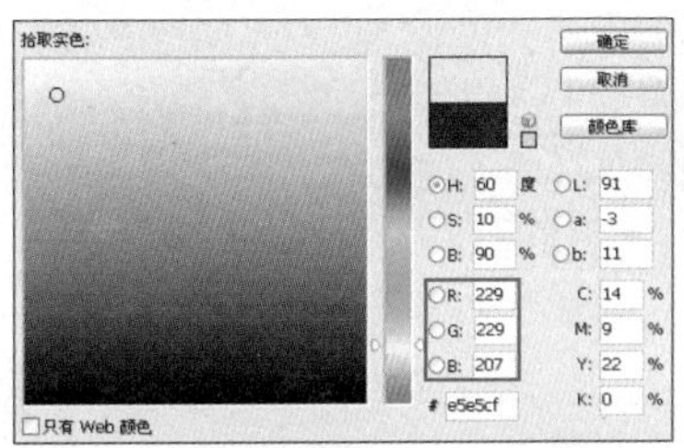
图10-123

图10-124

09 选择“颜色填充1”图层，将图层的混合模式设置为“柔光”，把“不透明度”改为10%，如图10-125所示，效果如图10-126所示。

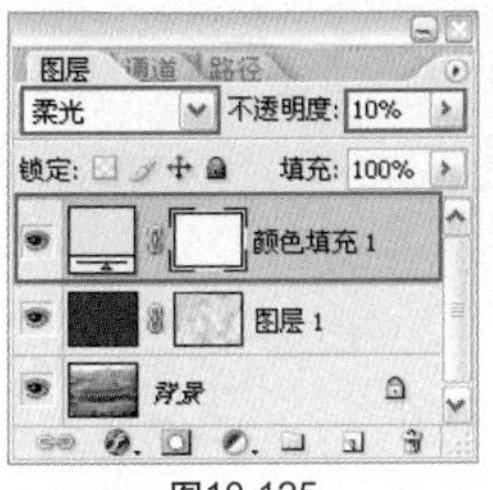
图10-125

图10-126

10 单击“创建新的填充或调整图层”按钮，在弹出的菜单中执行“色阶”命令，在弹出的对话框中设置各项参数，如图10-127所示，完成后单击“确定”按钮，效果如图10-128所示。

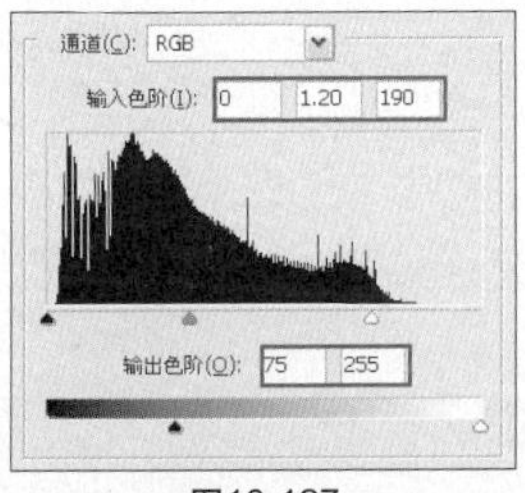
图10-127

图10-128

知识提点

纤维滤镜

利用纤维命令滤镜可以当前前景色和背景色为基准，在图像表现一种纤维的材质肌理。

设置前景色和背景色，再执行“滤镜>渲染>纤维”命令，在弹出的对话框中设置各项参数，完成后单击“确定”按钮。

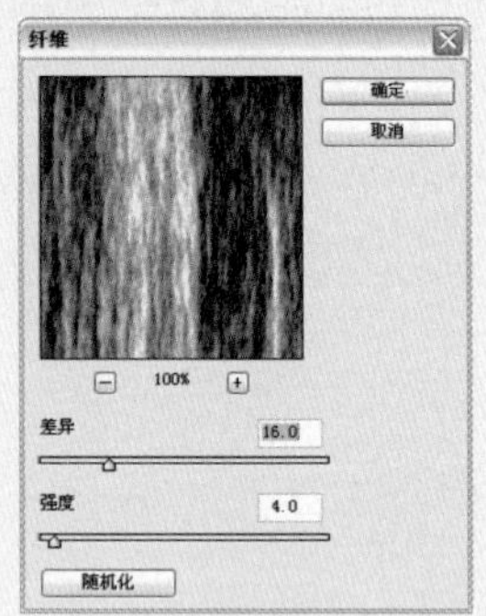

复制“背景”图层并选择，分别设置前景色和背景色，再执行“滤镜>渲染>纤维”命令。

原图

纤维滤镜效果

改变“背景 副本”图层的混合模式，选择不同的混合模式可以得到不同的效果。

混合模式：正片叠底

混合模式：滤色

11 选择“色阶1”图层的蒙版，如图10-129所示，然后执行滤镜>渲染>云彩”命令，效果如图10-130所示。

图10-129

图10-130

12 执行“滤镜>渲染>纤维”命令，在弹出的对话框中设置参数，如图10-131所示，完成后单击“确定”按钮，效果如图10-132所示。

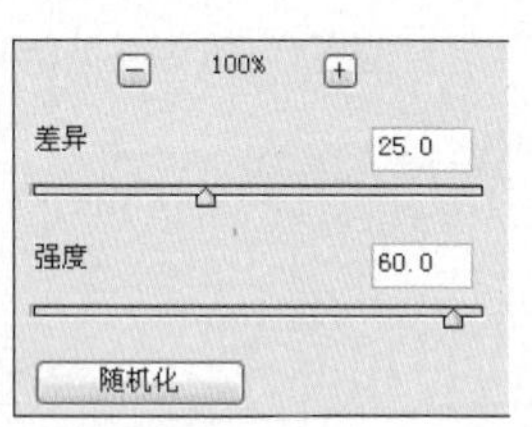

图10-131

图10-132

13 执行“图像>调整>阈值”命令，在弹出的对话框中将“阈值色阶”调整为20，如图10-133所示，完成后单击“确定”按钮，效果如图10-134所示。

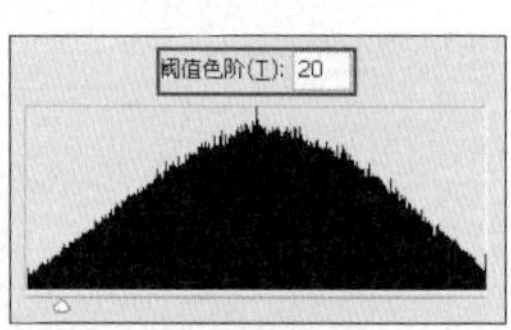

图10-133

图10-134

14 按快捷键Ctrl+L，在弹出的对话框中设置各项参数，如图10-135所示，完成后单击“确定”按钮，效果如图10-136所示。

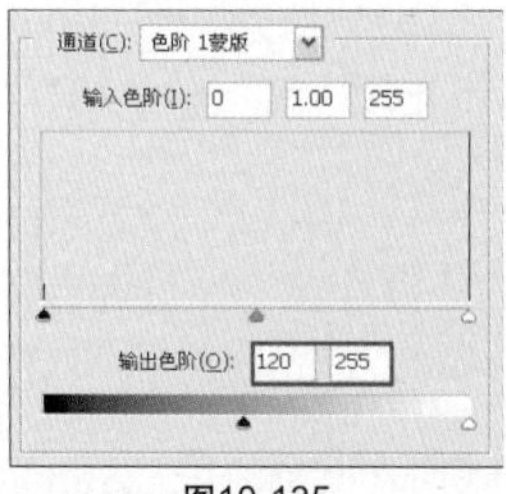

图10-135

图10-136

15 在“图层”面板中新建“图层2”图层，然后将前景色设置为黑色，按快捷键Alt+Delete进行颜色填充。

知识提点

智能锐化滤镜

利用智能锐化滤镜可以实现更精细的锐化效果，并可以通过几种模糊效果增加图片的特殊效果，同时高级设置使锐化效果更易控制。

执行“滤镜 > 锐化 > 智能锐化”命令，在弹出的对话框中设置相关参数。

原图

锐化效果

知识提点

锐化边缘滤镜

利用锐化边缘可自动查找边缘，仅锐化边缘而保持图像整体的平滑度，效果轻微细致。该滤镜没有参数设置，多次应用该滤镜后的效果更强。

原图

反复使用锐化边缘效果

16 双击“图层2”图层的图层缩览图，在弹出对话框中将“填充不透明度”设置为0%，如图10-137所示，完成后单击“确定”按钮，效果如图10-138所示。

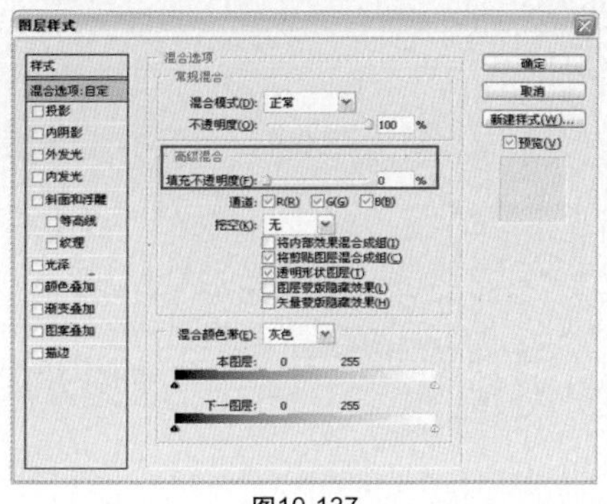

图10-137

图10-138

17 继续双击“图层2”图层的图层缩览图，在弹出的“图层样式”对话框中选中“渐变叠加”选项，并设置各项参数，如图10-139所示。其中单击渐变条后，在弹出的对话框中选择“前景到透明”样式，完成后单击“确定”按钮。效果如图10-140所示。

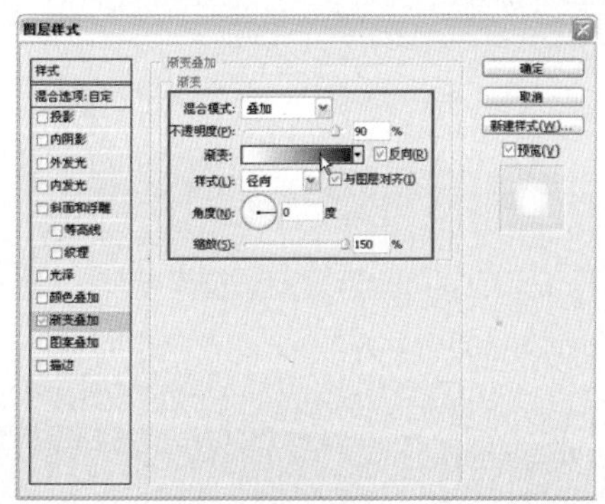

图10-139

图10-140

18 为“图层2”图层添加图层蒙版并选择蒙版，如图10-141所示。选择画笔工具，在选项栏上设置画笔大小为303px，设置不透明度20%，然后在图像涂抹，使画面效果更自然。最终效果如图10-142所示。至此，本案例制作完成。

图10-141

图10-142

08 制作照片的朦胧效果

After

Before

原照片是一张普通的风景照片，色彩比较丰富，可以增加朦胧效果。

应用功能：高斯模糊滤镜、色相/饱和度命令、曲线命令、可选颜色命令

CD-ROM：Chapter 10\08制作照片的朦胧效果\Complete\08制作照片的朦胧效果.psd

知识提点

彩色铅笔滤镜

利用彩色铅笔滤镜可以表现利用纸张亮度和图像颜色实现的铅笔笔触效果。

执行“滤镜＞艺术效果＞彩色铅笔”命令，在弹出的对话框中设置相关参数。

❶铅笔宽度：设置彩色铅笔的厚度。

❷描边压力：设置线条的压力。

❸纸张亮度：设置纸张的亮度。

原图

01 按快捷键Ctrl+O，在弹出的对话框中选择本书配套光盘中Chapter 10\08制作照片的朦胧效果\Media\001.jpg文件，再单击“打开”按钮。打开的素材如图10-143所示。

图10-143

02 在“图层”面板中复制“背景”图层，得到“背景 副本”图层，如图10-144所示。

图10-144

03 选择“背景 副本”图层，执行“滤镜＞模糊＞高斯模糊”命令，在弹出的对话框中设置各项参数，如图10-145所示，完成后单击“确定”按钮，效果如图10-146所示。

铅笔宽度：8
描边压力：5
纸张亮度：17

铅笔宽度：8
描边压力：8
纸张亮度：17

铅笔宽度：4
描边压力：12
纸张亮度：17

铅笔宽度：4
描边压力：12
纸张亮度：32

铅笔宽度：4
描边压力：15
纸张亮度：50

铅笔宽度：24
描边压力：15
纸张亮度：50

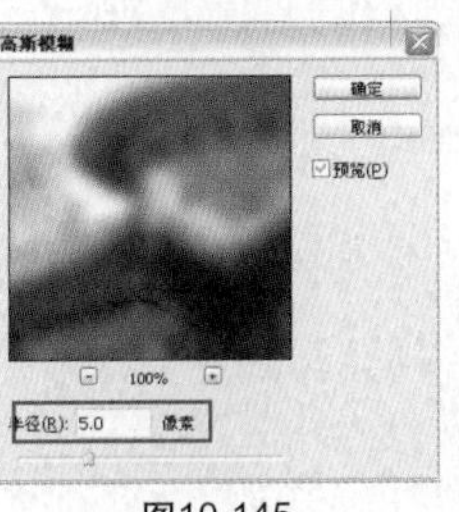
图10-145

图10-146

04 按快捷键Ctrl+U，在弹出的对话框中将“饱和度”设置为55，如图10-147所示，完成后单击“确定”按钮，效果如图10-148所示。

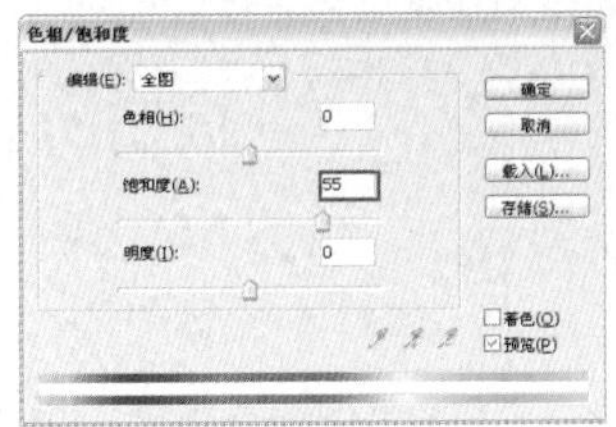
图10-147

图10-148

05 把“背景 副本”图层的混合模式设置为“变亮”，如图10-149所示，得到如图10-150所示的效果。

图10-149

图10-150

06 按快捷键Ctrl+M，在弹出的对话框中设置各项参数，如图10-151所示，完成后单击“确定”按钮，效果如图10-152所示。

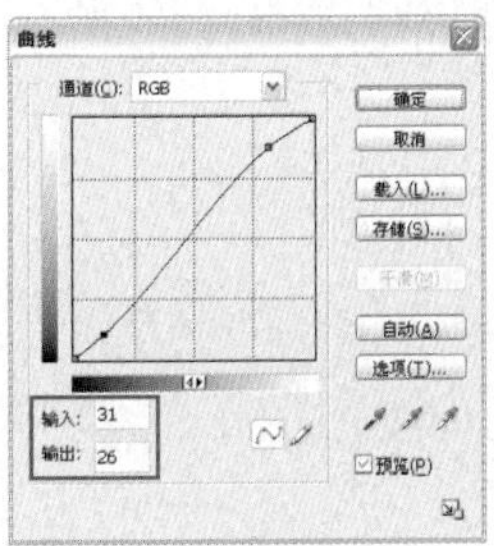
图10-151

图10-152

07 在“图层”面板中，单击“创建新的填充或调整图层”按钮，在弹出的菜单中执行“可选颜色”命令，在弹出的对话框的“颜色”下拉列表框中选择“黄色”并设置各项参数，如图10-153所示，完成后单击“确定”按钮，效果如图10-154所示。

知识提点

影印滤镜

利用壁画滤镜可以将图像轮廓填充为前景色，其余部分填充背景色。

执行“滤镜 > 素描 > 影印”命令，在弹出的“影印”对话框中设置相关参数。

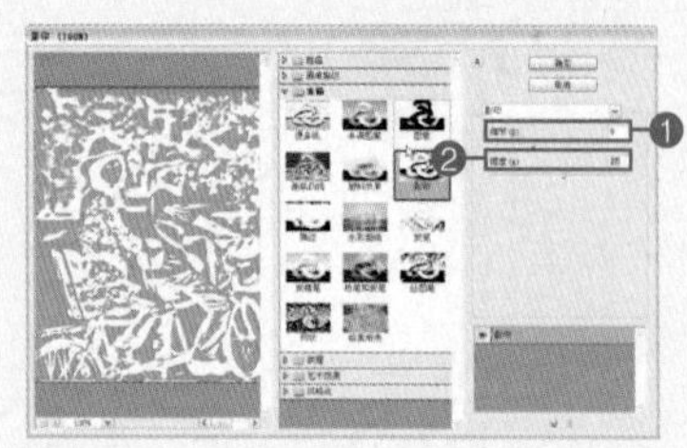

❶细节：设置图像的细致程度。

❷暗度：设置暗调区域。

原图

细节：8
暗度：7

细节：12
暗度：25

细节：24
暗度：20

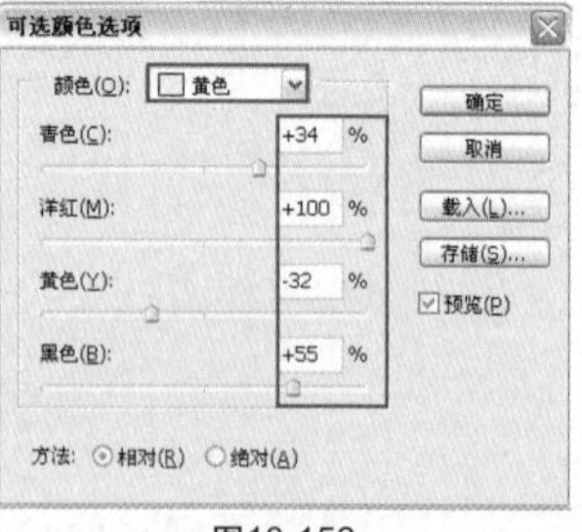

图10-153

图10-154

08 双击“可选颜色1”图层的图层缩览图，在弹出的对话框的“颜色”下拉列表框中选择“青色”并设置各项参数，如图10-155所示，完成后单击“确定”按钮，效果如图10-156所示。

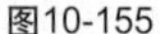

图10-155

图10-156

09 选择“背景”图层，执行“滤镜＞锐化＞USM锐化”命令，在弹出的对话框中设置各项参数，如图10-157所示，完成后单击“确定”按钮，效果如图10-158所示。至此，本案例已经完成。

图10-157

图10-158

09 制作照片的晚霞效果

原照片的颜色灰暗，不能体现蓝天白云的层次、可以添加美丽的晚霞，使照片有主题。

应用功能：色彩平衡命令、渐变工具、色阶命令、画笔工具、曲线命令、可选颜色命令、镜头光晕滤镜

CD-ROM：Chapter 10\09制作照片的晚霞效果\Complete\09制作照片的晚霞效果.psd

知识提点

色彩平衡命令

色彩平衡命令主要用于调整各通道颜色比重，从而达到一种平衡，在照片处理中，通常用来调整照片的整体颜色，它还可以分阶段地对照片的亮部、暗部、中间调进行调整，并且广泛应用于各种图像的颜色调整。

执行"图像>调整>色彩平衡"命令，在弹出的对话框中设置各项参数，完成后单击"确定"按钮。

提 示

按快捷键 Ctrl+B 或执行"图像>新建调整图层>色彩平衡"命令，都会弹出"色彩平衡"。

01 按快捷键Ctrl+O，在弹出的对话框中选择本书配套光盘中Chapter 10\09制作照片的晚霞效果\Media\001.jpg文件，再单击"打开"按钮。打开的素材如图10-159所示。

图10-159

02 按快捷键Ctrl+L，在弹出的对话框中设置各项参数，如图10-160所示，完成后单击"确定"按钮，效果如图10-161所示。

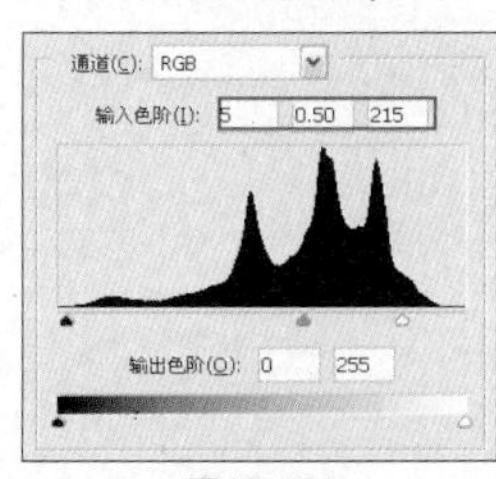

图10-160

图10-161

执行“图像>调整>色彩平衡”命令，即可弹出“色彩平衡”对话框。

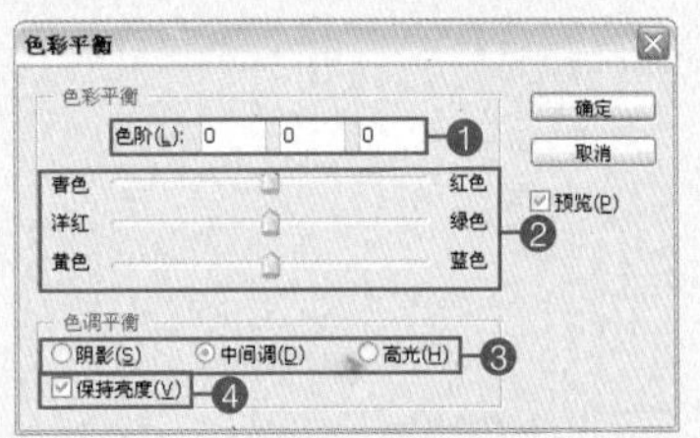

❶色阶：各通道颜色数量的调节，可以直接输入参数。

❷各通道的颜色比重：拖动滑块可以调整颜色，滑块偏向哪一方，这个颜色在图像中就会变强，另一颜色则会变弱。

❸色彩调节的范围：包括阴影、中间调、高光三个选项，可分别控制调节的范围。

❹保持亮度：勾选该复选框，在调节的过程中能够很好地保持原图像的亮度。

原图

选择“阴影”单选按钮，并设置各项参数，得到新的图像，颜色调整主要对图像中的暗部起作用。

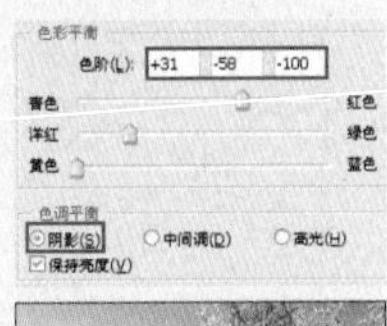

色阶：+31、-58、-100

03 继续按快捷键Ctrl+L，在弹出的对话框中设置各项参数，如图10-162所示，完成后单击“确定”按钮，效果如图10-163所示。

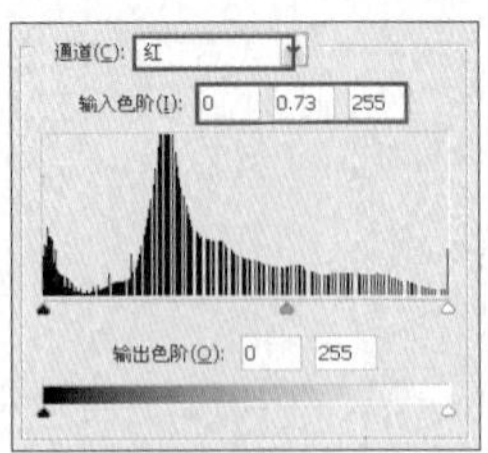

图10-162

图10-163

04 在“图层”面板中新建“图层1”图层，如图10-164所示。按D键恢复前景色和背景色的默认设置，再按快捷键Alt+Delete填充颜色，效果如图10-165所示。

图10-164

图10-165

05 在“图层”面板上单击“添加图层蒙版”按钮，再按D键恢复前景色和背景色的默认设置，然后选择渐变工具，并在选项栏上单击“线性渐变”按钮。在图像上从下向上进行渐变填充，如图10-166所示，得到如图10-167所示的效果。

图10-166

图10-167

06 把“图层1”图层的“不透明度”改为75%，如图10-168所示，得到如图10-169所示的效果。

图10-168

图10-169

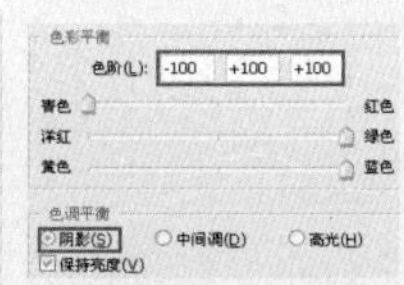

色阶：-100、+100、+100

选择“中间调”单选按钮，并设置各项参数，颜色调整对图像中的中间调起作用。

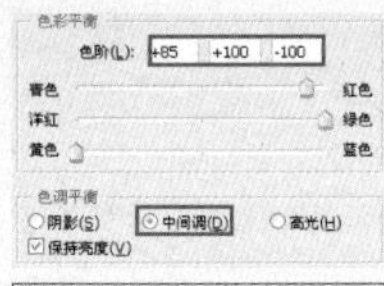

色阶：-85、+100、-100

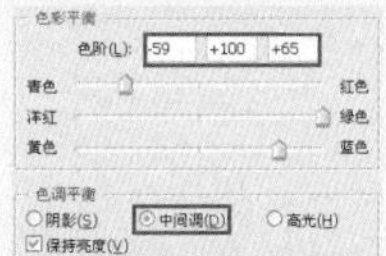

色阶：59、+100、+65

07 选择“图层1”图层的图层蒙版，再按D键恢复前景色和背景色的默认设置。选择画笔工具，在选项栏上设置画笔大小为40px，设置“不透明度”为21%，然后对图像进行涂抹，如图10-170所示，得到如图10-171所示的效果。

图10-170

图10-171

08 单击“创建新的填充或调整图层”按钮，在弹出的菜单中执行“色彩平衡”命令，在弹出的对话框中选择“阴影”单选按钮，并设置各项参数，如图10-172所示，完成后单击“确定”按钮，效果如图10-173所示。

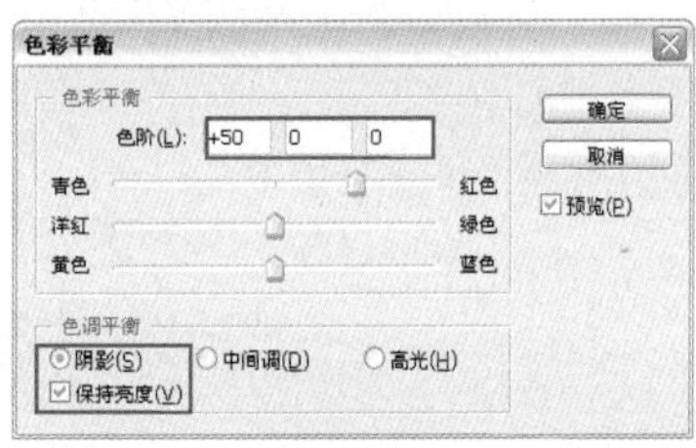

图10-172

图10-173

09 双击“色彩平衡1”图层的图层缩览图，在弹出的对话框中选择“中间调”单选按钮并设置各项参数，如图10-174所示，完成后单击“确定”按钮，效果如图10-175所示。

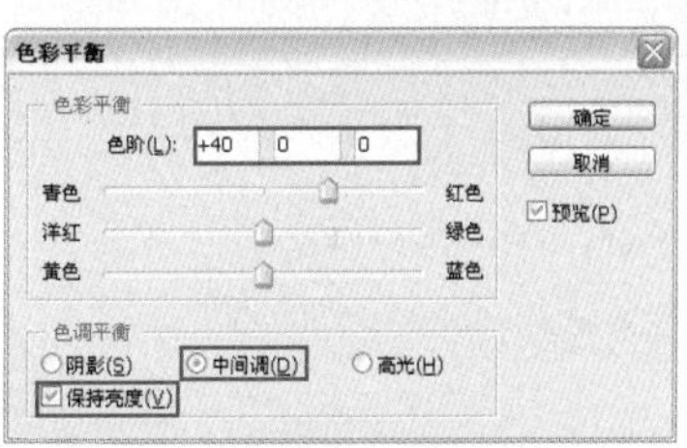

图10-174

图10-175

10 继续双击“色彩平衡1”图层的图层缩览图，在弹出的对话框中选择“高光”单选按钮并设置各项参数，如图10-176所示，完成后单击“确定”按钮，效果如图10-177所示。

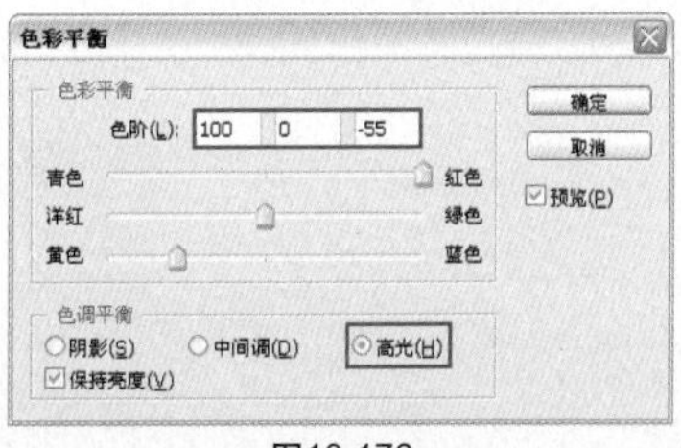

图10-176

图10-177

选择“高光”单选按钮，并设置各项参数，颜色调整主要作用于图像中的亮部。

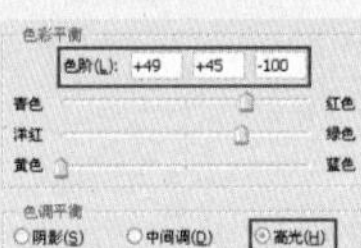

色阶：+49、+45、-100

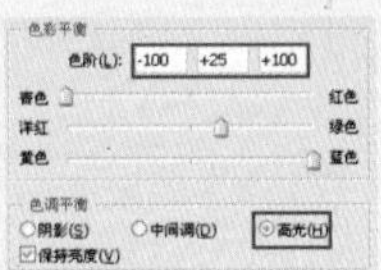

色阶：-100、+25、+100

选中“保持亮度”复选框，在图像中保留原图像的亮度。

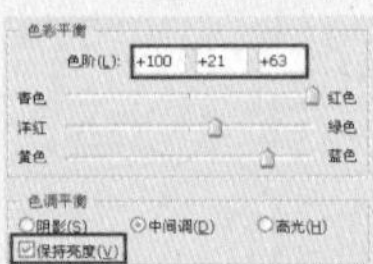

设置参数

色阶：+100、+21、+63

11 选择“色彩平衡1”图层，再单击“创建新的填充或调整图层”按钮，在弹出的菜单中执行“曲线”命令，在弹出的对话框中设置参数，如图10-178所示，完成后单击“确定”按钮，效果如图10-179所示。

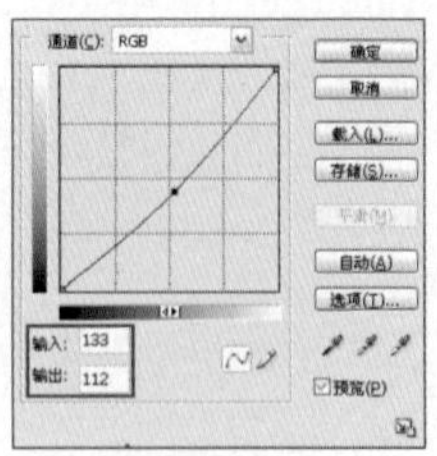

图10-178

图10-179

12 继续单击“创建新的填充或调整图层”按钮，在弹出的菜单中执行“可选颜色”命令，在弹出的对话框的“颜色”下拉列表框中选择“黄色”并设置各项参数，如图10-180所示，完成后单击“确定”按钮，效果如图10-181所示。

图10-180

图10-181

13 选择套索工具，在图像上建立选区，如图10-182所示，然后按快捷键Ctrl+Alt+D，在弹出的对话框中将“羽化半径”设置为10像素，如图10-183所示，完成后单击“确定”按钮。

图10-182

图10-183

14 参照步骤12调节图像的红色，如图10-184和图10-185所示。

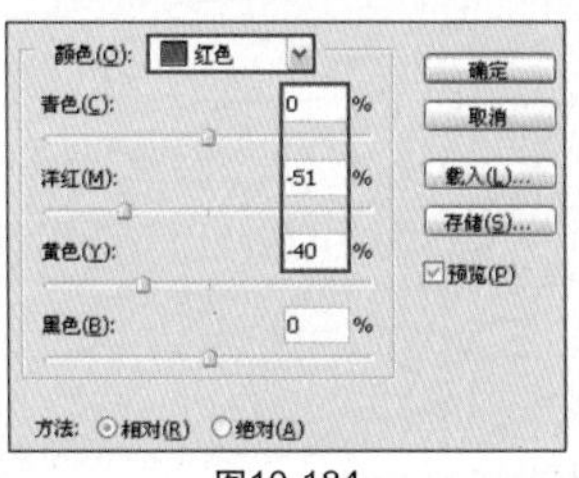

图10-184

图10-185

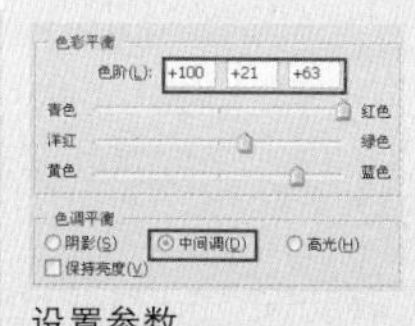

设置参数

保持原图像的亮度

知识提点

镜头光晕滤镜

利用镜头光晕命令可以模拟照相机的镜头在拍摄中产生的折射光。在照片的处理中，利用该命令可以添加阳光照射的效果，增强照片的反射效果。

执行“滤镜>渲染>镜头光晕”命令，在弹出的对话框中设置各项参数，完成后单击“确定”按钮。

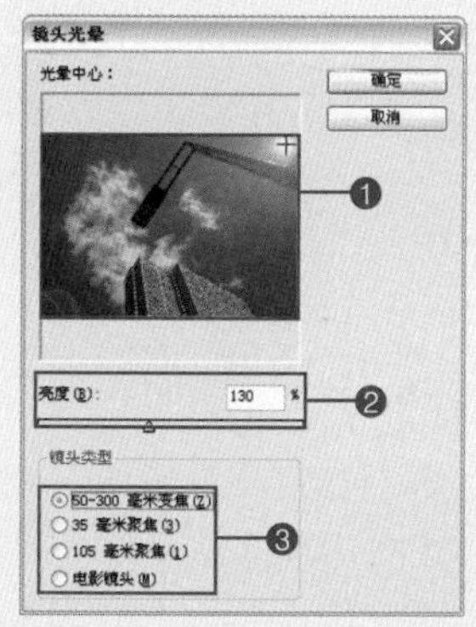

❶光晕中心：图像的预览窗口，可以通过移动十字光标来设置光晕的位置。

❷亮度：调整镜头光晕的亮度。参数值越大，光晕在图像中的范围就越大。

❸镜头类型：选择光晕的类型，提供了4种类型，分别是50-300毫米变焦、35毫米聚焦、105毫米聚焦、电影镜头。不同的镜头类型，得到不同的效果。

15 选择“色彩平衡1”图层的图层蒙版，如图10-186所示，再按D键恢复前景色和背景色的默认设置。选择画笔工具，并选择较软的画笔，然后对图像进行涂抹，得到如图10-187所示的效果。

图10-186

图10-187

16 在“选取颜色2”图层上面新建“图层2”图层，然后将前景色设置为黑色，再按快捷键Alt+Delete进行颜色填充，如图10-188所示，得到如图10-189所示的效果。

图10-188

图10-189

17 执行“滤镜>渲染>镜头光晕”命令，在弹出的对话框中设置参数，如图10-190所示，完成后单击“确定”按钮，效果如图10-191所示。

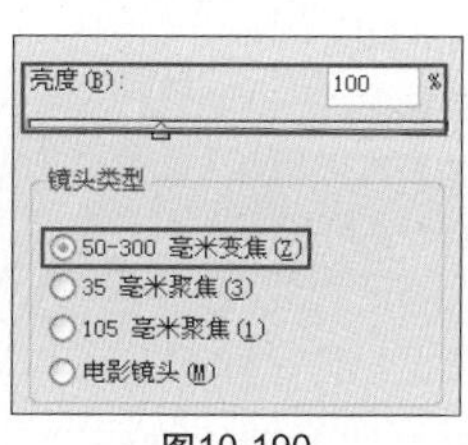

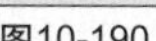

图10-190

图10-191

18 把“图层2”图层的混合模式设置为“线性减淡”，把“不透明度”改为75%，如图10-192所示，得到如图10-193所示的效果。

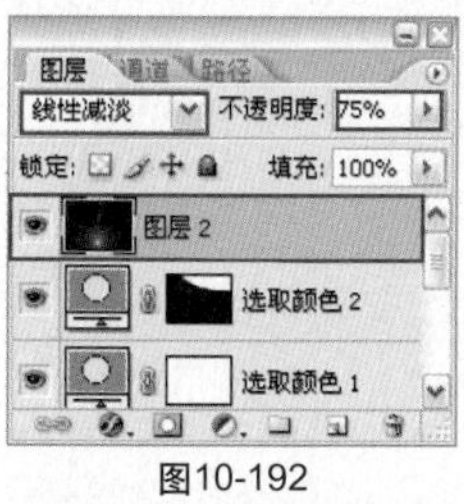

图10-192

图10-193

19 在“图层”面板上单击“创建新的填充或调整图层”按钮，在弹出的菜单中执行“色相/饱和度”命令，在弹出的对话框中设置各项参数，如图10-194所示，完成后单击“确定”按钮，效果如图10-195所示。

原图

不同的亮度，得到不同的光晕范围。

数量：153%

数量：200%

不同的镜头类型，使图像产生不同效果。

镜头类型：35 毫米聚焦

镜头类型：105 毫米聚焦

镜头类型：电影镜头

线性减淡混合模式

线性减淡：与颜色减淡的作用类似。不同的是，线性减淡更强烈地提高了照片的亮度。

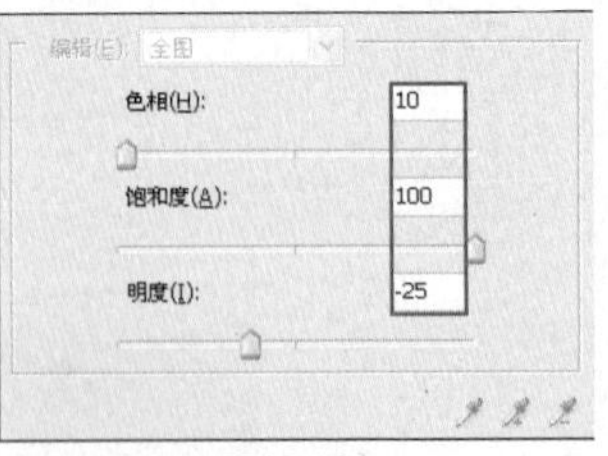

图10-194

图10-195

20 设置“色相/饱和度1”图层的混合模式设置为“滤色”，如图10-196所示，得到如图10-197所示的效果。

图10-196

图10-197

21 选择“色相/饱和度1”图层的图层蒙版，再按D键恢复前景色和背景色的默认设置，然后选择画笔工具，并选择较软的画笔，再对图像进行涂抹，如图10-198所示，得到如图10-199所示的效果。

图10-198

图10-199

22 选择“图层2”图层，再单击“添加图层蒙版”按钮，然后选择画笔工具，并选择较软的画笔，最后对图像进行涂抹，如图10-200所示，得到如图10-201所示的效果。

图10-200

图10-201

23 复制“图层2”图层，按D键恢复前景色和背景色的默认设置。选择“图层2”图层的蒙版，然后选择画笔工具，并选择较软的画笔，再对图像进行涂抹，如图10-202所示，得到如图10-203所示的效果。

原图 1

原图 2

混合模式：线性减淡
不透明度：50%

混合模式：线性减淡
不透明度：100%

图10-202

图10-203

24 复制"色相/饱和度1"图层，然后选择该图层的图层蒙版，再选择画笔工具，并选择较软的画笔，最后对图像进行涂抹，如图10-204所示，得到如图10-205所示的效果。至此，本案例制作完成。

图10-204

图10-205

10 增加照片的云雾效果

After

Before

原照片是一张傍晚时拍摄的港口照片，制作云雾效果，增添阴沉的天气效果。

应用功能：多边形套索工具、色相/饱和度命令、曲线命令、羽化命令、云彩滤镜、旋转扭曲滤镜、切变命令、渐变工具、画笔工具

CD-ROM：Chapter 10\10增加照片的云雾效果\Complete\10增加照片的云雾效果.psd

知识提点

云彩滤镜

利用云彩滤镜，可以当前前景色和背景色为基准，在图像中生成模拟云彩的效果。在照片中加入云彩效果，可以增添照片的气氛，也可以制作特殊的效果。

设置前景和背景色，然后执行“滤镜>渲染>云彩”命令，得到图像效果。

执行一次“云彩”命令

每执行“云彩”命令，云彩在图像中的分布效果都会不同。

01 按快捷键Ctrl+O，在弹出的对话框中选择本书配套光盘中Chapter 10\10增加照片的云雾效果\Media\001.jpg文件，再单击“打开”按钮。打开的素材如图10-206所示。

图10-206

02 选择多边形套索工具，在船的窗户上建立选区，如图10-207所示，按住Shift键继续建立选区，如图10-208所示。

图10-207

图10-208

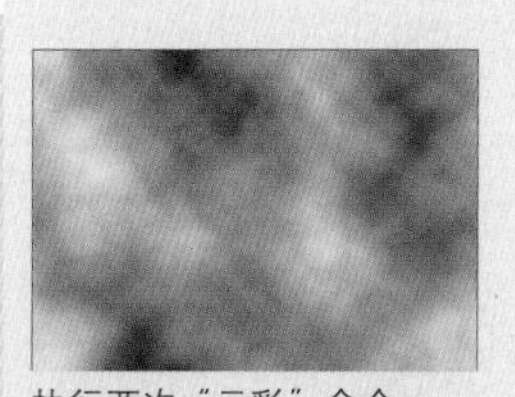
执行两次"云彩"命令

执行三次"云彩"命令

下面举例说明。分别设置前景色和背景色，再执行"云彩"命令，可以得到不同的效果。

改变前景色和背景色

再次改变前景色和背景色

调整云彩滤镜效果的色相和饱和度。

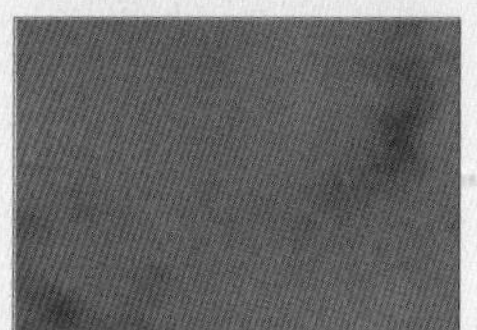
色相：+34
饱和度：+10
明度：0

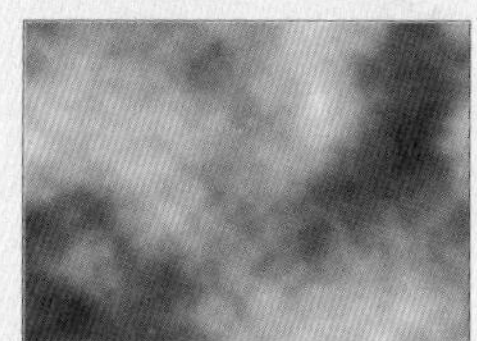
颜色：洋红
青色：-100%
洋红：-53%
黄色：+100%
黑色：-100%
方法：相对

03 按快捷键Ctrl+Alt+D，在弹出的对话框中将"羽化半径"设置为"4像素"，如图10-209所示，完成后单击"确定"按钮，效果如图10-210所示。

羽化半径(R): 4 像素

图10-209

图10-210

04 在"图层"面板上单击按钮，如图10-211所示。在弹出的菜单中执行"曲线"命令，在弹出的对话框中设置各项参数，如图10-212所示，完成后单击"确定"按钮，效果如图10-213所示。

图10-211

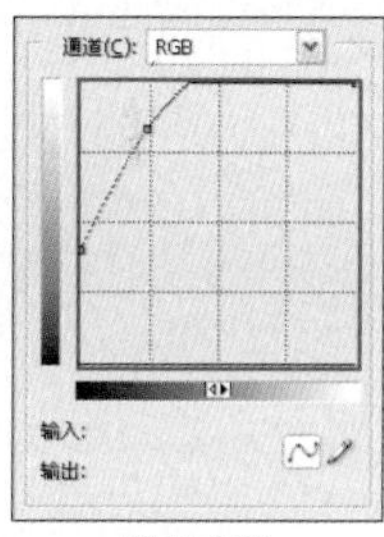

图10-212

图10-213

05 双击"曲线1"图层的图层缩览图，如图10-214所示，在弹出的对话框的"通道"中选择"红"并设置各项参数，如图10-215所示，完成后单击"确定"按钮，效果如图10-216所示。

图10-214

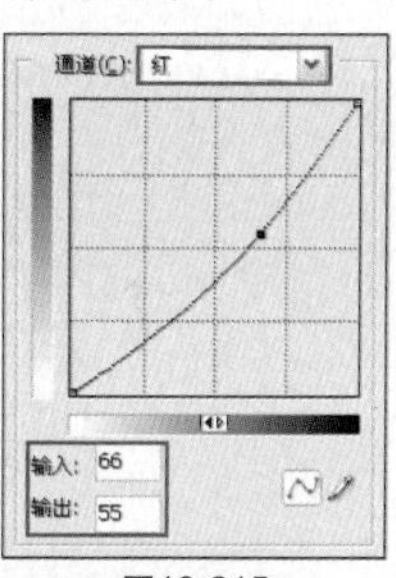

图10-215

图10-216

06 用同样的方法调整"绿"通道，如图10-217和图10-218所示。

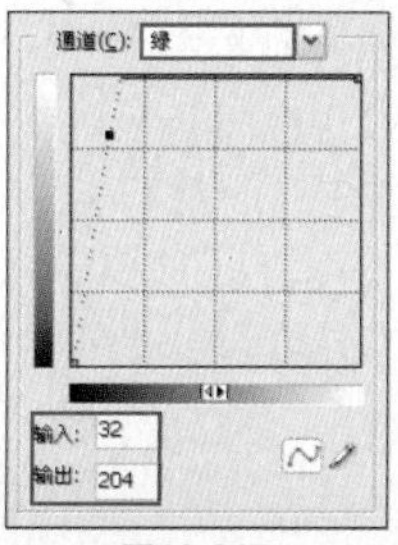

图10-217

图10-218

调整云彩滤镜效果的色阶。

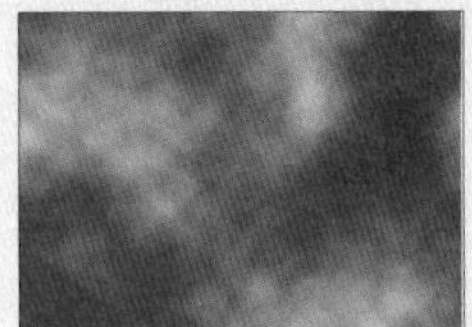

输入色阶：68、1.00、198
输出色阶：0、255

下面通过调整图层的混合模式表现云彩滤镜效果。

原图

添加云彩滤镜后的“图层”面板。

混合模式：叠加

混合模式：色相

混合模式：颜色减淡

07 用同样的方法调整“蓝”通道，如图10-219和图10-220所示。

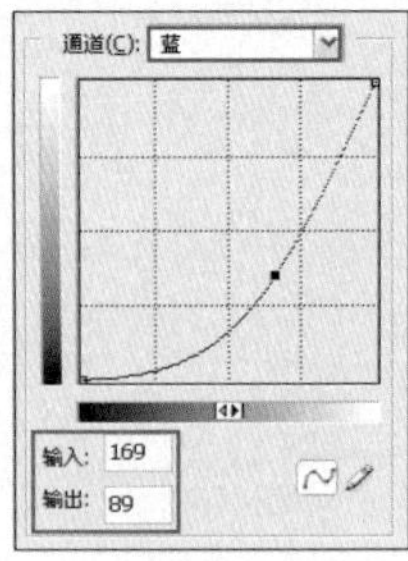

图10-219

图10-220

08 选择多边形套索工具，在照片上建立选区，如图10-221所示。按快捷键Ctrl+Alt+D，在弹出的对话框中将“羽化半径”设置为“15像素”，如图10-222所示，完成后单击“确定”按钮。

图10-221

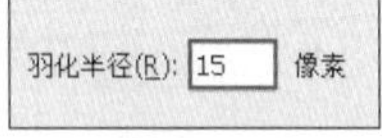

图10-222

09 在“图层”面板上单击“创建新的填充或调整图层”按钮，在弹出的菜单中执行“曲线”命令，在弹出的对话框中设置参数，如图10-223所示，完成后单击“确定”按钮，效果如图10-224所示。

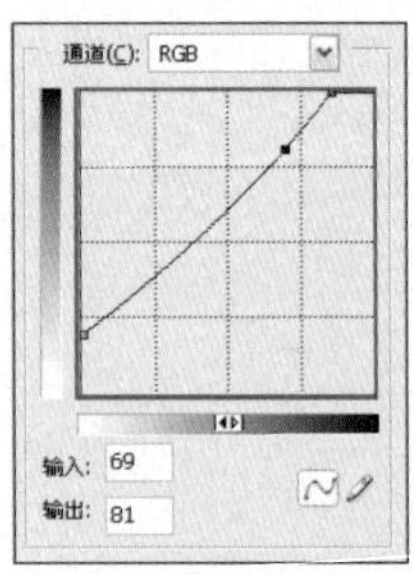

图10-223

图10-224

10 按住Ctrl键单击“曲线1”图层的图层缩览图，如图10-225所示，将该图层的图像载入选区，再按快捷键Ctrl+Shift+I反选选区，如图10-226所示。

图10-225

图10-226

知识提点

分层云彩滤镜

分层云彩滤镜效果是通过云彩的形态对图像的颜色进行翻转，可以表现特殊效果。

与云彩滤镜相同的是，可以表现图像的形态，前景色和背景色，可以得到不同的效果。

与云彩滤镜不同的是，在新建图层中不能添加分层云彩滤镜效果。

原图

前景色：黄
背景色：白
滤镜：分层云彩

前景色：绿
背景色：白
滤镜：分层云彩

前景色：红
背景色：黄
滤镜：分层云彩

知识提点

旋转扭曲滤镜

旋转扭曲滤镜效果是以图像中心为轴心向外进行旋转扭曲，模拟漩涡的效果。

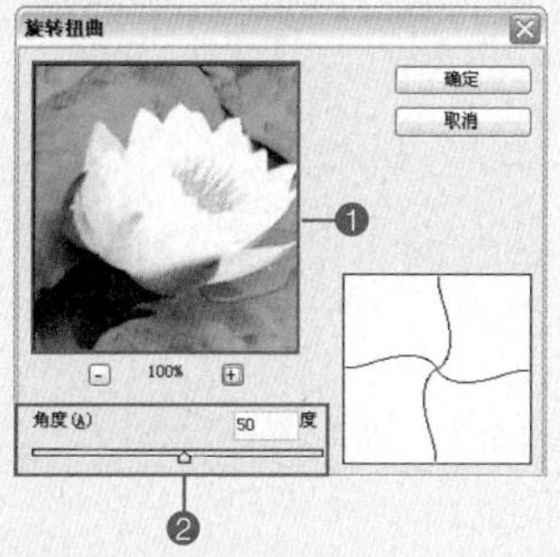

❶图像的预览窗口。

11 在“图层”面板上单击按钮，在弹出的菜单中执行“色相/饱和度”命令，在弹出的对话框中设置各项参数，如图10-227所示，完成后单击“确定”按钮，效果如图10-228所示。

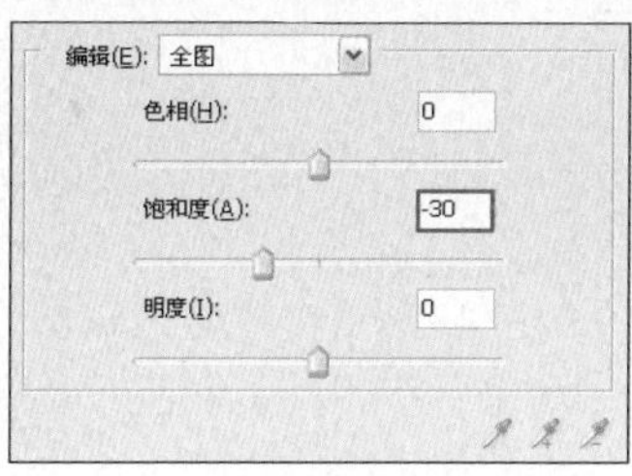

图10-227

图10-228

12 选择“曲线2”图层，再单击按钮，在弹出的菜单中执行“曲线”命令，然后在弹出的对话框中设置各项参数，如图10-229所示，完成后单击“确定”按钮，效果如图10-230所示 。

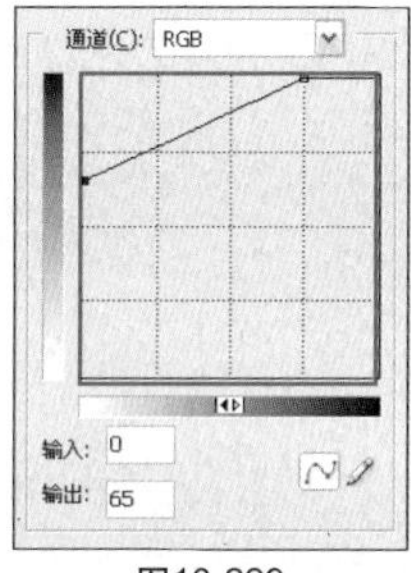

图10-229

图10-230

13 在“图层”面板中新建“图层1”图层，如图10-231所示。选择矩形选框工具，在图像上建立选区，如图10-232所示。

图10-231

图10-232

14 按D键恢复前景色和背景色的默认设置，再执行“滤镜>渲染>云彩”命令，最后按快捷键Ctrl+D取消选择，效果如图10-233所示。

图10-233

❷角度：调整扭曲图像的角度。参数的范围是-999~999。当角度值为正数的时候，图像会以顺时针进行旋转扭曲；当角度值为负数的时候，图像会以逆时针进行旋转扭曲。

执行“滤镜>扭曲>旋转扭曲”命令，在弹出的对话框中设置“角度”，完成后单击“确定”按钮。角度的参数值越大，图像也就扭曲得越厉害。

原图

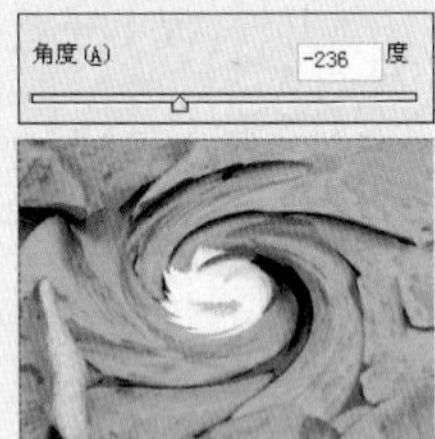

角度：-236°

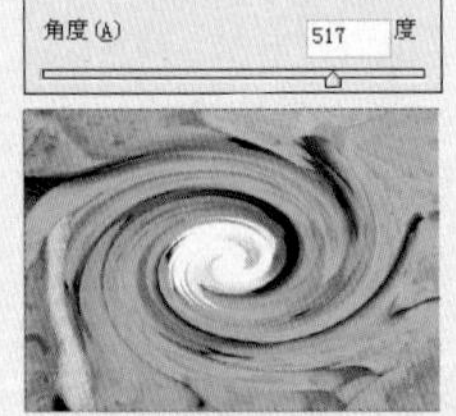

角度：517°

可以在图像上建立选区，使旋转扭曲只对选区起作用。

建立选区

角度：540°

反复旋转扭曲

15 选择“图层1”图层，执行“滤镜>扭曲>旋转扭曲”命令，在弹出的对话框中将“角度”设置为“50度”，如图10-234所示，单击“确定”按钮，效果如图10-235所示。

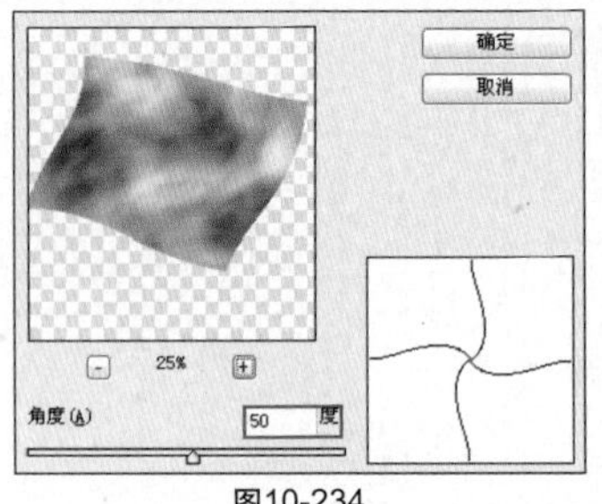

图10-234

图10-235

16 执行“滤镜>扭曲>切变”命令，在弹出的对话框选择“折回”单选按钮，并适当调整切变的控制点，如图10-236所示，单击“确定”按钮，效果如图10-237所示。

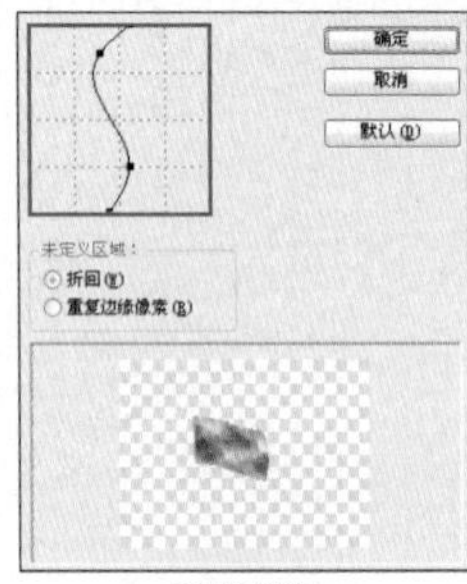

图10-236

图10-237

17 按快捷键Ctrl+T，对图像进行自由变换，确定后如图10-238所示，得到如图10-239所示的效果。

图10-238

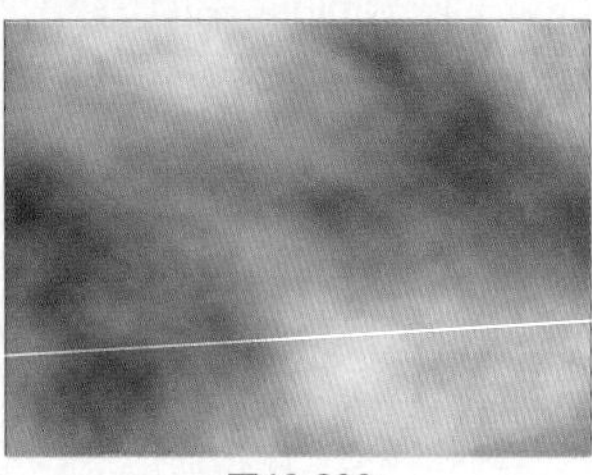

图10-239

18 把“图层1”图层的混合模式设置为“滤色”，如图10-240所示，得到如图10-241所示的效果。

图10-240

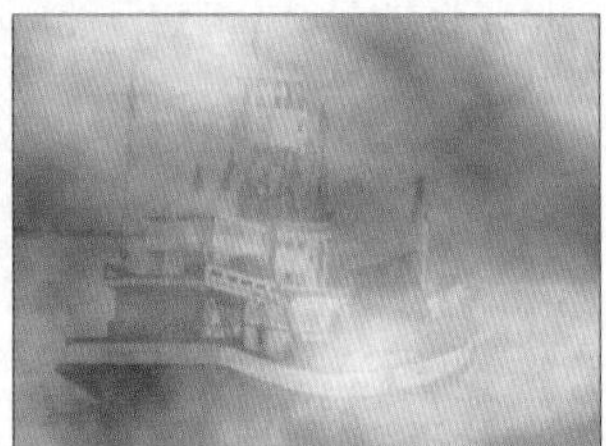

图10-241

知识提点

切变滤镜

利用切变滤镜可以通过设定曲线来改变图像的形态。在照片的处理中可以达到扭曲图像的效果，还可以制作烟雾效果。

执行"滤镜>扭曲>切变"命令，在弹出的对话框设置相关参数，完成后单击"确定"按钮。

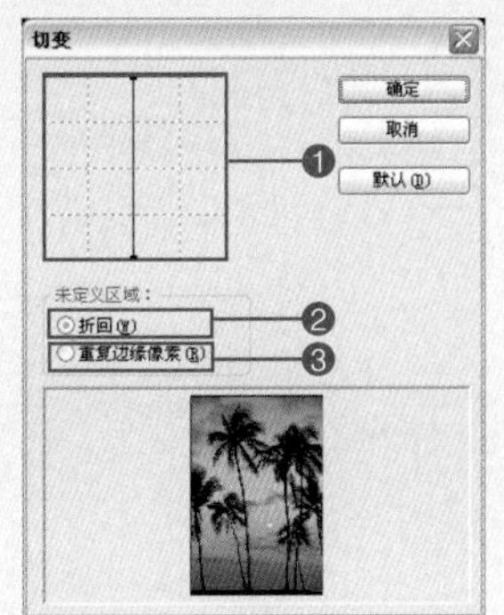

❶通过改变曲线的变形点来扭曲图像。

❷折回：使用图像扭曲变形后被裁切的部分对图像进行填充。

❸重复边缘像素：在图像的空白处填充扭曲变形后边缘的图像像素。

原图

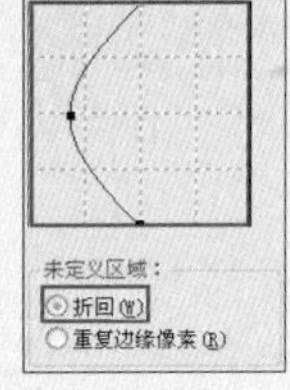

C 形切变

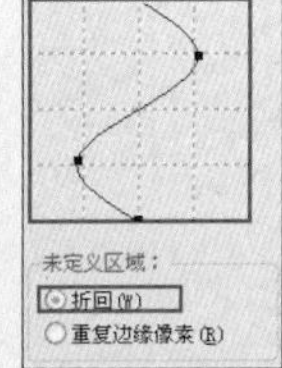

反 S 形切变

19 新建"图层2"图层，如图10-242所示。将前景色设置为（R:200，G:150，B:39），再选择画笔工具，并设置画笔大小为40px，然后在船上绘制一个圆形，如图10-243所示。

图10-242

图10-243

20 将"图层2"图层的混合模式设置为"滤色"，如图10-244所示，得到如图10-245所示的效果。复制"图层2"图层，效果如图10-246所示。

图10-244

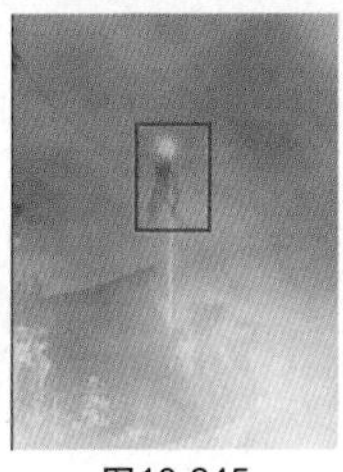

图10-245

图10-246

21 利用多边形套索工具建立选区，如图10-247所示。再羽化选区，参数如图10-248所示。

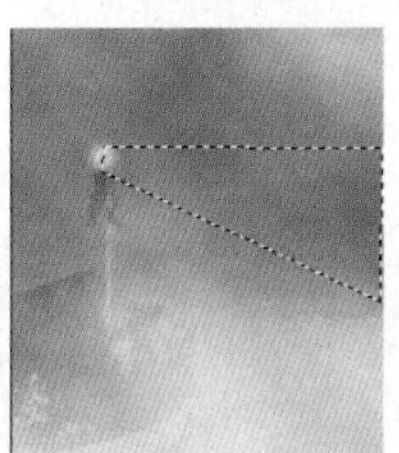

图10-247

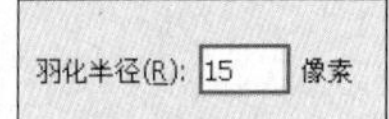

图10-248

22 在"图层"面板上单击按钮，如图10-249所示。在弹出的菜单中执行"曲线"命令，在弹出的对话框中设置各项参数，如图10-250所示，完成后单击"确定"按钮，效果如图10-251所示。

图10-249

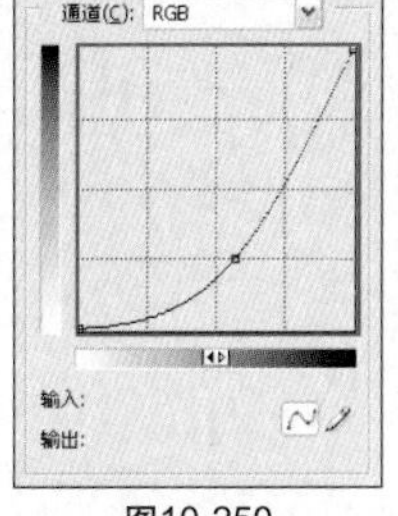

图10-250

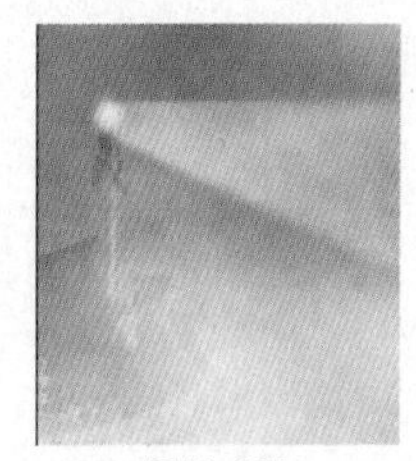

图10-251

下面使用相同的曲线，并分别选择“折回”和“重复边缘像素”单选按钮，观察不同效果。

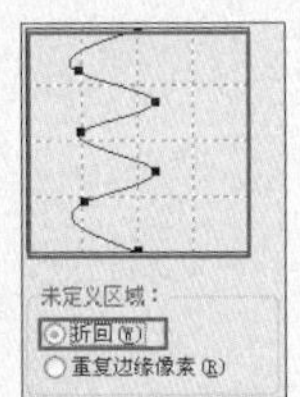

折回切变

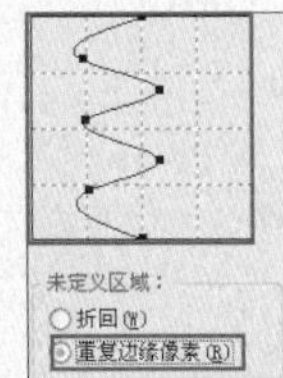

重复边缘像素切变

知识提点

半调图案滤镜

利用半调图案滤镜可以表现网点绘画效果，网点的颜色与前景色一致，背景的颜色与背景色相同。

执行“滤镜>素描>半调图案”命令，在弹出的“半调图案”对话框中设置相关参数。

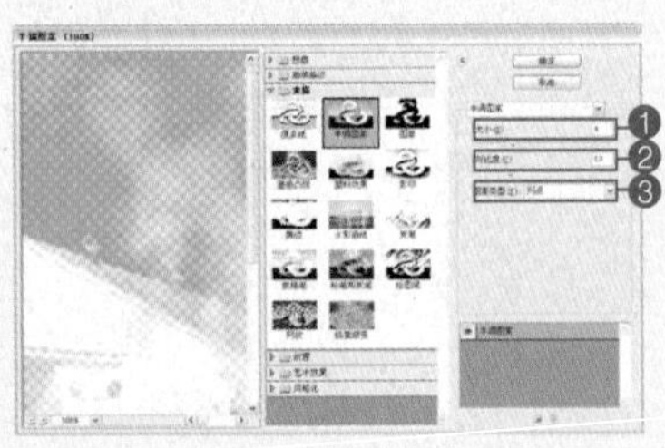

❶大小：设置网点的大小。

❷对比度：设置对比值。

❸图案类型：选择网点图案的种类。

原图

23 双击“曲线4”图层的图层缩览图，在弹出对话框中设置参数，如图10-252所示，再单击“确定”按钮，效果如图10-253所示。

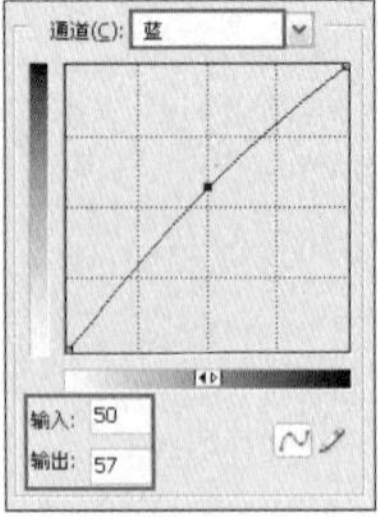

图10-252

图10-253

24 按住Ctrl键，单击“曲线4”图层的图层缩览图，如图10-254所示，得到的选区如图10-255所示。按D键恢复前景色和背景色的默认设置，然后选择渐变工具，在选项栏上选择“线性渐变”，在选区上从左向右进行渐变填充，最后按快捷键Ctrl+D取消选区，效果如图10-256所示。

图10-254

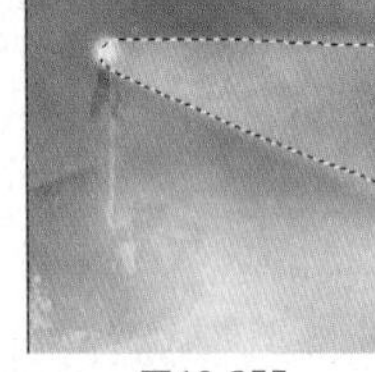

图10-255

图10-256

25 选择“图层1”图层，再单击“添加图层蒙版”按钮。按D键恢复前景色和背景色的默认设置，再选择画笔工具，在选项栏上选择较软的画笔，并随时调节不透明度，在“图层1”图层的蒙版上进行涂抹，如图10-257所示，得到如图10-258所示的效果。

图10-257

图10-258

26 复制“图层1”图层，再选择画笔工具，在选项栏上选择较软的画笔，并随时调节不透明度，在“图层1 副本”图层的蒙版上进行涂抹，如图10-259所示。加重了画面下部分的云雾效果，如图10-260所示。

图10-259

图10-260

大小：4
对比度：13
图案类型：网点

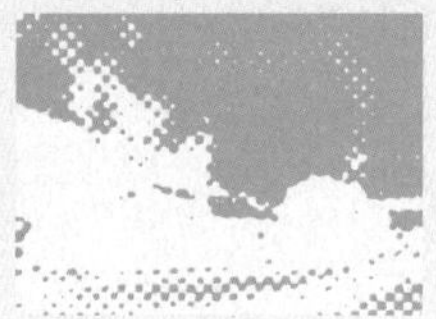
大小：12
对比度：50
图案类型：网点

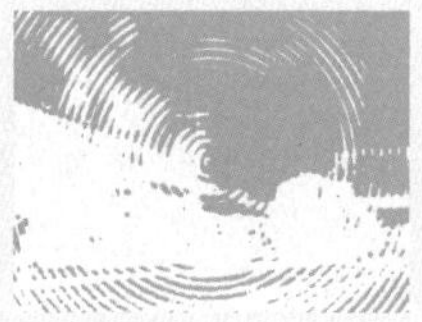
大小：6
对比度：50
图案类型：圆形

大小：6
对比度：50
图案类型：直线

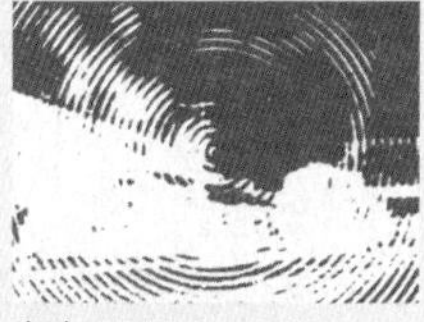
大小：6
对比度：50
图案类型：圆形

大小：6
对比度：50
图案类型：网点

27 在“曲线4”图层的上层新建“图层3”图层，如图10-261所示。选择多边形套索工具，如图10-262所示建立选区，然后按快捷键Ctrl+Alt+D，在弹出的对话框中将“羽化半径”设置为“15像素”，如图10-263所示，完成后单击“确定”按钮。

图10-261

图10-262

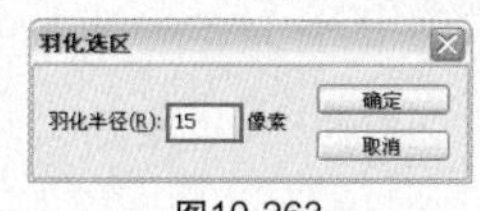

图10-263

28 将前景色设置为（R:251，G:242，B:128），再按快捷键Alt+Delete填充颜色，然后按快捷键Ctrl+D取消选区，效果如图10-264所示。

图10-264

29 将“图层3”图层的混合模式设置为“叠加”，把“不透明度”改为60%，如图10-265所示，得到如图10-266所示的效果。

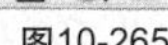
图10-265

图10-266

30 选择多边形套索工具，在船的窗户上建立选区，如图10-267所示，按住Shift键继续建立选区，如图10-268所示。

图10-267

图10-268

31 单击“创建新的填充或调整图层”按钮，如图10-269所示。在弹出的菜单中执行“曲线”命令，在弹出的对话框中设置参数，如图10-270所示，然后单击“确定”按钮，效果如图10-271所示。

大小：12
对比度：50
图案类型：直线

大小：12
对比度：50
图案类型：网点

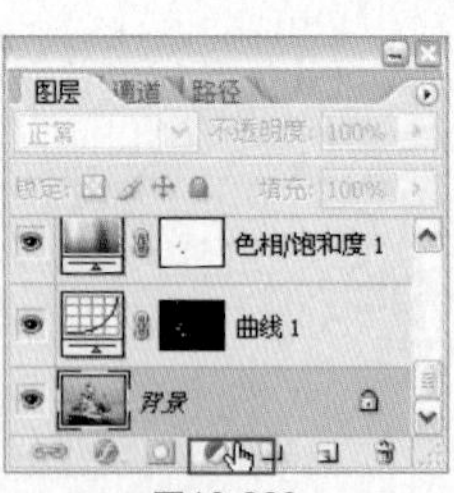

图10-269

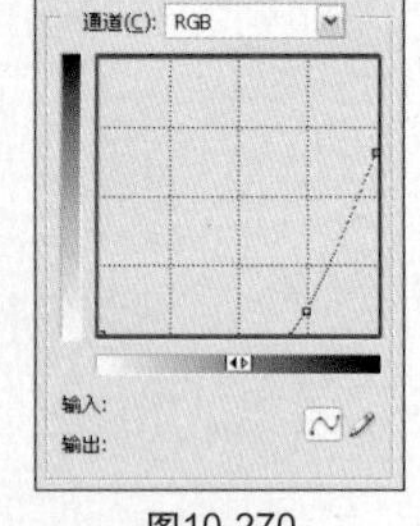

图10-270

图10-271

32 双击“曲线5”图层的图层缩览图，在弹出的对话框的“通道”下拉列表框中选择“红”并设置各项参数，如图10-272所示，完成后单击“确定”按钮，效果如图10-273所示。

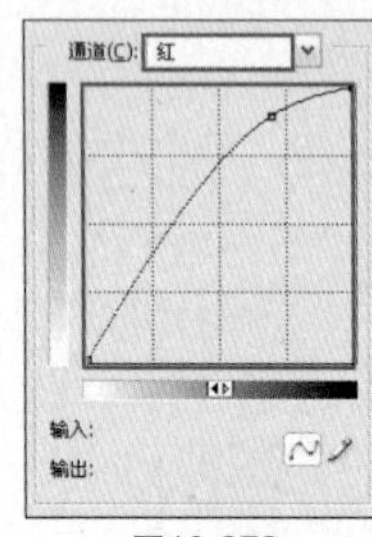

图10-272

图10-273

33 用同样的方法调整“绿”通道，如图10-274和图10-275所示。

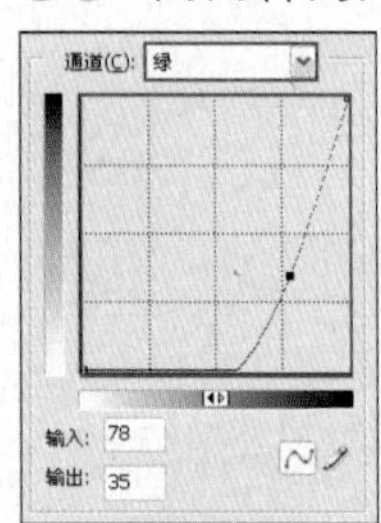

图10-274

图10-275

34 用同样的方法调整“曲线5”图层的“蓝”通道，如图10-276和图10-277所示。至此，本案例制作完成。

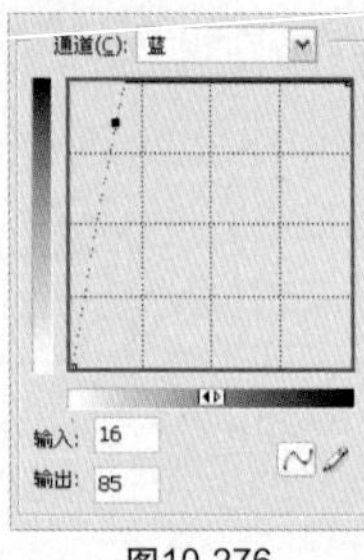

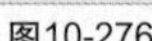

图10-276

图10-277

制作版画效果

原照片的色彩单一，但不乏艺术气息，可以制作版画效果，增强照片的艺术感觉。

应用功能：高斯模糊滤镜、木刻滤镜、可选颜色命令

CD-ROM：Chapter 10\11制作版画效果\Complete\11制作版画效果.psd

知识提点

木刻滤镜

利用木刻滤镜可以非常清楚地在图像中显示颜色变化，并以块面的形式表现出来。在照片的处理中，有一种矢量画的效果可以模拟剪纸的效果，也可用于制作广告海报或者网页宣传。

执行“滤镜>艺术效果>木刻”命令，在弹出的对话框中设置各项参数，完成后单击“确定”按钮。

❶色阶数：设置图像中颜色的层次。参数值越大，颜色的层次就越多，效果就会越精细。

❷边缘简化度：设置图像中颜色的范围。参数值越大，图像的轮廓越简化。

❸边缘逼真度：设置边缘线条的准确度。参数值越大，图像的轮廓越准确。

01 按快捷键Ctrl+O，在弹出的对话框中选择本书配套光盘中Chapter 10\11制作版画效果\Media\001.jpg文件，再单击“打开”按钮。打开的素材如图10-278所示。

图10-278

02 在“图层”面板中复制“背景”图层，得到“背景 副本”图层，如图10-279所示。

图10-279

原图

保持色阶和边缘逼真度的参数值不变。边缘简化度的参数值越大，图像的轮廓就丢失得越严重。

色阶数：3
边缘简化度：0
边缘逼真度：3

色阶数：3
边缘简化度：3
边缘逼真度：3

色阶数：3
边缘简化度：5
边缘逼真度：3

色阶数：3
边缘简化度：9
边缘逼真度：3

保持边缘简化度和边缘逼真度的参数值不变，色阶数的参数值越大，图像的效果越精细。

色阶数：5
边缘简化度：5
边缘逼真度：3

色阶数：8
边缘简化度：5
边缘逼真度：3

“色阶数”和“边缘简化度”的参数值保持不变，设置“边缘逼真度”的不同参数值，观察图像的变化。

03 选择“背景 副本”图层，执行“滤镜>模糊>高斯模糊”命令，在弹出的对话框中将“半径”设置为“4.5像素”，如图10-280所示，完成后单击“确定”按钮，效果如图10-281所示。

图10-280

图10-281

04 执行“滤镜>艺术效果>木刻”命令，在弹出的对话框中设置参数，如图10-282所示，再单击“确定”按钮，效果如图10-283所示。

图10-282

图10-283

05 执行“图像>调整>可选颜色”命令，在弹出的对话框中设置参数，如图10-284所示，然后单击“确定”按钮，效果如图10-285所示。

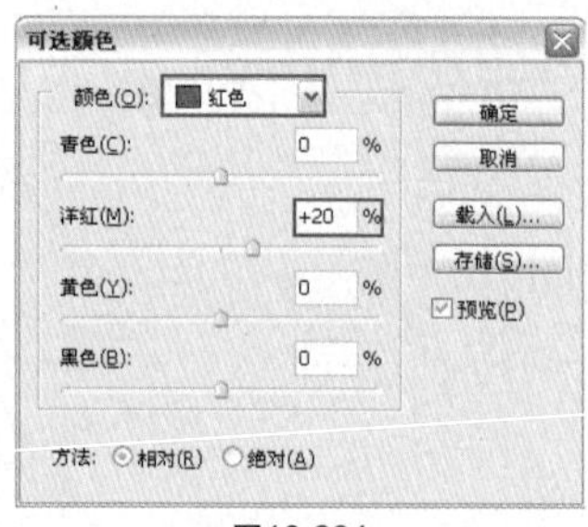

图10-284

图10-285

06 复制“背景”图层，并将其移到“背景 副本”图层的上面，如图10-286所示，再执行“图像>调整>去色”命令，效果如图10-287所示。

图10-286

图10-287

色阶数：5
边缘简化度：5
边缘逼真度：1

色阶数：5
边缘简化度：5
边缘逼真度：2

色阶数：5
边缘简化度：5
边缘逼真度：3

知识提点

水彩画纸滤镜

添加了水彩画纸滤镜效果的图像好像是绘制在潮湿的纤维纸上，颜色溢出、混合，产生渗透效果。

执行“滤镜＞素描＞水彩画纸”命令，在弹出的“水彩画纸”对话框设置相关参数。

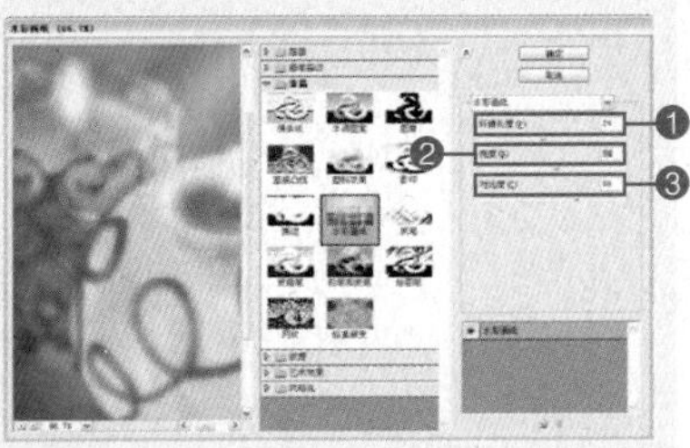

❶纸纹长度：在设置纸张湿润的程度及笔触的长度。

❷亮度：设置图像的亮度。

❸对比度：设置图像的对比度，此项参数的设置将受到“亮度”参数的影响。

原图

07 执行“滤镜＞风格化＞查找边缘”命令，如图10-288所示，得到如图10-289所示的效果。

图10-288

图10-289

08 按快捷键Ctrl+L，在弹出的对话框中设置各项参数，如图10-290所示，完成后得到如图10-291所示的效果。

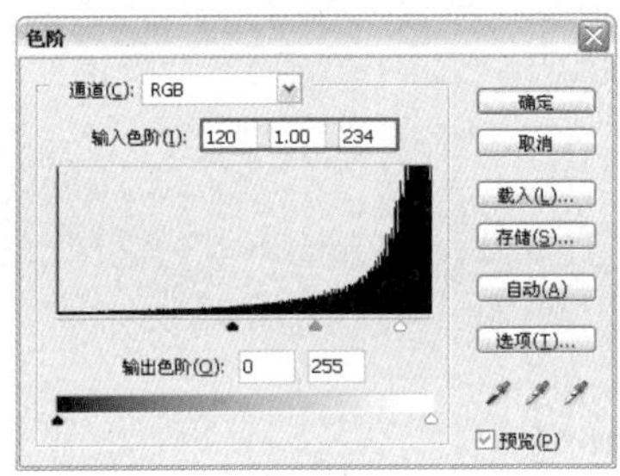
图10-290

图10-291

09 执行“滤镜＞杂色＞添加杂色”命令，在弹出的对话框中设置各项参数，如图10-292所示，完成后单击“确定”按钮，效果如图10-293所示。

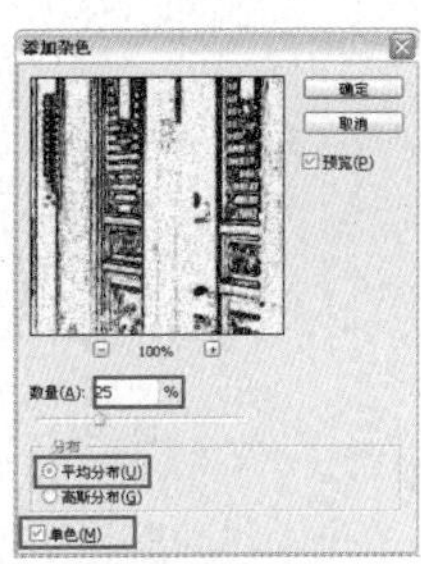
图10-292

图10-293

10 按快捷键Ctrl+M，在弹出的对话框中设置各项参数，如图10-294所示，完成后得到如图10-295所示的效果。

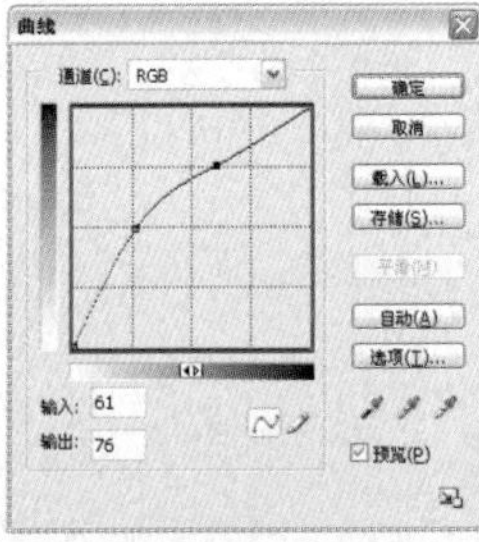
图10-294

图10-295

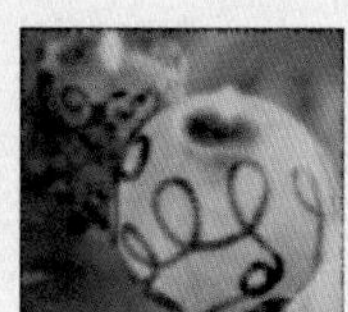

纤维长度：12
亮度：46
对比度：69

纤维长度：27
亮度：46
对比度：69

纤维长度：27
亮度：76
对比度：69

纤维长度：27
亮度：36
对比度：69

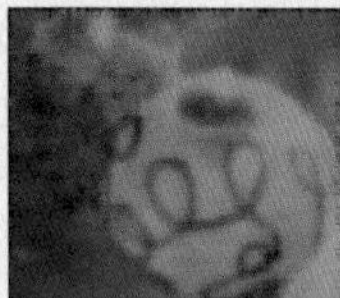

纤维长度：27
亮度：36
对比度：44

纤维长度：27
亮度：36
对比度：84

知识提点

墨水轮廓滤镜

利用墨水轮廓滤镜可以在原来的图像细节上使用精细的线条重新绘制图像，产生钢笔油墨画的风格。

执行“滤镜＞画笔描边＞墨水轮廓”命令，在弹出的“墨水轮廓”对话框设置相关参数。

❶线条长度：设置笔触的长度。

❷深色强度：设置黑色轮廓强度。数值为60时，图像中深色的区域将变成黑色。

❸光照强度：设置白色区域强度。数值为60时，图像中浅色的区域将变得更亮。

11 按快捷键Ctrl+L，在弹出的对话框中设置各项参数，如图10-296所示，完成后得到如图10-297所示的效果。

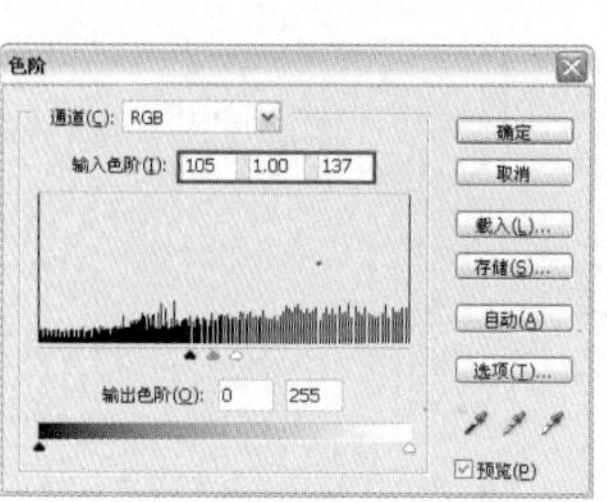

图10-296

图10-297

12 把“背景 副本2”图层的混合模式设置为“叠加”，把“不透明度”改为80%，如图10-298所示，得到如图10-299所示的效果。

图10-298

图10-299

13 选择“背景 副本”图层，再按快捷键Ctrl+M，在弹出的对话框中设置各项参数，如图10-300所示，完成后单击“确定”按钮，效果如图10-301所示。

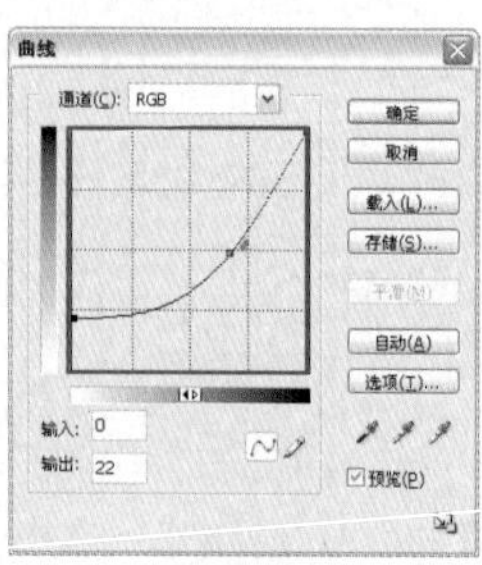

图10-300

图10-301

14 执行“图像＞调整＞可选颜色”命令，在弹出的对话框的“颜色”下拉列表框中选择“黑色”并设置各项参数，如图10-302所示，完成后单击“确定”按钮，效果如图10-303所示。

图10-302

图10-303

原图

描边长度：4
深色强度：7
光照强度：10

描边长度：4
深色强度：38
光照强度：10

描边长度：4
深色强度：7
光照强度：38

15 按快捷键Ctrl+U，在弹出的对话框中将“饱和度”调整为-20，如图10-304所示，完成后单击“确定”按钮，效果如图10-305所示。

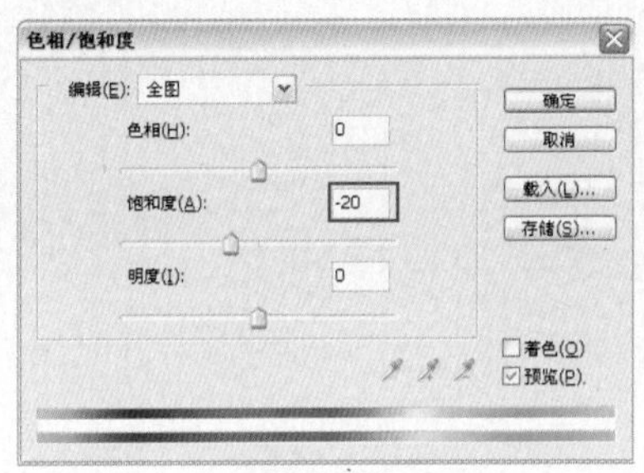

图10-304

图10-305

16 在“背景 副本2”图层上，新建“图层1”图层，如图10-306所示。选择矩形选框工具，如图10-307所示在图像上建立选区，然后按快捷键Ctrl+Shift+I反选选区，如图10-308所示。

图10-306

图10-307

图10-308

17 按快捷键Ctrl+Alt+D进行羽化，将“羽化半径”设置为“5像素”，如图10-309所示，完成后单击“确定”按钮。然后将前景色设置为白色，对选区进行颜色填充，最后按快捷键Ctrl+D取消选区，效果如图10-310所示。至此，本案例制作完成。

图10-309

图10-310

12 制作钢笔淡彩效果

原照片树的颜色几乎是黑色，不能表现远景的建筑的主体性，添加钢笔淡彩的效果后，颜色鲜艳饱和，模拟了绘画效果，也突出了主体建筑。

应用功能：色阶命令、特殊模糊滤镜、色相/饱和度命令、反向命令、水彩滤镜、渐隐水彩、阴影/高光命令、高斯模糊滤镜、亮度/对比度命令

CD-ROM：Chapter 10\12制作钢笔淡彩效果\Complete\12制作钢笔淡彩效果.psd

知识提点

特殊模糊滤镜

利用特殊模糊滤镜可以对图像轮廓以外的部分进行模糊，是模糊滤镜中唯一不模糊图像轮廓的命令，可以用来制作照片的艺术效果和线描效果。

执行“滤镜 > 模糊 > 特殊模糊”命令，在弹出的对话框中设置相关参数。

❶半径：设置模糊的范围。参数值越大，应用模糊的图像就越多。

01 按快捷键Ctrl+O，在弹出的对话框中选择本书配套光盘中Chapter 10\12制作钢笔淡彩效果\Media\001.jpg文件，再单击“打开”按钮。打开的素材如图10-311所示。

图10-311

02 按快捷键Ctrl+L，在弹出的对话框中设置各项参数，如图10-312所示，完成后单击“确定”按钮，效果如图10-313所示。

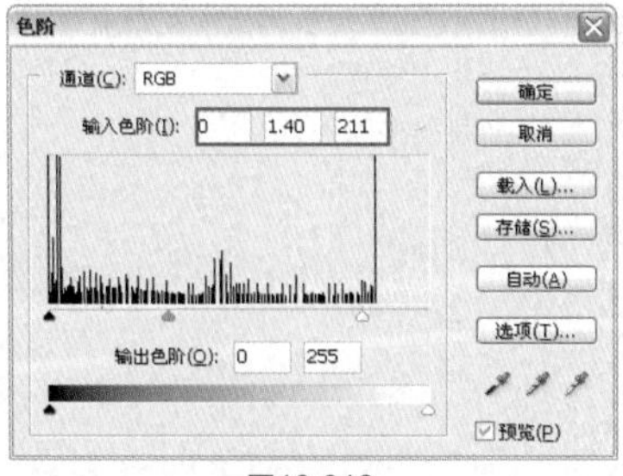

图10-312

图10-313

❷阈值：设置相似颜色的模糊范围。

❸品质：在下拉表框中有 3 种品质可以选择，分别是高、中、低。

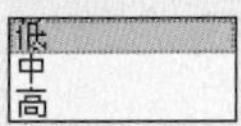

❹模式：设置模糊的方法，分为 3 种模式，分别是正常、仅限边缘、叠加边缘。

正常
仅限边缘
叠加边缘

（1）正常：模糊轮廓以外的图像。

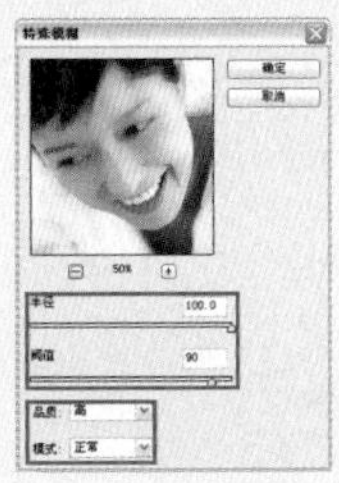
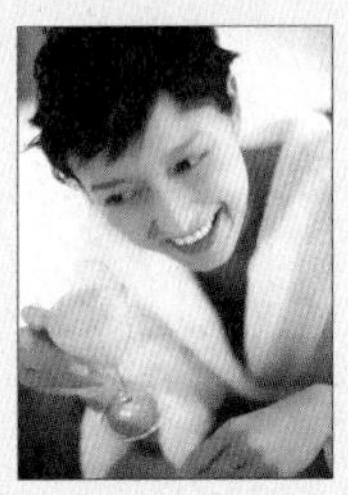

（2）仅限边缘：将图像的轮廓表现为黑白效果。半径和阈值的参数值的大小，决定图像边缘的保留度。

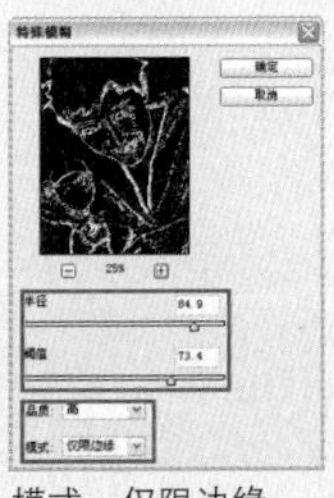

模式：仅限边缘

半径的参数值与阈值的参数值是相对的。如果两个数值相差过大，图像中的轮廓细节就会有部分损失。在处理照片是要尤其注意，小小差距就可以改变照片的最终效果。

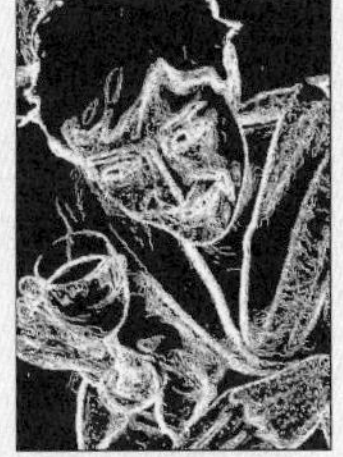

调整参数　　调整后效果

03 按快捷键Ctrl+U，在弹出的对话框中将“饱和度”设置为25，如图10-314所示，完成后单击“确定”按钮，效果如图10-315所示。

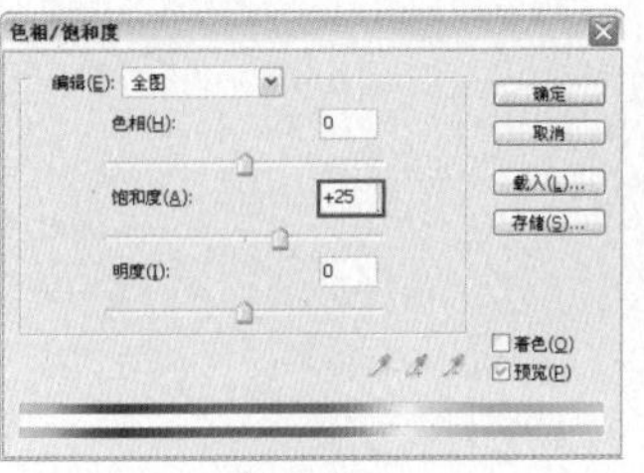

图10-314

图10-315

04 复制“背景”图层，得到“背景 副本”图层，如图10-316所示。

图10-316

05 选择“背景 副本”图层，执行“滤镜>模糊>特殊模糊”命令，在弹出的对话框中设置各项参数，如图10-317所示，完成后单击“确定”按钮，效果如图10-318所示。

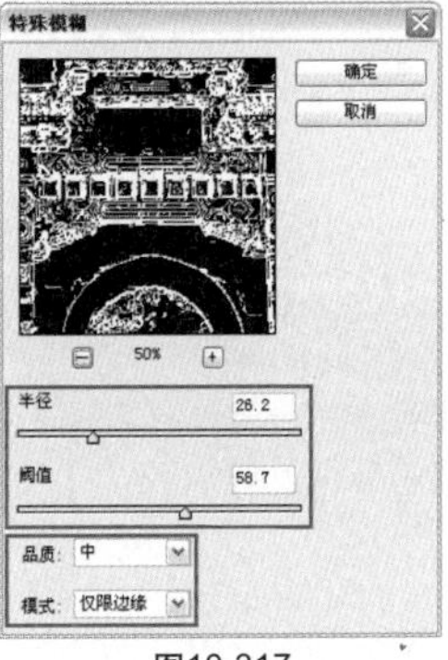

图10-317

图10-318

06 按快捷键Ctrl+I进行反相，效果如图10-319所示。

图10-319

07 再次复制“背景”图层，得到“背景 副本2”图层，并将其放于“背景 副本”图层的上层，如图10-320所示。

调整参数

调整后效果

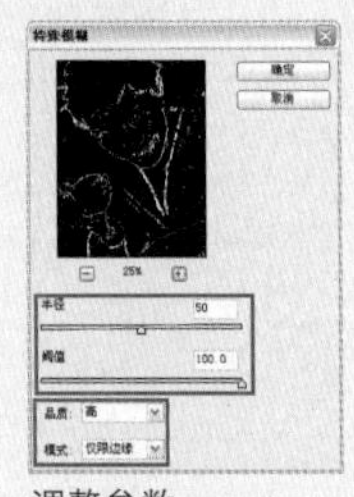
调整参数

调整后效果

（3）叠加边缘：将图像中的轮廓边缘表现为白色，产生一种叠加的效果。半径和阈值的参数值的大小决定叠加的程度。

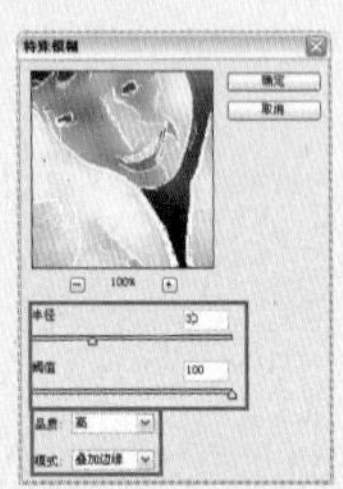

模式：叠加边缘

提 示

半径的参数值和阈值的参数值的差值也会影响叠加边缘模式的效果。

知识提点

水彩滤镜

利用水彩滤镜可以借助颜色比较深的线条，制作照片的水彩画效果，还可用于制作广告招贴中的背景图像。

执行“滤镜 > 艺术效果 > 水彩”命令，在弹出的对话框中设置相关参数。

图10-320

08 选择“背景 副本2”图层，执行“滤镜＞模糊＞特殊模糊”命令，在弹出的对话框中设置各项参数，如图10-321所示，完成后单击“确定”按钮，效果如图10-322所示。

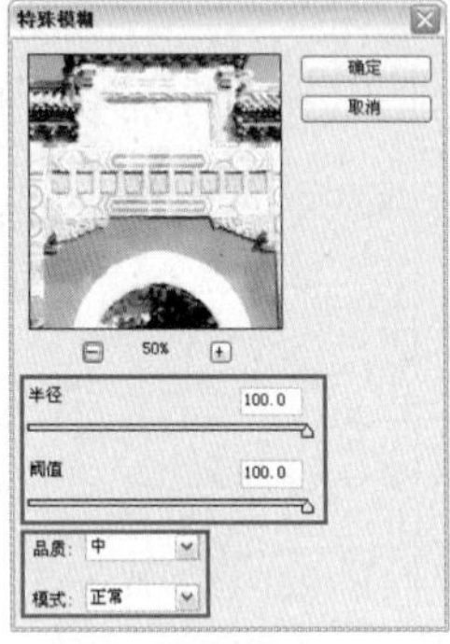

图10-321

图10-322

09 执行“滤镜＞艺术效果＞水彩”命令，在弹出的对话框中设置参数，如图10-323所示，再单击“确定”按钮，效果如图10-324所示。

图10-323

图10-324

10 执行“编辑＞渐隐水彩”命令，在弹出的对话框中设置各项参数，如图10-325所示，再单击“确定”按钮，效果如图10-326所示。

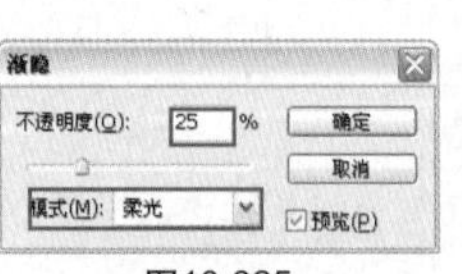

图10-325

图10-326

❶画笔细节：设置画笔的细致程度。参数值越大，图像就会越细致。

❷阴影强度：设置图像边缘的暗部。参数值越大，图像的暗部区域就越大。

❸纹理：设置应用范围和过渡。参数值越大，应用范围就越广。

原图

画笔细节：13
阴影强度：0
纹理：1

画笔细节：5
阴影强度：0
纹理：1

画笔细节：5
阴影强度：5
纹理：1

画笔细节：5
阴影强度：5
纹理：3

11 把“背景 副本2”图层的混合模式设置为“正片叠底”，如图10-327所示，得到如图10-328所示的效果。

图10-327

图10-328

12 单击“创建新的填充或调整图层”按钮，在弹出的菜单中执行“曲线”命令，在弹出的对话框中设置各项参数，如图10-329所示，完成后单击“确定”按钮，效果如图10-330所示。

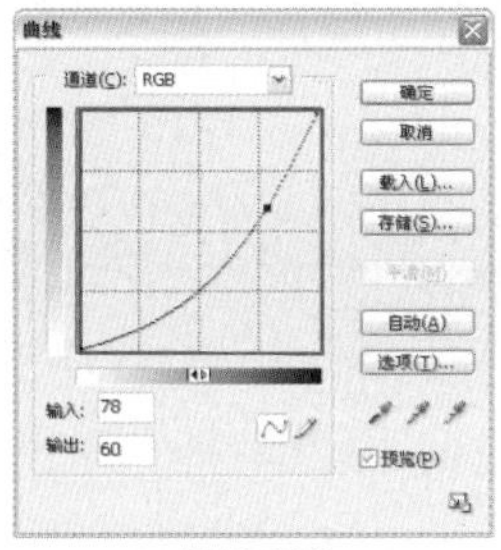

图10-329

图10-330

13 按快捷键Ctrl+A全选图像，如图10-331所示，再按快捷键Ctrl+ Shift+C复制图像，最后按快捷键Ctrl+V进行粘贴，得到新的“图层1”图层，如图10-332所示。

图10-331

图10-332

14 复制“图层1”图层，得到“图层1 副本”图层，如图10-333所示。

图10-333

15 调整“图层1 副本”图层的色相/饱和度，如图10-334和图10-335所示。

知识提点

阴影/高光命令

利用阴影/高光命令修改比较暗的照片，或者逆光的照片。

执行“图像>调整>阴影/高光”命令，在弹出的对话框中设置各项参数，完成后单击“确定”按钮。

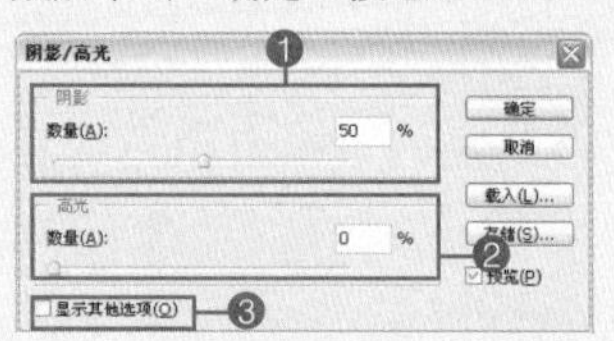

❶阴影：调整图像中的暗部。参数值越大，图像就越亮。

❷高光：调整图像的亮部。参数值越小，图像就越亮。

❸选中“显示其它选项”复选框，可扩展该对话框，可以更进一步调整。

原图

阴影：80%
高光：40%

阴影：80%
高光：20%

阴影：80%
高光：0%

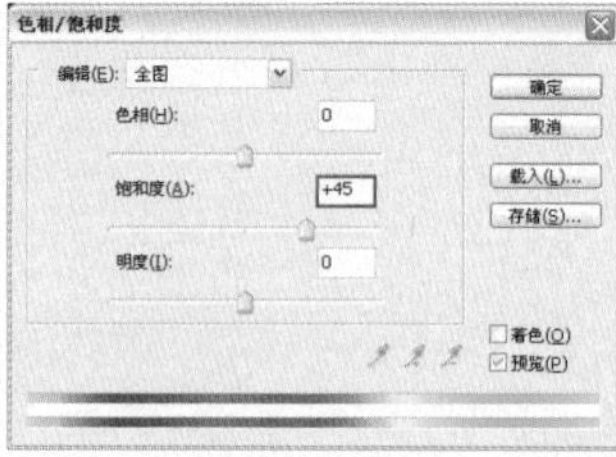
图10-334

图10-335

16 执行“滤镜>模糊>高斯模糊”命令，在弹出的对话框中设置参数，如图10-336所示，再单击“确定”按钮，效果如图10-337所示。

图10-336

图10-337

17 将“图层1 副本”图层的混合模式设置为“正片叠底”，如图10-338所示，得到如图10-339所示的效果。

图10-338

图10-339

18 执行“图像>调整>阴影/高光”命令，在弹出的对话框中设置参数，如图10-340所示，再单击“确定”按钮，效果如图10-341所示。

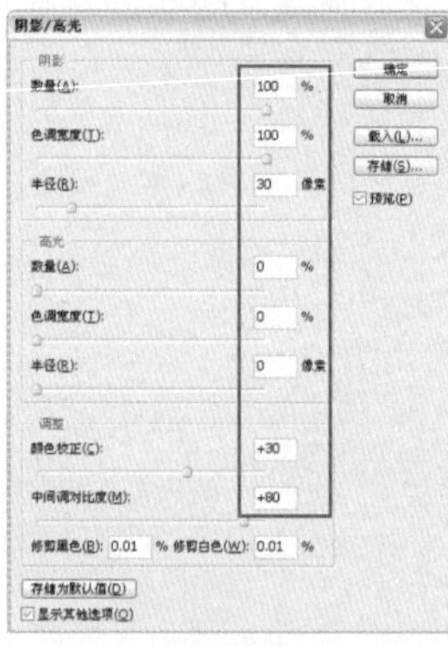
图10-340

图10-341

阴影：30%
高光：40%

阴影：30%
高光：20%

阴影：30%
高光：80%

19 单击“创建新的填充或调整图层”按钮，在弹出的菜单中执行“曲线”命令，在弹出的对话框中设置各项参数，如图10-342所示，完成后单击“确定”按钮，效果如图10-343所示。

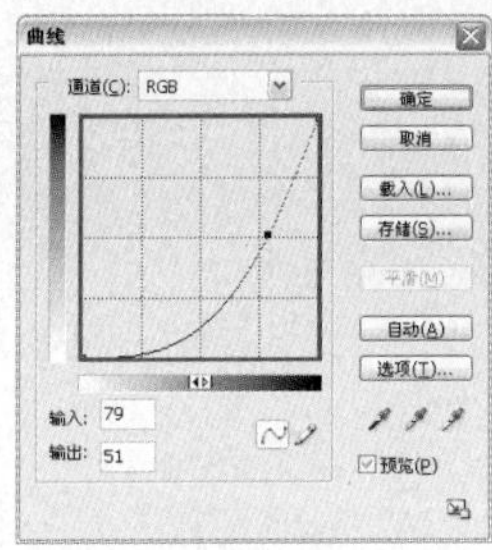

图10-342

图10-343

20 执行“图像>调整>亮度/对比度”命令，在弹出的对话框中设置各项参数，如图10-344所示，完成后单击“确定”按钮，效果如图10-345所示。至此，本案例制作完成。

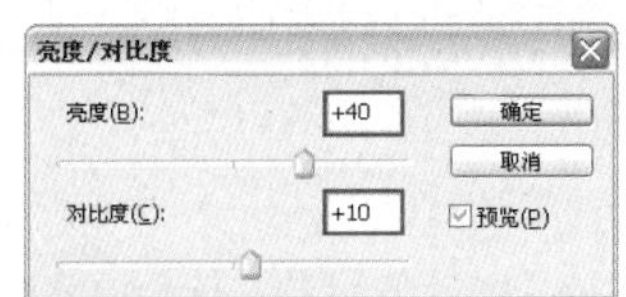

图10-344

图10-345

13 制作油画效果

原照片的色彩和意境很有艺术气息，可以添加油画效果。

应用功能：成角的线条滤镜、海洋波纹滤镜、色相/饱和度命令

CD-ROM：Chapter 10\13制作油画效果\Complete\13制作油画效果.psd

知识提点

成角的线条滤镜

利用成角的线条滤镜可以通过两种不同角度的方向来表现图像效果，大多用于处理照片的艺术效果。

执行“滤镜>画笔描边>成角的线条”命令，在弹出的对话框中设置各项参数，完成后单击“确定”按钮。

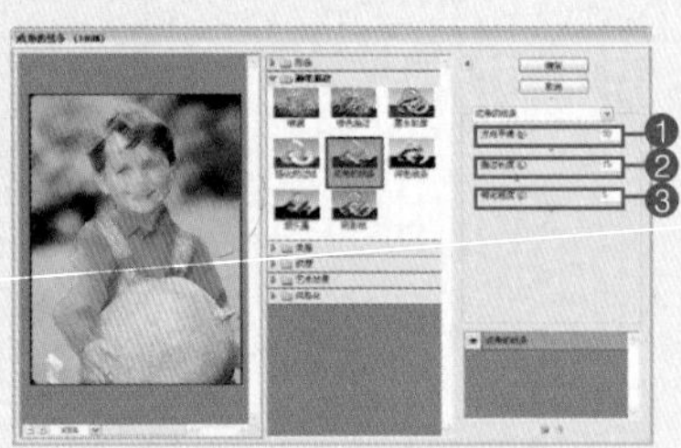

❶方向平衡：设置笔触的倾斜方向。

❷描边长度：设置笔触的长度。

❸锐化程度：设置笔触的锐利程度。

01 按快捷键Ctrl+O，在弹出的对话框中选择本书配套光盘中Chapter 10\13制作油画效果\Media\001.jpg文件，再单击“打开”按钮。打开的素材如图10-346所示。

图10-346

02 复制“背景”图层，得到“背景 副本”图层，如图10-347所示。

图10-347

03 选择“背景 副本”图层，执行“滤镜>杂色>添加杂色”命令，在弹出的对话框中设置各项参数，如图10-348所示，完成后单击“确定”按钮，效果如图10-349所示。

原图

方向平衡的参数值大于50时，笔触从右往左倾斜。

方向平衡：30
描边长度：10
锐化程度：4

参数值小于50时，笔触从左往右倾斜。

方向平衡：70
描边长度：10
锐化程度：4

描边长度的参数值越大，笔触的长度就越长。

调整后效果

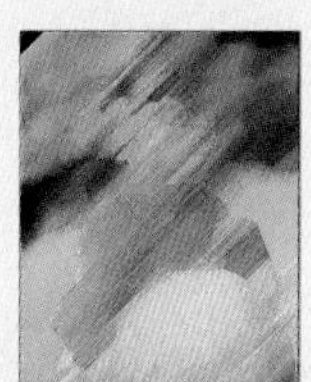
方向平衡：100
描边长度：50
锐化程度：8

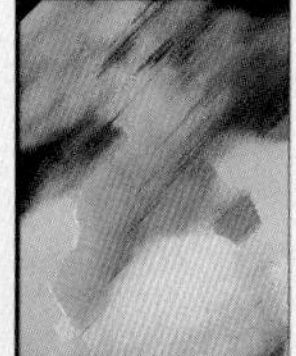
方向平衡：50
描边长度：15
锐化程度：1

方向平衡：50
描边长度：15
锐化程度：

图10-348

图10-349

04 执行“滤镜>画笔描边>成角的线条”命令，参数设置，如图10-350所示，再单击“确定”按钮，效果如图10-351所示。

图10-350

图10-351

05 执行“滤镜>扭曲>海洋波纹”命令，在弹出的对话框中设置参数，如图10-352所示，再单击“确定”按钮，效果如图10-353所示。

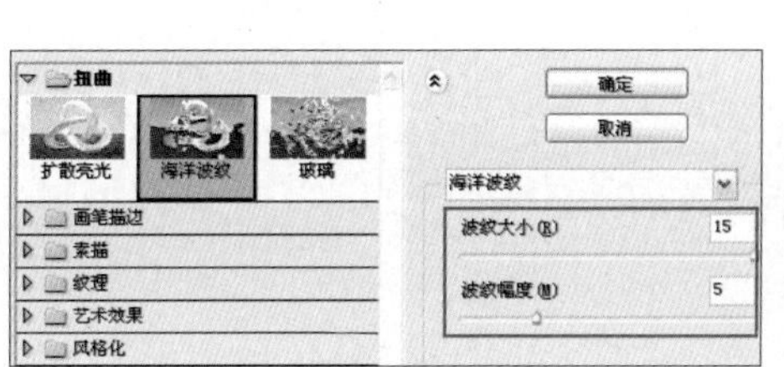
图10-352

图10-353

06 单击“创建新的填充或调整图层”按钮，在弹出的菜单中执行“色相/饱和度”命令，在弹出的对话框中将“饱和度”设置为25，如图10-354所示，完成后单击“确定”按钮，效果如图10-355所示。

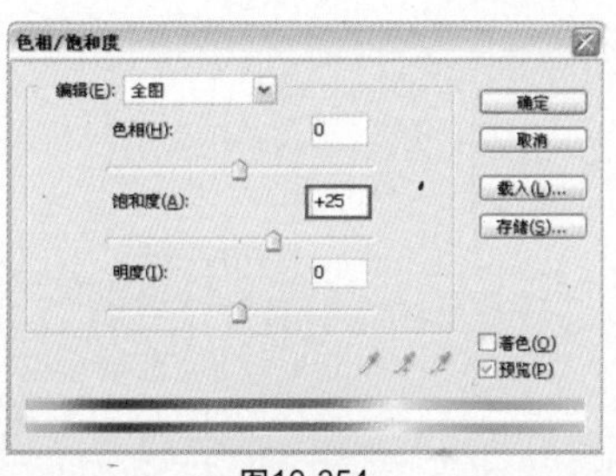
图10-354

图10-355

知识提点

海洋波纹滤镜

利用海洋波纹滤镜可以为图像添加水波折射的效果，表现水下的感觉。通常用于制作照片的水面效果，也可用于制作背景特效。

执行“滤镜>扭曲>海洋波纹”命令，在弹出的对话框中设置各项参数，完成后单击“确定”按钮。

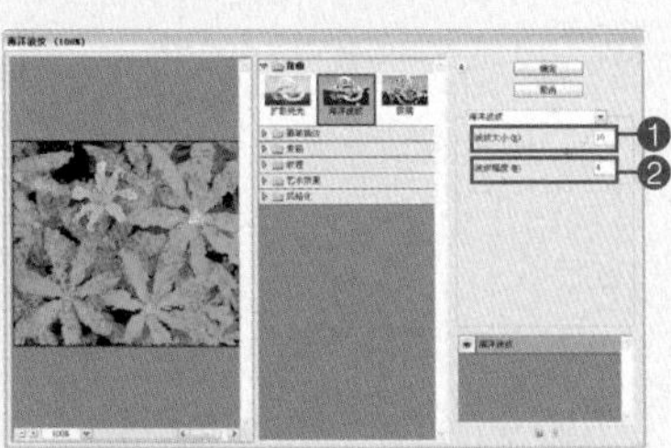

❶波纹大小：设置图像的波纹。参数值越大，波纹的效果就会越明显。

❷波纹幅度：设置波纹的强度。参数值越大，波纹的强度就越强。

原图

波纹大小：7
波纹幅度：4

波纹大小：10
波纹幅度：4

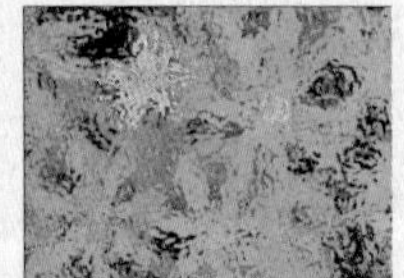

波纹大小：10
波纹幅度：13

07 单击“创建新的填充或调整图层”按钮，在弹出的菜单中执行“色阶”命令，在弹出的对话框的“通道”下拉列表框中选择“红”并将“输出色阶”设置为64，如图10-356所示，完成后单击“确定”按钮，效果如图10-357所示。

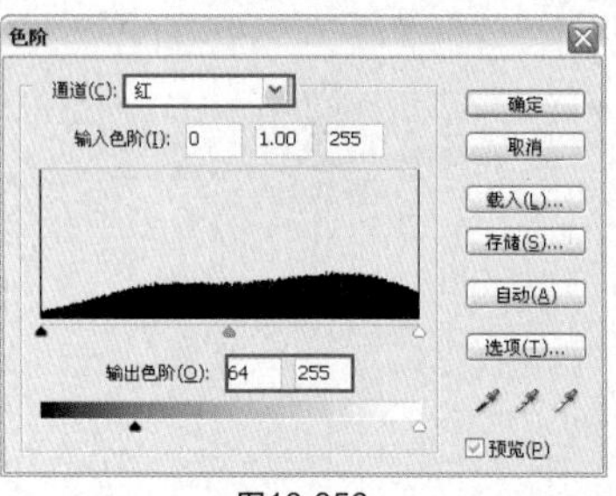

图10-356

图10-357

08 双击“色阶1”图层的图层缩览图，在弹出的对话框的“通道”下拉列表框中选择“绿”并将“输出色阶”设置为32，如图10-358所示，完成后单击“确定”按钮，效果如图10-359所示。

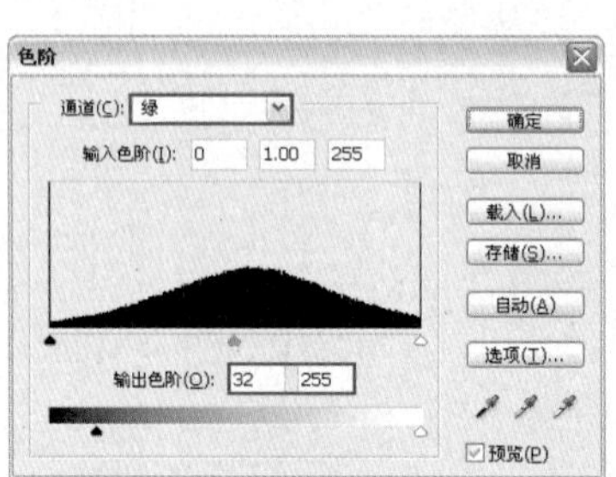

图10-358

图10-359

09 用同样的方法调整“色阶1”图层的“蓝”通道，如图10-360和图10-361所示。至此，本案例制作完成。

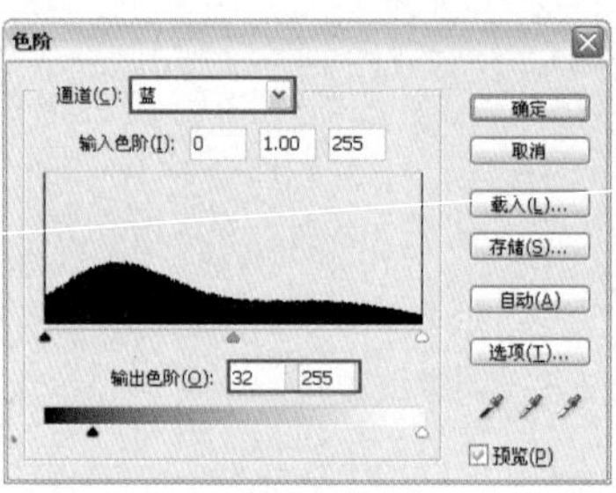

图10-360

图10-361

14 制作壁纸效果

原照片是一张海景照片，添加壁纸效果后增强了图像的质感。

应用功能：干画笔滤镜、纹理化滤镜、龟裂缝滤镜、云彩滤镜、色相/饱和度命令、色阶命令

CD-ROM：Chapter 10\14制作壁纸效果\Complete\14制作壁纸效果.psd

知识提点

干画笔滤镜

利用干画笔滤镜可以为照片添加干画笔绘画涂抹效果，效果类似油画。

执行“滤镜>艺术效果>干画笔”命令，在弹出的对话框中设置各项参数，完成后单击“确定”按钮。

❶画笔大小：设置画笔的大小。参数值越大，笔触也就越大，图像中的质感也就越粗糙。

❷画笔细节：设置画笔对图像细节保留的程度。参数值越小，图像的细节越丰富。

❸纹理：设置笔触在图像中的纹理效果。参数值越大，图像的对比度就越强。

01 按快捷键Ctrl+O，在弹出的对话框中选择本书配套光盘中Chapter 10\14制作壁纸效果\Media\001.jpg文件，再单击“打开”按钮。打开的素材如图10-362所示。

图10-362

02 将“背景”图层拖到“创建新图层”按钮上，得到“背景 副本”图层，如图10-363所示。

图10-363

原图

画笔大小：1
画笔细节：4
纹理：1

画笔大小：0
画笔细节：8
纹理：3

知识提点

纹理化滤镜

利用纹理化滤镜可以增加照片的纹理，体现照片的不同质感，就像家装用的壁纸。

执行“滤镜＞纹理＞纹理化”命令，在弹出的对话框中设置各项参数，完成后单击“确定”按钮。

❶纹理：在下拉列表框中设置纹理的种类，提供了4种类型。

03 选择“背景 副本”图层，再执行“滤镜＞艺术效果＞干画笔”命令，在弹出的对话框中设置各项参数，如图10-364所示，完成后单击“确定”按钮，效果如图10-365所示。

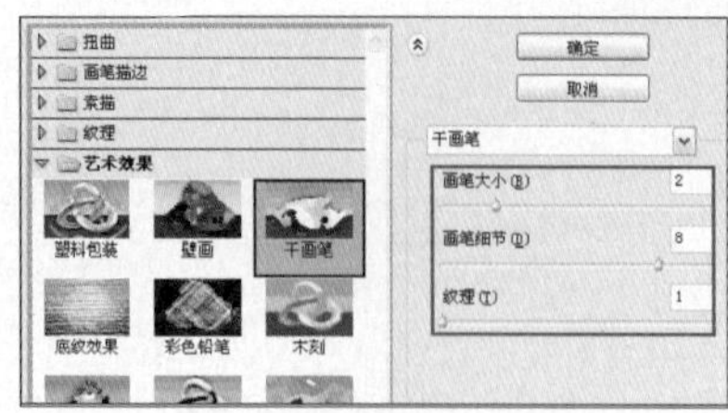

图10-364

图10-365

04 其执行“滤镜＞纹理＞纹理化”命令，在弹出的对话框中设置各项参数，如图10-366所示，完成后单击“确定”按钮，效果如图10-367所示。

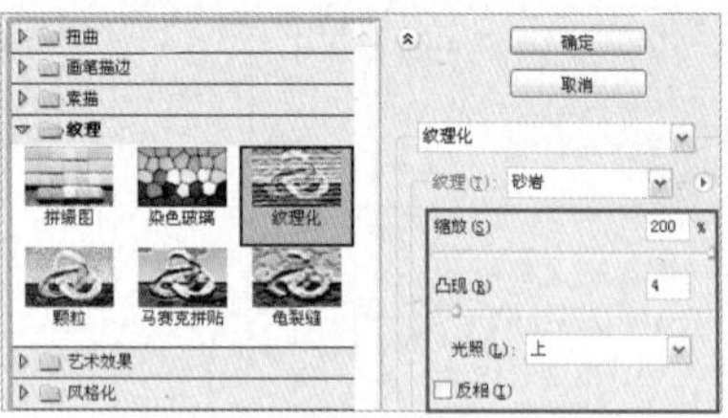

图10-366

图10-367

05 按住Alt键单击“创建新图层”按钮，如图10-368所示，在弹出的对话框中设置各项参数，如图10-369所示，完成后单击“确定”按钮，如图10-370所示。

图10-368

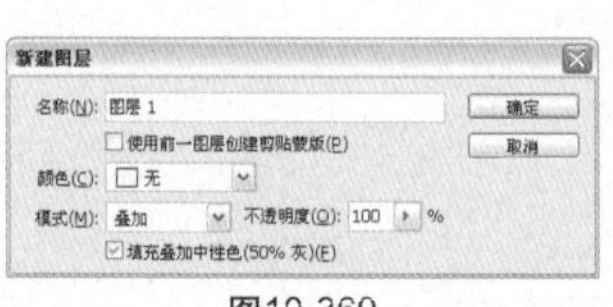

图10-369

图10-370

06 选择“背景 副本”图层，执行“滤镜＞纹理＞龟裂缝”命令，在弹出的对话框中设置各项参数，如图10-371所示，完成后单击“确定”按钮，效果如图10-372所示。

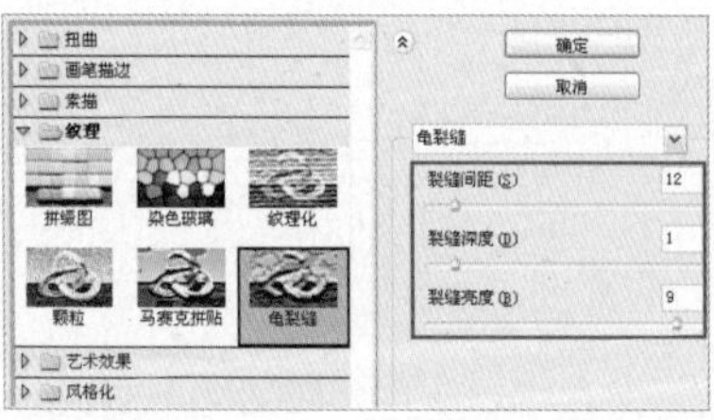

图10-371

图10-372

❷缩放：设置纹理在图像中的大小。

❸凸现：设置纹理在图像中的凸现程度。

❹光照：设置纹理光的方向。

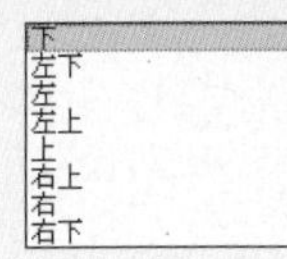

❺反相：选中此复选框后，可以翻转纹理的方向。

原图

纹理：砖形
缩放：90%
凸现：5
光照：上

纹理：粗麻布
缩放：100%
凸现：10
光照：下

纹理：画布
缩放：80%
凸现：25
光照：左下

07 选择“图层1”图层，再单击“添加图层蒙版”按钮，然后对蒙版执行“滤镜>渲染>云彩”命令，如图10-373所示，得到如图10-374所示的效果。

图10-373

图10-374

08 选择“背景 副本”图层，执行“滤镜>纹理>纹理化”命令，在弹出的对话框中设置各项参数，如图10-375所示，完成后单击“确定”按钮，效果如图10-376所示。

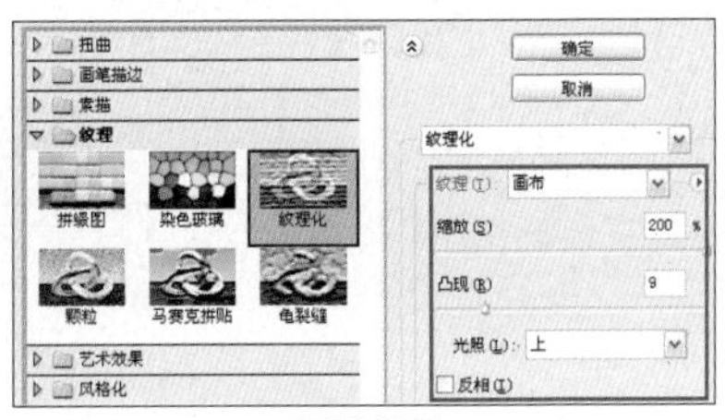

图10-375

图10-376

09 选择“图层1”图层，单击“创建新的填充或调整图层”按钮，如图10-377所示，在弹出的菜单中执行“色相/饱和度”命令，在弹出的对话框中将“饱和度”调整为-15，完成后单击“确定”按钮，效果如图10-378所示。

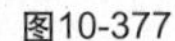
图10-377

图10-378

10 单击“创建新的填充或调整图层”按钮，在弹出的菜单中执行“色阶”命令，在弹出的对话框的“通道”下拉列表框中选择“红”并设置各项参数，如图10-379所示，完成后单击“确定”按钮，效果如图10-380所示。

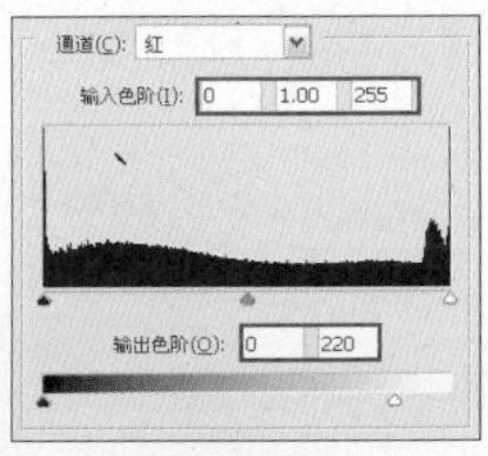

图10-379

图10-380

纹理：砂岩
缩放：200%
凸现：15
光照：右上

选中“反相”复选框后，纹理的图像出现翻转效果。

纹理：砖形
缩放：180%
凸现：15
光照：右下

纹理：砖形
缩放：180%
凸现：15
光照：右下
勾选反相

11 双击“色阶1”图层的图层缩览图，在弹出的对话框的“通道”下拉列表框中选择“绿”并设置各项参数，如图10-381所示，完成后单击“确定”按钮，效果如图10-382所示。

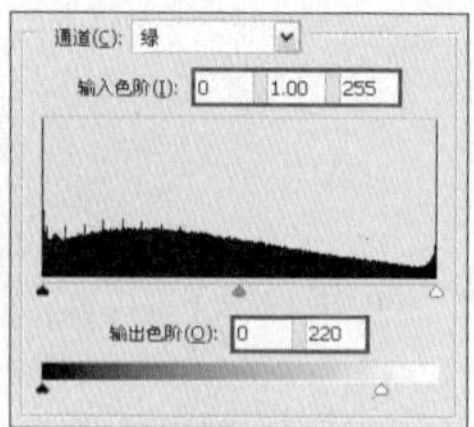

图10-381

图10-382

12 用同样的方法调整“色阶1”图层的“蓝”通道，如图10-383和图10-384所示。

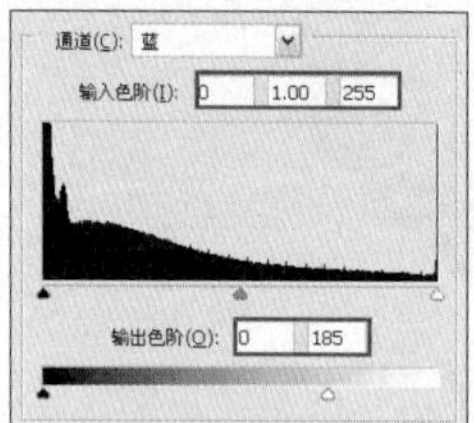

图10-383

图10-384

13 用同样的方法调整“色阶1”图层的RGB通道，如图10-385和图10-386所示。至此，本案例制作完成。

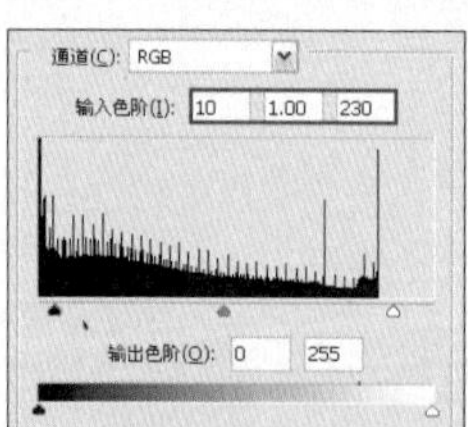

图10-385

图10-386

为照片加入合成创意特效

01 雪景特效

知识提点：胶片颗粒滤镜、载入选区命令

02 彩虹效果

知识提点：渐变样式、极坐标滤镜

03 人像趣味玩偶

知识提点：绘画涂抹滤镜、排除混合模式

04 合成雨中景象

知识提点：强光混合模式、双重画笔笔触、颜色动态笔触、斜面和浮雕图层样式

05 玻璃折射特效

知识提点：标尺和参考线、滤色混合模式

06 海报特效

知识提点：绘图笔滤镜、实色混合混合模式

07 艺术特效

知识提点：抽出滤镜的工具选项、最小值滤镜、最大值滤镜线性加深混合模式、图层样式的混合颜色带

01 雪景特效

原照片是一张带有绿色植物的风景照，画面郁郁葱葱。可以调整为冬日雪景的画面，会别有一番风味。

应用功能：胶片颗粒滤镜载入选区命令、图层样式、色相/饱和度命令

CD-ROM：Chapter 11\01雪景特效\Complete\01雪景特效.psd

知识提点

胶片颗粒滤镜

利用胶片颗粒滤镜可以为图像添加杂点，并模仿胶片颗粒的效果，通常用于表现老照片的感觉。

执行“滤镜>艺术效果>胶片颗粒”命令，在弹出的对话框中设置各项参数，完成后单击“确定”按钮。

❶颗粒：设置颗粒的分布。参数值越大，图像中的颗粒越多。

❷高光区域：设置高光区域颗粒的范围。参数值越大，高光区域的范围就越广。

❸强度：设置颗粒的强度。参数值越大，图像中的颗粒强度就越大，亮度也越强。

01 按快捷键Ctrl+O，在弹出的对话框中选择本书配套光盘中Chapter 11\01雪景特效\Media\001.jpg文件，再单击“打开”按钮。打开的素材，如图11-1所示。

图11-1

02 在“通道”面板中，选择“绿”通道并复制，得到“绿 副本”通道，如图11-2所示。

图11-2

03 选择“绿 副本”通道，执行“滤镜>艺术效果>胶片颗粒”命令，在弹出的对话框中设置各项参数，如图11-3所示，完成后单击“确定”按钮，效果如图11-4所示。

图11-3

图11-4

04 在“图层”面板上新建“图层1”图层，如图11-5所示，得到如图11-6所示的效果。

图11-5

图11-6

05 选择“图层1”图层，执行“选择>载入选区”命令，在弹出的对话框的“通道”下拉列表框中选择“绿框副本”，如图11-7所示，完成后单击“确定”按钮，效果如图11-8所示。

图11-7

图11-8

06 将前景色设置为白色，按快捷键Alt+Delete进行颜色填充，并按快捷键Ctrl+D取消选区，效果如图11-9所示。

图11-9

07 在“图层”面板中单击“添加图层样式”按钮，在弹出的菜单中执行“斜面和浮雕”命令，在弹出的对话框中设置各项参数，如图11-10所示，完成后单击“确定”按钮，效果如图11-11所示。

原图

颗粒：9
高光区域：0
强度：1

颗粒：12
高光区域：5
强度：4

颗粒：16
高光区域：17
强度：6

高光区域和强度的设置，直接影响图像的亮度和颗粒的范围。

颗粒：12
高光区域：0
强度：5

颗粒：12
高光区域：20
强度：5

颗粒：12
高光区域：20
强度：10

知识提点

载入选区命令

利用载入选区命令可以将图像中的指定区域，制作为选区。

❶源：显示原始图像的信息，所要载入的文档名称和通道。

❷操作：显示将所指定的区域存储为“新建选区”。

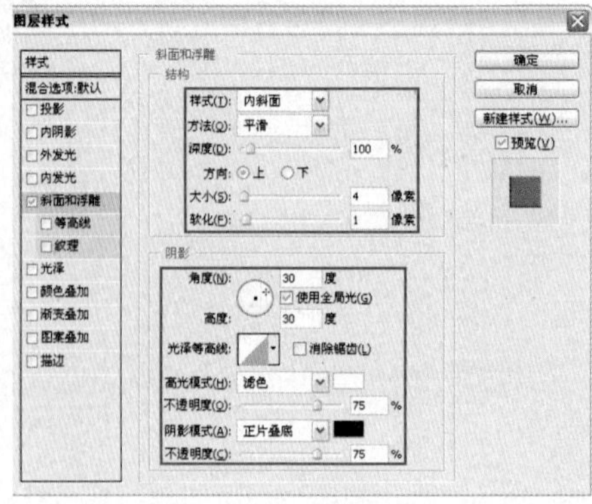

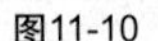
图11-10

图11-11

08 选择“图层1”图层，单击“创建新的填充或调整图层”按钮，在弹出的菜单中执行“色相/饱和度”命令，在弹出的对话框中将“色相”设置为32，如图11- 12所示，完成后单击“确定”按钮，效果如图11-13所示。至此，本案例制作完成。

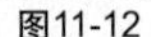
图11-12

图11-13

02 彩虹效果

原照片的风景非常美丽，但是构图不理想，如果加入一些环境因素，照片会更加丰富和完整，并且充满了生机。

应用功能：渐变工具、极坐标滤镜、图层的混合模式、橡皮擦工具、高斯模糊滤镜、自由变换命令

CD-ROM：Chapter 11\01彩虹效果\complete\01彩虹效果.psd

知识提点

渐变样式

选择渐变工具，在选项栏上单击“渐变条”，在弹出的面板中有很多渐变样式。不同的渐变样式，在照片的处理中得到不同的效果，增添了照片处理的丰富性和灵活性。下面就进行详细的讲解。

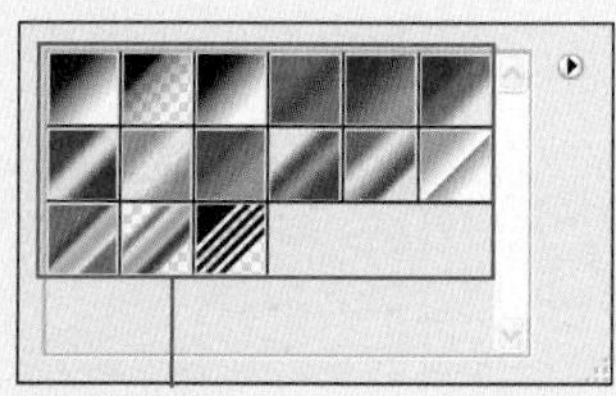

多种渐变样式

原图

01 执行“文件>新建”命令，在弹出的对话框中设置各项参数，如图11-14所示，完成后单击“确定”按钮。

图11-14

02 选择渐变工具，在选项栏上单击“渐变条”，在弹出的面板中选择“透明彩虹”，如图11-15所示，然后在“彩虹”上从上到下进行渐变填充，如图11-16所示。

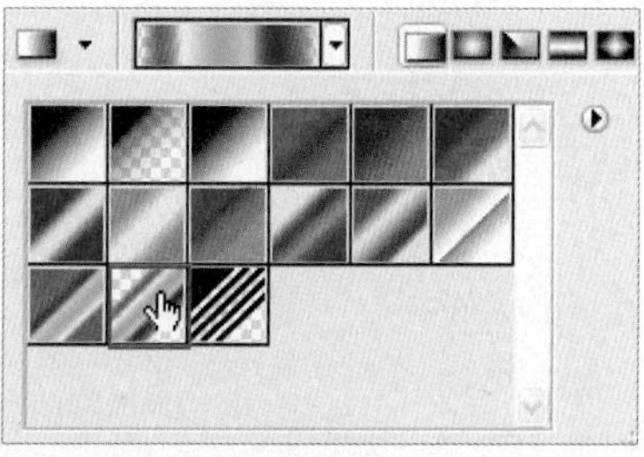

图11-15

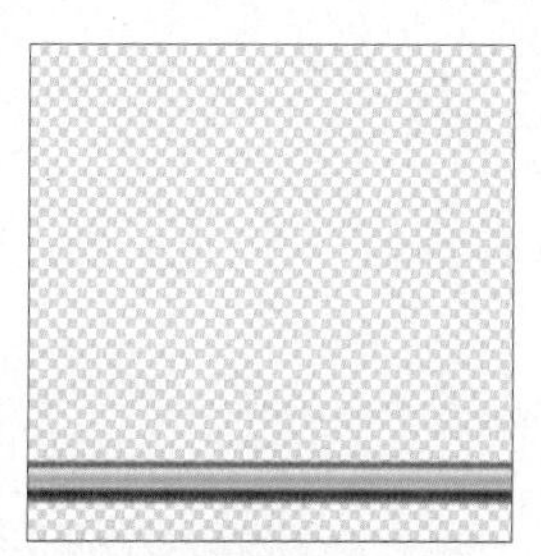

图11-16

前景到背景：通过设置前景色和背景色对图像进行渐变填充。

前景到背景渐变

前景到透明：设置前景色，然后渐变填充。

前景到透明渐变

黑色、白色：默认的颜色设置。

黑色、白色渐变

铬黄：默认的颜色设置。

铬黄渐变

红色、绿色：默认的颜色设置。

铜色：默认的颜色设置。

03 在"图层"面板中选择"图层1"图层，按快捷键Ctrl+T，如图11-17所示，右击并在弹出的快捷菜单中执行"垂直翻转"命令，确定后得到如图11-18所示的效果。

图11-17　　图11-18

04 执行"滤镜>扭曲>极坐标"命令，在弹出的对话框中设置各项参数，如图11-19所示，完成后单击"确定"按钮，效果如图11-20所示。

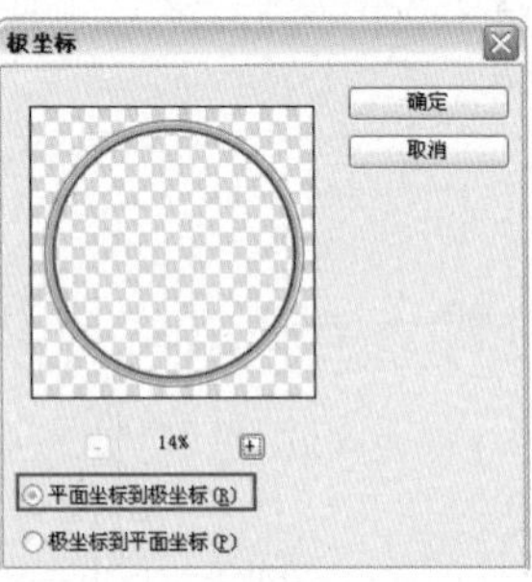

图11-19　　图11-20

05 按快捷键Ctrl+O，在弹出的对话框中选择本书配套光盘中Chapter 11\02彩虹效果\Media\001.jpg文件，再单击"打开"按钮。打开的素材如图11-21所示。

图11-21

06 选择移动工具，将"彩虹"拖移到素材001.jpg上，如图11-22所示，并按快捷键Ctrl+T对图像进行自由变换，如图11-23所示。

图11-22

图11-23

提 示

可以在图像上建立选区，只对选区内的图像部分进行渐变填充。

知识提点

极坐标滤镜

利用极坐标滤镜可以坐标为轴心扭曲变形图像。多用于将照片变形为圆形的坐标效果，也可用于制作一些水牌材质、个性封面等。

执行“滤镜>扭曲>极坐标”命令，在弹出的对话框中设置各项参数，完成后单击“确定”按钮。

❶平面坐标到极坐标：以图像的中心为轴心扭曲图像。

❷极坐标到平面坐标：以外部轮廓为轴心来扭曲图像。

原图

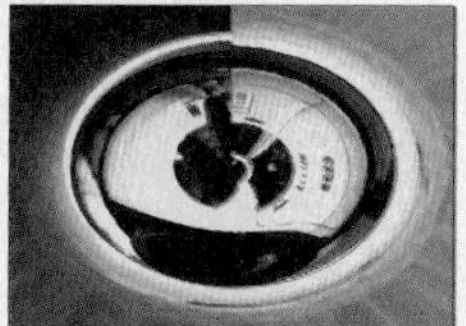
平面坐标到极坐标扭曲

极坐标到平面坐标扭曲

07 选择“图层1”图层，将图层的混合模式设置为“滤色”，如图11-24所示，得到如图11-25所示的效果。

图11-24

图11-25

08 选择橡皮擦工具，在“图层1”图层上擦除多余的彩虹，效果如图11-26所示。

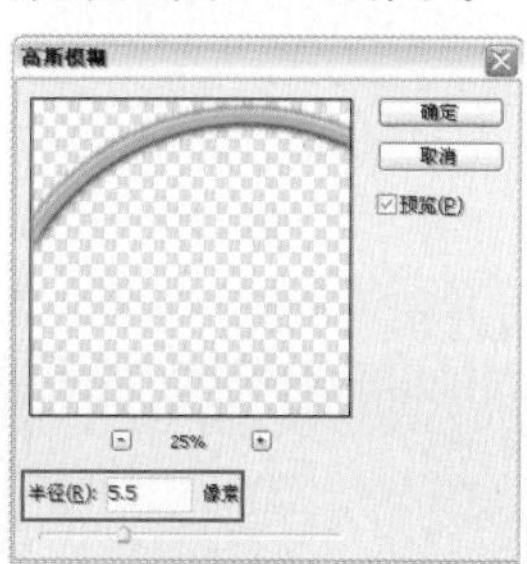
图11-26

09 执行“滤镜>模糊>高斯模糊”命令，在弹出的对话框中将“半径”设置为“5.5像素”，如图11-27所示，完成后单击“确定”按钮，效果如图11-28所示。

图11-27

图11-28

10 按快捷键Ctrl+T再次对图像进行自由变换。选择移动工具，并配合键盘中的方向键，将彩虹调整到合适的位置，效果如图11-29所示。至此，本案例制作完成。

图11-29

03 人像趣味玩偶

原照片是一张非常可爱的玩偶，但是图像失真，五官表情比较僵硬，如果将其和人像照片进行合成，就会非常有趣。

应用功能：套索工具、画笔工具

CD-ROM：Chapter 11\03人像趣味玩偶\Complete\03人趣味玩偶.psd

知识提点

绘画涂抹滤镜

利用绘画涂抹滤镜可以模拟各种画笔涂抹的效果。

执行“滤镜>艺术效果>绘画涂抹”命令，弹出“绘画涂抹”对话框，各项参数的含义如下。

❶画笔大小：调整画笔的大小，值越大，画笔的控制范围越大。

❷锐化程度：主要设置笔刷的锐化程度，参数的大小决定笔触的笔尖的锐化程度。

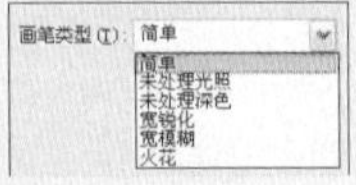

❸画笔类型：设置画笔的形状，在下拉列表框中选择类型。

01 按快捷键Ctrl+O，在弹出的对话框中选择本书配套光盘中Chapter 11\03人像趣味玩偶\Media文件夹中001.jpg和002.jpg文件，再单击“打开”按钮。打开的素材，如图11-30和图11-31所示。

图11-30

图11-31

02 选择移动工具，将002.jpg图像拖移到001.jpg图像上，并按快捷键Ctrl+T对图像进行自由变换。将“图层1”图层的“不透明度”改为80%，如图11-32所示，得到如图11-33所示的效果。

图11-32

图11-33

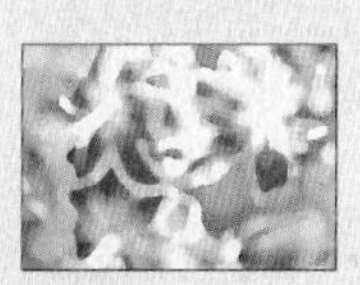

画笔大小：20
锐化程度：10
画笔类型：简单

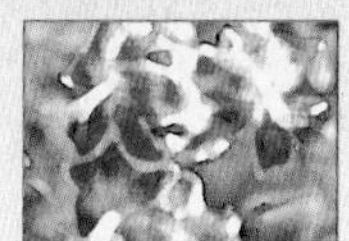

画笔大小：20
锐化程度：10
画笔类型：未处理深色

画笔大小：50
锐化程度：40
画笔类型：火花

画笔类型：设置画笔的类型，并在下拉列表框中按照需要选择。

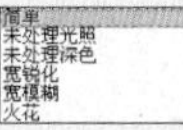

简单

未处理光照

未处理深色

宽模糊

03 选择套索工具，如图11-34所示选取眼睛，然后按快捷键Ctrl+T对图像进行自由变换，再选择移动工具，将选区移动到合适的位置，最后按快捷键Ctrl+D取消选区，如图11-35所示。

图11-34

图11-35

04 继续选择套索工具，如图11-36所示选取另一只眼睛，然后按快捷键Ctrl+T对图像进行自由变换，再选择移动工具，将选区移动到合适的位置，最后按快捷键Ctrl+D取消选区，如图11-37所示。

图11-36

图11-37

05 使用相同的方法，分别选择人物的鼻子和嘴巴并进行变形调整，得到如图11-38所示的效果。

图11-38

06 选择“图层1”图层，单击“添加图层蒙版”按钮。再选择画笔工具，在选项栏上设置画笔大小为20px、设置不透明度为70%，在“图层1”图层的蒙版上对人物除五官以外的部分进行涂抹，如图11-39所示，得到如图11-40所示的效果。

图11-39

图11-40

知识提点

排除混合模式

利用排除混合模式可以翻转颜色，但是颜色对比较小。

原图

混合模式：排除
不透明度：30%

混合模式：排除
不透明度：60%

混合模式：排除
不透明度：100%

07 按快捷键Ctrl+L，在弹出的对话框中设置各项参数，如图11-41所示，完成后单击“确定”按钮，效果如图11-42所示。

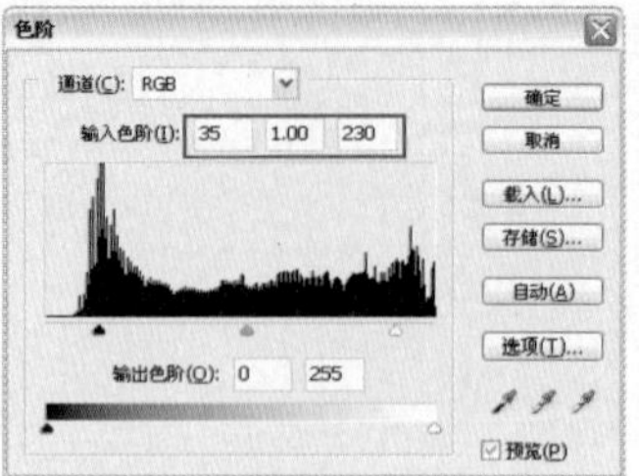

图11-41

图11-42

08 选择套索工具，在“图层1”图层上选取人物的鼻子，如图11-43所示，然后按快捷键Ctrl+L，在弹出的对话框中设置各项参数，如图11-44所示，完成后单击“确定”按钮，效果如图11-45所示。至此，本案例制作完成。

图11-43

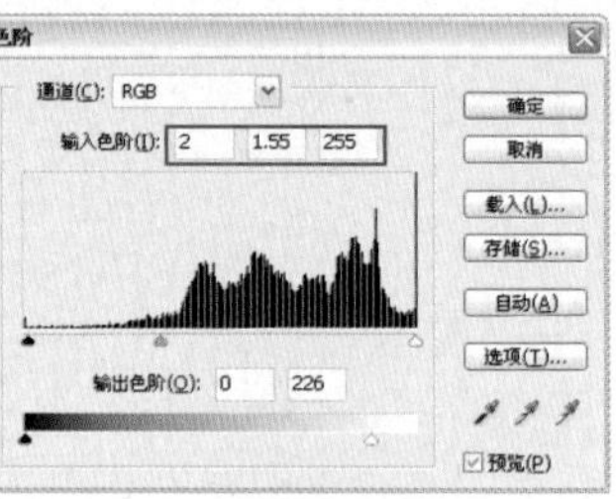

图11-44

图11-45

合成雨中景象

原照片的光线和色彩都没有表达景色的美感，可以制作为雨中景象的效果，使照片更有意境。

应用功能：色彩平衡命令、斜面和浮雕样式、色阶命令

CD-ROM：Chapter 11\04合成雨中景象\Complete\04合成雨中景象.psd

知识提点

强光混合模式

强光主要用于增强图像的饱和度，提亮图像的亮部。不同的图层不透明度，得到不同的效果在照片处理中，可以使用该功能增强照片的饱和度和亮度。

原图

在“图层”面板中复制“背景”图层，然后设置“背景副本”图层的混合模式为“强光”，再修改该图层的“不透明度”，可以得到不同的图像效果。

01 按快捷键Ctrl+O，在弹出的对话框中选择本书配套光盘中Chapter 11\04合成雨中景象\Media文件夹中的001.jpg002.jpg文件，再单击“打开”按钮。打开的素材如图11-46和图11-47所示。

图11-46

图11-47

02 将002.jpg图像拖移到001.jpg图像上，并按快捷键Ctrl+T对图像进行自由变换，如图11-48所示，效果如图11-49所示。

图11-48

图11-49

混合模式：强光
不透明度：30%

混合模式：强光
不透明度：60%

混合模式：强光
不透明度：100%

知识提点

双重画笔笔触

在“画笔”面板中选中“双重画笔”复选框。

利用双重画笔笔触可以将不同的画笔组合成一个画笔，从而在图像中绘制出特别的笔触。在照片的处理中，可以制作多变的笔触，增添照片的艺术性，多用于制作模仿霓虹效果和底纹画布效果。

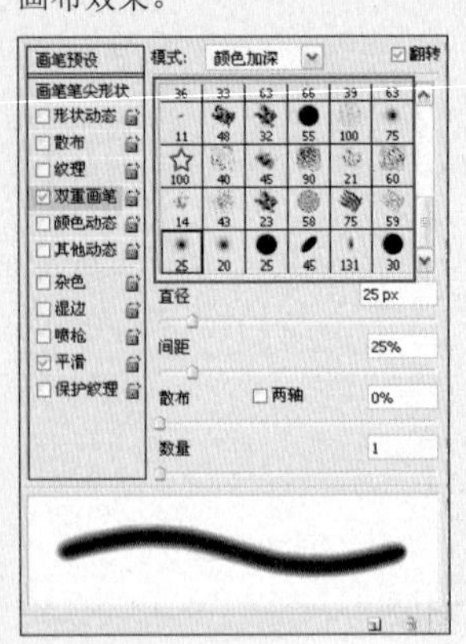

画笔笔触的预览窗口：在窗口中随意选择笔触，在笔触的预览窗口中得到合成的笔触。

03 复制“背景”图层，并将“背景 副本”图层移到“图层1”图层的上层，再把图层的混合模式设置为“强光”，如图11-50所示，得到如图11-51所示的效果。

图11-50

图11-51

04 在“图层”面板中将“图层1”图层拖到“创建新图层”按钮上进行复制，将“图层1 副本”图层放置到“背景 副本”图层的上面，如图11-52所示，得到如图11-53所示的效果。

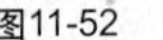

图11-52

图11-53

05 在“图层”面板中选择“图层1 副本”图层，再将图层的混合模式设置为“叠加”，然后把“不透明度”改为50%，如图11-54所示，效果如图11-55所示。

图11-54

图11-55

知识提点

颜色动态笔触

利用颜色动态笔触可以通过拖动画笔来调整颜色。

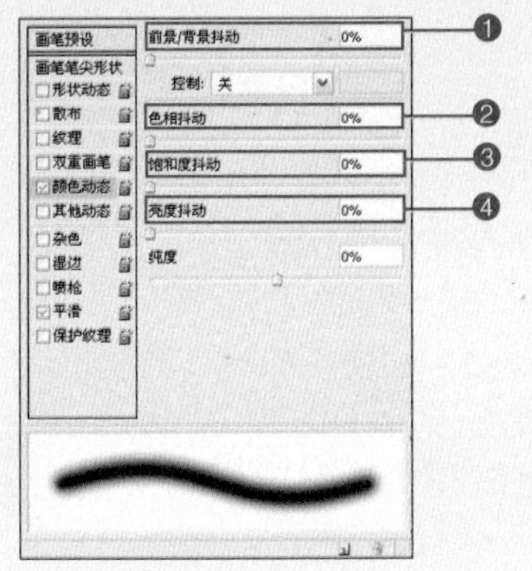

❶前景/背景抖动：通过设置前景色和背景色来调整画笔的颜色。

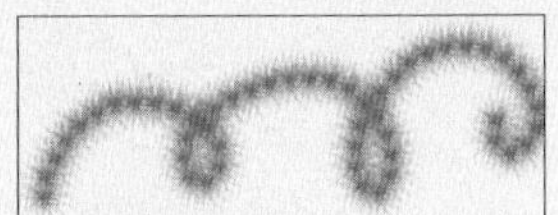
前景/背景抖动：0%

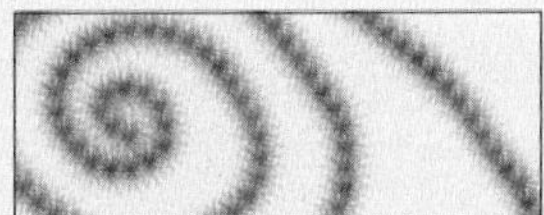
前景/背景抖动：50%

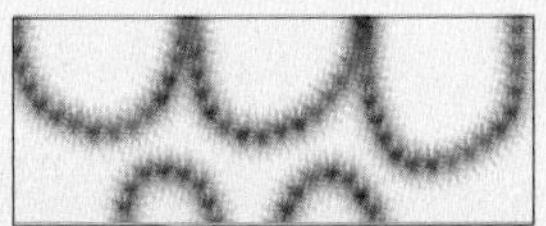
前景/背景抖动：100%

❷色相抖动：以前景色为标准来调整颜色的范围。

色相抖动：0%

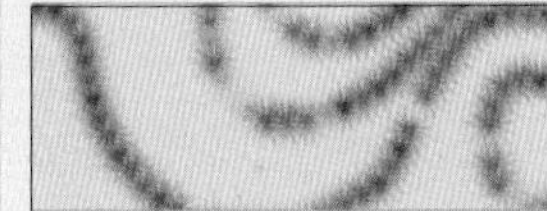
色相抖动：50%

06 选择“背景 副本”图层，再单击“添加图层蒙版”按钮。按D键恢复前景色和背景色的默认设置，再选择画笔工具，在选项栏上设置画笔大小为250px，设置“不透明度”为40%，在蒙版上对图像进行涂抹，最后把图层的混合模式设置为“强光”如图11-56所示，得到如图11-57所示的效果。

图11-56

图11-57

07 选择“背景 副本”图层，按快捷键Ctrl+L，在弹出的对话框中设置各项参数，如图11-58所示，完成后单击“确定”按钮，效果如图11-59所示。

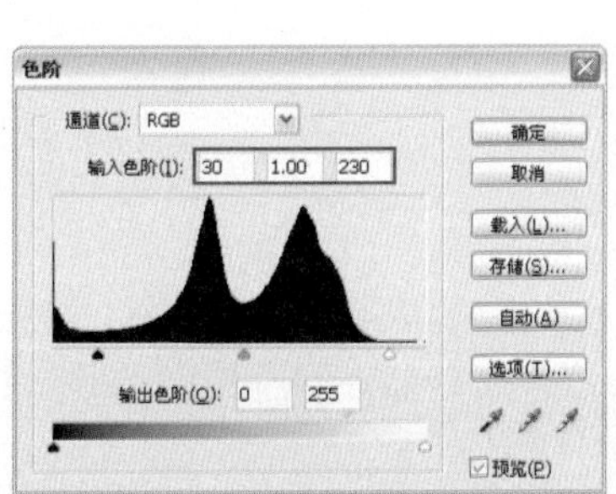
图11-58

图11-59

08 选择“图层1 副本”图层，单击“创建新的填充或调整图层”按钮，在弹出的菜单中执行“色彩平衡”命令，并在弹出的对话框中设置各项参数，如图11-60所示，完成后单击“确定”按钮，效果如图11-61所示。

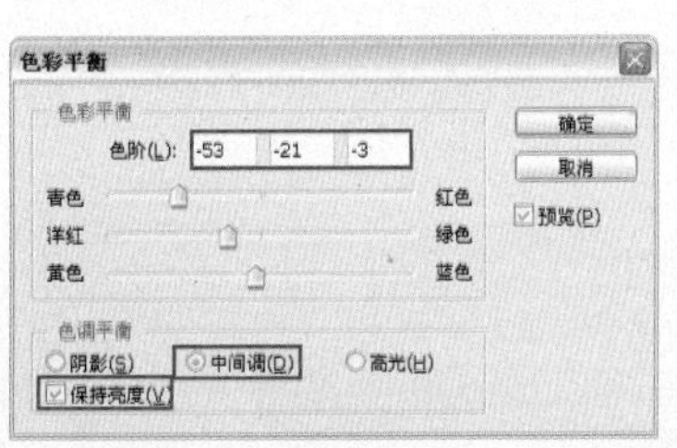
图11-60

图11-61

色相抖动：100%

❸饱和度抖动：调整颜色的饱和度。

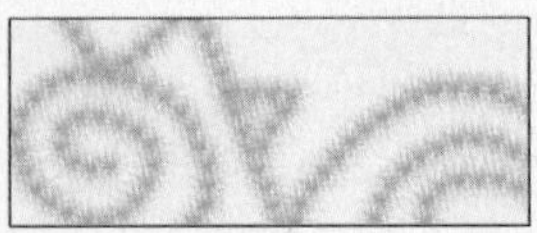

饱和度抖动：0%

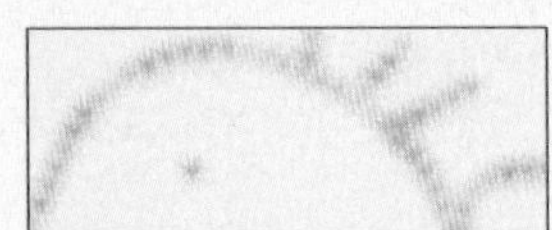

饱和度抖动：50%

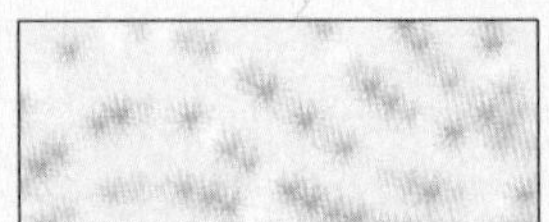

饱和度抖动：100%

❹亮度抖动：调整颜色的亮度。

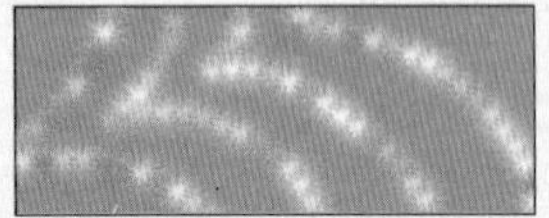

高度抖动：0%

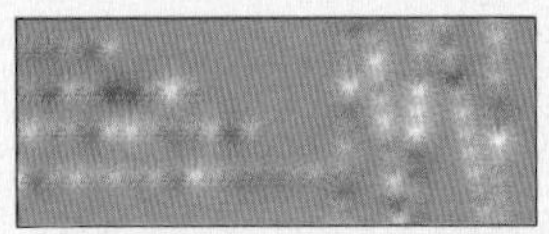

高度抖动：50%

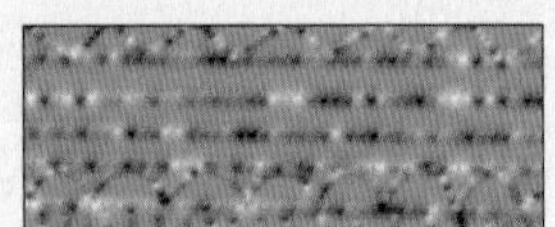

高度抖动：100%

知识提点

斜面和浮雕图层样式

斜面和浮雕效果主要是在图层所属的图像上应用高光和阴影效果，表现图像的立体效果，可用于制作照片的相框。

有 5 种样式。

09 将前景色设置为（R:1, G:128, B:84），再新建“图层2”图层，将其混合模式设置为“叠加”，把“不透明度”改为50%，按快捷键Alt+Delete对“图层2”图层进行颜色填充，如图11-62所示，得到如图11-63所示的效果。

图11-62

图11-63

10 在“图层”面板中单击“创建新图层”按钮，新建“图层3”图层，如图11-64所示。再在工具箱中选择矩形选框工具⬚，如图11-65所示，在“图层3”图层上建立选区。按快捷键Ctrl+Alt+D，在弹出的对话框中将“羽化半径”设置为“10像素”，完成后单击“确定”按钮，再按快捷键Ctrl+Shift+I反选选区，如图11-66所示。

图11-64

图11-65

图11-66

11 选择“图层3”图层，如图11-67所示，再将前景色设置为（R:83, G:11,5 B:141）。按快捷键Alt+Delete进行颜色填充，再按快捷键Ctrl+D取消选区，得到如图11-68所示的效果。

图11-67

图11-68

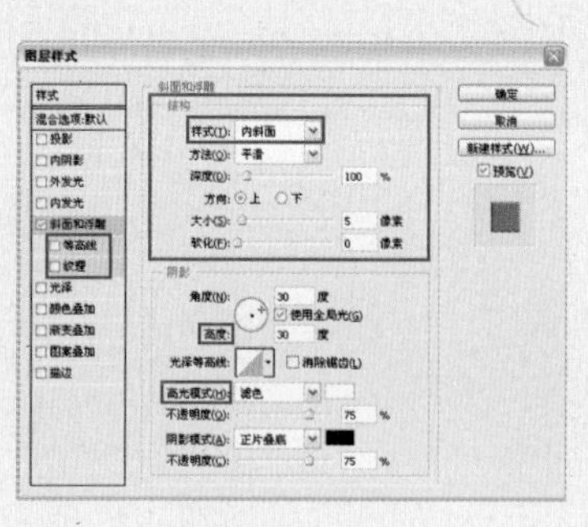

内斜面：从图像的外侧来表现立体的效果。

外斜面：从图像的边缘向外体现立体效果。

浮雕效果：以图像的边缘为标准，分别在内侧体现高光，外侧体现阴影。

枕浮效果：体现图像的边缘轮廓的刻章效果。

描边浮雕：给图像加上边框的效果。

深度：调整图像中立体效果的深度。

深度：100%

深度：1000%

12 单击“添加图层样式”按钮，在弹出的菜单中执行“投影”命令，并在弹出的对话框中设置各项参数，如图11-69所示，完成后单击“确定”按钮，效果如图11-70所示。

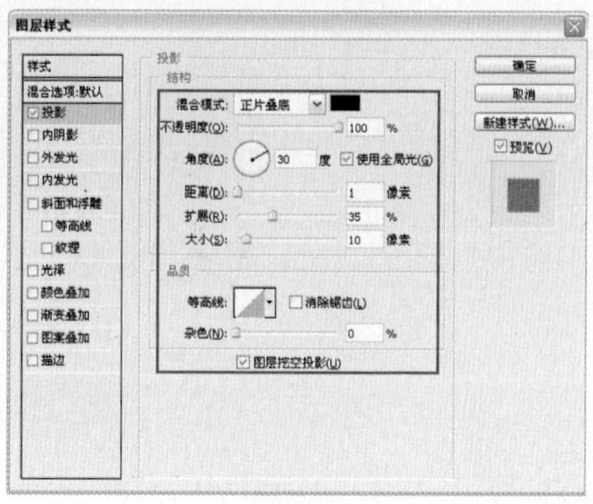

图11-69

图11-70

13 双击“图层3”图层的图层缩览图，在弹出的对话框中选中“斜面和浮雕”复选框并设置各项参数，如图11-71所示，完成后单击“确定”按钮，效果如图11-72所示。

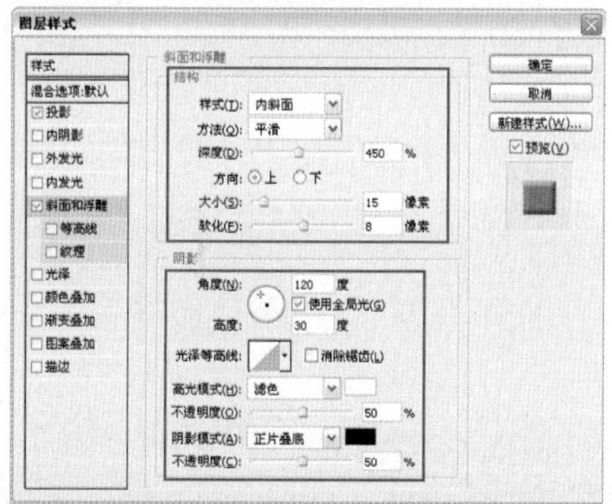

图11-71

图11-72

14 选择“背景 副本”图层，再执行“图像>调整>亮度/对比度”命令，在弹出的对话框中设置各项参数，如图11-73所示，完成后单击“确定”按钮，效果如图11-74所示。至此，本案例制作完成。

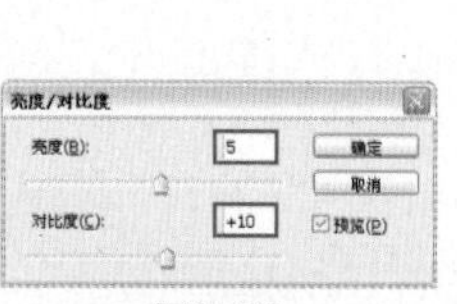

图11-73

图11-74

05 玻璃折射特效

After

Before

原照片的左半部分接近于黑色，人物的颜色也过暗，这是因为没有寻找好拍摄位置。可以为类似照片添加玻璃镜特效，增添照片的多变性。

应用功能：移动工具、图层的混合模式、多边形套索工具、羽化选区命令

CD-ROM：Chapter 11\05玻璃折射特效\Complete\05玻璃折射特效.psd

知识提点

标尺和参考线

为了更加准确地对照片进行操作，可以使用标尺和参考线。特别在对照片进行局部等比例选择的时候，使用该方法更精确。

执行“视图>标尺”命令，在图像的窗口中显示标尺。

原图

显示标尺

01 按快捷键Ctrl+O，在弹出的对话框中选择本书配套光盘中Chapter 11\05玻璃折射特效\Media文件夹中的001.jpg和002.jpg文件，再单击“打开”按钮。打开的素材如图11-75和图11-76所示。

图11-75

图11-76

02 选择移动工具，将002.jpg拖移到001.jpg图像上，并按快捷键Ctrl+T进行自由变换，把002.jpg调整到合适的位置，如图11-77所示，得到如图11-78所示的效果。

图11-77

图11-78

03 选择“图层1”图层，再将混合模式设置为“柔光”，如图11-79所示，得到如图11-80所示的效果。

图11-79

图11-80

04 复制“图层1”图层，得到“图层1 副本”图层。再将图层混合模式设置为“滤色”，把“不透明度”改为58%，如图11-81所示，得到如图11-82所示的效果。

图11-81

图11-82

05 选择多边套索工具，参考如图11-83所示建立选区，然后按快捷键Ctrl+A+D，在弹出的对话框中将“羽化半径”设置为“15像素”，如图11-84所示，完成后单击“确定”按钮。

图11-83

图11-84

06 选择“图层1 副本”图层，按Delete键删除选区内的图像，再按快捷键Ctrl+D取消选区，如图11-85所示。

图11-85

按住左键在水平标尺上向下拖移到合适的位置，建立参考线。

拖动

水平参考线

如果要在图像上建立垂直参考线，使用同样的方法在纵向标尺上拖移。

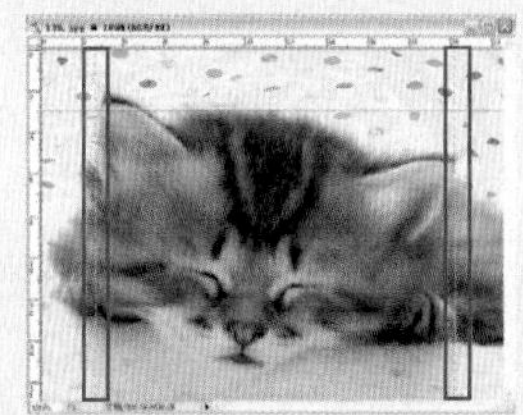
垂直参考线

多次重复操作可以得到多条参考线。

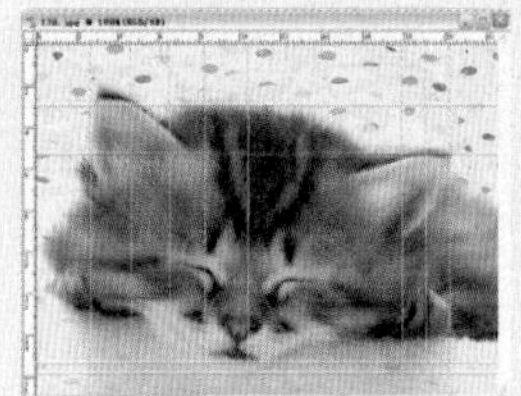
多条参考线

提 示

按快捷键Ctrl+R，在图像中显示标尺。再次按快捷键，隐藏标尺。

知识提点

滤色混合模式

利用滤色可以增加图像的亮度，同时又减弱了图像的饱和度。常用于

叠加两张照片，也可在照片上添加光照效果。

原图 1

原图 2

混合模式：滤色
不透明度：100%

混合模式：滤色
不透明度：50%

混合模式：滤色
不透明度：100%

07 按快捷键Ctrl+O，在弹出的对话框中选择本书配套光盘中Chapter 11\05玻璃折射特效\Media\003.jpg文件，再单击“打开”按钮。打开的素材，如图11-86所示。

图11-86

08 选择移动工具，将003.jpg图像拖移到001.jpg图像上，并按快捷键Ctrl+T进行自由变换，再调整到合适的位置，如图11-87所示，得到如图11-88所示的效果。

图11-87

图11-88

09 选择“图层2”图层，将图层的混合模式设置为“滤色”，如图11-89所示，得到如图11-90所示的效果。至此，本案例制作完成。

图11-89

图11-90

06 海报特效

原照片在拍摄时使用了特殊模式，但是颜色有些失真。加入一些相应的文字和特效，可以将这种照片制作成特殊的海报效果，就更能够体现照片的背景。

应用功能：绘图笔滤镜、矩形选框工具、图层样式、横排文字工具、图层的混合模式

CD-ROM：Chapter 11\06海报特效\Complete\06海报特效.psd

知识提点

绘图笔滤镜

利用绘图笔滤镜可以当前前景色和背景色为基础来表现钢笔绘画的效果。前景色表现图像的高光部分，背景色则表现图像的暗部。该功能多制作照片的手绘效果，还可用于制作个人画册。执行“滤镜＞素描＞绘图笔”命令、在弹出的对话框中设置相关参数。

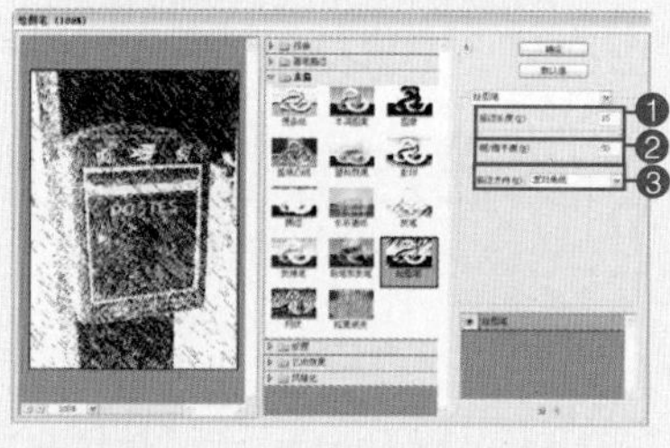

❶描边长度：设置绘图笔的笔触长度。参数值越大，笔触就越长。

❷明／暗平衡：平衡图像中的亮部和暗部。参数值越大，图像中的暗部范围就越大。

01 按快捷键Ctrl+O，在弹出的对话框中选择本书配套光盘中Chapter 11\06海报特效\Media\001.jpg文件，再单击“打开”按钮。打开的素材如图11-91所示。

图11-91

02 复制“背景”图层，得到“背景 副本”图层，如图11-92所示。

图11-92

❸描边方向：设置画笔笔触的方向，在下拉列表框中有 4 种方向可供选择。

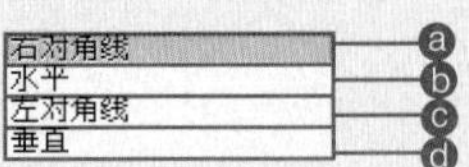

ⓐ右对角线：按照右边对角线的方向应用绘图笔。

ⓑ水平：按照水平方向应用绘图笔。

ⓒ左对角线：按照左边对角线的方向应用绘图笔。

ⓓ垂直：按照垂直的方向应用绘图笔。

设置前景色和背景色，然后执行“滤镜>素描>绘图笔”命令，在弹出的对话框中设置各项参数，完成后单击“确定”按钮。

03 选择“背景 副本”图层，再执行“滤镜>素描>绘图笔”命令，在弹出的对话框中设置各项参数，如图11-93所示，完成后单击“确定”按钮，效果如图11-94所示。

图11-93

图11-94

04 再次复制“背景”图层，然后选择“背景 副本2”图层。执行“滤镜>素描>绘图笔”命令，在弹出的对话框中设置各项参数，如图11-95所示，完成后单击“确定”按钮，效果如图11-96所示。

图11-95

图11-96

05 选择“背景 副本”图层，将图层的混合模式设置为“正片叠底”，如图11-97所示，得到如图11-98所示的效果。

图11-97

图11-98

06 选择“背景 副本2”图层，将图层混合模式设置为“变亮”，把“不透明度”改为50%，如图11-99所示，得到如图11-100所示的效果。

图11-99

图11-100

描边长度：3
明 / 暗平衡：30
描边方向：右对角线

描边长度：10
明 / 暗平衡：50
描边方向：右对角线

描边长度：5
明 / 暗平衡：65
描边方向：垂直

知识提点

实色混合混合模式

利用实色混合混合模式可以使强光照射，表现强烈的颜色对比。

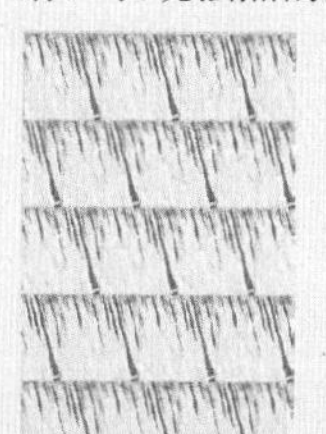
原图 1

原图 2

混合模式：实色混合
不透明度：30%

混合模式：实色混合
不透明度：60%

混合模式：实色混合
不透明度：100%

07 新建“图层1”图层，再选择矩形选框工具，参考如图11-101所示建立选区。将前景色设置为（R:166, G:0, B:0），按快捷键Alt+Delete进行颜色填充，再按快捷键Ctrl+D取消选区，如图11-102所示。

图11-101

图11-102

08 选择“图层1”图层，将图层的混合模式设置为“正片叠底”，如图11-103所示，得到如图11-104所示的效果。

图11-103

图11-104

09 双击“图层1”图层的图层缩览图，在弹出的“图层样式”对话框中选中“投影”复选框并设置各项参数，如图11-105所示，完成后单击“确定”按钮，如图11-106所示。

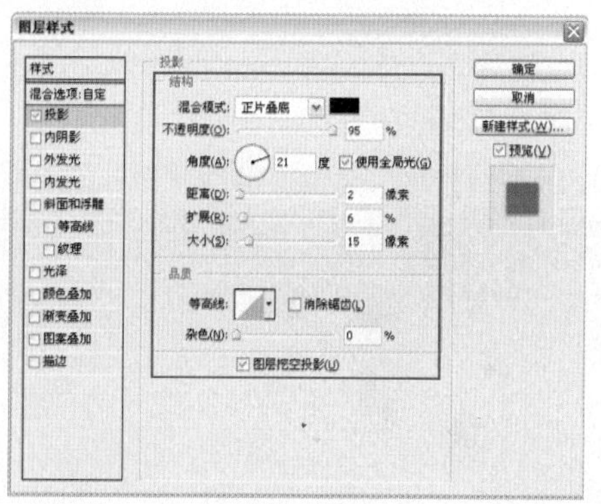

图11-105

图11-106

10 选择横排文字工具，添加文字并设置字体为“方正细黑一简体”，大小为32.11点，效果如图11-107所示。继续添加文字，效果如图11-108所示。至此，本案例制作完成。

图11-107

图11-108

07 艺术特效

原照片中人物和背景的颜色过于相近，使人物融合在背景中，但不失唯美的效果，可以添加绘画感觉的艺术效果。

应用功能：抽出滤镜，最小值滤镜。

CD-ROM：Chapter 11\07艺术特效\Complete\07艺术特效.psd

知识提点

抽出滤镜的工具选项

执行“滤镜 > 抽出”命令，弹出“抽出”对话框。

❶画笔大小：控制画笔的大小。单击右侧的三角按钮后拖动滑块调节大小，也可以直接输入参数值。

画笔大小：20

画笔大小：50

❷高光：设置画笔的颜色，在下拉列表框中选择需要的颜色，也可以自己设置颜色。选择“其他”选项后在弹出的“拾色器”对话框中选择需要的颜色。

01 按快捷键Ctrl+O，在弹出的对话框中选择本书配套光盘中Chapter 11\07艺术特效\Media\001.jpg文件，再单击“打开”按钮。打开的素材如图11-109所示。

图11-109

02 执行“滤镜＞抽出”命令，在弹出的对话框中选择边缘高光器工具，在“工具选项”选项组中设置“画笔大小”为6，其他设置默认，勾绘人物轮廓，如图11-110所示，然后选择填充工具，在人物上进行填充，如图11-111所示，再单击“确定”按钮，效果如图11-112所示。

图11-110

图11-111

图11-112

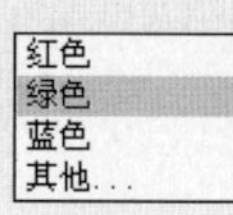

高光：绿色

高光：蓝色

高光：自定颜色

❸填充：设置填充图像的颜色，在下拉列表框中选择需要的颜色，也可以自己设置颜色。

红色
绿色
蓝色
其他...

填充：红色

填充：绿色

03 按快捷键Ctrl+O，在弹出的对话框中选择本书配套光盘中Chapter 11\07艺术特效\Media\002.jpg文件，再单击“打开”按钮。打开的素材如图11-113所示。

图11-113

04 选择移动工具，将002.jpg图像拖移到001.jpg图像上，如图11-114所示，按快捷键Ctrl+T进行自由变换，如图11-115所示。

图11-114

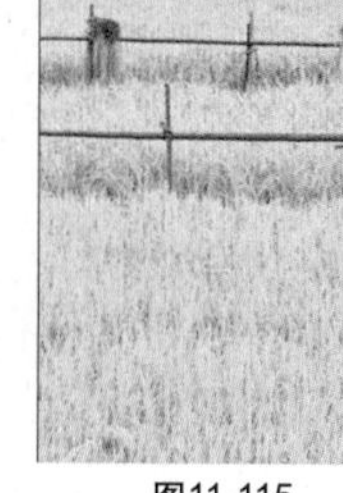
图11-115

05 将“图层1”图层放于“图层0”图层的下层，如图11-116所示，得到如图11-117所示的效果。

图11-116

图11-117

06 选择“图层1”图层，再利用套索工具建立选区，如图11-118所示。按快捷键Ctrl+Alt+D，在弹出的对话框中设置参数，如图11-119所示。

图11-118

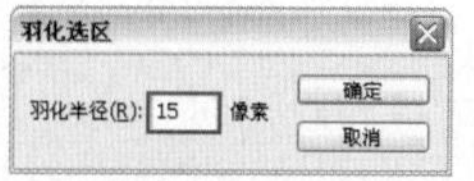

图11-119

❹智能高光显示：选中此复选框，画笔呈现不规则状态。

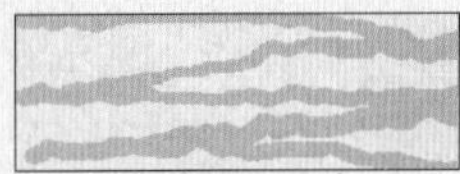

智能高光显示

无智能高光显示

知识提点

最小值滤镜

利用最小值滤镜可以用图像的轮廓阴影代替图像的亮部，同时收缩图像的高光区域，扩大图像的阴影区域。在照片处理中，该功能并不是很常用，大多用于制作照片的背景或者具有国画白描效果的照片。

执行“滤镜＞其它＞最小值”命令，在弹出的对话框中设置相关参数，如图7-25所示，完成后单击“确定”按钮。

半径：设置最小值的应用范围。参数值越大，图像中阴影的区域应用范围就越大。

原图

半径：2像素

07 按快捷键Ctrl+L，在弹出的对话框中设置参数，如图11-120所示，再单击“确定”按钮。按快捷键Ctrl+D取消选区，效果如图11-121所示。

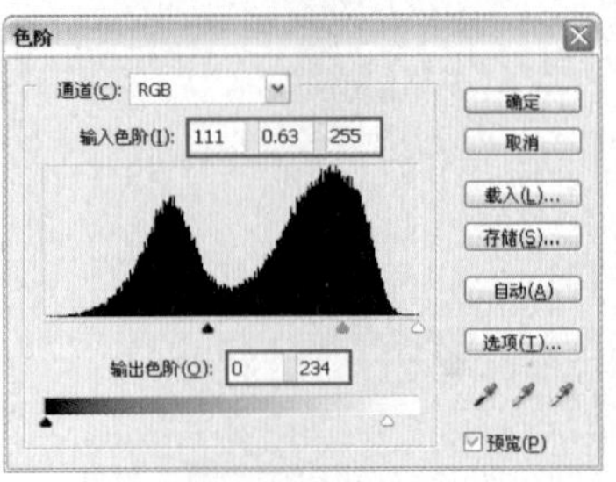

图11-120

图11-121

08 执行“图像＞调整＞色相/饱和度”命令，在弹出的对话框中设置参数，如图11-122所示，再单击“确定”按钮，效果如图11-123所示。

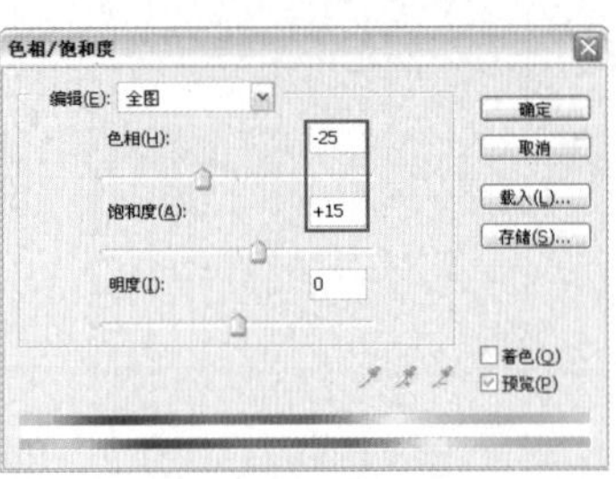

图11-122

图11-123

09 选择“图层0”图层，合并图层后得到“图层1”图层并复制，如图11-124所示，再执行“图像＞调整＞去色”命令，效果如图11-125所示。

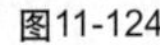

图11-124

图11-125

10 复制“图层1 副本”图层，得到“图层1 副本2”图层，如图11-126所示按快捷键Ctrl+I反相图像，效果如图11-127所示。

图11-126

图11-127

半径：5 像素

知识提点

最大值滤镜

最大值滤镜的作用和最小值滤镜的作用正好相反。最大值滤镜用图像的高光来代替图像的暗部，同时收缩图像中的暗部，扩大图像的高光。

半径：设置最大值的应用范围。参数值越大，图像中高光的区域应用范围就越大。

半径：1 像素　　半径：5 像素

知识提点

线性加深混合模式

线性加深用于增加图像的暗部，提高图像的饱和度，同时加深图像中的亮部。该模式通常用于处理照片的颜色。

在“图层”面板中复制“背景”图层，得到“背景 副本”图层，然后调整“背景 副本”图层的混合模式为“线性加深”。

11 在“图层”面板中选择“图层1 副本2”图层，再将该图层的混合模式设置为“颜色减淡”，如图11-128所示，得到如图11-129所示的效果。

图11-128

图11-129

12 执行“滤镜>其它>最小值”命令，在弹出的对话框中将“半径”设置为“1像素”，如图11-130所示，完成后单击“确定”按钮，效果如图11-131所示。

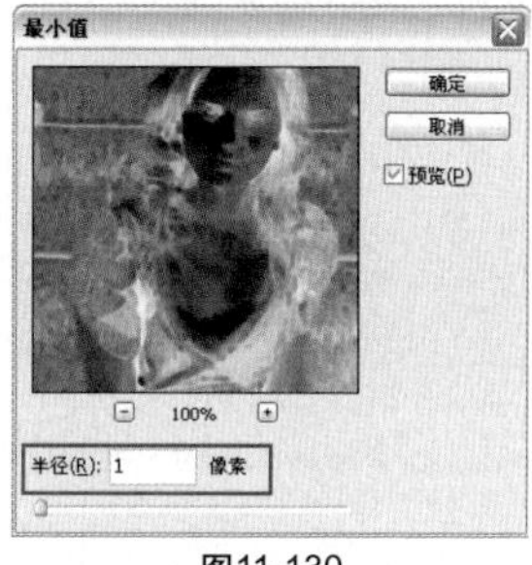
图11-130

图11-131

13 双击“图层1 副本2”图层的图层缩览图，在弹出的“图层样式”对话框的“混合颜色带”选项值中，按住Alt键将“下一图层”的两个黑色滑块的位置设置为13/70，如图11-132所示，完成后单击“确定”按钮，效果如图11-133所示。

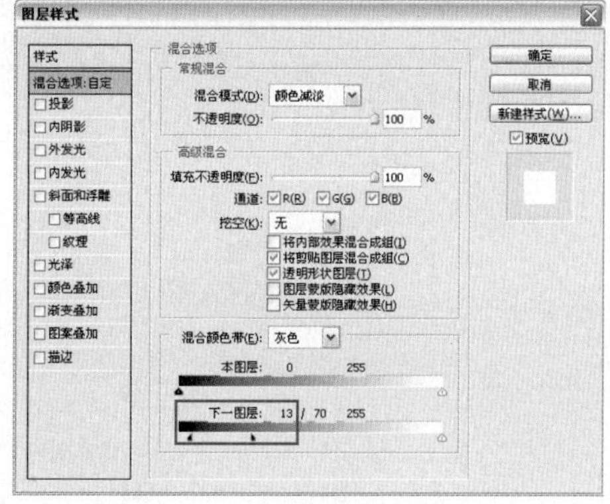
图11-132

图11-133

"图层"面板

原图

混合模式：线性加深
不透明度：30%

混合模式：线性加深
不透明度：60%

混合模式：线性加深
不透明度：100%

14 按快捷键Ctrl+E合并图层，得到如图11-134所示的"图层1 副本"图层。

图11-134

15 选择"图层1 副本"图层，再执行"图像>调整>可选颜色"命令，在弹出的对话框的"颜色"下拉列表框中选择"中性色"，并将"黑色"设置为15%，如图11-135所示，完成后单击"确定"按钮，效果如图11-136所示。

图11-135

图11-136

16 复制"图层1 副本"图层，再执行"滤镜>模糊>高斯模糊"命令，在弹出的对话框中将"半径"设置为"24.3像素"，如图11-137所示，完成后单击"确定"按钮，效果如图11-138所示。

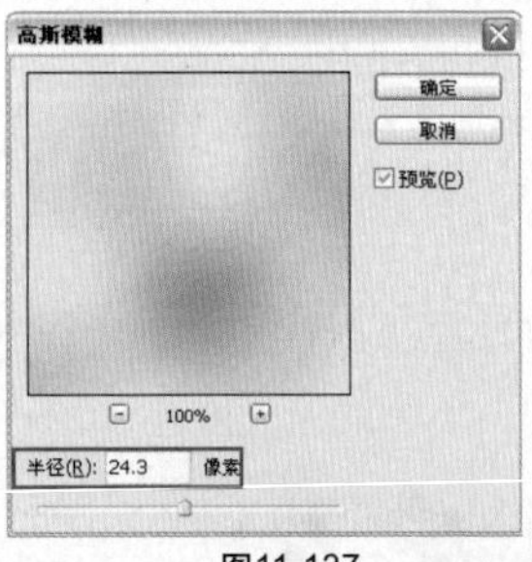
图11-137

图11-138

17 选择"图层1 副本2"图层，将混合模式设置为"线性加深"，如图11-139所示，得到如图11-140所示的效果。

图11-139

图11-140

知识提点

图层样式的混合颜色带

混合颜色带用于调整指定图层的亮度和图层通道。在下拉列表框中选择需要调整的通道。

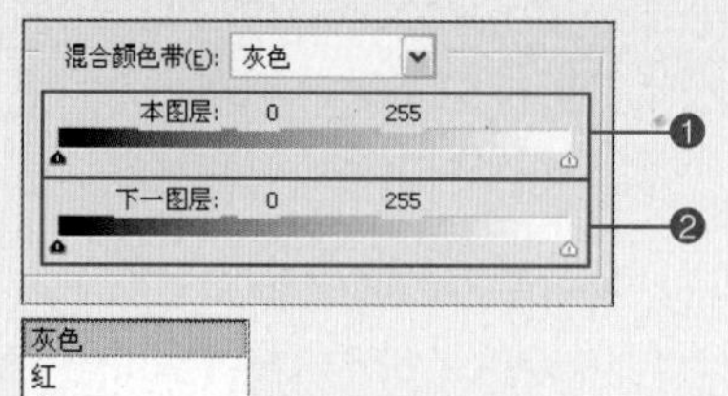

灰色
红
绿
蓝

❶本图层：调整当前的图层。

❷下一图层：调整当前图层的下面的图层。

原图

本图层：230/255

下一图层：130/255

18 单击“添加图层蒙版”按钮，为“图层1 副本2”图层添加蒙版。按D键恢复前景色和背景色的默认设置，再选择画笔工具，在选项栏上设置画笔大小为40px，设置不透明度为60%。选择蒙版并对人物的面部及脖子进行涂抹，如图11-141所示，得到如图11-142所示的效果。

图11-141

图11-142

19 选择“图层1”图层并将其移动到“图层1 副本2”图层的上层，再把图层的混合模式设置为“颜色”，如图11-143所示，得到如图11-144所示的效果。

图11-143

图11-144

20 新建“图层2”图层，将图层的混合模式设置为“线性加深”，如图11-145所示。将前景色设置为（R:247, B:229, B:208），按快捷键Alt+Delete进行颜色填充，效果如图11-146所示。至此，本案例制作完成。

图11-145

图11-146

制作网络流行时尚照片

01 制作有照片的个性名片

知识提点：染色玻璃滤镜

02 制作QQ表情

知识提点：背景橡皮擦工具、图案生成器滤镜

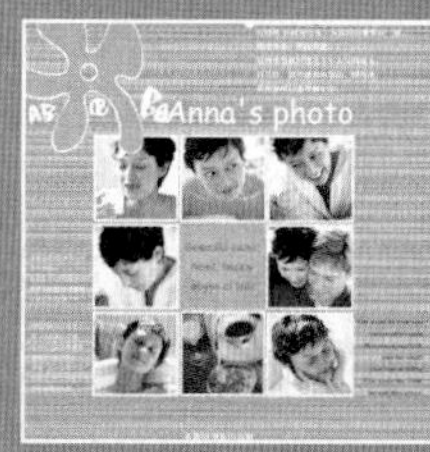

03 制作网站的个人相册

知识提点：描边命令、椭圆选框工具、线性光混合模式、色相混合模式、点光混合模式

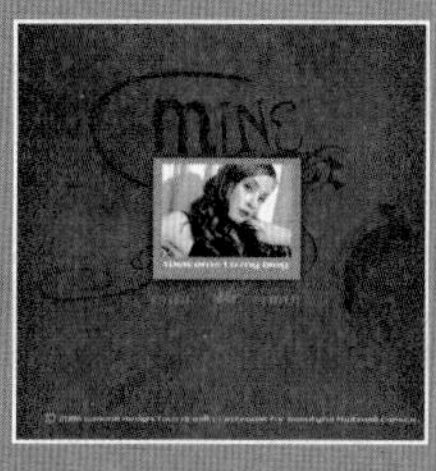

04 制作个性博客主页

知识提点：外发光图层样式 、对齐图像

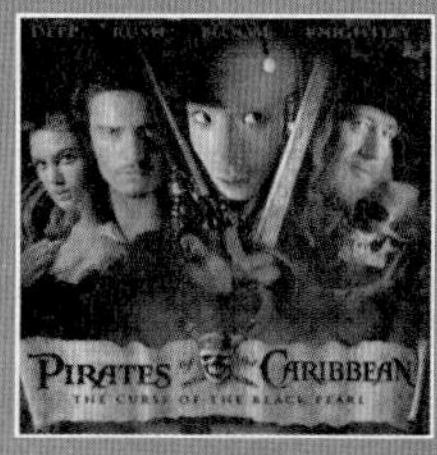

05 制作网络搞笑照片

知识提点：文件的打印、魔术橡皮擦工具

01 制作有照片的个性名片

制作名片的时候加入自己的照片，既保持了名片本身的功能，又增加了名片的可看性，使其不再显得单调古板，满足了追求个性的心理。

应用功能：移动工具、橡皮擦工具、自由变换命令、文字工具、自定形状工具、矩形选框工具

CD-ROM：Chapter 12\01制作有照片的个性名片\Complete\01制作有照片的个性名片.psd

知识提点

染色玻璃滤镜

利用染色玻璃滤镜可以模拟透过花玻璃看到图像的效果。

执行“滤镜>纹理>染色玻璃”命令，在弹出的“染色玻璃”对话框中设置相关参数。

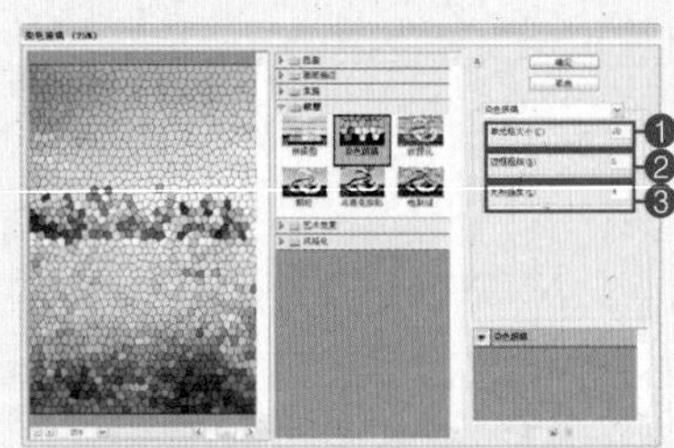

❶单元格大小：设置产生的格子的大小。参数值较大时，整个图像将变成一个由对角线分隔的两大方格。

❷边框粗细：设置边线的宽度，边线使用的颜色是前景色。在使用该滤镜之前，要先设置前景色。

❸光照强度：设置灯光的强度。参数

01 按快捷键Ctrl+O，在弹出的对话框中选择本书配套光盘中Chapter 12\01制作有照片的个性名片\Media文件夹中的001.jpg文件和002.jpg文件，再单击“打开”按钮。打开的素材如图12-1和图12-2所示。

图12-1

图12-2

02 选择移动工具，将002.jpg图像拖移到001.jpg图像上，并按快捷键Ctrl+T对图像进行自由变换，如图12-3所示，角度合适后按Enter键确认，效果如图12-4所示。

图12-3

图12-4

为 0 时，没有任何光照效果；参数过高时，会使图像中心变成白色。

原图

保持边框粗细和光照强度不变，修改单元格大小的参数值。

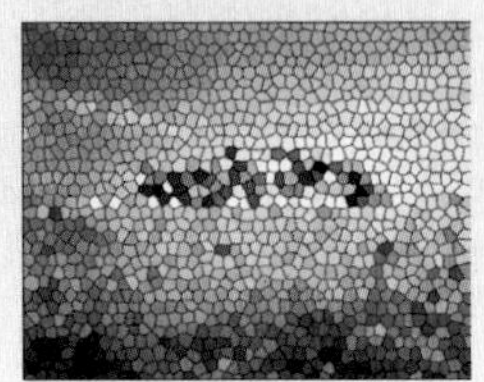
单元格大小：31
边框粗细：8
光照强度：3

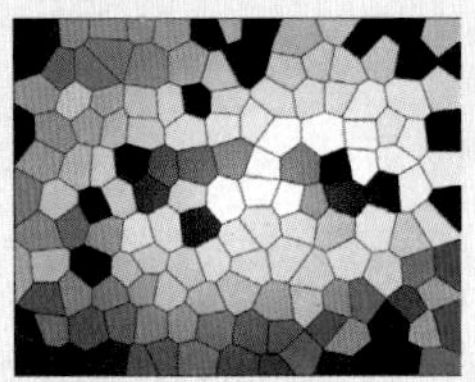
单元格大小：45
边框粗细：8
光照强度：3

保持单元格大小和光照强度不变，修改边框粗细的参数值。

单元格大小：26
边框粗细：2
光照强度：3

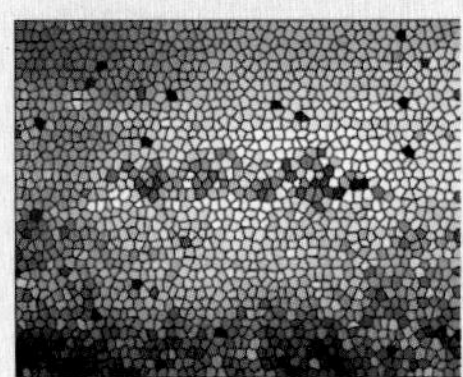
单元格大小：26
边框粗细：11
光照强度：3

03 按快捷键Ctrl+T，右击并在弹出的快捷菜单中执行“旋转90度（逆时针）”命令，效果如图12-5所示，然后再对图像进行自由变换，并将其调整到合适的位置，如图12-6所示。

图12-5

图12-6

04 选择橡皮擦工具，在选项栏上设置各项参数，如图12-7所示，然后在人物的脸部边缘进行涂抹，如图12-8所示。

画笔：500 模式：画笔 不透明度：15%

图12-7

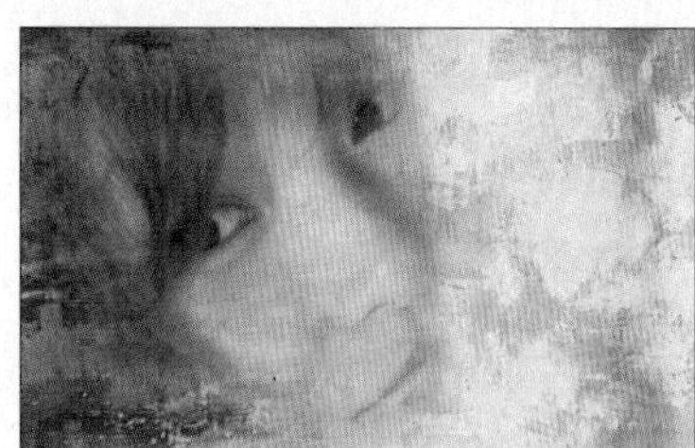
图12-8

05 将前景色设置为黑色，选择横排文字工具T，添加文字并在“字符”面板中设置各项参数，如图12-9所示，得到如图12-10所示的效果。

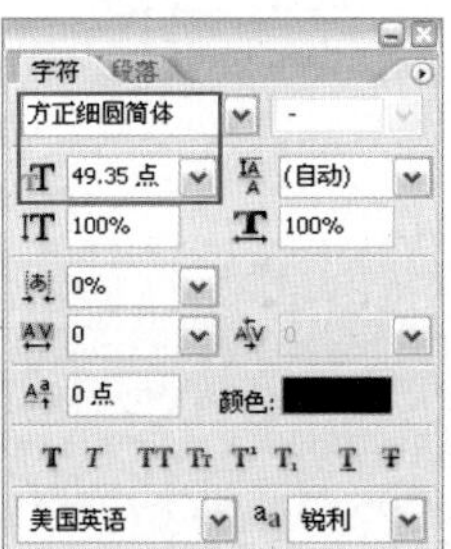

图12-9

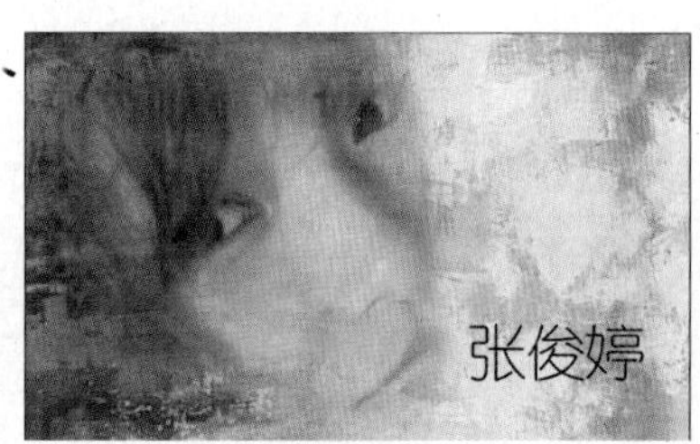

图12-10

06 继续添加文字并在“字符”面板中设置各项参数，如图12-11所示，得到如图12-12所示的效果。

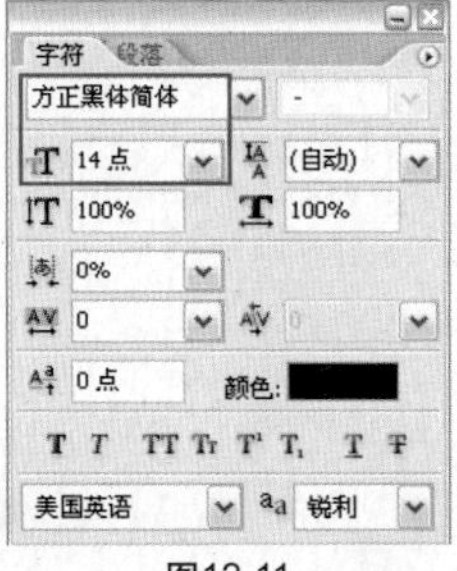

图12-11

图12-12

重新设置前景色的颜色为黄色。

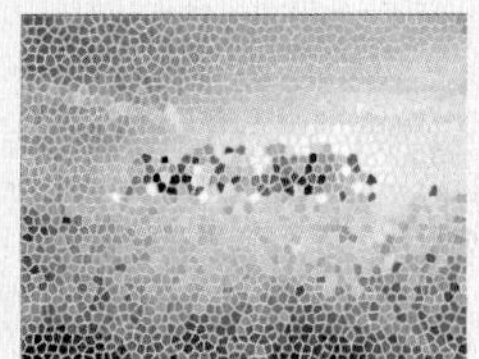

黄色边框

保持单元格大小和边框粗细不变，修改光照强度的参数值。

单元格大小：26
边框粗细：5
光照强度：0

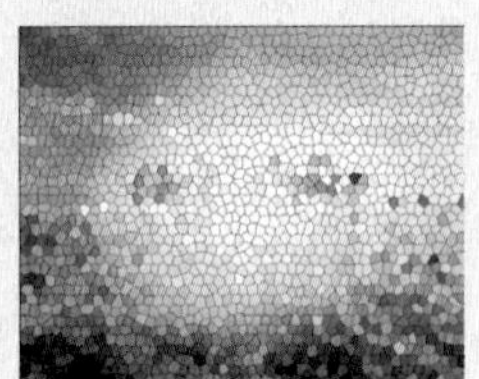

单元格大小：26
边框粗细：5
光照强度：10

07 将前景色设置为（R:0，G:71，B:33），添加文字并将字体大小设置为19.57点，效果如图12-13所示。继续添加文字，效果如图12-14所示。

图12-13

图12-14

08 新建“图层2”图层，再将前景色设置为（R:0，G:71，B:33）。选择自定形状工具，在选项栏上单击“填充像素”按钮，再单击“形状”图标右侧的下三角按钮，在弹出的面板中选择“圆形画框”，如图1-15所示，然后在“图层2”图层上进行形状填充，效果如图1-16所示。

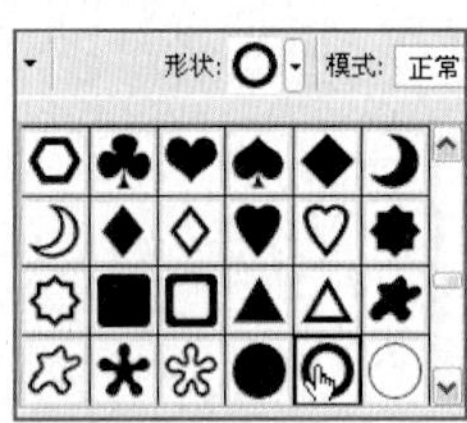

图12-15

图12-16

09 新建“图层3”图层，再选择矩形选框工具，参考如图12-17所示建立选区。按快捷键Alt+Delete填充颜色，再按快捷键Ctrl+D取消选区，效果如图12-18所示。

图12-17

图12-18

10 添加更多文字，得到如图12-21所示的效果。至此，本例制作完成。

图12-19

制作QQ表情

本例在人物表情搞怪的照片中，添加一些元素，制作成一张有趣而生动的网络照片。

应用功能：魔棒工具、背景橡皮擦工具、自定形状工具

CD-ROM：Chapter 12\02制作QQ表情\Complete\02制作QQ表情.psd

知识提点

背景橡皮擦工具

利用背景橡皮擦工具可以将背景变为透明背景，并自动将“背景”图层变为一般图层，多用于去除照片的背景，擦出照片的边缘。

选择背景橡皮擦工具，在图像上右击，在弹出的面板上设置各项参数。

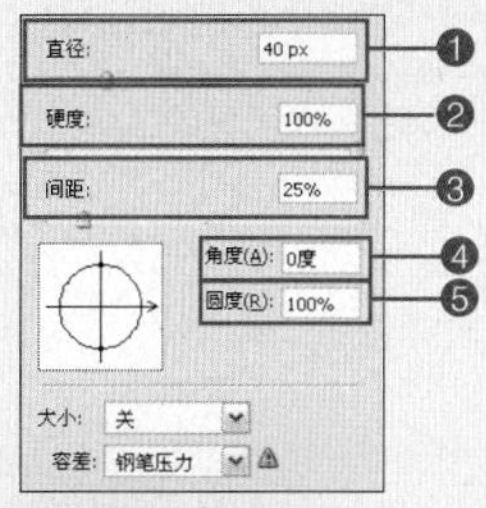

原图

❶直径：设置画笔的大小。参数值越大，笔触就越宽。

01 按快捷键Ctrl+O，在弹出的对话框中，选择本书配套光盘中Chapter 12\02制作QQ表情\Media\001.jpg文件，再单击“打开”按钮。打开的素材如图12-20所示。

图12-20

02 双击“背景”图层，在弹出的“新建图层”对话框中保持默认设置，单击“确定”按钮。“图层”面板中出现“图层0”图层，效果如图12-21所示。

图12-21

直径：20px　　直径：60px

❷硬度：设置笔触的软硬程度。参数值越大，笔触的边缘就越硬。

硬度：100%　　硬度：3%

❸间距：设置笔触像素之间的距离。参数值越大，笔触像素间的距离就越大。

间距：200%　　间距：83%

❹角度：调整笔触的角度。

❺圆度：设置笔触的椭圆程度。参数值为0%~100%。参数值越大，笔触就越圆。

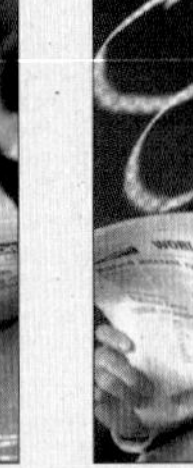

圆度：20%　　圆度：0
角度：50%

03 在工具箱中选择魔棒工具，再在选项栏上单击“添加到选区”按钮，设“容差”为20，然后选中“消除锯齿”复选框和“对所有图层取样”复选框。用魔棒工具选择图像的白色区域，如图12-22所示，再按Delete键删除选区中的图像，然后按快捷键Ctrl+D取消选区，效果如图12-23所示。

图12-22

图12-23

04 执行“文件＞新建”命令，在弹出的“新建”对话框中设置各项参数，如图12-24所示，完成后单击“确定”按钮。将前景色设置为（R:255，G:216，B:0），再按快捷键Alt+Delete用前景色填充，效果如图12-25所示。

图12-24

图12-25

05 在工具箱中选择移动工具，将001.jpg图像拖移到新建文件“QQ表情”中，“图层”面板中增加了“图层1”图层。按快捷键Ctrl+T对“图层1”图层中的图像进行自由变换，再将其调整到合适的位置，如图12-26所示，得到如图12-27所示的效果。

图12-26

图12-27

知识提点

图案生成器滤镜

利用图案生成器滤镜可以通过重新设定图像像素创建拼贴，进而生成图案。适合用于制作一些随机性比较强的纹理图案。

执行“滤镜>图案生成器”命令，在弹出的对话框中设置相关参数。

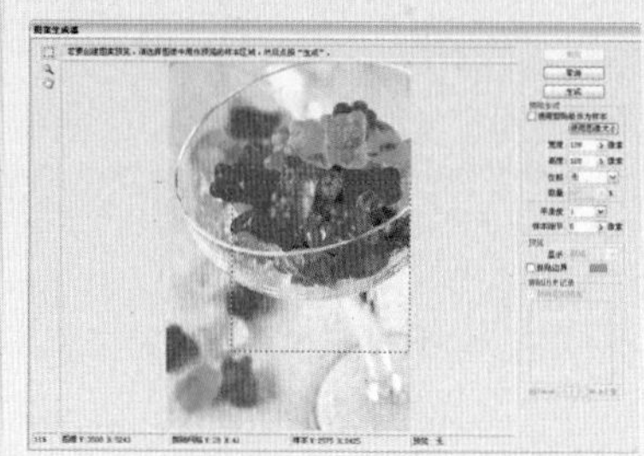

注意图案生成器滤镜只对矩形选区有效，产生的图案将以选取范围内的取样为样本。

以选区内的图像作为图案产生的取样样本。在“拼贴生成”选项组中设置参数。

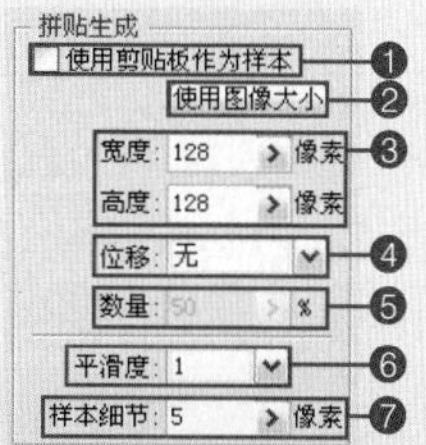

❶ 使用剪贴板作为样本：选中此复选框，剪贴板中的图像将作为图案产生的取样样本。

❷ 使用图像大小：单击此按钮，以整个图像的大小作为图案的大小。

❸ 宽度 和 高度：设置图案取样的大小。

❹ 位移：该下拉列表框中有3种不同的位移选项。“无”表示不进行拼贴偏移，“水平”表示水平偏移拼贴，“垂直”表示垂直偏移拼贴。

06 选择背景橡皮擦工具，在人物头发的边缘处进行涂抹，如图12-28所示，得到如图12-29所示的效果。

图12-28

图12-29

07 在“背景”图层上面新建“图层2”图层，如图12-30所示。将前景色设置为（R:0，G:185，B:37），选择自定形状工具，在选项栏上单击“填充像素”按钮，单击“几何选项”按钮在弹出的面板中选择“基准2”，如图12-31所示，然后在“图层2”图层上对图像进行形状填充，效果如图12-32所示。

图12-30

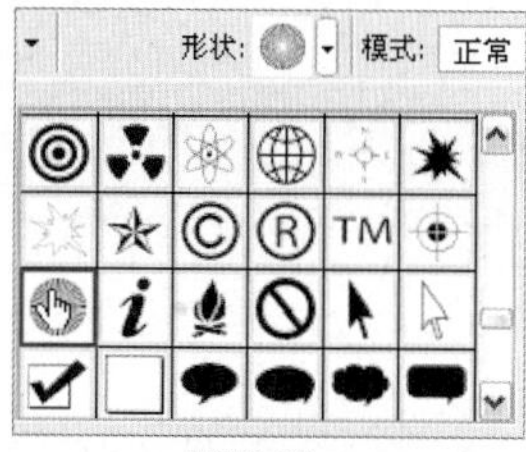

图12-31

图12-32

08 将前景色设置为（R:255，G:67，B:67），选择横排文字工具，添加文字并设置为“方正综艺简体”，大小为81.11点，如图12-33所示。按快捷键Ctrl+T对图像进行自由变换，效果如图12-34所示。继续添加文字，效果如图12-35所示。

图12-33

图12-34

图12-35

09 将前景色设置为（R:255，G:39，B:212），添加文字并将字体大小设置为54.16点，如图12-36所示，在选项栏上单击“创建文字变形”按钮，在弹出的对话框的“样式”下拉列表框中选择“扇形”并设置各项参数，如图12-37所示，完成后单击“确定”按钮，效果如图12-38所示。

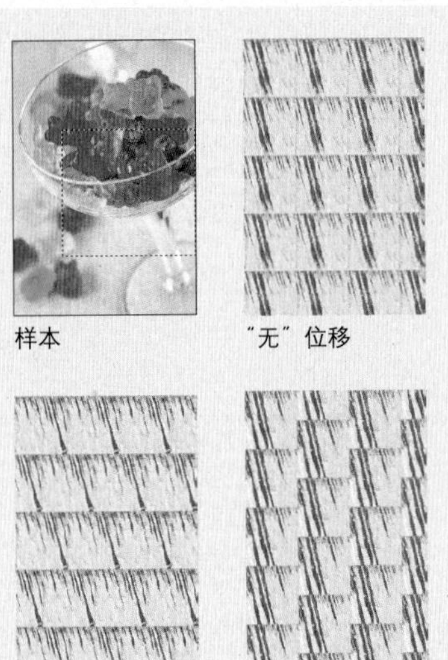

样本　"无"位移

"水平"位移　"垂直"位移

❺ 数量：在“位移”下拉列表框中选择“水平”和“垂直”后，在该文本框中设置水平或垂直偏移的数值。

❻ 平滑度：在下拉列表框中选择 1~3 的平滑数值，以设置图案边缘的平滑度。

❼ 样本细节：修改当图案取样时的图像细节。取值范围为 5~15，数值越大，取样越详细。

图12-36

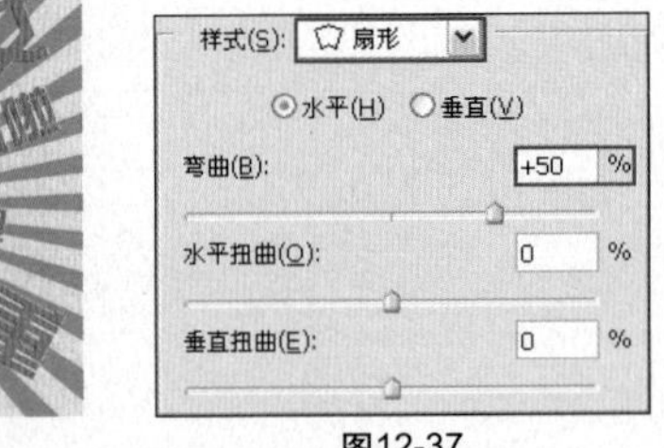

图12-37

图12-38

10 选择“背景”图层，如图12-39所示，按快捷键Ctrl+M，在弹出的对话框中设置各项参数，如图12-40所示，完成后单击“确定”按钮，效果如图12-41所示。至此，本例制作完成。

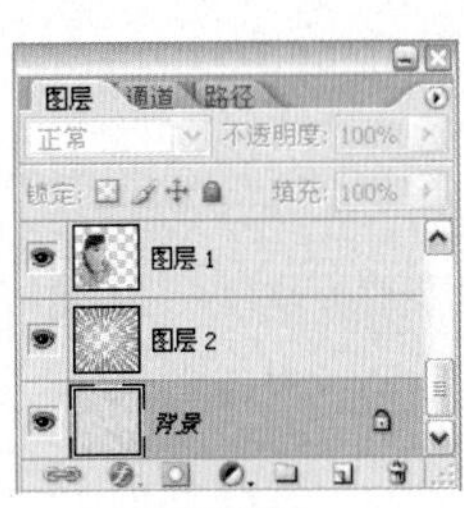

图12-39

通道(C): RGB

输入: 59

输出: 44

图12-40

图12-41

制作网站的个人相册

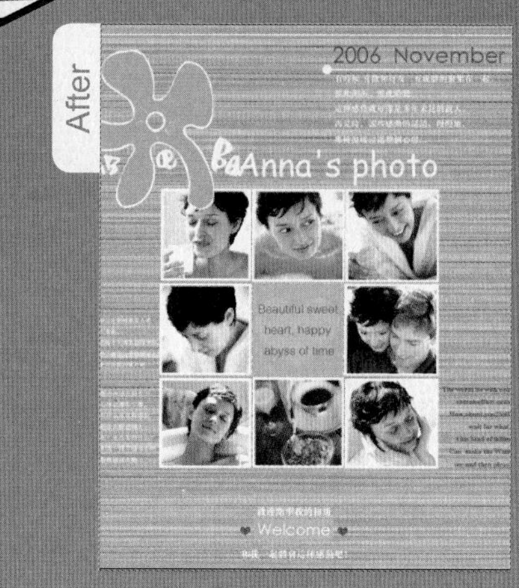

本例将多张照片组合并添加设计元素，制作自己喜欢的网站个人相册首页。此方法也可应用于制作个人简历等。

应用功能：移动工具、描边命令、自定形状工具、矩形选框工具

CD-ROM：Chapter 12\03制作网站的个人相册\complete\03制作网站的个人相册.psd

知识提点

描边命令

利用描边命令可以为图像加入轮廓线，多用于制作照片的外框。

执行“编辑>描边”命令，在弹出的对话框中设置各项参数，完成后单击“确定”按钮。

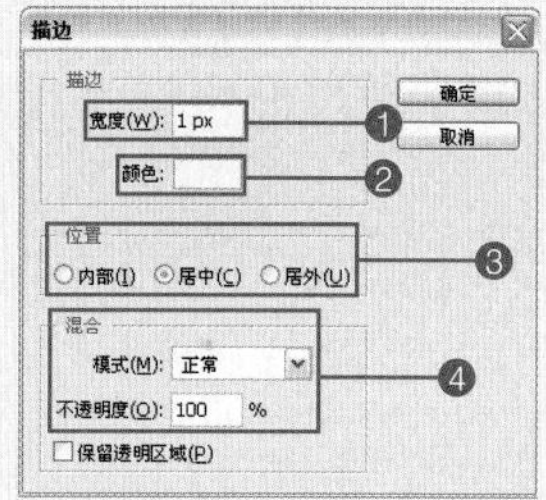

❶宽度：设置轮廓线的宽度。

原图

宽度：20px

01 执行“文件>新建”命令，在弹出的对话框中设置各项参数，如图12-42所示，完成后单击“确定”按钮。

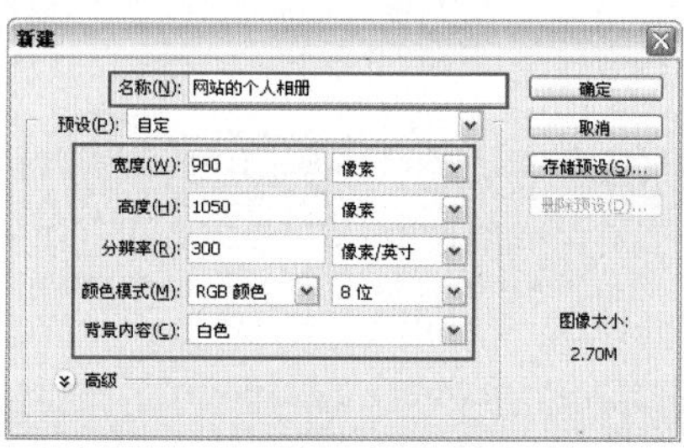

图12-42

02 按快捷键Ctrl+O，在弹出的对话框中选择本书配套光盘中Chapter 12\03制作网站的个人相册\Media\001.jpg文件，再单击“打开”按钮。打开的素材如图12-43所示。

图12-43

宽度：40px

宽度：60px

❷颜色：设置轮廓线的颜色。单击颜色色块，在弹出的“拾色器”对话框中设置颜色，完成后单击“确定”按钮。

原图

绿色边框

红色边框

蓝色边框

❸位置：调整轮廓线的位置，3个选项分别是内部、居中、居外。

原图

可以在图像上建立选区，并对选区进行描边。

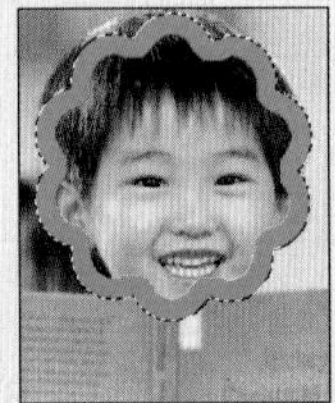
位置：内部

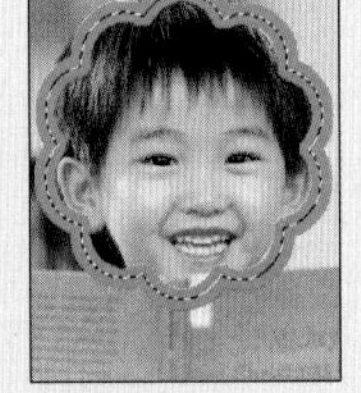
位置：居中

03 选择移动工具，将001.jpg图像拖移到新建文件“网站的个人相册”上，并将其调整到合适的位置，如图12-44所示，得到如图12-45所示的效果。

图12-44

图12-45

04 按快捷键Ctrl+O，在弹出的对话框中，选择本书配套光盘中Chapter 12\03制作网站的个人相册\Media\002.jpg文件，再单击“打开”按钮。打开的素材如图12-46所示。

图12-46

05 将002.jpg图像拖移到新建文件“网站的个人相册”上，并按快捷键Ctrl+T对图像进行自由变换，将其调整到合适的位置，如图12-47所示，得到如图12-48所示的效果。

图12-47

图12-48

06 执行“编辑>描边”命令，在弹出的对话框中将“颜色”设置为“白色”，“宽度”设置为5px，如图12-49所示，完成后单击“确定”按钮，效果如图12-50所示。

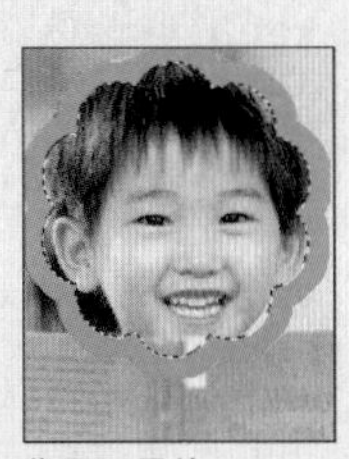
位置：居外

❹混合：设置轮廓的混合模式和不透明度。在“模式”下拉列表框中选择需要的模式。

原图

模式：颜色加深

模式：滤色

模式：柔光

可以为相同的模式设置不同的不透明度。

模式：正常
不透明度：50%

模式：正常
不透明度：100%

模式：差值
不透明度：50%

模式：差值
不透明度：100%

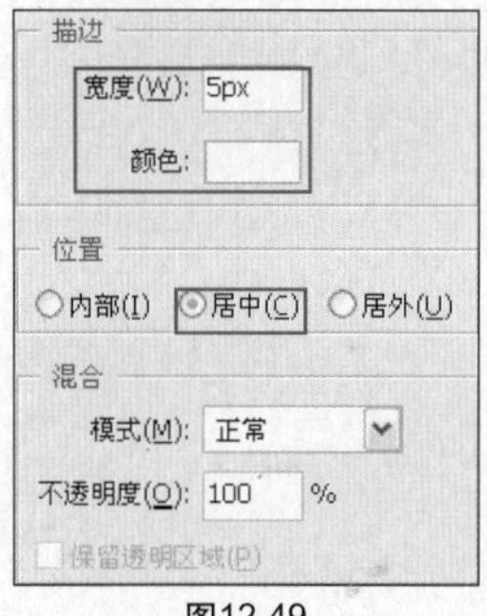

图12-49

图12-50

07 按快捷键Ctrl+O，在弹出的对话框中，选择本书配套光盘中Chapter 12\03制作网站的个人相册\Media\003.jpg文件，再单击“打开”按钮。打开的素材如图12-51所示。

图12-51

08 将003.jpg图像拖移到新建文件“网站的个人相册”上，得到“图层3”图层，并按快捷键Ctrl+T进行自由变换，调整到合适的位置，效果如图12-52所示。执行“编辑>描边”命令，在弹出的对话框中将“颜色”设置为“白色”，“宽度”设置为5px，完成后单击“确定”按钮，效果如图3-53所示。

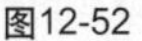
图12-52

图12-53

09 按快捷键Ctrl+O，在弹出的对话框中选择本书配套光盘中Chapter 12\03制作网站的个人相册\Media文件夹中的004.jpg、005.jpg、006.jpg、007.jpg、008.jpg、009.jpg文件，再单击“打开”按钮。

知识提点

椭圆选框工具

利用椭圆选框工具可以建立椭圆形或者圆形选区。在照片处理中，可以制作圆形或者椭圆形的照片外框，也可以复制照片中的图像，得到多个效果，适合用于制作儿童照片。

1. 建立选区

选择椭圆选框工具，在图像上建立选区。

原图

建立选区

按住 Shift 键，在图像上建立正圆选区。

2. 编辑选区

在选区上按住左键拖动选区，可以随意移动选区。

在选区上右击后，弹出快捷菜单，按照需要进行选择。

10 分别将素材文件004、005、006、007、008、009拖移到新建文件"网站的个人相册"上，如图12-54所示，并按快捷键Ctrl+T对图像进行自由变换，将其调整到合适的位置，效果如图12-55所示。

图12-54

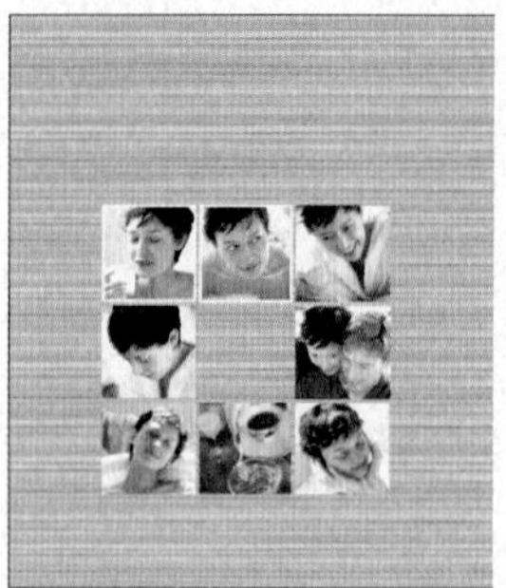

图12-55

11 分别选择"图层4"、"图层5"、"图层6"、"图层7"、"图层8"、"图层9"6个图层，依次执行"编辑>描边"命令，在弹出的对话框中将"颜色"设置为"白色"，"宽度"设置为5px，完成后单击"确定"按钮，效果如图12-56所示。

图12-56

12 新建"图层10"图层，如图12-57所示，选择矩形选框工具，参考如图12-58所示建立选区。将前景色设置为（R:242，G:156，B:167），按快捷键Alt+Delete进行颜色填充，按快捷键Ctrl+D取消选区，效果如图12-59所示。

图12-57

图12-58

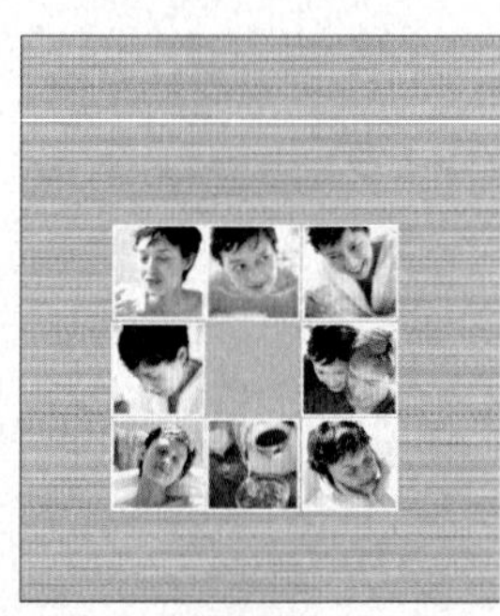

图12-59

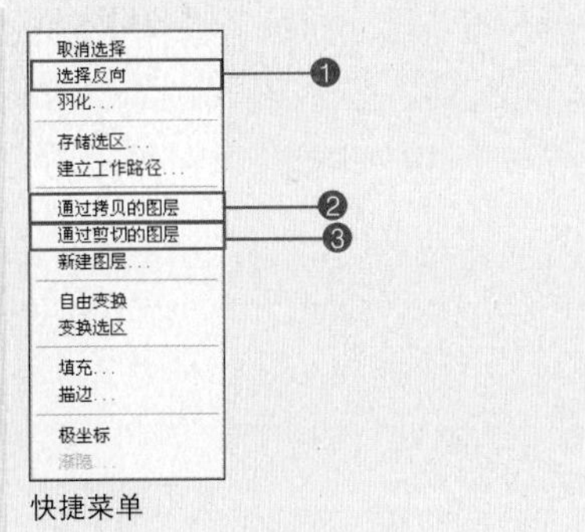

快捷菜单

❶选择方向：选择椭圆选区以外的图像。

选择反向

❷通过拷贝的图层：在“图层”面板上自动新建“图层 1”图层，并在图像中随意移动，原图像仍然存在。

新建“图层 1”图层

拷贝图像

❸通过剪切的图层：在“图层”面板上同样自动新建“图层 1”图层，在图像中随意移动后，原图像被剪切。

新建“图层 1”图层

13 新建“图层11”图层，将前景色设置为（R:255，G:168，B:180），选择自定形状工具，在选项栏上单击“填充像素”按钮，单击“几何选项”按钮在弹出的面板中选择“红桃”，如图12-60所示，然后在图像中进行形状填充，效果如图12-61所示。

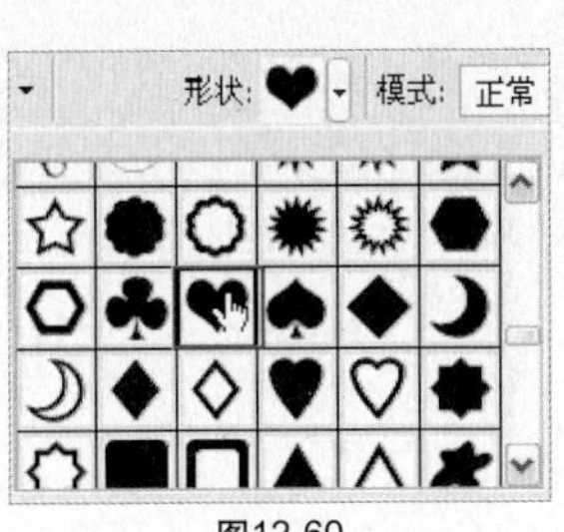
图12-60

图12-61

14 按快捷键Ctrl+O，在弹出的对话框中，选择本书配套光盘中Chapter 12\03制作网站的个人相册\Media\花.psd文件，再单击“打开”按钮。打开的素材如图12-62所示。选择移动工具，将素材文件“花”拖移到新建文件“网站的个人相册”上，得到“图层12”图层，并按快捷键Ctrl+T对图像进行自由变换，将其调整到合适的位置，效果如图12-63所示。

图12-62

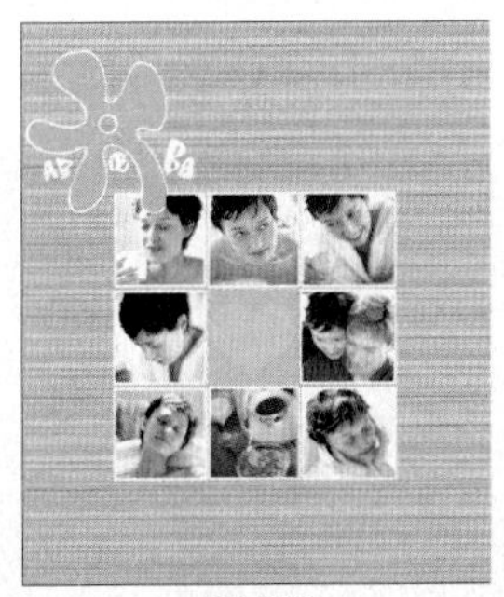
图12-63

15 新建“图层13”图层，如图12-64所示，选择椭圆选框工具，参考如图12-65所示建立选区。将前景色设置为白色，按快捷键Alt+Delete进行颜色填充，再按快捷键Ctrl+D取消选区，效果如图12-66所示。

图12-64

图12-65

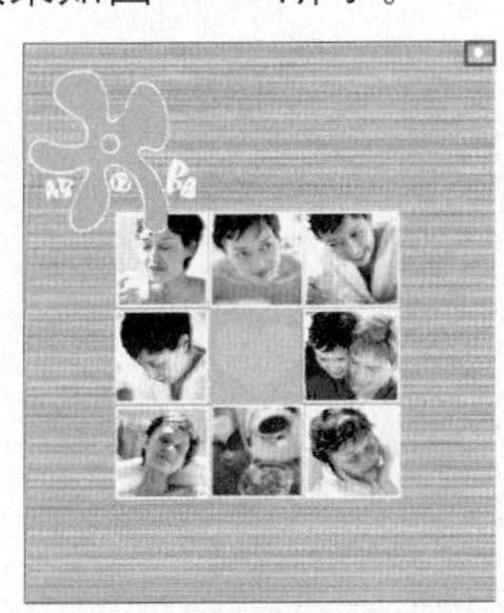
图12-66

16 在“图层”面板中新建“图层14”图层，然后在工具箱中选择矩形选框工具，参考如图12-67所示的位置建立选区。按快捷键Alt+Delete用前景色填充，选区填充为白色，按快捷键Ctrl+D取消选区，效果如图12-68所示。

图12-67

图12-68

17 分别复制“图层13”图层和“图层14”图层，得到“图层13 副本”图层和“图层14 副本”图层，如图12-69所示。在工具箱中选择移动工具，并配合键盘中的方向键将“图层13 副本”图层和“图层14 副本”图层中的图像调整到合适的位置，效果如图12-70所示。

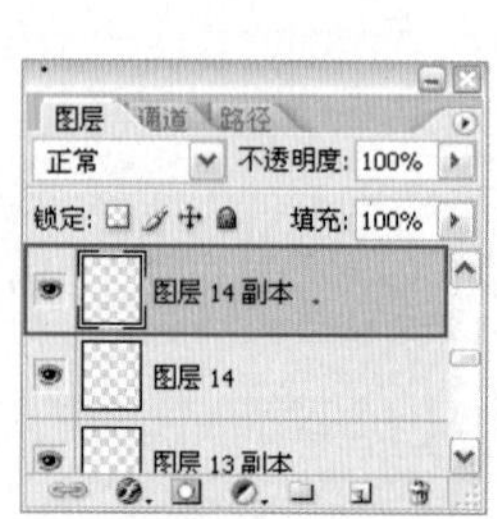

图12-69

图12-70

18 在“图层”面板中新建“图层15”图层，选择矩形选框工具，参考如图12-71所示建立选区。将前景色设置为（R:242，G:156，B:167），按快捷键Alt+Delete进行颜色填充，再按快捷键Ctrl+D取消选择，效果如图12-72所示。

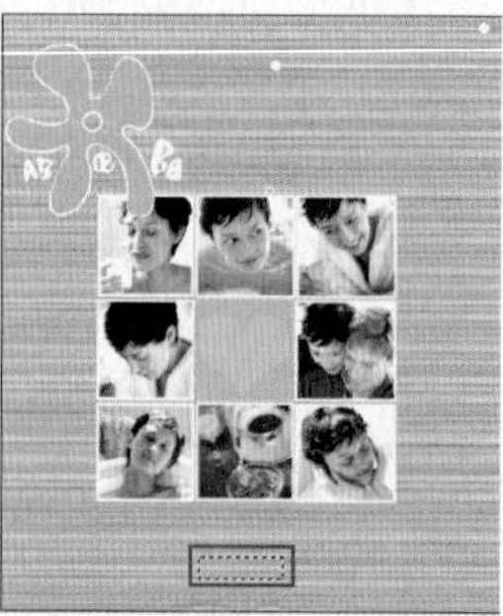

图12-71

图12-72

剪切图像

知识提点

线性光混合模式

利用线性光混合模式可以混合颜色的明亮部分。比50%灰色明亮时，合成图像变明亮；比50灰色暗时，图像变得较暗。

原图 1

原图 2

混合模式：线性光
不透明度：30%

混合模式：线性光
不透明度：60%

混合模式：线性光
不透明度：90%

知识提点

色相混合模式

色相混合模式只反映上方图层的颜色。下方图层的亮度和饱和度与上方图层的色相合成。

原图 1

原图 2

混合模式：色相
不透明度：40%

混合模式：色相
不透明度：80%

19 新建“图层16”图层，将前景色设置为（R:166，G:34，B:58），然后选择自定形状工具，在选项栏上单击“填充像素”按钮，再单击“几何选项”按钮，在弹出的面板中选择“红桃”，如图12-73所示，最后在图像进行形状填充，效果如图12-74所示。

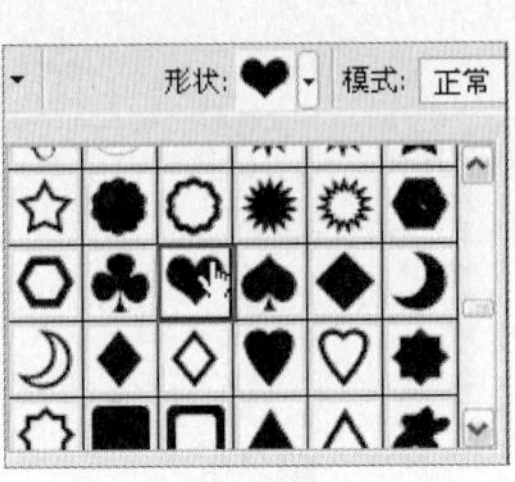

图12-73

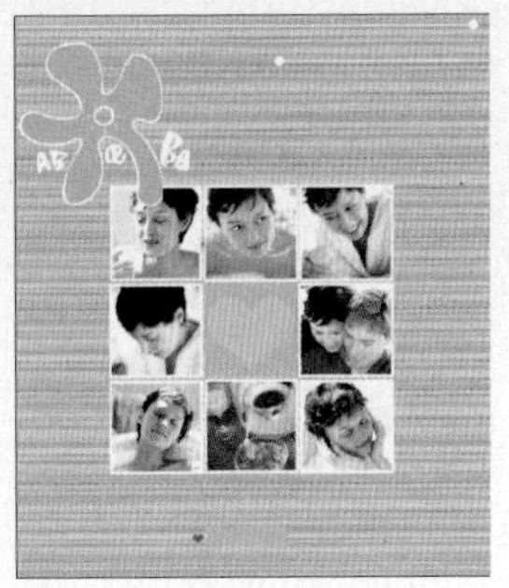
图12-74

20 在“图层”面板中复制“图层16”图层，如图12-75所示，选择移动工具，并结合键盘中的方向键向右移动，将图像调整到合适的位置，效果如图12-76所示。

图12-75

图12-76

21 在工具箱中选择横排文字工具，添加文字并在选项栏上单击按钮，在弹出的“字符”面板中设置各项参数，如图12-77所示，得到如图12-78所示的效果。

图12-77

图12-78

知识提点

点光混合模式

应用点光混合模式时，如果混合颜色比 50%灰色明亮，比混合颜色更暗的部分改变，比混合颜色更亮的部分维持不变。如果混合颜色比 50%灰色更暗，比混合颜色亮的颜色改变，比混合颜色更暗的部分维持不变。

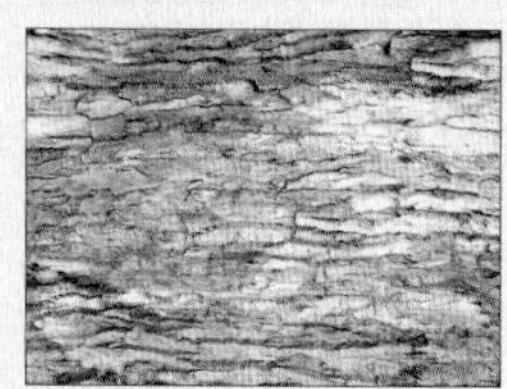

原图 1

原图 2

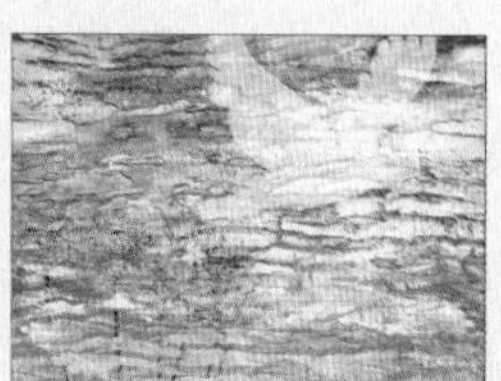

混合模式：点光
不透明度：60%

22 将前景色设置为白色，选择横排文字工具T，添加文字并将字体设置为Comic Sans MS，大小设置为15.64，效果如图12-79所示，再将前景色设置为（R:192，G:75，B:95），添加文字并将字体设置为“创艺繁细圆”，大小设置为5.52，效果如图12-80所示。

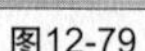

图12-79

图12-80

23 为了完善画面效果，选择横排文字工具T，继续添加文字，效果如图12-81所示。至此，本例制作完成。

图12-81

制作个性博客主页

After

Before

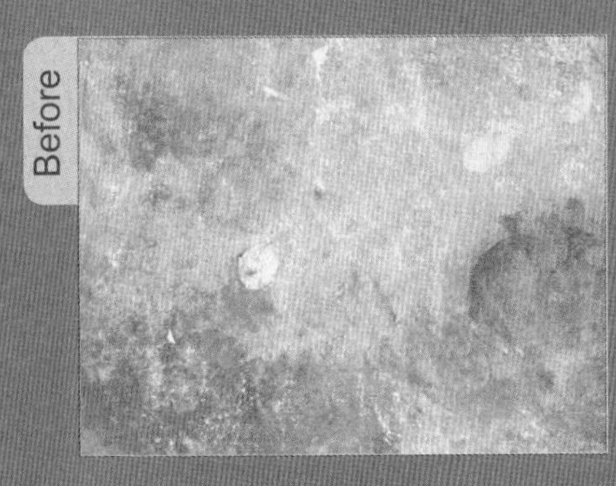

随着网络越来越普及，很多人都希望自己的网络博客主页充满个性且时尚，本例就制作个性的博客主页。

应用功能：矩形选框工具、渐变工具、图层的混合模式、图层样式、自定形状工具、横排文字工具、钢笔工具、移动工具

CD-ROM：Chapter 12\04制作个性博客主页\Complete\04制作个性博客主页.psd

知识提点

外发光图层样式

利用外发光样式可以制作图像的由内向外侧发光的效果。在照片处理中，可以制作大头贴照片，也可用于制作文字效果。

在"图层"面板上，单击"添加图层样式"按钮，在弹出的快捷菜单中执行"外发光"，并在弹出的对话框中设置各项参数，完成后单击"确定"按钮。

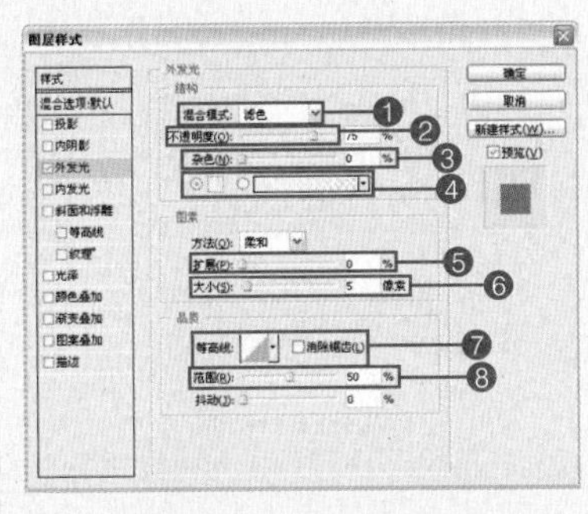

01 按快捷键Ctrl+O，在弹出的对话框中选择本书配套光盘中Chapter 12\04制作个性博客主页\Media\001.jpg文件，再单击"打开"按钮。打开的素材如图12-82所示。

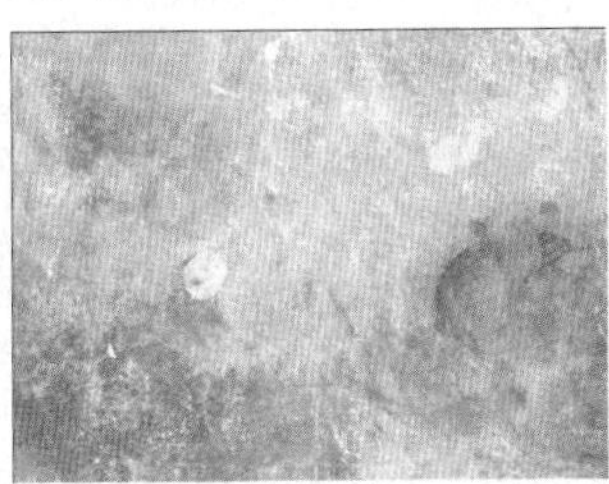

图12-82

02 新建"图层1"图层，将混合模式设置为"正片叠底"，前景色设置为（R:142，G:0，B:10），按快捷键Alt+Delete进行颜色填充，如图12-83所示，得到如图12-84所示的效果。

图12-83

图12-84

❶混合模式：设置外发光的混合模式，在下拉列表框中选择需要的模式。

❷不透明度：设置外发光的不透明度。参数值越大，外发光的不透明度越大。

❸杂色：设置外发光的杂点。参数值越大，图像中的杂点越多。

原图

杂色：70%

❹单击颜色块，在弹出的“拾色器”对话框中设置需要的颜色。单击“颜色渐变条”右侧的下三角按钮，在弹出的面板中选择不同的渐变样式，可以得到不同的效果。

黄色、紫色、橙色、蓝色渐变效果

铬黄效果

铜色效果

透明彩虹效果

❺扩展：设置外发光在图像中的范围。

❻大小：设置外发光在图像中的大小。

扩展：5%
大小：20 像素

扩展：10%
大小：150 像素

❼等高线：设置外发光的边缘轮廓以及形态，单击下三角按钮，在弹出的面板上选择需要的样式。

03 新建“图层2”图层，选择矩形选框工具，将前景色设置为（R:167，G:117，B:94），按快捷键Alt+Delete进行颜色填充，如图12-85所示，得到如图12-86所示的效果。

图12-85

图12-86

04 双击“图层2”图层的图层缩览图，在弹出的对话框中选中“外发光”选项并设置各项参数，如图12-87所示，完成后单击“确定”按钮，效果如图12-88所示。

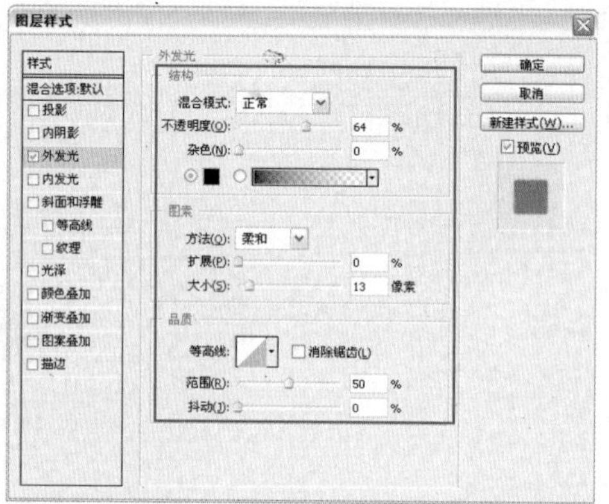

图12-87

图12-88

05 按快捷键Ctrl+O，选择本书配套光盘中Chapter 12\04制作个性博客主页\Media\002.jpg文件，单击“打开”按钮。打开的素材，效果如图12-89所示。

图12-89

06 选择移动工具，将002.jpg拖移到素材001.jpg上，如图12-90所示，按快捷键Ctrl+T对图像进行自由变换并将其调整到合适的位置，如图12-91所示。

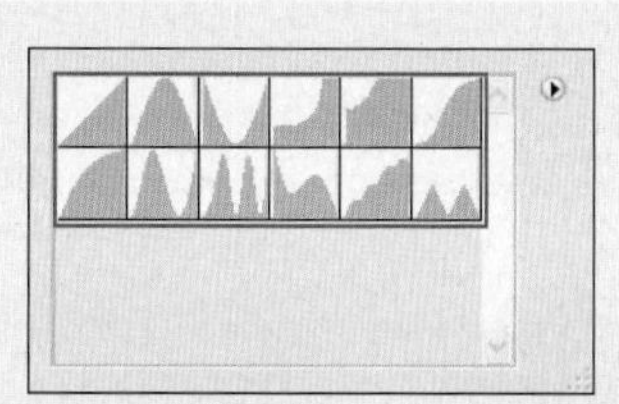

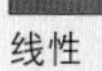

线性

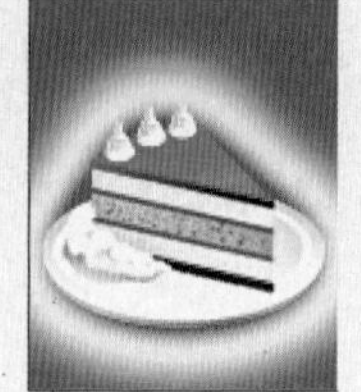

锥形

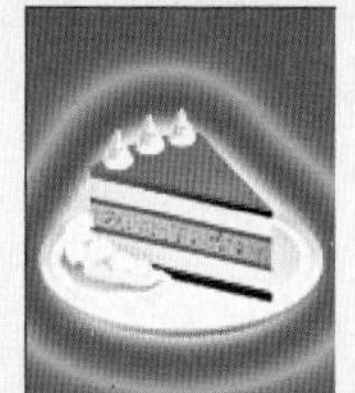

锥形、反转

内凹、深

内凹、浅

环形

起伏斜面、下降

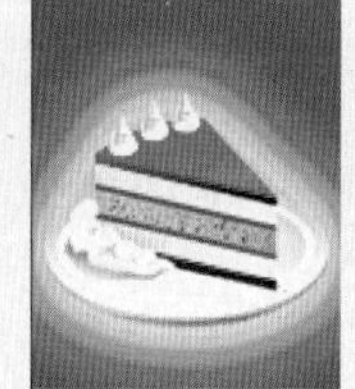

圆形台阶

❽范围：设置等高线的应用范围。参数值越小，应用的范围就越大。

范围：70%

范围：6%

图12-90

图12-91

07 新建“图层4”图层，将混合模式设置为“溶解”，如图12-92所示，选择矩形选框工具，参考如图12-93所示建立选区。

图12-92

图12-93

08 将前景色设置为（R:59，G:0，B:5），选择渐变工具，单击选项栏上的“线性渐变”按钮，再单击“几何选项”按钮并在弹出的面板中选择“前景到透明”，如图12-94所示，在选区内从左向右进行渐变填充，然后按快捷键Ctrl+D取消选择，效果如图12-95所示。

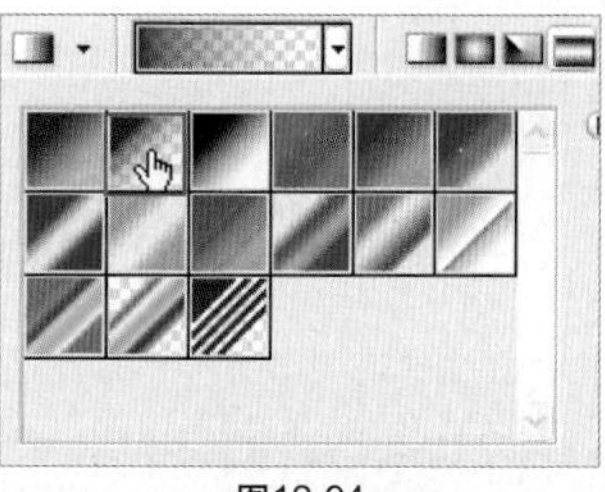

图12-94

图12-95

09 复制“图层4”图层，得到“图层4 副本”图层，选择移动工具，并结合键盘中的方向键将图像调整到合适的位置，按快捷键Ctrl+T如图12-96所示，右击图像后在弹出的快捷菜单中选择“水平翻转”命令，确定后如图12-97所示。

图12-96

图12-97

知识提点

对齐图像

利用移动工具可以准确地对齐多个图层中的多个图像。选中对象多于2个时，对齐图标可用；选中对象多于3个时，分布图标可用。

图标为灰色

对齐图标可用

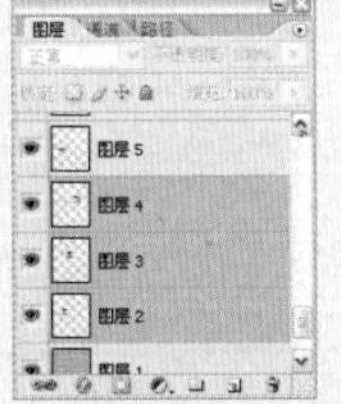

所有图标都可用

下面比较各个图标的功能。

原图

10 将前景色设置为（R:54，G:6，B4），选择横排文字工具T，添加文字并在选项栏上设置各项参数，如图12-98所示，效果如图12-99所示。

图12-98

图12-99

11 新建“图层5”图层，将图层的混合模式设置为“叠加”，如图12-100所示，单击自定形状工具，在选项栏上单击“填充像素”按钮，再单击“几何选项”按钮并在弹出的面板中选择“王冠1”，如图12-101所示，然后在图像进行形状填充。

图12-100

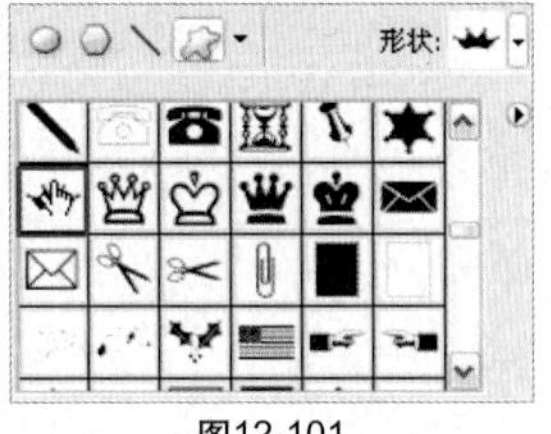

图12-101

12 将前景色设置为白色，再选择横排文字工具，添加文字并将字体属性设置为SF Quartzite，大小设置为2.37点，如图12-102所示。

图12-102

13 把ENTER所属的图层的混合模式设置为“叠加”，如图12-103所示。复制ENTER图层，再选择移动工具，并配合键盘中的方向键将其调整到合适的位置，如图12-104所示。

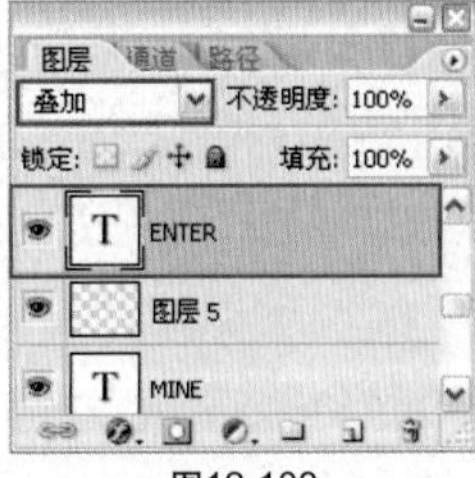

图12-103

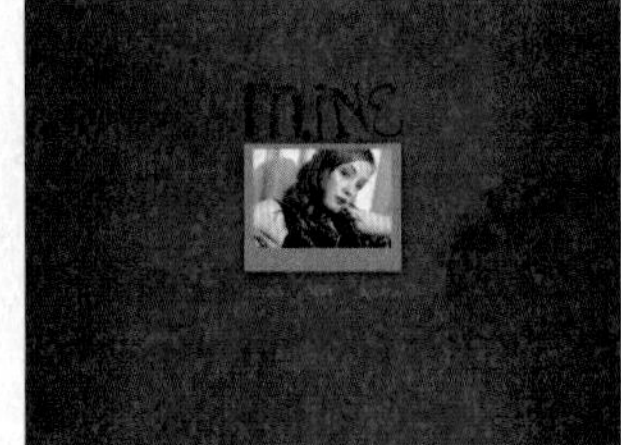

图12-104

第 1 行：顶对齐和水平居中对齐

第 3 列：右对齐和按顶分布

第 2 行：垂直居中对齐和水平居中分布

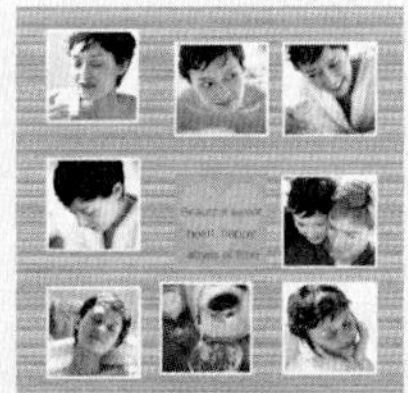
第 1 列：顶对齐和水平居中分布

对齐和分布其他行和列

图片间距调整

14 新建"图层6"图层，如图12-105所示，选择钢笔工具，参考如图12-106所示创建路径。按快捷键Ctrl+Enter将路径转换为选区。将前景色设置为（R:54，G:6，B:4），按快捷键Alt+Delete进行颜色填充，再按快捷键Ctrl+D取消选择，效果如图12-107所示。

图12-105

图12-106

图12-107

15 分别新建"图层7"、"图层8"、"图层9"3个图层，选择钢笔工具，分别参考图12-108、图12-109、图12-110所示创建路径。

图12-108

图12-109

图12-110

16 分别选择"图层7"、"图层8"，"图层9"，按快捷键Ctrl+Enter将路径转换为选区，将前景色设置为（R54，G6，B4），按快捷键Alt+Delete进行颜色填充，再按快捷键Ctrl+D取消选择，效果如图12-111所示。

图12-111

17 将前景色设置为（R:213，G:156，B:219），选择横排文字工具，添加文字并将字体设置为SF Quartzite，大小设置为1.8，效果如图12-112所示。至此，本例制作完成。

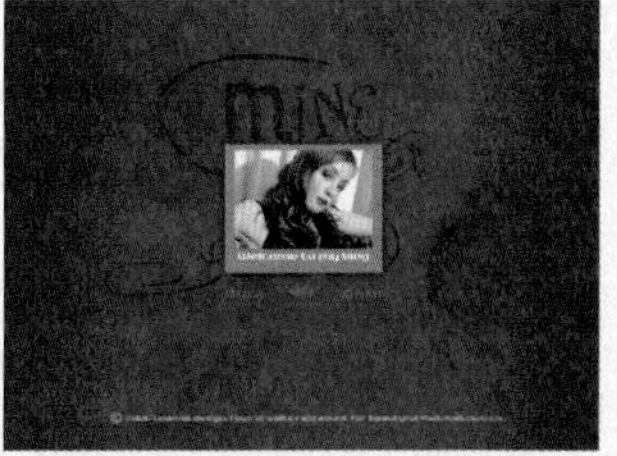
图12-112

05 制作网络搞笑照片

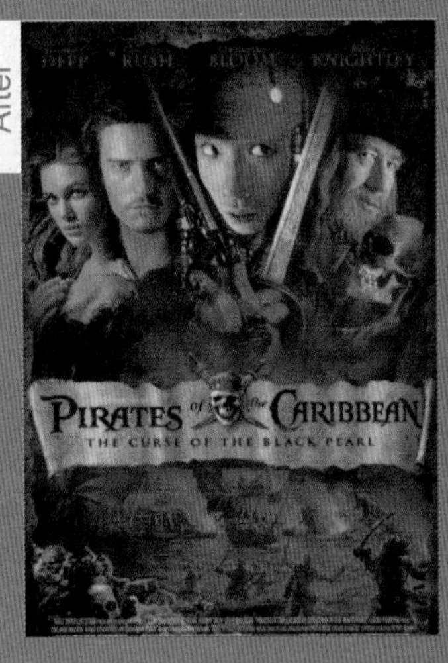

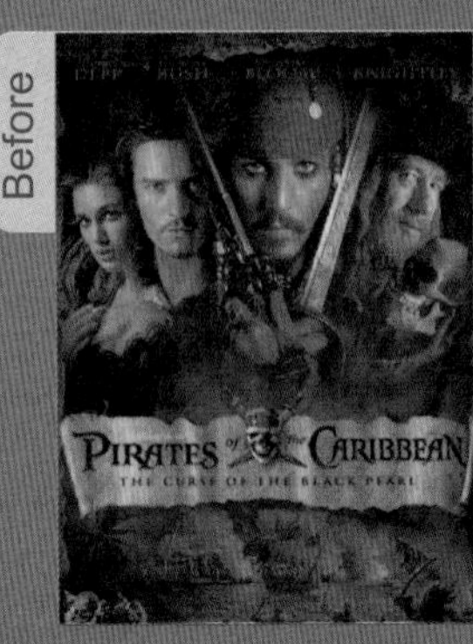

原照片是一个电影海报，本例添加了搞笑的设计元素，增加照片的趣味性。

应用功能：抽出滤镜、橡皮擦工具

CD-ROM：Chapter 12\05制作网络搞笑照片\Complete\05制作网络搞笑照片.psd

知识提点

文件的打印

用数码相机拍摄的照片一般都需要冲洗或者打印出来，下面学习如何设置打印的效果。

执行“文件>打印预览”命令，在弹出的对话框中设置，完成后单击“确定”按钮。

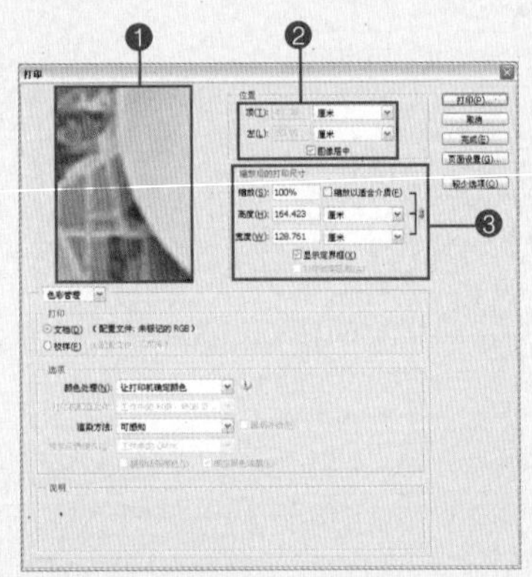

❶预览窗口：设置打印纸上图片的预览效果。

01 打开本书配套光盘中Chapter 12\05制作网络搞笑照片\Media\001.jpg文件，如图12-113所示。

图12-113

02 执行“滤镜>抽出”命令，在弹出的对话框中选择边缘高光器工具，并设置参数然后勾绘头部轮廓，如图12-114所示。

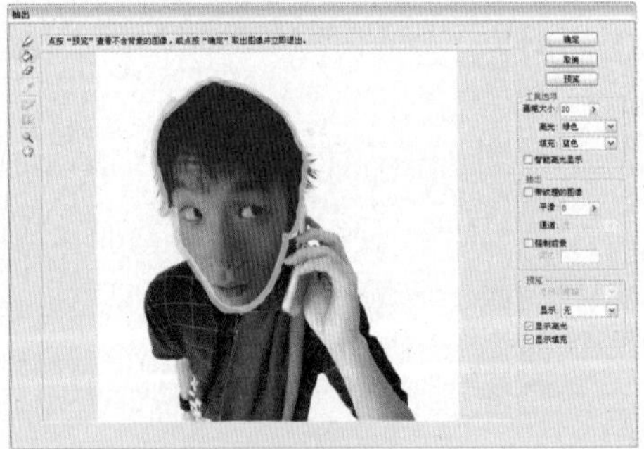

图12-114

❷位置：调整顶部和左边的参数，以调整打印图片的位置。选中"图像居中"复选框，图像会以打印纸的中央为准进行打印。

❸缩放后的打印尺寸：调整图片的打印尺寸，在"缩放值"中放大或者缩小尺寸。

在"色彩管理"下拉列表框中选择"输出"选项，对话框中的选项发生变化。

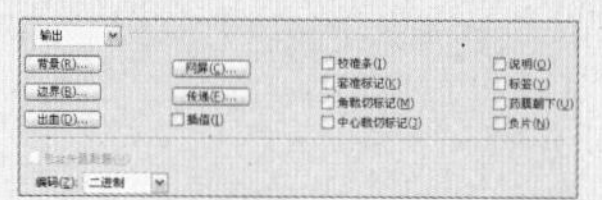

背景：设置打印图片的背景颜色。单击该按钮，在弹出的"拾色器"对话框中设置需要的颜色。

边界：设置图像的外轮廓线。单击该按钮后在弹出的"边界"对话框中设置参数。

出血：设置图像边缘的裁切线大小。单击该按钮后在弹出的"出血"对话框中设置参数。

网屏：设置油墨的形态，一般用于印刷品的输出。单击该按钮后在弹出的对话框中设置各项参数。

传递：设置盲点的数量，一般用于胶片的打印。单击该按钮后在弹出的对话框中设置各项参数。

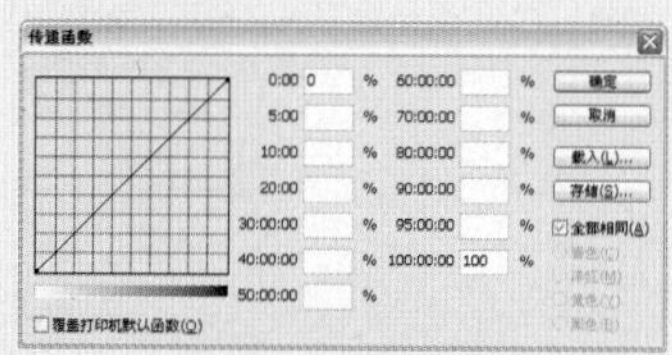

插值：可以使图片打印的效果更加清晰，并且提高图像的分辨率。

校准条：确认图像的颜色。

03 选择填充工具，在人物头部进行填充，如图12-115所示，完成后单击"确定"按钮，保留人物图像，效果如图12-116所示。

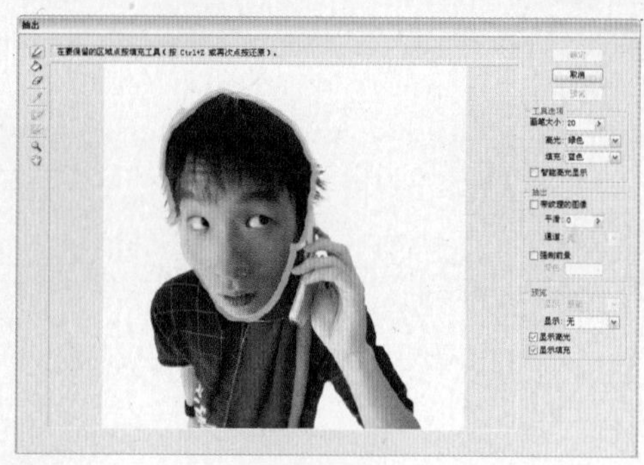

图12-115

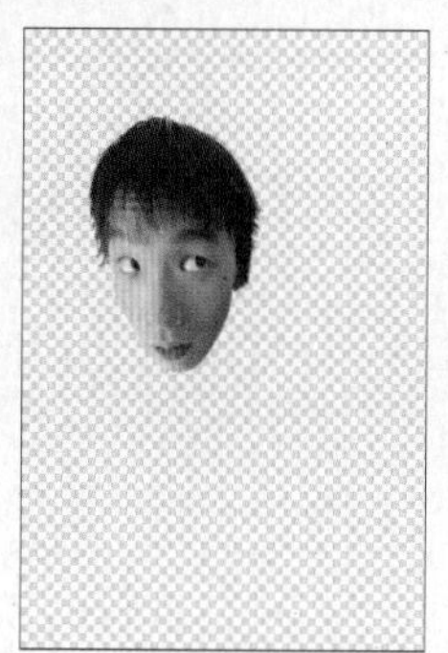

图12-116

04 按快捷键Ctrl+O，选择本书配套光盘中Chapter 12\05制作网络搞笑照片\Media\002.jpg文件，再单击"打开"按钮。打开的素材如图12-117所示。选择移动工具，将001.jpg图像拖移到002.jpg图像上，如图12-118所示。按快捷键Ctrl+T对图像进行自由变换并将其调整到合适的位置，效果如图12-119所示。

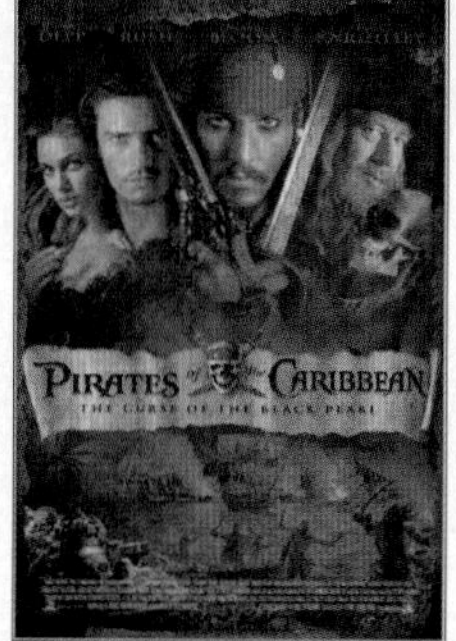

图12-117

图12-118

图12-119

05 把"图层1"图层的不透明度改为90%，如图12-120所示，得到如图12-121所示的效果。选择橡皮擦工具，擦去图像的上半部分，效果如图12-122所示。

图12-120

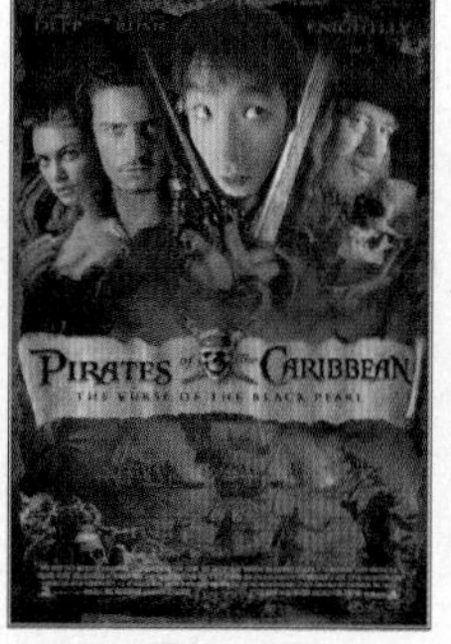

图12-121

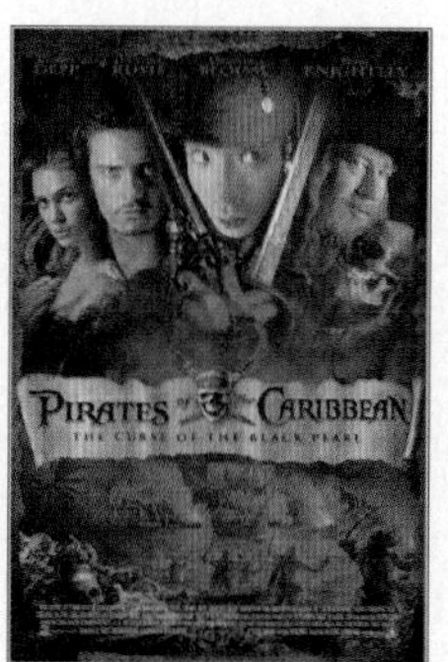

图12-122

套准标记：在图像的空白处做一个十字形的标记。

角裁切标记：有多个图像时，在图像的边角标记裁切线。

中心裁切标记：标记在图像的中央部位。

说明：加入图片信息的时候，将信息打印在图像的下方。

标签：加入图像的名称和注释。

药膜朝下：选中此复选框，将图片打印在纸的背面。

负片：将图像以底片的形式打印出来。

拍摄技巧

拍摄人物照片时最重要的是人物的眼睛，所以模特的视线会形成不同的构图。在相同的造型中，如果改变了模特的视线，就要更换拍摄角度。拍摄时还要考虑模特的穿着和打扮，如果模特非常清纯，就不适合性感的造型，所以说找寻适合模特的造型也非常重要。

知识提点

魔术橡皮擦工具

在前面已经详细讲过橡皮擦工具的更能和用法，下面我们介绍一下橡皮擦工具的相关工具。

利用魔术橡皮擦工具可以删除图像，删除与擦除点颜色相似的像素，并且自动将图像转换为透明背景。一般情况下，常用于合成图像。

选择魔术橡皮擦工具，在选项栏上设置各项参数。

❶容差：设置擦除点颜色的荣插值。参数值越大，擦除的区域就越大。

❷消除锯齿：使擦除的图像边缘平滑。

06 按快捷键Ctrl+M，在弹出的对话框中设置各项参数，如图5-123所示，完成后单击“确定”按钮，效果如图5-124所示。

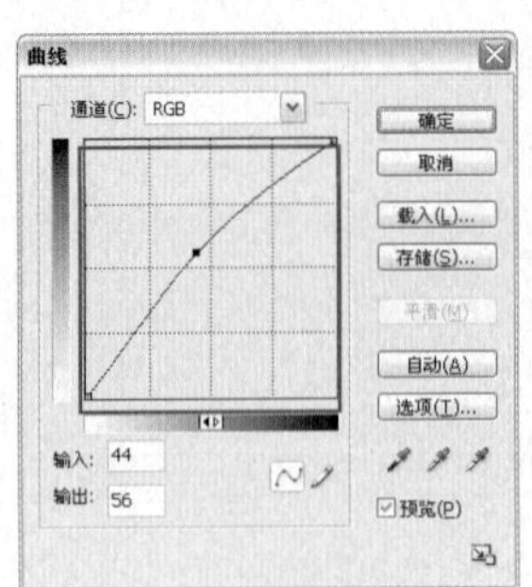

图12-123

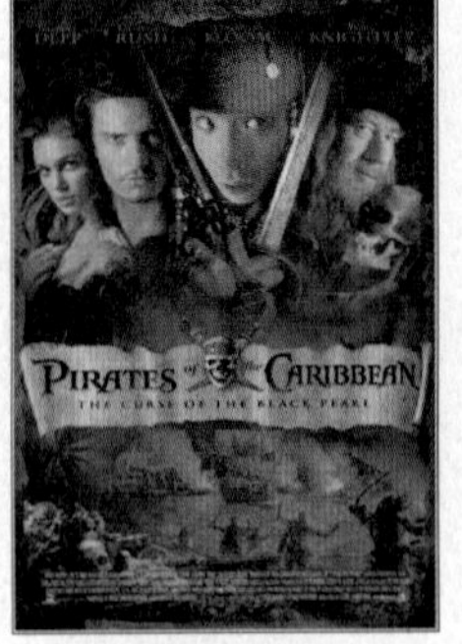

图12-124

07 执行“图像>调整>照片滤镜”命令，在弹出的对话框中设置各项参数，如图12-125所示，完成后单击“确定”按钮，效果如图12-126所示。

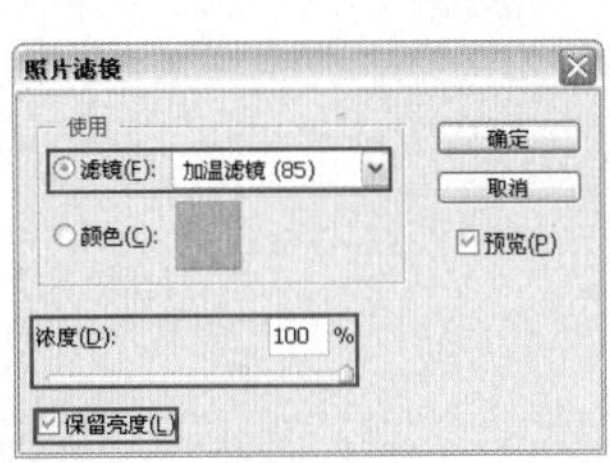

图12-125

图12-126

08 按快捷键Ctrl+L，在弹出的对话框中设置各项参数，如图12-127所示，完成后单击“确定”按钮，效果如图12-128所示。

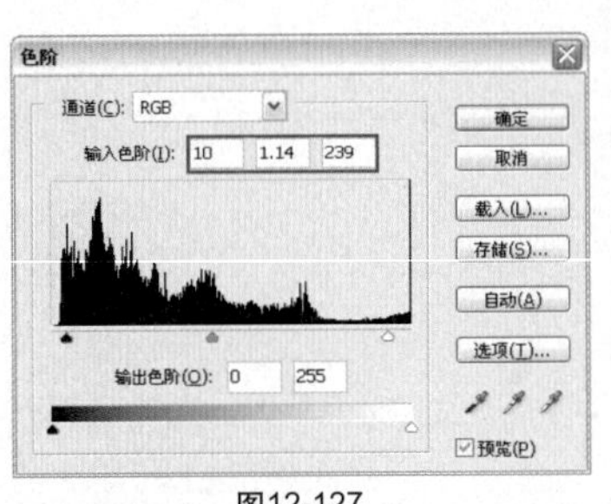

图12-127

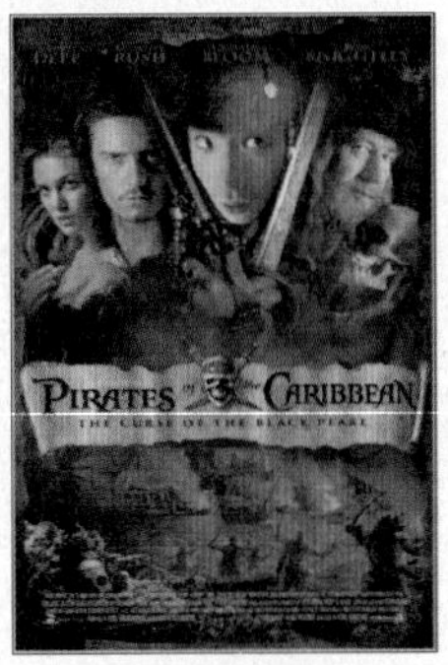

图12-128

09 选择磁性套索工具，在人物的嘴唇上建立选区，如图12-129所示，按快捷键Ctrl+Alt+D，在弹出的对话框中将“羽化半径”设置为“5像素”，如图12-130所示。

❶连续：擦除邻近的像素。

❷对所有图层：使擦除操作对所有图层都有效。

原图

容差：50
连续：选中

容差：50
连续：未选中

容差：150

图12-129

图12-130

10 执行“图像>调整>可选颜色”命令，在弹出的对话框中设置各项参数，如图12-131所示，完成后单击“确定”按钮，效果如图12-132所示。

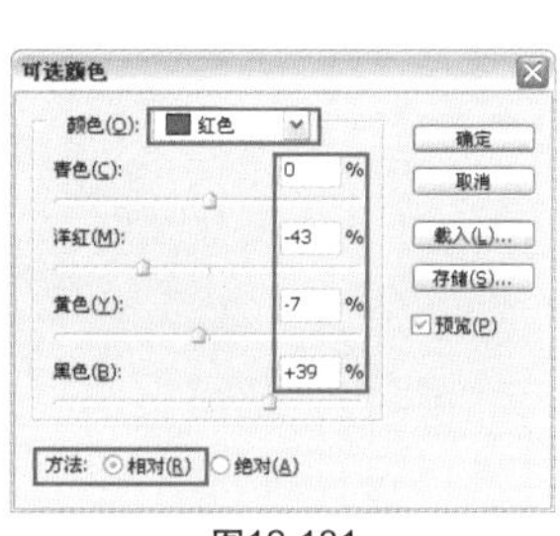

图12-131

图12-132

11 执行“图像>调整>亮度/对比度”命令，在弹出的对话框中将“对比度”设置为10，如图12-133所示，完成后单击“确定”按钮，效果如图12-134所示。至此，本例制作完成。

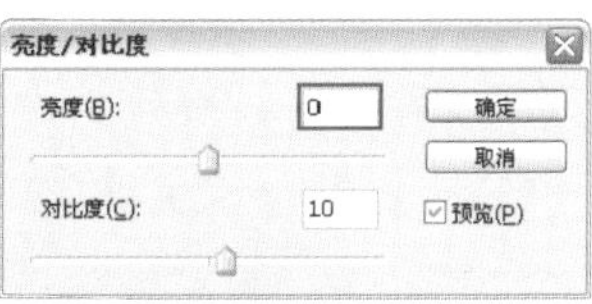

图12-133

图12-134